应用型本科化学化工系列丛书

中国石油和化学工业优秀教材
普通高等教育"十二五"规划教材

无机化学实验

基础知识、操作、指导、试题库及解析

周祖新 主 编
程利平 沈绍典 副主编

化学工业出版社
·北京·

内 容 提 要

本书是根据化学化工类专业无机化学实验课程的教学基本要求，并融合无机化学实验教学改革成果编写的无机化学实验教材。全书包括四章，第一章介绍无机化学实验的常用仪器、基本操作方法、无机合成基本理论、实验中的安全知识、无机化学工业知识介绍等；第二章是无机化学实验，包括基本操作、无机化合物的制备与提纯、物质常数的测定、无机物的性质实验等，其中无机化合物的制备与提纯占本章内容的一半以上；第三章为实验指导部分，对每个实验操作都有详细的细节指导，并在问题与探讨、补充说明栏中予以解释；第四章为无机化学实验试题库及解析，对于实验中常出现的问题，以各种习题的形式让学生思考，从而加深理解。

本书可作为高等院校化学化工类学生的教材，也可作为相关专业教师、教学辅助人员和无机化学类研究生面试时实验的参考资料。

图书在版编目（CIP）数据

无机化学实验/周祖新主编．—北京：化学工业出版社，2014.7（2024.7重印）
应用型本科化学化工系列丛书
中国石油和化学工业优秀教材
普通高等教育"十二五"规划教材
ISBN 978-7-122-20439-4

Ⅰ.①无… Ⅱ.①周… Ⅲ.①无机化学-化学实验-高等学校-教材 Ⅳ.O61-33

中国版本图书馆CIP数据核字（2014）第077232号

责任编辑：刘俊之　　　　　　　　　　　文字编辑：李　玥
责任校对：王素芹　　　　　　　　　　　装帧设计：刘丽华

出版发行：化学工业出版社（北京市东城区青年湖南街13号　邮政编码100011）
印　　装：北京虎彩文化传播有限公司
787mm×1092mm　1/16　印张13¼　字数346千字　2024年7月北京第1版第10次印刷

购书咨询：010-64518888　　　　　　　　　售后服务：010-64518899
网　　址：http://www.cip.com.cn
凡购买本书，如有缺损质量问题，本社销售中心负责调换。

定　　价：29.00元　　　　　　　　　　　　　　　　　　　　　版权所有　违者必究

前　言

无机化学实验作为一门独立的课程，不仅是学习无机化学知识的重要环节，而且对培养学生的动手实践能力、科学思维的方法、创新意识及全面推进素质教育有着重要的意义。

本书是根据我校在无机化学实验教学中长期积累的经验并结合全国多所兄弟院校，尤其是应用技术类院校教学经验编写而成的教材（实验内容可根据各个专业具体情况进行取舍）。长期以来，实验教学由于各方重视程度不够（与理论教学相比），与实际化工生产联系甚少，毕业学生的动手实践能力较差，归根结底，与大一时无机化学实验的教学有很大关系。除增加学分和加强实验考核措施外，对实验进行更细致的指导，使实验与化工生产紧密联系是必须的，本书把实验操作、实验指导以及与化工生产的关系捆绑在一起，并在实验书面试题中多涉及一些实验操作和化工生产的内容，使学生在做实验和学习实验指导的过程中对所做实验有更深刻的理解，打好实验基础。

全书共分为四章，第一章是实验基本要求、实验基本操作技能和无机化工基本知识。无机化学实验的教学对象大多为大一新生，大多数学生在中学阶段受到的化学实验训练十分有限，需进行严格扎实的基础训练，改变某些不良习惯；循序渐进地对常用仪器的使用和基本操作进行训练。为增加应用性，还编写了无机化工生产基本知识，使每项实验操作与化工厂生产对应起来，既提高了学生的学习兴趣，又有利于学生认识真正的化工生产。第二章是实验，共有23个实验（包括4个综合实验），由于本书是以训练学生的动手操作能力为主，因此所安排的实验一半以上为无机物的合成和提纯，化学常数测定方面的实验安排较少（在物理化学实验中还会涉及）。第三章为实验指导，与第二章的23个实验逐一呼应，每个实验指导一般都由以下几部分组成：一是实验操作注意事项，这是本书的一个重点，以往有些实验根据教材上的内容操作得不到预期的结果，有时教师也很难讲清原因，我们根据学生在操作过程中容易忽视的问题、常犯的错误、试剂易出现的问题以及由此造成实验失败的原因，结合实验的关键操作、安全技术等问题进行必要的提示和分析；二是问题与讨论，对实验中容易出现的问题和异常现象，以及学生经常提出的某些疑难问题作一些必要的分析和讨论；三是补充说明，配合实验内容对实验原理或实验结果作进一步的说明，并对某些问题作为补充资料进行适当的扩充和深化；四是实验室准备工作注意事项，介绍某些有特殊要求的试剂的配制、仪器装置及其它用品在准备时所必须注意的事项；五是实验前准备的思考题，根据实验目的，从实验原理和基本操作等方面提出在实验前进行预习的具体要求以及应该思考的问题。第四章为无机化学实验试题库及解析。分为实验基础知识、实验基本操作、元素及化合物性质和无机化工生产。有利于学生巩固和加深对实验原理的理解，对实验操作要点的精确把握。另外还介绍了实验报告（包括预习报告）的写法，介绍了一些写预习报告和实验报告时常查阅的资料。

参加本书编写工作的有周祖新（第一章、第三章、第四章以及第二章的实验一、实验三至实验六、实验十九）、王根礼（实验二、实验十四、实验十六）、沈绍典（实验七、实验十三）、李忆平（实验八、实验十一、实验十二）、程利平（实验九、实验十、实验十八）、王爱民（实验十五、实验二十三）、郭晓明（实验十七、实验二十一）、周义锋（实验二十、实验二十二），黄莎华、肖秀珍、李向清、李亮参与校对。全书由周祖新统稿。教研室全体同仁对本书的编写作出了很大的贡献，在此一并表示感谢。

由于编者水平有限，书中不妥之处在所难免，敬希给予批评指正。

编者
2014 年 1 月于上海应用技术学院

目 录

第一章 无机化学实验基础知识 …… 1
- 第一节 化学试剂的规格、存放及取用 …… 1
- 第二节 玻璃仪器的预处理、洗涤及用途 …… 3
- 第三节 无机化学实验基本操作 …… 7
- 第四节 无机物的合成、分离原理和技术 …… 15
- 第五节 无机化工生产简介 …… 24
- 第六节 化学实验室的安全、救护和"三废"处理 …… 30
- 第七节 常用化学文献和网络资源 …… 32
- 第八节 学生实验的一般步骤 …… 35

第二章 无机化学实验 …… 39
第一节 基本操作与制备实验 …… 39
- 实验一 基本操作 …… 39
- 实验二 粗食盐的提纯 …… 41
- 实验三 硝酸钾的制备 …… 43
- 实验四 硫酸亚铁铵的制备 …… 44
- 实验五 醋酸铬（Ⅱ）水合物的制备 …… 45
- 实验六 硫代硫酸钠的制备 …… 47
- 实验七 四碘化锡的制备 …… 48
- 实验八 硫酸铜的提纯 …… 49

第二节 化学原理与常数测定 …… 51
- 实验九 化学反应热效应的测定 …… 51
- 实验十 化学反应速率和化学平衡 …… 54
- 实验十一 解离平衡 …… 56
- 实验十二 弱酸的解离度和解离常数的测定 …… 59
- 实验十三 难溶强电解质溶度积常数 $K_{sp}^{\ominus}$ 的测定 …… 60
- 实验十四 分光光度法测定 $[Fe(CSN)]^{2+}$ 配位平衡常数 …… 63

第三节 元素性质实验 …… 65
- 实验十五 若干 p 区非金属元素单质及化合物的性质 …… 65
- 实验十六 若干 p 区金属元素单质及化合物的性质 …… 67
- 实验十七 若干 d 区元素化合物的性质 …… 70
- 实验十八 若干 ds 区元素化合物的性质 …… 72
- 实验十九 未知阳离子混合液的分析 …… 75

第四节 综合实验 …… 76
- 实验二十 从硼镁泥制取七水硫酸镁 …… 76
- 实验二十一 三草酸合铁（Ⅲ）酸钾的合成和配离子组成以及电荷数的测定 …… 77
- 实验二十二 从废电池中回收锌皮制备硫酸锌 …… 80
- 实验二十三 印制电路烂板液中铜的回收、利用及有关分析 …… 82

第三章 无机化学实验指导 …… 89
第一节 基本操作与制备实验 …… 89
- 实验一 基本操作 …… 89
- 实验二 粗食盐的提纯 …… 91
- 实验三 硝酸钾的制备 …… 93
- 实验四 硫酸亚铁铵的制备 …… 95
- 实验五 醋酸铬（Ⅱ）水合物的制备 …… 97
- 实验六 硫代硫酸钠的制备 …… 99
- 实验七 四碘化锡的制备 …… 100
- 实验八 硫酸铜的提纯 …… 102

第二节 化学原理与常数测定 …… 104
- 实验九 化学反应热效应的测定 …… 104
- 实验十 化学反应速率和化学平衡 …… 105
- 实验十一 解离平衡 …… 108
- 实验十二 弱酸的解离度和解离常数的测定 …… 110
- 实验十三 难溶强电解质溶度积常数 $K_{sp}^{\ominus}$ 的测定 …… 115
- 实验十四 分光光度法测定 $[FeNCS]^{2+}$ 配位平衡常数 …… 119

第三节 元素性质实验 …… 121
- 实验十五 若干 p 区非金属元素单质及化合物的性质 …… 121
- 实验十六 若干 p 区金属元素单质及化合物的性质 …… 126
- 实验十七 若干 d 区元素化合物的性质 …… 129
- 实验十八 若干 ds 区元素化合物的性质 …… 132
- 实验十九 未知阳离子混合液的分析 …… 135

第四节 综合实验 …… 139
- 实验二十 从硼镁泥制取七水硫酸镁 …… 139
- 实验二十一 三草酸合铁（Ⅲ）酸钾的合成和配离子组成以及电荷数的测定 …… 141

实验二十二　从废电池中回收锌皮制备硫
　　　　　　　酸锌 …………………………… 143
　　实验二十三　印制电路烂板液中铜的回收、
　　　　　　　利用及有关分析 ……………… 145
第四章　无机化学实验试题库及解析 …… 148
　第一节　实验基础知识 …………………… 148
　第二节　实验基本操作 …………………… 153
　第三节　元素及化合物性质 ……………… 159
　第四节　无机化工生产 …………………… 164
　第五节　实验基础知识（答案与解析）…… 169
　第六节　实验基本操作（答案与解析）…… 175
　第七节　元素及化合物性质（答案与解析）… 181
　第八节　无机化工生产（答案与解析）…… 188
附录 …………………………………………… 196
　附录一　常见阳、阴离子的鉴定方法 …… 196
　附录二　常用酸、碱的浓度 ……………… 199
　附录三　某些离子和化合物的颜色 ……… 200
　附录四　某些试剂溶液的配制 …………… 202
　附录五　几种常用的酸、碱指示剂 ……… 203
参考文献 ……………………………………… 205

第一章 无机化学实验基础知识

化学是建立在实验基础上的科学。无机化学实验是学生实验技能与化学素养培养不可或缺的一个重要环节。通过无机化学实验的教学,不仅能使学生巩固和加强课堂所学的基础理论知识,更重要的是能够培养学生的实际操作能力、分析问题和解决问题的能力,养成严肃认真、实事求是的科学态度和严谨的工作作风,培养学生的创新精神和创新能力。而这些能力的养成,首先要学习一些化学实验的基础知识,并在以后的实验中不断强化。

第一节 化学试剂的规格、存放及取用

一、化学试剂的规格

做化学实验,就要用到化学试剂,用不同纯度或不同规格的试剂做实验,对实验结果的准确度或结论大有影响,故不同的实验对试剂纯度的要求也不同,因此必须了解化学试剂的规格。

国际上对化学试剂的分类规格无统一标准,各国都有自己的国家标准或其它标准。我国化学试剂的纯度有国家标准(GB)、化工行业标准(HGB)及企业标准(EB)。按照试剂中杂质含量的多少,我国生产的化学试剂分为五个等级,见表1-1。

表1-1 我国化学试剂的五个等级

级别	中文名称	英文名称	符号	标签颜色	主要用途
一级	优级纯	guaranteed reagent	GR	深绿色	精密分析和科研
二级	分析纯	analytical reagent	AR	红色	一般分析和科研
三级	化学纯	chemical reagent	CP	蓝色	性质实验及化学制备
四级	实验试剂	laborational reagent	LR	棕色	实验辅助试剂
生化试剂	生化试剂	biological reagent	BR	玫瑰红	生物化学实验

除了以上五种级别外,还有比优级纯纯度更高的基准试剂、高纯试剂、光谱纯等在不同领域使用。

不同级别的试剂,纯度不同,同一级别的不同试剂,纯度也不同,具体纯度国家有标准。由于不同级别的试剂价格差别较大,因此使用化学试剂时要注意三点:①所用试剂所含的杂质要在实验允许的误差范围内;②所用试剂并非越纯越好,达到实验要求即可,不要造成不必要的浪费。③同一实验所用试剂纯度也不一定相同,关系到产品质量、纯度的试剂要达到实验要求,辅助试剂的等级可略低。

二、化学试剂的存放

由于化学试剂种类繁多,性质各异,有效期不同,存放保管十分重要,要注意以下几点。

① 固体试剂应装在广口瓶中,液体试剂应盛放在细口瓶或滴瓶内,以方便使用。

② 剧毒药品,如氰化物、汞等要有严格的领用登记制度,每天实验结束后,把剩余剧毒药品送回危险品仓库,下次使用时再领取,不能放在实验室过夜。

③ 见光易分解或易被空气中氧气氧化的试剂,如 H_2O_2、$AgNO_3$、$FeSO_4$ 要以棕色瓶存放,并置于冷暗处。为防止玻璃中重金属对 H_2O_2 的催化分解,30%的 H_2O_2 应放在塑料

瓶中。

④ 吸水性强的试剂，如无水碳酸钠、无水硫酸镁、过氧化钠应放在干燥器中，有些很容易水解的试剂，如无水氯化铝的瓶盖还要用蜡封。

⑤ 易腐蚀玻璃的试剂，如 NaOH、Na_2CO_3、硫碱等要用橡皮塞，HF 要放在塑料瓶中。

⑥ 相互易反应的试剂，如氧化剂和还原剂要分开存放，如浓硝酸和硫粉不能存放于同一柜中。

⑦ 易挥发的试剂，如大量有机溶剂要放在有通风设备的专用试剂柜中，在热天，瓶盖要稍拧松些，以防试剂挥发后在瓶内蒸气压过大而引起爆炸。

⑧ 某些试剂的特殊存放。白磷要存放在水中，始终要被水覆盖；钠、钾要浸在煤油中，密度小于煤油的锂要存放在石蜡油中；在液溴、汞上放少许水盖住，以防挥发出有毒蒸气。试剂瓶上要标明试剂名称、纯度、浓度及配制日期，并用蜡或透明胶封住。

三、试剂的取用

取用试剂时，瓶盖打开后应将顶部朝下放在干净的桌面上，所有试剂瓶的瓶与其盖要对号入座，以免交叉污染；试剂取用完后，瓶盖最好立即盖好，以免桌面上瓶盖太多造成混淆。任何取出的试剂均不能放回原试剂瓶，故取用试剂时，量不能太多，以免浪费。

1. 液体试剂的取用

① 从滴瓶中取出时，保持滴管垂直（尤忌倒立），应在容器上方将试剂滴入，滴管尖端不可接触容器内壁，以免污染滴管。

② 用倾析法取较多量液体时，右手握住瓶子，使试剂标签朝上或两侧，以瓶口靠住器壁，缓缓倾出所需液体，若所用容器为烧杯，则可用玻璃棒引入。

③ 定量取用液体可用量筒、量杯或移液管，但不能以烧杯上的刻度为定量标准，因烧杯上的刻度误差很大。

④ 加入液体总量不超过容器总容量的 2/3，若为试管则不超过 1/2。

2. 固体试剂的取用

① 用干净、干燥的药匙取用。药匙材质有塑料、牛角、不锈钢等，两端有大小两个勺，分别用来取大量固体和少量固体。药匙要做到专匙专用，用过的药匙必须洗净、干燥后方可再使用，取用强碱试剂后的药匙应立即洗净、干燥。

② 取用一定量的试剂时，可将试剂放在称量纸、表面皿、烧杯等干燥洁净的玻璃容器或称量瓶内根据要求称量，不能用滤纸代替称量纸。具有腐蚀性或易潮解的试剂应放在玻璃器皿内。

3. 气体试剂的取用

(1) 实验室制备气体　对于使用少量气体做定性实验，实验室可用一定装置反应产生气体，如用 FeS 和稀盐酸制备 H_2S、用 Na_2SO_3 和稀盐酸制备 SO_2、用 $CaCO_3$ 和稀盐酸制备 CO_2、用 Cu 和浓硝酸制备 NO_2、用浓硫酸和固体 NaCl 制备 HCl 气体、用 MnO_2 和浓盐酸制备 Cl_2 等，对于有毒有害气体，要在通风橱中制备，并做好尾气吸收。

(2) 气体的纯化　由于制备各种气体的方法不同，所含杂质不同，气体本身性质也不同，因此纯化的方法各不相同。一般的纯化过程是先除杂质和酸雾，最后将气体干燥。通常使用洗气瓶、干燥塔，根据具体情况分别用不同的洗涤液或固体吸收。实验中可根据杂质的性质选用适当的固体和洗涤液，酸雾可用水或玻璃棉除去，水气可用浓硫酸、无水氯化钙、硅胶、五氧化二磷等吸收。洗涤液装在洗气瓶内，接法要正确（长进短出）。

(3) 钢瓶储存气体　气体钢瓶是化学实验室用以储存压缩气体或液化气的特制耐压钢瓶。一般用无缝合金钢管或碳素钢管制成,为圆柱形,器壁较厚,最高工作压力为 15MPa。使用时为了降低压力并保持压力稳定,必须装置减压阀,通过减压阀有所控制地放出气体,各种气体的减压阀不能混用。

由于钢瓶内压力很大,而且有些气体易燃或有毒有害,使用钢瓶时要注意安全,必须注意下列事项。

① 为了容易区分各种不同的钢瓶,保证运输和储存的安全,不同气体的钢瓶上漆有不同的颜色,以免混淆不同气体。实验室常用气体钢瓶颜色见表 1-2。

表 1-2　实验室常用的几种气体钢瓶的颜色

钢瓶名称	氧气瓶	氮气瓶	氢气瓶	乙炔瓶	氨气瓶	氯气瓶	氩气瓶	空气瓶
瓶身颜色	天蓝色	黑色	深绿色	白色	黄色	黄绿色	灰色	黑色

② 高压钢瓶须分类保管。氧气瓶和可燃性气体钢瓶须分开存放,高压钢瓶存放于阴凉干燥且远离明火或热源处。

③ 减压阀要专用,不同气体间不能混用,氨气的减压阀不能是铜制的,应使用不锈钢制造。

④ 开气体钢瓶总阀门时,减压阀应处于关闭状态(拧松),然后逐渐拧紧减压阀调到所需压力(与一般阀门的开关操作正好相反)。操作者必须站在侧面,以免失控的气流射伤人体。

⑤ 搬运气体钢瓶时,最好使用专用小车,钢瓶上的安全帽应旋紧,以保护阀门。

⑥ 不可将钢瓶内的气体全部用完,一定要保留 0.05MPa 以上的残留压力,可燃性气体应剩余 0.2～0.3MPa,以免低压下其它气体进入瓶内污染钢瓶甚至引起爆炸。

第二节　玻璃仪器的预处理、洗涤及用途

玻璃仪器由于相对惰性、透明和有一定的耐冷热性,常用作化学反应容器和试剂量具,但使用时要注意以下几点。

① 玻璃仪器易碎,使用时要轻拿轻放。

② 玻璃仪器中除烧杯、烧瓶和试管外都不能加热。

③ 锥形瓶、平底烧瓶不耐压,不能用于减压系统。

④ 带活塞的玻璃器皿如分液漏斗、酸式滴定管等用过洗净后,要在活塞和磨口间垫上小纸片,以防止黏结。

⑤ 温度计测量的范围不得超出其刻度范围,也不能把温度计当搅拌棒使用。温度计用后应缓慢冷却,不能立即用冷水冲洗,以免炸裂或汞柱断线。

一、常用玻璃仪器

化学实验室的玻璃仪器分两类,一类为普通玻璃仪器,另一类为标准磨口仪器。

1. 普通玻璃仪器

(1) 容器类　常温或加热条件下物质的反应容器、储存容器。包括试管、烧杯、锥形瓶、滴瓶、细口瓶、广口瓶、称量瓶、分液漏斗和洗气瓶等。每种类型又有许多不同的规格。使用时要根据用途和用量选择不同类型和不同规格的容器。

(2) 量器类　用于度量溶液体积。不能作为实验容器,如不能用于溶解、稀释、反应等操作。不能量取热溶液,不能加热,不可长期存放溶液。量器类容器主要有量筒、量杯、移

液管、吸量管、容量瓶和滴定管等。每种类型又有不同规格，应根据要求正确选择和使用度量容器。

2. 标准磨口玻璃仪器

标准磨口玻璃仪器均按国际通用技术标准制造，常用的标准磨口规格有 10、12、14、16、19、24、29、34、40 等，这里的数字编号是指磨口最大端的直径（mm）。有的标准磨口玻璃仪器用两个数字表示，如 10/30，10 表示磨口大端的直径为 10mm，30 表示磨口的高度为 30mm。相同规格的内外磨口仪器可以相互紧密连接，而不同的规格可以通过大小口接头使它们彼此连接。磨口间连接时，需涂一层凡士林，并相向旋转使凡士林层均匀透明，磨口玻璃仪器使用方便，气密性好。

二、玻璃仪器的清洗

为保证实验结果的准确性，所有实验均应使用清洁的仪器，玻璃仪器的清洗是每次实验前后必须做的，对于久置变硬或不易洗掉的实验残渣和对玻璃仪器有腐蚀作用的废液，一定要在实验后立即清洗干净。污垢有多种，针对不同的污垢可用不同的洗涤方法。要求清洗后的玻璃仪器干净透明、不挂水滴。

1. 用水刷洗

以自来水和长柄毛刷除去仪器上可溶于水的物质。污垢除去后，再用清水冲洗几次，最后用去离子水洗 2~3 次。不能用秃顶的毛刷洗，也不能用力过猛。试管底部要旋转刷洗，而不是来回刷洗，以免捅破玻璃仪器。

2. 用去污粉或合成洗涤剂刷洗

去污粉中含有碳酸钠，合成洗涤剂中含有表面活性剂，都能除去仪器上的油污和某些有机物。去污粉中还含有白土和细沙，刷洗时起摩擦作用，增强洗涤效果。刷洗后，用自来水冲洗干净，最后用去离子水洗 2~3 次。

3. 用铬酸洗液洗涤

铬酸洗液具有强氧化性，主要用于除去油污或其它还原性物质，对于一些管细、口小、毛刷不能刷洗的仪器，采用这种洗法很好。洗涤时，直接往仪器内加入少量铬酸洗液，倾斜并慢慢转动仪器，使其内壁全部被洗液湿润，继续转动仪器，让洗液在仪器内壁转动几圈后，再把洗液倒回瓶内，然后用自来水把残留在仪器内壁的洗液洗去。污染严重的仪器可用洗液浸泡一段时间，或用热的洗液洗，效果会更好。使用洗液前，仪器不要先用水洗，仪器内如有水，要尽量沥干后再加洗液。使用后的洗液若没有变成绿色，则应倒回原瓶内，可以反复使用至失效（变为绿色）为止。不允许将毛刷放入洗液中刷洗。铬酸洗液具有很强的腐蚀性，会灼伤皮肤和破坏衣物。若不慎把洗液洒在皮肤、衣物或实验桌上，应立即用水清洗。

4. 用有机溶剂清洗

有些有机反应残留物呈胶状或焦油状，用上述方法较难洗净，这时可根据具体情况采用有机溶剂（如乙醇、氯仿、丙酮、甲苯、乙醚等）浸泡，或用稀氢氧化钠溶液、浓硝酸煮沸除去。

5. 用超声波清洗器清洗

超声波清洗器是利用超声波振动以除去污物，从而达到清洗仪器的目的的。超声波清洗可清洗不适合洗液清洗的仪器，它不仅可以清洗较大的容器和器皿，也可清洗微型容器和器皿。

6. 特殊污物的去除

有些污物可用特殊的方法方便地去除。例如氧化性污物如铁锈、二氧化锰等可用草酸、浓盐酸、盐酸羟胺等除去；将少量食盐在研钵内研磨后倒掉，再用水洗，有利于除去瓷研钵内的污迹；用体积比1∶2的盐酸-酒精溶液可清洁被有机物染色的比色皿；玻璃仪器沉积的金属如银、铜等可用硝酸处理；沉积的难溶性银盐可用硫代硫酸钠除去，硫化银则用热、浓硝酸处理；沉积的硫黄可用煮沸的石灰水处理；高锰酸钾污垢可用草酸溶液除去。

用以上方法洗涤后的仪器，经自来水冲洗后，往往还残留有 Ca^{2+}、Mg^{2+}、Cl^- 等离子，如果实验中不允许有这些杂质，则应该用蒸馏水或去离子水把它们洗去，一般以洗三次为宜。每次用水量不必太多，采用"少量多次"的洗涤方法效果更佳，既洗得干净又不致浪费。

已洗净的仪器，表面被水润湿，将水倒出后把仪器倒置，可观察到仪器透明，器壁不挂水珠。已经洗净的仪器不能用手指、布或纸擦拭内壁，以免重新污染仪器。

三、玻璃仪器的干燥

玻璃仪器内如残留有水，则会对很多实验造成影响，如使溶液浓度降低、与加入的反应物反应、使无水有机溶剂带水等，故很多实验需仪器干燥。

1. 自然晾干

将洗涤的仪器倒置在干净的仪器柜内或滴水架上，让残留在仪器内的水分自然挥发而干燥。用这种方法干燥的主要是容量仪器、加热烘干时容易炸裂的仪器及不需要将其所带水完全排除的仪器。倒置可以防止灰尘落入，但要注意放稳仪器。

2. 吹干

对于急于干燥的仪器或不适于放入烘箱中的较大仪器可用吹干的办法。通常用少量的乙醇、丙酮倒入已倒去水分的仪器中摇洗，然后用电吹风机吹，开始用冷风吹1~2min，当大部分溶剂挥发后吹入热风至完全干燥，再用冷风吹去残余蒸气，不使其又冷凝在仪器内。也可以将干净的仪器倒插在气流烘干器上，这样同时具有晾干和吹干的效果。

3. 烘干

如需干燥较多的仪器，则可用电热鼓风干燥箱烘干。将洗净的仪器倒置稍沥去水滴后，放入干燥箱的隔板上，关好门，在一定温度下烘干。称量瓶等在烘干后要放在干燥器中冷却和保存。带实心玻璃塞的仪器及厚壁仪器烘干时要注意慢慢升温并且温度不可过高，以免破裂。量器不可放于烘箱中烘干。

4. 烤干

对于可加热或耐高温的仪器，如试管、烧杯、烧瓶等还可以利用小火加热，要注意在加热前先将仪器外壁擦干，还要不时转动以使仪器受热均匀。

5. 有机溶剂干燥

对于急需干燥使用的仪器，将洗净的仪器沥去水后，加入少量丙酮或乙醇，转动仪器，使器壁上的水与有机溶剂相互溶解，然后将混合液倒入专用的回收瓶中。少量残留在仪器内的混合液，很快挥发而干燥。若再用电吹风机向仪器内吹风，则可加速干燥。

四、玻璃仪器的用途及注意事项

化学实验需要经常使用玻璃仪器。玻璃仪器按玻璃的性质不同可以简单地分为软质玻璃仪器和硬质玻璃仪器两类。软质玻璃承受温差的性能、硬度和耐腐蚀性都比较差，但透明度比较好，一般用来制造不需要加热的仪器，如试剂瓶、漏斗、量筒、移液管等。硬质玻璃具有良好的耐受温差变化的性能，其制造的仪器可以直接用灯火加热，这类仪器耐腐蚀性强，耐热性能以及耐冲击性能都比较好，常见的烧杯、烧瓶、试管、蒸馏器和冷凝管等都用硬质玻璃制作。

下面简单介绍实验室常用的玻璃仪器。

1. 试管

试管分为普通试管和离心试管，通常可以用作常温或加热条件下少量试剂反应的容器，离心试管还可用于沉淀分离。使用试管时应注意：①加热前应擦干试管外壁，加热时要用试管夹，硬质试管可直接用火焰高温加热，离心试管不能直接加热，只能在水浴中加热；②反应液体不应超过试管容积的 1/2，需加热时则不应超过 1/3，以免振荡时液体溅出或受热溢出；③加热液体时，管口不能对着任何人，以防液体溅出伤人；④加热固体时，管口应略向下倾斜，以免管口冷凝水流回灼热管底而使试管破裂。普通试管以管口直径（mm）×管长（mm）表示规格，如 15×150、18×180、10×75 等。离心试管的规格以容积（mL）表示，如 10、15、50 等，有的有刻度，有的无刻度。

2. 烧杯

一般以容积（mL）来表示其规格，主要用于配制溶液，煮沸、蒸发、浓缩溶液，进行化学反应等。烧杯可承受 500℃ 以下的温度，在火焰上可直接或隔石棉网加热，也可选用水浴、油浴或沙浴等加热方式。使用时反应液体体积不得超过烧杯容积的 2/3，以免搅动时或沸腾时液体溢出。明火加热时烧杯底部要垫上石棉网，防止玻璃受热不均匀而破裂。

3. 锥形瓶

锥形瓶以容积（mL）来表示其规格，有具塞和无塞等多种，可用作反应容器、接收容器和滴定容器等。加热时应在瓶底垫石棉网或用热浴，内盛液体不能太多，以防振荡时溅出。

4. 烧瓶

烧瓶可分为圆底烧瓶、平底烧瓶、长颈烧瓶、短颈烧瓶、单口（颈）烧瓶、二口（颈）烧瓶、三口（颈）烧瓶等。圆底烧瓶通常用于化学反应，平底烧瓶通常用于配制溶液或用作洗瓶，也能代替圆底烧瓶用于化学反应。烧瓶盛放液体的量不能超过其容积的 2/3。

5. 滴管

滴管由尖嘴玻璃管和橡皮乳头两部分组成。用以吸取、滴加液体试剂及容量瓶定容等。除吸取溶液外，管尖不可触及其它器物，以免污染。滴管为专用，不得弄乱。滴管吸液后不能倒置，以免试剂被乳胶头污染。

6. 滴瓶

滴瓶有无色和棕色两种，用于盛放少量液体试剂。

7. 广口瓶和细口瓶

广口瓶用于储存固体药品，细口瓶用于盛放液体试剂。两者均不能直接加热。磨口瓶要与塞子配套，不能存放强碱性物质，不用时应用纸条垫在瓶口处再盖上盖子。附有磨砂玻璃片的广口瓶常用作集气瓶。广口瓶有无色和棕色之分，棕色瓶用于盛装应避光的试剂。一般非磨口试剂瓶用于盛装碱性溶液或浓盐溶液，使用橡皮塞或软木塞；磨口的试剂瓶盛装酸、非强碱性试剂或有机试剂。若长期不用，应在瓶口和瓶塞间加放纸条，以便于开启。试剂瓶不能用火直接加热，不能在瓶内久储浓碱、浓盐溶液。

8. 称量瓶

称量瓶有高形和扁形两种，用于准确称取一定量的固体药品。不能直接加热，瓶盖要与瓶子配套使用。

9. 洗瓶

洗瓶有玻璃和塑料两种，用于盛放去离子水或其它洗涤液。

10. 漏斗

① 漏斗一般指三角漏斗，以口径（mm）表示大小，分长颈与短颈两种，用于常压过滤或倾注液体。过滤时漏斗颈尖端应紧靠盛接滤液的容器内壁。

② 布氏漏斗，瓷制，用于减压过滤（抽滤）。抽滤瓶和布氏漏斗一起用于减压过滤，不能直接加热。

③ 分液漏斗分为球形、梨形、筒形，用于加液或互不相溶溶液的分离。上口瓶盖和下端旋塞均为磨口，一般不可调换，活塞处不能漏液。不用时磨口处应垫纸片。

④ 滴液漏斗也有各种不同的形状，用于将反应物逐滴滴加到反应体系中，以免反应过于剧烈。使用要求同分液漏斗。

11. 表面皿

表面皿通常用于盖在烧杯上，防止杯内液体溅出。不能用火直接加热。

12. 蒸发皿

蒸发皿可由陶瓷、石英、铂等不同材质制成，用于蒸发、浓缩液体。一般放在石棉网上加热，也可以直接加热。注意防止骤冷骤热，以免破裂。

13. 研钵

研钵有陶瓷、玻璃、玛瑙、石头或铁制品等多种，用于研碎固体物质，根据固体物质的性质和硬度选用不同材质的研钵。使用时应注意：①放入的固体物质的量不宜超过其容积的1/3；②只能研磨，不能敲击固体物质。易爆物不能研磨，只能轻轻压碎，以防爆炸。

14. 坩埚

坩埚可由陶瓷、石英、石墨、氧化铝、铁、镍、银或铂等不同材质制成，用于灼烧固体，耐高温。使用时放在泥三角上或马弗炉中加热，加热后用坩埚钳取出。坩埚钳使用后应放在石棉网上。

15. 量筒

量筒通常用玻璃制成，以容积（mL）表示规格，用于量取一定体积的液体。不能加热，不能量取热液体，不可长期存放试剂，以免影响容器的准确性。

16. 容量瓶

容量瓶用于配制准确浓度的溶液。配制溶液时，溶质一般先在烧杯内溶解，再定量移入容量瓶中并定容。不能加热，不能用来储存溶液，以保证容量瓶容积的准确。

17. 移液管

移液管通常用玻璃制成，分单标移液管（胖肚移液管）和刻度移液管（吸量管）两类，还有自动移液管。用于精确移取一定体积的液体，不能加热，与洗耳球并用。

第三节　无机化学实验基本操作

一、称量仪器的使用

1. 台秤

台秤又称为托盘天平，一般能称准到 0.1g，用于精度不高的称量。

在使用台秤前，将刻度尺上的游码拨至零处，如果指针不在标尺的中间位置，则应调节托盘下面的平衡螺丝使之处于中间位置，即零点调节。

称量时，物品放在左盘，砝码放在右盘。称量药品时，药品不能直接放在托盘上，应将其放在称量纸、表面皿或烧杯等容器中称。

应用镊子夹取砝码，加砝码时应先加大砝码再加小砝码，最后以游码调节至指针在标尺左右两边摆动的格数相等为止。台秤的砝码和游码读数之和即为被称物品的质量。

记录时保留小数点后1位。称量完毕，用镊子将砝码夹回砝码盒中，游码回零，并将托盘放在一侧。

2. 电子天平

电子天平是利用电子装置完成电磁力补偿的调节，使物体在重力场中实现力的平衡，或通过电磁力矩的调节，使物体在重力场中实现力矩的平衡。它一般都具有自动调零、自动校准、自动去皮和自动显示称量结果等功能。电子天平达到平衡时间短，称量快速，一般可以称准至 0.0001g。

电子天平的使用步骤如下。

① 开机。首先调节天平的水平，然后接通电源，再按 ON 键开机，稳定后天平显示 0.0000g。

② 校准。天平开机稳定后，按校准（CAL）键，再将校准砝码放入托盘中央，天平显示 0.0000g 后移去校准砝码，天平再次显示 0.0000g，完成校准即可正常称量。

③ 去皮。当需把天平托盘上的被称物体（称量纸或容器）的质量显示清零时，只要按清零（TARE）键即可，天平显示 0.0000g。

④ 天平读数。将被称物体轻放入托盘中央，显示屏上的数字不断变化，待数字稳定后，显示值即为被称物体的质量。

二、容量仪器的使用

量器通常分为两类：一类是量出式量器，如量筒、滴定管、移液管等，在外壁上标有 Ex 字样；另一类是量入式仪器，如容量瓶，用于测量注入量器中液体的体积，在外壁上标有 In 字样。

1. 量筒

量筒是化学实验室中最常用的度量液体体积的器皿，与移液管、滴定管相比，准确度较低。它具有各种不同的容量，可根据量取液体的量选用合适大小的量筒。但是量筒不能加热，不能量取热液体，也不能用作反应器皿。

读取量筒上的刻度数值时，眼睛应当平视，与液面的弯月面最低点处于同一水平线上，否则会引起体积误差。

2. 移液管

移液管简称吸管，是准确移取一定体积液体的量器。玻璃移液管分为单标移液管和刻度移液管两种。前者的中间有一膨大部分，上下两段细长，上端刻有环形刻度标线，只能准确移取刻度规定体积的液体。后者具有分刻度，可以吸取标示范围内所需任意体积的溶液，但准确度不如前者。

移液管使用前首先要洗涤干净，使管内壁和其下部的外壁不挂水珠。用滤纸片将移液管尖嘴内外的水轻轻拭去，将被移取的溶液倒出少量至一小烧杯中，然后用该溶液润洗移液管三次，每次润洗时平放移液管并转动，然后从下口将所吸液体放出到废液缸或水池中。

润洗后，用右手大拇指和中指拿住移液管，食指应能方便地堵住上口，左手将洗耳球捏瘪并将其下端尖嘴插入移液管上口，将移液管的下端伸入试剂瓶（或其它容器）内，至移取溶液液面下 1~2cm 深处（切勿过浅！否则会产生空吸，溶液进入洗耳球）。慢慢放松洗耳球，使溶液吸入管中。当溶液上升到高于标线时，移去并放下洗耳球，右手食指迅速紧按管口。取出移液管，用滤纸片除去管外壁沾附着的溶液，左手提起试剂瓶并略倾斜，而移液管则保持竖直，管尖嘴靠在试剂瓶液面以上的内壁上，小心放松食指，用拇指和中指转动移液管，使液面逐渐下降，直到溶液弯月面与标线相切时（眼睛须与标线平视），食指立即压紧管口，不让溶液再流出。取出移液管插入接收容器中，移液管竖直，管的尖嘴靠在倾斜的接收容器（容量瓶、锥形瓶、烧杯等）内壁上，松开食指，让溶液自由流出，全部流出后停顿约 15s，再用移液管尖轻敲接收容器内壁，取出移液管。勿将残留在尖嘴末端的溶液吹入接收容器中，因为校准移液管时，没有把这部分体积计算在内。个别移液管上标有"吹"字的，可把残留管尖的溶液吹入容器中。

3. 容量瓶

容量瓶主要用来配制准确浓度的溶液。容量瓶的瓶颈上刻有环形标线，表示在所指刻度下液体充满至该标线时的容积。

容量瓶使用前要检查是否漏水，其方法是将容量瓶注入 1/2 自来水，盖好瓶塞，左手顶住瓶塞，右手托住瓶底，将容量瓶倒立 1～2min，观察瓶塞周围是否有水渗出，如果不漏水，则可使用。

用固体试剂配制溶液时，先将准确称量的试剂放在小烧杯中，加适量溶剂（去离子水或有机溶剂）搅拌溶解。如果难溶，可盖上表面皿微热，放冷后沿玻璃棒把溶液转移至容量瓶中，然后再用少量溶剂淋洗杯壁 3～4 次，每次的淋洗液按同样的操作方法转移至容量瓶中。当溶液达到容量瓶的 2/3 容量时，应将容量瓶沿水平方向摇晃，使溶液初步混匀，再加水至接近标线后，用滴管滴加溶剂至溶液弯月面最低点恰好与标线相切，盖紧瓶塞，将容量瓶边倒转边摇动，如此反复多次，使瓶内溶液充分混合均匀。

容量瓶不宜长期存放溶液，需要存放溶液时，应将溶液转移至试剂瓶中储存。

三、加热与冷却

1. 常用加热器具

（1）煤气灯　煤气灯的式样较多，构造基本相同。常用的煤气灯由灯管和灯座两部分组成，灯管与灯座通过螺纹相连。灯管下端有几个圆孔，为空气入口，旋转灯管，可根据圆孔的开启程度调节空气的进入量。灯座的侧面有煤气入口，煤气进入量可通过螺旋针阀进行调节。

煤气灯使用时，先旋转灯管，关闭空气入口，再点燃火柴，打开煤气开关，在接近灯管口处将煤气灯点燃。然后旋转灯管，逐渐加大空气进入量至火焰成为正常火焰。加热完毕，旋转灯管关闭空气入口，再关闭煤气开关。煤气和空气比例合适时，煤气燃烧完全，这时的火焰称为正常火焰。正常火焰分为三层，内层为焰心，呈黑色，煤气与空气发生混合，但并未燃烧，因而温度最低；中层为还原焰，煤气燃烧不完全，火焰为淡蓝色，温度不高；外层为氧化焰，煤气燃烧完全，火焰为淡紫色，温度最高，通常可达到 800～900℃。实验时一般使用氧化焰加热。

当空气或煤气的进入量调节不当时，会产生不正常的火焰，或火焰脱离灯管管口而临空燃烧，或煤气在灯管内燃烧产生细长火焰，如果出现这些现象，则应立即关闭煤气，重新调节和点燃。

（2）水浴　要求温度不超过 100℃时，可用水浴加热，一般在水浴锅中进行，水浴锅的锅盖由一组不同口径的金属圈组成，可以根据受热器皿的大小任意选用。

使用时，锅内盛水量不超过其容积的 2/3，受热器皿悬置于水中，不能触及锅底或锅壁，浴面应高于器皿内液面，有时为了方便，可用大烧杯代替水浴锅。要注意向水浴锅内补充适量的水以免烧干。

（3）马弗炉　马弗炉有一个长方形的炉膛，打开炉门就能放入要加热的器皿。马弗炉利用硅碳棒或电热丝加热，温度可达1000℃以上。马弗炉不能用水银温度计测量温度，应使用热电偶温度计。

2. 加热方法

(1) 直接加热 在较高温度下不分解的液体或固体可以采用直接加热的方法。一般将装有液体或固体的容器放在石棉网上，用煤气灯加热。加热时应注意如下事项。

① 利用玻璃仪器加热物质时，应先将容器外面的水擦干。

② 试管可直接在火焰上加热，试管夹要夹持在离管口1/3处，先预热试管的中下部，再集中加热物质所在位置。对试管中的液体加热时，液体沸腾后要不时地离开火源以防爆沸，管口不要对着人。在试管中加热固体药品时管口应稍向下倾斜，以防止凝结在管壁的水倒流入试管的底部引起试管炸裂。

③ 其它玻璃仪器加热时，应垫上石棉网，使其受热均匀，液体量不能超过容器容积的1/2。

④ 当固体需要高温加热时，可将固体放在坩埚中用煤气灯灼烧，先用小火烘烤坩埚使其受热均匀，然后再加大火焰灼烧。要取下高温中的坩埚时，必须使用干净的坩埚钳。先在火焰旁预热一下钳的尖端，再去夹取。坩埚钳用后，应尖端向上放在桌上（如果温度高，应放在石棉网上）。

加热后的器皿不能立即放在湿的或过冷的地方，以免因收缩不均匀而破裂。

⑤ 微波加热。微波又称高频电磁波，波长范围为0.1~10cm。它具有以下特点：有很强的穿透作用，在反应物内外同时、均匀、迅速地加热，热效率高；微波与物质的相互作用是独特的非热效应，能降低反应温度。一般来说，具有较大介电常数的化合物（如水）在微波作用下，分子偶极在外界影响下分子会来回翻腾，热运动加剧，以热的形式表现出来。

(2) 间接加热 当被加热的物体要求受热均匀而且要保持在一定的温度范围内时，可用各种热浴间接加热。需要温度不超过100℃时，可用水浴加热；温度需要高于100℃时，可用油浴或沙浴加热。

① 水浴加热。在水浴锅中加入约为水浴锅容积2/3的水，以煤气灯或电炉加热水至所需温度。水浴锅是一种有可移动的同心圆盖的金属制容器，也可以用烧杯代替。使用时，将盛有液体的容器悬置于水中。

带有温度控制装置的电热恒温水浴锅，锅内底部金属盘管内装有电热丝，中间装有一多孔隔板，使用时电热丝加热，受热器皿置于水中隔板上。在加热过程中要注意随时补充水分，切忌烧干。

② 油浴加热。用油代替水浴中的水就是油浴，它适用的加热温度为100~250℃。常用于油浴的油料有硅油、甘油、植物油、石蜡油等。

甘油和邻苯二甲酸二丁酯适用于加热到140~150℃，温度过高则容易分解。液体石蜡可加热到220℃，温度过高虽不易分解，但容易燃烧。固体石蜡也可以加热到220℃，它在室温时是固体，便于保存，但使用完毕，应先取出浸在油浴中的容器。硅油和真空泵油在250℃以上仍较稳定，缺点是价格较高，若条件允许，它们是理想的浴油。

③ 沙浴加热。加热温度在100℃以上时，可使用沙浴加热。在铁盘中放入清洁干燥的细沙，把盛有反应物的容器放入沙中，在铁盘下用电炉或煤气灯加热。由于沙子对热的传导能力较差，散热快，所以容器底部的沙子要薄一些，容器周围的沙层要厚一些。尽管如此，沙浴的温度仍不易控制，所以使用较少。

3. 冷却方法

(1) 自然冷却 热的物品可在空气中放置一定时间，任其自然冷却至室温。

(2) 自来水冷却 将需冷却的物品容器外壁用自来水（流）冷却，也称流水冷却。

(3) 冰水冷却 将需冷却的物品容器直接放在冰水中，冷却到0℃。

(4) 冷冻剂冷却 最简单的冷冻剂是冰盐溶液，100g碎冰和30g NaCl混合，温度可降至-20℃。10份六水合氯化钙（$CaCl_2 \cdot 6H_2O$）结晶与7～8份碎冰均匀混合，温度可达-20～-40℃。干冰（固体CO_2）与适当的有机溶剂混合时，可得到更低的温度，干冰与乙醇的混合物可达-72℃，与乙醚、丙酮或氯仿的混合物可达到-77℃以下。液氮制冷温度为-100℃。为了保持冰盐浴的效率，要选择绝热较好的容器，如杜瓦瓶等。

(5) 冰箱冷却 将需冷却的物品直接放进冰箱的冷藏或冷冻箱中冷却。

(6) 回流冷凝 化学反应需要使反应物在较长时间内保持沸腾才能完成时，为了防止反应物或溶剂以蒸气形式逸出，常用回流冷凝装置使蒸气不断地在冷凝管内冷凝成液体，返回反应器中，为了防止空气中的湿气侵入反应器或反应放出有毒气体，可在冷凝管上口连接干燥管或气体吸收装置。

四、固体溶解

将固体物质溶解于某一溶剂中，制备成溶液的过程称为溶解。溶剂、温度和搅拌对溶解都有影响，因此溶解固体时要选择适当的溶剂；根据物质对热的稳定性选用直接加热或水浴加热，加热一般可加快溶解速度；在溶解过程中，要用搅拌棒进行不断搅动，手持搅拌棒并转动手腕，使搅拌棒在液体中均匀地转圈，不能使搅拌棒碰在器壁上，也不能用力过猛，以免损坏容器。

五、结晶与重结晶

晶体从溶液中析出的过程称为结晶。可以通过蒸发溶剂或冷却溶液的方法使溶液达到过饱和，从而使晶体析出，溶解度随温度改变而变化不大的物质可以使用蒸发溶剂法，溶解度随温度改变而显著变化的物质可使用冷却的方法，也可以将两种方法结合使用。如结晶氯化钠晶体时，由于溶解度随温度改变而变化不大，故应把氯化钠溶液蒸发至稀粥状，但不能蒸干；结晶硫酸铜晶体时，由于溶解度随温度改变而显著变化，结晶时又带出较多的结晶水，因此蒸发至液体表面有结晶膜即可。

晶体的大小与溶质的溶解度、溶液浓度、冷却速度等因素有关。溶液的饱和程度较低，结晶的晶核少，晶体易长大。溶液的饱和程度较高，结晶的晶核多，晶体快速形成，得到的是细小晶体。实际操作中，根据需要控制适宜的条件以得到合适的晶体。

从纯度来看，大晶体的间隙易包裹母液或杂质影响纯度，因此缓慢生长的大晶体体纯度较低，而快速生成的细小晶体，纯度较高。但晶体太细易形成糊状物，夹带母液较多，不易洗净，也影响纯度，故晶体颗粒要求大小适中且应均匀，这样才有利于得到纯度，较高的晶体。

第一次结晶所得物质的纯度不符合要求时，可将其晶体溶于少量的溶剂中，然后冷却或蒸发、结晶、分离，这个过程称为重结晶。若一次重结晶还达不到要求，则可以再次重结晶，重结晶是提纯固体物质常用的重要方法。

六、固液分离

在实验中常常需要进行沉淀与溶液的分离，分离方法主要有倾析法、过滤法、离心分离等方法。

1. 倾析法

当沉淀的相对密度较大或晶体颗粒较大，沉淀很容易快速沉降到容器底部时，可用倾析法进行固液分离。

倾析法的操作方法：待沉淀完全沉降后，用一根干净的玻璃棒在容器上引流，将上层清液慢慢地倾入另一容器中。如果需要洗涤沉淀，则另加适量溶剂搅拌均匀，静置沉降后再倾析，如此反复3次以上，可将沉淀洗净。

2. 过滤法

过滤法是固液分离最常用的方法。溶液的黏度、温度、过滤时的压力、过滤器孔隙的大小和沉淀物的状态，都会影响过滤的速度和分离效果。溶液的黏度越大，过滤越慢；热溶液比冷溶液容易过滤；减压过滤比常压过滤快。过滤器的孔隙要合适，孔隙太大会使沉淀透过，太小则易被沉淀堵塞，使过滤难以进行。沉淀呈胶状时，需加热破坏后方可过滤，以免沉淀透过滤纸。总之，要考虑各方面的因素来选用合适的过滤方法。

常用的过滤方法有三种，即常压过滤、减压过滤和热过滤。

(1) 常压过滤 常压过滤是用滤纸和三角玻璃漏斗进行过滤，玻璃漏斗的角度约为60°。

① 准备。先把圆形滤纸对折两次（暂不折死），从漏斗中重叠的二层滤纸一边的下面撕去一个小角，放入漏斗中，使滤纸的圆锥面与漏斗相吻合。再以手指轻压滤纸中三层的一边，以少量水润湿，轻压滤纸，使其紧贴漏斗壁，赶尽气泡。一般滤纸边缘应低于漏斗边约0.5cm。

再加水至滤纸边缘，使之形成水柱。如果不能形成完整的水柱，则一边用手指堵住漏斗下口，一边稍掀起三层一边的滤纸，用洗瓶在漏斗和滤纸之间加水，使漏斗颈和锥体的大部分被水充满，然后边轻轻按下掀起的滤纸，边断续放开堵在出口处的手指，即可形成水柱。将准备好的漏斗安放在漏斗板上，下接烧杯，烧杯的内壁与漏斗出口尖处接触，然后开始过滤。

② 过滤。将玻璃棒从烧杯中取出并直立于漏斗中，下端对着三层滤纸的一边，尽可能靠近，但不碰到滤纸。将上层清液沿着玻璃棒加入漏斗，漏斗中的液面至少要比滤纸边缘低0.5cm。上层清液过滤完后，用少量洗涤液吹洗玻璃棒和杯壁并进行搅拌，澄清后，再按上法滤去清液。反复用洗涤液洗2～3次，使杯壁的沉淀洗下，而且使烧杯中的沉淀得到初步的洗涤。

用洗涤液冲下杯壁和玻璃棒上的沉淀，再把沉淀搅起，将悬浮液小心转移到滤纸上，如此反复几次，尽可能地将沉淀转移到滤纸上。烧杯中残留少量沉淀，用左手将烧杯倾斜放在漏斗上方，杯嘴朝向漏斗。用左手食指按住架在烧杯嘴上的玻璃棒上方，其余手指拿住烧杯，杯底略朝上，玻璃棒下端对准三层滤纸处，右手用洗涤剂冲洗杯壁上黏附的沉淀，使沉淀和洗涤剂一起顺着玻璃棒流入漏斗中，使沉淀全部定量转移到滤纸上。

③ 洗涤。沉淀全部转移到滤纸上后，应对它进行洗涤。其目的在于将沉淀表面所吸附的杂质和残留的母液除去。洗涤剂的使用以少量多次为原则，即每次螺旋形往下洗涤时，用洗涤剂量要少，便于尽快沥干，沥干后，再进行洗涤，如此反复多次，直至沉淀洗净为止。

(2) 减压过滤 又称抽滤或吸滤，是采用真空泵或水泵抽气使过滤器两边产生压差而快速过滤的方法。过于细小的颗粒沉淀会堵塞滤纸孔而难以过滤，胶状沉淀会透过滤纸且堵塞滤纸孔，它们都不适宜于这种过滤方法。减压过滤要用到布氏漏斗和抽滤瓶以及抽气泵（常用循环水泵）为了防止倒吸，有时在抽滤瓶和抽气泵之间还使用安全瓶。减压过滤的操作方法如下。

① 准备。将滤纸剪成比布氏漏斗略小，但又能盖住瓷板上所有小孔的圆形，铺在瓷板上，滤纸边缘不能卷曲，润湿滤纸。

② 抽滤。将布氏漏斗插入抽滤瓶，与抽气泵连接。打开抽气泵（先开小，否则滤纸会

穿孔），使滤纸紧贴在瓷板上。当待过滤溶液量较多时，为加快过滤速度，先不要搅动溶液，将上层较清溶液大部分转移至布氏漏斗中，漏斗中溶液的量一般不超过其容量的 2/3，然后搅动溶液，连沉淀一起转入漏斗，抽滤至干。如果滤液过多，有可能超过抽滤瓶支管口时，应注意适时拔掉抽滤瓶上的橡皮管，取下漏斗，把抽滤瓶的支管口向上，从抽滤瓶上口倒出滤液，再继续过滤，用滤液（母液）将沉淀完全转移至漏斗中。至少抽滤至没有液滴从漏斗下口流下。

③ 洗涤。洗涤沉淀时，先停止抽气，往漏斗中加入少量洗涤液，让它缓缓通过沉淀，充分接触，然后抽气。再停止抽气加入洗涤液洗涤，再抽滤，反复数次。注意洗涤时不要让滤纸泛起。停止抽滤时，先拔掉抽滤瓶支管上的橡皮管，然后再关闭抽气泵，防止水倒吸。

(3) 热过滤 如果溶质的溶解度明显地随温度的降低而降低，但又不希望它在过滤过程中析出晶体时，可采用热过滤，使用热滤漏斗（保温漏斗）。热滤漏斗是由金属套内加一个长颈玻璃漏斗组成的。使用时将热水（通常是沸水）倒入金属套的夹层内，加热侧管（如滤液溶剂易燃，则过滤前务必将火熄灭）。玻璃漏斗中放入滤纸（用折叠滤纸更好），用少量热溶剂润湿滤纸，立即把热溶液分批倒入漏斗中，不要倒得太满，也不要等滤完再倒，尚未加入的溶液和保温漏斗都用小火加热，保持微沸。热过滤时一般不用玻璃棒引流，以免加速降温，接收滤液的容器内壁不要贴紧漏斗颈，以免滤液迅速冷却析出的晶体沿器壁向上堆积而堵塞漏斗下口。进行热过滤操作时要求准备充分，动作迅速。

3. 离心分离

这是利用离心机将少量沉淀和溶液分离的方法。

离心分离时，将沉淀和溶液一起放入离心试管中，选用大小相同、内装混合物的容量大致相等的离心试管，对称地放在离心机套筒内，以保持离心机平衡，然后盖上盖子。启动离心机时，先调到变速器的最低挡，启动后再逐渐加速，2～5min 后逐渐减小转速，或断开电源，让其自然停止。然后轻轻取出试管，不能摇动，用干净的滴管排气后伸入离心管的液面下慢慢吸取清液。沉淀需要洗涤时，加入洗涤液，用玻璃棒搅拌均匀后再离心分离，反复 2～3 次。

七、液液萃取

萃取是提取或纯化化学物质的方法之一，应用萃取可以从固体或液体混合物中提取出所需要的物质，也可以用来洗去混合物中的少量杂质。通常称前者为提取、抽提或萃取，后者为洗涤。液液萃取是最常用的萃取方法之一，它利用物质在两种互不相容的溶剂中具有固定的分配比的特性来达到分离、提取或纯化的目的。实验室中常用的液液萃取仪器是分液漏斗。

操作时应选择容积合适的分液漏斗（应使加入液体的总体积不超过其容量的 3/4），把活塞和塞套擦干，涂以少许润滑脂（如凡士林，涂抹方法同酸式滴定管活塞），转动活塞使其均匀透明。检查盖子（不得涂油）和活塞是否严密，以防分液漏斗在使用过程中发生泄漏而造成损失。检查的方法通常是先用水试验，分液漏斗中装入少量水，检查旋塞处是否漏水，将漏斗侧转过来，检查盖子是否漏水，在确认不漏水后方可使用，将分液漏斗放在固定的铁环中。

八、试纸的使用

实验过程中经常用到各种试纸，用来检验反应产物或溶液酸度等，如 pH 试纸、醋酸铅试纸、淀粉-KI 试纸等已商品化的产品，有些非商品化试纸可以自己制备，一般把滤纸条浸入试剂溶液，取出晾干即可。使用试纸时要注意节约，通常把试纸剪成小块使用，而不是整条使用。用后的试纸丢弃在垃圾桶内,不能丢在水槽内。

(1) pH 试纸 pH 试纸有广泛 pH 试纸和精密 pH 试纸两类,用来粗略测定溶液的 pH 值。广泛 pH 试纸的变色范围是 pH=0~14,它只能粗略地估计溶液的 pH 值。精密 pH 试纸可以较精确地估计溶液的 pH 值,根据其变色范围可分为多种,如变色范围为 pH=2.7~4.7、3.8~5.4、5.4~7.0、6.0~8.4、8.2~10.0、9.5~13.0 等。根据待测溶液的酸碱性,可选用某一变色范围的试纸。

使用 pH 试纸时,用镊子取一小块试纸放在点滴板(或表面皿等)上,用玻璃棒将待测溶液搅拌均匀,然后用玻璃棒末端蘸少许溶液接触试纸,待试纸变色后,与色阶板比较,确定 pH 值。切勿将试纸浸入溶液中,以免污染溶液。

(2) 醋酸铅试纸 醋酸铅试纸用来定性检验硫化氢气体。当含有 S^{2-} 的溶液被酸化时,逸出的硫化氢气体遇到试纸后,即与纸上的醋酸铅反应,生成黑色的硫化铅沉淀,使试纸呈黑褐色,并有金属光泽。当溶液中 S^{2-} 浓度较小时,则不易检出。使用时,将小块试纸用去离子水润湿后放在试管口(硫化氢气体较少时可将试纸贴在玻璃棒上伸入试管),需注意不要使试纸直接接触溶液。

(3) 淀粉-KI 试纸 用来定性检验 Cl_2、Br_2 等氧化性气体的存在,试纸上浸有碘化钾和淀粉的混合物。当氧化性气体遇到湿的试纸后,将试纸上的 I^- 氧化成 I_2,I_2 立即与试纸上的淀粉作用变成蓝色。如果气体氧化性强,而且量大时,还可以进一步将 I_2 氧化成无色的 IO_3^-,使蓝色褪去,因此使用时必须仔细观察试纸颜色的变化,否则会得出错误的结论。

九、温度计的使用

一般温度计用玻璃制成,下端的水银或酒精(加有红色染色剂)球与下面一根内径均匀的厚壁毛细管相连通,管外刻有表示温度的刻度。一般温度计可精确到 1℃,精密温度计可精确到 0.1℃,分度为 1/10 的温度计可估计到 0.01℃ 的读数。每支温度计都有一定的测量范围,通常以最高的刻度表示。

温度计下端球部玻璃壁很薄,容易破碎,使用时要轻拿轻放,不可用来当作搅拌棒使用。测量液体温度时,要使水银球或酒精球完全浸在液体中,不要接触容器的底部或器壁,刚测量过高温的温度计不可立即用冷水洗,以免温度计炸裂。

温度计的水银球一旦被打破,洒出水银,应先用滴管尽可能地将其收集起来,放入盛水的烧杯或试剂瓶中,最后用硫黄粉覆盖在有水银洒落的地方,并摩擦使水银转化为难挥发的 HgS。

十、酸度计的使用

酸度计也称 pH 计,是测量溶液 pH 值的仪器。酸度计品种繁多,基本原理都是使用对溶液中 H^+ 浓度敏感的玻璃电极,将因 H^+ 浓度差而产生的电动势转换成为 pH 值。下面以 pHS3C 数字式酸度计为例,说明一般酸度计的基本使用方法。

1. 安装

将复合电极(由玻璃电极与银-氯化银电极复合组成,玻璃电极作为测量电极,银-氯化银电极作为参比电极)用电极夹固定,插头插入仪器背部的电极插孔内。打开电源开关,预热仪器约 30min。

2. 标定

① 用去离子水清洗电极,用洁净滤纸吸去电极表面的水,然后将电极放入装有 pH 值约为 7 的标准缓冲溶液的小烧杯中(注意电极的敏感玻璃球需完全浸入溶液中),轻轻摇动烧杯,消除气泡并使溶液尽快达到扩散平衡,把选择开关置于"温度"位,调节"温度补

偿"旋钮，使仪器显示的温度值与被测溶液当前温度一致，则温度补偿设置完成。注意：缓冲溶液与待测定溶液的温度必须一致。

② 把选择开关置于"pH"位，显示 pH 值，调节"定位"旋钮，使显示值与标准缓冲溶液当前温度下的 pH 值一致。

③ 取出电极，清洗并清除表面的水后，再将电极放入 pH 值约为 4 的第二种标准缓冲溶液中，调节"斜率"旋钮，使显示值与该缓冲液当前温度下的 pH 值一致。

④ 反复进行上述②、③ 步骤，直到显示值符合两标准 pH 值为止。经标定后的"定位"和"斜率"旋钮不得再变动。

3. 测量

洗净电极，吸干水后将电极插入被测溶液中，待仪器显示的数据稳定后读数即可。

第四节　无机物的合成、分离原理和技术

化合物的种类繁多，目前已知的化合物已达数千万种，其中许多并不存在于自然界中，而是以人工的方法合成的。化学合成就是对自然物质的化学加工过程。通过合成，不仅制备出品种繁多的精细化工产品和化学试剂等一般的化学物质，还能合成出各种新型的材料。因此，化学合成的发展及应用涉及国民经济、国防建设、资源开发、新技术的发展以及人民的衣、食、住、行等各个方面。

合成与分离是紧密相连的，分离得不好，就无法获得满意的合成结果。因此，一个优化的合成路线必然同时考虑到产品纯化的合理方案。

一、无机合成

1. 无机化合物制备方法的设计依据

无机合成的基础是无机化学反应，一个化学反应的实现，要运用"四大平衡"的原理，从 $K_a^\ominus$、$K_b^\ominus$、$K_{sp}^\ominus$、$K_f^\ominus$、$E^\ominus$ 值分析入手，既要从热力学方面考虑它的可能性，又要从动力学的角度分析它的现实性。

例如，从含银废液中回收金属银，可以设计多种方案进行银的回收。但所设计方案是否可行，可通过热力学数据进行推算，为实验方案的实现提供依据。如其中一个方案是以 NaCl 为沉淀剂，使废液中的 Ag^+ 以 AgCl 形式析出，再选用金属 Zn 将 AgCl 还原为金属 Ag。该方案中的两个化学反应能否自发进行，以及反应进行的程度如何，可从有关手册上查得热力学数据进行计算说明。

第一步反应：　　　　　　　$Ag^+(aq)+Cl^-(aq)\Longrightarrow AgCl(s)$

$\Delta_f G_m^\ominus /(kJ/mol)$　　　　　　77.12　　　-131.3　　　-109.8

$$\Delta_r G_m^\ominus = \sum \Delta_f G_m^\ominus (生成物) - \sum \Delta_f G_m^\ominus (反应物)$$
$$= -109.8 kJ/mol - (-131.3+77.12)kJ/mol$$
$$= -55.62 kJ/mol$$

$\Delta_r G_m^\ominus < 0$，说明上述反应在室温下能自发进行。

第二步反应：　　　　　　$2AgCl+Zn \Longrightarrow 2Ag+Zn^{2+}+2Cl^-$

查表得：$E^\ominus(AgCl/Ag)=0.22V$　　　$E^\ominus(Zn^{2+}/Zn)=-0.76V$

$$E^\ominus = E^\ominus(AgCl/Ag) - E^\ominus(Zn^{2+}/Zn) = 0.22V - (-0.76)V = 0.98V$$

因为 $E^\ominus > 0$，反应能自发向右进行。

再计算平衡常数：

$$\lg K^{\ominus} = \frac{nE^{\ominus}}{0.0592} = \frac{2 \times 0.98}{0.0592} = 33.1$$
$$K^{\ominus} = 1.26 \times 10^{33}$$

$K^{\ominus}$值很大,说明反应进行得很完全。因此,上述实验方案完全可行。以上实例说明热力学计算在无机合成方案设计中的重要性,在新化合物的研制和工业生产中这一环节也极其重要。

当一个化合物的制备有多种途径可以选择时,需进一步考虑制备工艺的可行性,也就是要选择一个产品收率高、质量好、生产简单、原料价格低廉、安全无毒、污染少的工艺路线。

如试剂级 CuO 的制备,首先将铜氧化成二价铜的化合物,然后再用不同方案进一步处理得到氧化铜,通常有以下三种方法:

$$Cu(NO_3)_2 \xrightarrow{\triangle} CuO + 2NO_2 + 1/2 O_2 \qquad \text{方法一}$$

$$Cu(NO_3)_2 \xrightarrow{\text{加 NaOH}} Cu(OH)_2 \xrightarrow{\triangle} CuO + H_2O \qquad \text{方法二}$$

$$Cu(NO_3)_2 \xrightarrow{\text{加 Na}_2CO_3} Cu_2(OH)_2CO_3 \xrightarrow{\triangle} 2CuO + CO_2 + H_2O \qquad \text{方法三}$$

第一种方法:$Cu(NO_3)_2$加热分解法,由于有 NO_2 气体产生,污染严重,所以很少采用。第二种方法:$Cu(OH)_2$加热分解法,由于 $Cu(OH)_2$ 具有两性,当 NaOH 过量时,会溶解一部分,又因 $Cu(OH)_2$ 呈胶性沉淀,难以过滤和洗涤,影响产品纯度和产率。第三种方法:$Cu_2(OH)_2CO_3$加热分解法,由于污染少,产品纯度高,因此试剂级 CuO 一般采用碱式碳酸铜加热分解的方法(第三种方法)制得。

由此可见,无机化合物制备方案的设计,首先要从热力学观点论证其方法的可行性,但更重要的是应考虑工艺、技术上的先进性和经济上的合理性。

2. 无机化合物的常规制备方法

随着合成化学的深入研究以及特种实验技术的引入,无机合成的方法已由常规的合成发展到应用特种技术的合成。如高温合成、低温合成、真空条件下的合成、水热合成、电解合成、高压合成、光化学合成以及等离子体技术在无机合成中的应用等等。在此仅介绍无机化合物常规的制备方法和原理。

(1) 复分解反应法 复分解反应是指两种化合物在水溶液中正、负离子发生互换的反应。若生成物是气体或沉淀,则通过收集气体或分离沉淀,即能获得产品。如果生成物也溶于水,则可采用结晶法获得产品。这种制备方法的主要操作包括溶液的蒸发、浓缩、结晶、再结晶、过滤和洗涤等。现以 KNO_3 的制备为例。

制备 KNO_3 的原料是 KCl 和 $NaNO_3$,两者的溶液混合后,在溶液中同时存在着 K^+、Na^+、Cl^- 和 NO_3^- 四种离子,它们可以组成四种盐:KCl、$NaNO_3$、KNO_3 和 NaCl。比较它们在不同温度下的溶解度,可以粗略地找出制备 KNO_3 的条件。不同温度时四种盐在水中的溶解度列于表 1-3。

表 1-3 四种盐在水中的溶解度   单位: $g/100gH_2O$

$t/℃$	0	20	40	60	80	100
KNO_3	13.3	31.6	63.9	110.0	169.0	246
KCl	27.6	34.0	40.0	45.6	51.1	56.7
$NaNO_3$	73.0	88.0	104.0	124.0	148.0	180.0
NaCl	35.7	36.0	36.6	37.3	38.4	39.8

由表 1-3 中数据可以看出,相同温度时,四种盐的溶解度各不相同,而且它们受温度变

化的影响也不一样。随着温度的升高，NaCl 的溶解度几乎没有改变，KCl 和 NaNO$_3$ 的溶解度改变也不是很大，而 KNO$_3$ 的溶解度却迅速增大。因此，将上述混合溶液在较高温度下蒸发浓缩，NaCl 首先达到饱和而从溶液中结晶出来，趁热过滤将其分离。再将滤液冷却，就析出溶解度急剧下降的 KNO$_3$ 晶体。在 KNO$_3$ 的初次结晶中，一般混有少量可溶性杂质，为除去这些杂质，可进一步采取重结晶法提纯。

(2) 分子间化合物的制备　分子间化合物是由简单化合物分子按一定化学计量比化合而成的，它的范围十分广泛，有水合物，如 $CuSO_4 \cdot 5H_2O$；氨合物，如 $CaCl_2 \cdot 8NH_3$；复盐，如 $(NH_4)_2SO_4 \cdot FeSO_4 \cdot 6H_2O$；配合物，如 $[Cu(NH_3)_4]SO_4 \cdot H_2O$ 等。

制备分子间化合物的原理与操作虽较为简单，但为了得到合格的产品还要注意以下几点。

① 原料的纯度。合成分子间化合物的各组分必须经过提纯，因为分子间化合物一旦合成后，杂质离子就不易除去。如明矾 $K_2SO_4 \cdot Al_2(SO_4)_3 \cdot 24H_2O$，一般由 K_2SO_4 与 $Al_2(SO_4)_3$ 溶液相互混合而制得，如果原料中有杂质 NH_4^+，就可能形成与 $K_2SO_4 \cdot Al_2(SO_4)_3 \cdot 24H_2O$ 同晶的 $(NH_4)_2SO_4 \cdot Al_2(SO_4)_3 \cdot 24H_2O$，后者将很难除去。

② 投料量。一般按两种组分的理论量配料，但在实际操作中，往往让其中一种组分过量。如合成 $[Cu(NH_3)_4]SO_4$，为了保持其在溶液中的稳定性，配位剂 $NH_3 \cdot H_2O$ 必须过量，又如合成 $(NH_4)_2SO_4 \cdot Al_2(SO_4)_3 \cdot 24H_2O$ 时，为了防止组分 $Al_2(SO_4)_3$ 水解，合成反应须在酸性介质中进行。为此，应加过量 $(NH_4)_2SO_4$，同时也有利于充分利用价格较高的 $Al_2(SO_4)_3$，以降低成本。

③ 溶液的浓度。在合成分子间化合物时，还必须考虑各组分的投料浓度：如在 $(NH_4)_2SO_4 \cdot Al_2(SO_4)_3 \cdot 24H_2O$ 的合成中，由于 $(NH_4)_2SO_4$ 过量，可按其溶解度配制成饱和溶液，而 $Al_2(SO_4)_3$ 则应稍稀些为宜。如果两者的浓度都很高，则容易形成过饱和溶液，不易析出结晶。即使析出，颗粒也较小。大量的小晶体，由于表面积较大而易吸附较多杂质，影响产品纯度；如果两者浓度都很低，则不仅蒸发浓缩耗能多，时间较长，而且也影响产率。

④ 严格控制结晶操作。由简单化合物相互作用合成分子间化合物后，一般经过蒸发、浓缩、冷却、过滤、洗涤、干燥等工序后，才能得到产品，但由于分子间化合物的范围十分广泛，性质各异，所以在合成时还应考虑它们在水中以及对热的稳定性大小。对于一些稳定的复盐，如 $K_2SO_4 \cdot Al_2(SO_4)_3 \cdot 24H_2O$、$(NH_4)_2SO_4 \cdot Al_2(SO_4)_3 \cdot 24H_2O$ 等可按上述操作进行。如 $[Cu(NH_3)_4]SO_4 \cdot H_2O$、$Na_3[Co(NO_2)_6]$ 等配合物，热稳定性较差，欲使其从溶液中析出晶体，必须更换溶剂，一般是在水溶液中加入乙醇，以降低溶解度，使结晶析出。对某些能形成不止一种水合晶体的水合物，如 $NiSO_4$，在水溶液中结晶时，温度低于 31.5℃时析出结晶为 $NiSO_4 \cdot 7H_2O$；31.5～53.3℃ 时为 $NiSO_4 \cdot 6H_2O$；103.3℃时为 $NiSO_4$。为此，在蒸发过程中不仅要严格控制浓缩程度，而且还要严格控制结晶温度，不然就得不到合乎要求的产品。

(3) 无水化合物的制备　以上讨论的两类化合物都是在水溶液中合成的，但有些化合物具有强烈的吸水性，如 PCl_3、$SiCl_4$、$SnCl_4$、$FeCl_3$ 等化合物，它们一旦遇到水或潮湿的空气就迅速反应而生成水合物。所以不能利用水相反应制取这类无水化合物，必须采用干法或在非水溶剂中合成。

① 金属与氯气直接合成。虽然绝大多数金属氯化物的标准摩尔生成吉布斯函数 $\Delta_f G_m^{\ominus}$ 都为负值，说明金属与氯气有直接合成的可能性，但还应从动力学的角度考虑合成的现实性。金属在一般温度下都为固体（除汞以外），与氯气反应属于多相反应。对气-固多相反应来说，有以下五个过程：反应物分子向固体表面扩散→反应物分子被固体表面所吸附→分子在

固体表面上进行反应→生成物从固体表面解吸→生成物通过扩散离开固体表面。

所以只有生成物易升华或易液化和汽化，能及时离开反应界面的才能用直接合成法制取，如 $FeCl_3$、$AlCl_3$、$SnCl_4$ 等。

$$2Fe(s)+3Cl_2 == 2FeCl_3(g)$$
$$2Al(s)+3Cl_2 == 2AlCl_3(g)$$

升华出来的 $FeCl_3$、$AlCl_3$，冷却即凝结为固态。

$$Sn(l)+2Cl_2 == SnCl_4(l)$$

由于 $SnCl_4$ 的沸点较低，合成反应中放出的大量热，可将 $SnCl_4$ 蒸馏出去。

② 金属氧化物的氯化。

$$氧化物+氯气 \longrightarrow 氯化物+氧气$$

利用上述反应能否制得氯化物，同样要从热力学与动力学两方面考虑。从 $\Delta_f G_m^\ominus$ 值来判断，许多金属元素的氯化物都比氧化物稳定，理论上反应是可行的。但是有许多元素的无水化合物的 $\Delta_f G_m^\ominus$ 负值不大，有的甚至是正值。一般可以采用下列两种方法实现氧化物到氯化物的转变：

a. 使反应在流动系统中进行，在反应器的一端通入干燥的氯气，让过量的氯气不断地将置换出的氧气从另一端带走。

b. 在反应系统中加入吸氧剂，例如碳，在加热情况下，C 氧化为 CO。如由 TiO_2 制取 $TiCl_4$ 时，先将 TiO_2 和 C 的混合物加热至 800~900℃，然后通入干燥的氯气，即发生氯化反应，反应如下：

$$TiO_2+2C+2Cl_2 == TiCl_4+2CO$$

③ 氧化物与卤化剂反应。例如：

$$Cr_2O_3+3CCl_4 == 2CrCl_3+3CO+3Cl_2$$

由于生成的 $CrCl_3$ 在高温下能与 O_2 发生氧化还原反应，所以反应必须在惰性气体（如氮气）中进行。

④ 水合卤化物与脱水剂反应。水合金属卤化物与亲水性更强的物质（脱水剂）反应，夺取金属卤化物中的配位水，制取无水氯化物。如用氯化亚砜（$SOCl_2$）与水合三氯化铁（$FeCl_3 \cdot 6H_2O$）共热，$SOCl_2$ 与 $FeCl_3 \cdot 6H_2O$ 中的水反应，生成 $FeCl_3$，并有 SO_2 和 HCl 气体逸出。常用的脱水剂还有 HCl、NH_4Cl、SO_2 等。

由于这些无水氯化物具有强烈的吸水性，因此合成反应一般需在高温下进行，同时往往有毒性或腐蚀性的气体生成。所以合成反应的设备不仅要密闭性良好，而且要耐高温、耐腐蚀，并在通风良好的条件下进行反应。

(4) 由矿石、废渣（液）制取化合物 以上讨论的三类制备类型都是以单质或化合物为原料进行合成的，而这些原料的最初来源绝大多数是矿石或工业废料，因此讨论由矿石或工业废料制取无机化合物的方法具有十分重要的意义。

矿石是指在现代技术条件下，具有开采价值可供工业利用的矿物。在自然界中以单质形式存在的元素只是少数，大多数的金属都以化合态存在，一般可分为两类。一类是亲氧元素，其与氧形成氧化物矿或含氧酸盐矿，如软锰矿（$MnO_2 \cdot nH_2O$）、金红石（TiO_2）、钛铁矿（$FeO \cdot TiO_2$）、铬铁矿（$FeO \cdot Cr_2O_3$）、白云石（$CaCO_3 \cdot MgCO_3$）、重晶石（$BaSO_4$）、孔雀石[$CuCO_3 \cdot Cu(OH)_2$]等。另一类是亲硫元素，其与硫形成硫化物矿，如黄铁矿（FeS_2）、黄铜矿（$CuFeS_2$）、闪锌矿（ZnS）、辰砂矿（HgS）等。

工业废料是指化工产品生产过程中排放出来的"废"物，统称为三废（废气、废液、废渣）。如硫酸厂排放出来的二氧化硫废气，氮肥厂排放出来的氨水、铵盐等废液，硼砂厂的废硼渣、镁渣等。在化工生产中，常常是甲工厂的废料又是乙工厂的原料，综合、合理地利用资源是国民经济可持续发展的重要原则之一，因此，化学工业的科技人员必须充分重视保护环境、变废为宝的问题。

矿石虽然预先经过精选，将所需的组分与矿渣分开，但精选后的矿石往往仍为多组分的原料，含有一定杂质。另一方面，矿石与废渣一般都不溶于水，因此，以矿石或废渣为原料制取化合物，通常要经过三个过程：原料的分解与造液，粗制液除杂精制，蒸发、浓缩、结晶、分离。

① 原料的分解与造液。原料分解的目的是使矿石或废渣中的所需组分变成可溶性物质。分解原料的方法应根据原料的化学组成、结构及有关性质选择，常用的有溶解和熔融两种方法。

a. 溶解法。溶解法较为简单、快速，所以分解原料时尽可能采用溶解法。根据选择溶剂的不同，溶解法又可分为酸溶和碱溶。

(a) 酸溶。作为酸性溶剂的无机酸有盐酸、硝酸、硫酸、氢氟酸、混合酸（如王水）等。其中使用最多的是硫酸。硫酸是强酸，除可溶解活泼金属及其合金外，许多金属氧化物、硫化物、碳酸盐都能被硫酸所溶解，生成的硫酸盐除铅、钙、银、钡外，其它一般都溶于水。浓硫酸沸点高、难挥发，不仅可以提高酸溶的温度，而且能置换出挥发性酸，分解原料中的 NO_3^-、Cl^-、F^- 等杂质。硫酸所能达到的浓度是所有酸中最高的。浓硫酸具有吸水性，可以脱去反应所生成的水，从而加快溶解反应的速率。因此，一些难溶于强酸的矿石，如钛铁矿可用浓硫酸溶解：

$$FeO \cdot TiO_2 + 3H_2SO_4 =\!=\!= Ti(SO_4)_2 + FeSO_4 + 3H_2O$$

(b) 碱溶。常用的碱性溶剂为 NaOH，用于溶解两性金属 Al、Zn 及其合金，也可用于溶解一些酸性矿石，如白砷矿（As_2O_3）：

$$As_2O_3 + 6NaOH =\!=\!= 2Na_3AsO_3 + 3H_2O$$

b. 熔融法。当原料用各种酸、碱溶剂不能完全溶解时，才采用熔融法。熔融法的一般工艺过程为：原料→熔块→浸取→分离。根据选择的熔剂不同，又可分为酸熔、碱熔两种。

(a) 酸熔。常用的酸性熔剂有焦硫酸钾（$K_2S_2O_7$），它在高温时（>300℃）能分解产生 SO_3，SO_3 有强酸性，能与两性或碱性氧化物作用生成可溶性硫酸盐。如金红石（TiO_2）的分解：

$$TiO_2 + 2K_2S_2O_7 =\!=\!= Ti(SO_4)_2 + 2K_2SO_4$$

也可用 $KHSO_4$ 代替 $K_2S_2O_7$ 作为酸性熔剂，因在熔融灼烧时 $KHSO_4$ 将脱水分解产生 SO_3：

$$2KHSO_4 =\!=\!= SO_3 + K_2SO_4 + H_2O$$

(b) 碱熔。常用的碱性熔剂有 Na_2CO_3、K_2CO_3、NaOH、KOH、Na_2O_2 及它们的混合物。酸性氧化物及不溶于酸的残渣等均可用碱熔法分解。Na_2O_2 是具有强氧化性的碱性熔剂，能分解许多难熔物，如铬铁矿（$FeO \cdot Cr_2O_3$）：

$$2FeO \cdot Cr_2O_3 + 7Na_2O_2 =\!=\!= 2NaFeO_2 + 4Na_2CrO_4 + 2Na_2O$$

但由于 Na_2O_2 具有强的腐蚀性，而且价格较为昂贵，一般不常用。铬铁矿的分解常采用 Na_2CO_3 作熔剂，利用空气中的氧将铬铁矿氧化，制得可溶性铬(Ⅵ)酸盐：

$$4FeO \cdot Cr_2O_3 + 8Na_2CO_3 + 7O_2 =\!=\!= 8Na_2CrO_4 + 2Fe_2O_3 + 8CO_2$$

为了降低熔点，以便在较低温度下实现上述反应，常用 Na_2CO_3 和 $NaNO_3$ 混合熔剂，并加入少量氧化剂（如 $NaNO_3$）以加速氧化：

$$2FeO \cdot Cr_2O_3 + 4Na_2CO_3 + 7NaNO_3 =\!=\!= 4Na_2CrO_4 + Fe_2O_3 + 4CO_2 + 7NaNO_2$$

为了使原料分解反应完全，熔融时要加入大量的熔剂，一般约为原料量的 6~12 倍。大量的熔剂在高温下具有极大的化学活性，为尽量减少其对容器的腐蚀，应根据熔剂的性质选择熔融容器。如碱熔时，一般选用铁或镍坩埚。

原料经过熔融成为熔块，然后用溶剂（常用水）浸取、过滤，滤去不溶性残渣，得到粗制液。

② 粗制液除杂精制。粗制液或工业废液中含有较多的杂质，杂质离子的来源一部分是矿石、废渣（液）原有的，另一部分是在溶解、熔融过程中由溶（熔）剂带入的。这些杂质很难通过结晶方法除去，而要采用化学除杂的方法，最常用的方法有以下几种。

a. 水解沉淀法。水解沉淀法是利用某些杂质离子在水溶液中能发生水解的性质，通过调节溶液的 pH 值，使杂质离子水解生成氢氧化物沉淀而除去。溶液 pH 值的范围必须能使杂质离子沉淀完全（残留在溶液中的杂质离子浓度$\leqslant 10^{-5}$mol/L），而使有用组分（或产品）不产生沉淀。溶液的 pH 值范围可根据氢氧化物的溶度积求得。下面通过实例计算进行讨论。

（a）氢氧化铁沉淀与 pH 值的关系。铁是无机产品中最主要的一种杂质，常以两种价态Fe^{3+}、Fe^{2+}存在于粗制液中，两种氢氧化物开始沉淀及沉淀完全的 pH 值列于表 1-4 中。

表 1-4　铁的两种氢氧化物开始沉淀及沉淀完全的 pH 值

化　合　物	$Fe(OH)_3$	$Fe(OH)_2$
溶度积常数 $K_{sp}^{\ominus}$	4×10^{-38}	8×10^{-16}
开始沉淀的 pH 值(设离子浓度为 0.01mol/L)	2.20	7.45
沉淀完全的 pH 值(设离子浓度为 10^{-5}mol/L)	3.20	8.95

从表 1-4 中可以看出，欲使 Fe^{2+} 沉淀完全，必须调节溶液的 pH 值 >8.95，但是此时许多产品如 Ni、Cu、Zn、Mg 等盐类早已发生水解而沉淀。为了除尽杂质，但又不能使产品水解，必须将 Fe^{2+} 氧化为 Fe^{3+}，以降低除杂的 pH 值。由于沉淀的过程十分复杂，一般利用水解法去铁，pH 值控制应比按溶度积常数计算的值略高些，一般取 pH 值在 3.5~4.0 范围。

其它氢氧化物沉淀的 pH 值范围计算方法与此相同。

（b）两性氢氧化物沉淀与 pH 值的关系。$Al(OH)_3$、$Zn(OH)_2$、$Cr(OH)_3$ 等都为典型的两性氢氧化物，在水溶液中有两种离解形式，因而有两种溶度积常数，即碱式溶度积常数 $K_{sp}^{\ominus}(b)$ 与酸式溶度积常数 $K_{sp}^{\ominus}(a)$。例如 $Al(OH)_3$：

$$Al^{3+} + 3OH^- \rightleftharpoons Al(OH)_3 \text{ 或 } HAlO_2 \rightleftharpoons H^+ + AlO_2^-$$

碱式离解 $K_{sp}^{\ominus}(b) = 5\times 10^{-33}$，酸式离解 $K_{sp}^{\ominus}(a) = 4\times 10^{-13}$

在含有杂质 Al^{3+} 的溶液中，当溶液的 pH 值逐渐增大时，就能发生以下四个过程：

$Al(OH)_3$开始沉淀→沉淀完全→沉淀开始溶解→沉淀完全溶解

欲使 $Al(OH)_3$ 从溶液中沉淀出来，必然有一定的 pH 值范围，下限是沉淀完全（$[Al^{3+}]\leqslant 10^{-5}$mol/L）时的 pH 值，上限为沉淀开始溶解（$[AlO_2^-]\geqslant 10^{-5}$mol/L）时的 pH 值。根据两种溶度积常数即可计算 $Al(OH)_3$ 沉淀不完全时 pH 值的上、下限数值。

$Al(OH)_3$ 完全沉淀时的 pH 值按 $K_{sp}^{\ominus}(b)$ 计算：

$$[OH^-] = \sqrt[3]{\frac{K_{sp}^{\ominus}(b)}{[Al^{3+}]}} = \sqrt[3]{\frac{5\times 10^{-33}}{10^{-5}}}\text{mol/L} = 7.9\times 10^{-10}\text{mol/L}, \text{pH}=4.9$$

沉淀开始溶解时的 pH 值按 $K_{sp}^{\ominus}(a)$ 计算：

$$[H^+] = \frac{K_{sp}^{\ominus}(a)}{[AlO_2^-]} = \frac{4\times 10^{-13}}{10^{-5}}\text{mol/L} = 4\times 10^{-8}\text{mol/L}, \text{pH}=7.4$$

通过上述计算可知，欲使杂质 Al^{3+} 除尽，应控制溶液的 pH 值范围为：$4.9 \leqslant pH \leqslant 7.4$。其它两性氢氧化物沉淀的 pH 值范围计算方法与此相同。

(c) 氧化剂的选择。常用的氧化剂有 H_2O_2、NaClO、$K_2Cr_2O_7$、$KMnO_4$、Cl_2 水、Br_2 水等。选择氧化剂的原则是：能氧化杂质离子（从 $E^\ominus$ 大小判断）、成本低、无污染、不引进杂质离子（如果引进，则要求易于除去）、使用氧化剂的条件（pH 值）与除杂的工艺条件相符合。

在上述几种氧化剂中使用较多的是 H_2O_2，H_2O_2 虽然价格较高，但它在不同介质条件下都具有较强的氧化性，它的还原产物为 H_2O 或 HO^-，不会引入其它杂质。

(d) 调节 pH 值的试剂。调节 pH 值的试剂有两类。碱性试剂常用的有氢氧化物、碱性氧化物、碳酸盐等。酸性试剂常用的有稀酸、酸性氧化物等。

如 $CuSO_4$ 溶液中除杂质 Fe^{3+} 时，可以用 $Ba(OH)_2$ 调节 pH 值，这是由于 $Ba(OH)_2$ 的碱性较强，能使溶液的酸度降低，而且 Ba^{2+} 与 SO_4^{2-} 生成难溶的 $BaSO_4$ 沉淀，不会给 $CuSO_4$ 引入新的杂质。

(e) 水解除杂的工艺条件。水解是一个吸热过程，加热可以促进水解反应的进行，同时还有利于水解产物凝结成大的颗粒，便于过滤。所以在水解法除杂中，除了要严格控制 pH 值外，还需加热并进行搅拌。

b. 活泼金属置换。溶液中如含有某些重金属（如 Cu、Ag、Cd、Bi、Sn、Pb 等）的杂质离子，还可用活泼金属置换的方法除杂，所选择的金属必须与产品有相同的组分，这样不会引进杂质。如由菱锌矿（主要成分为 $ZnCO_3$）制取 $ZnSO_4 \cdot 7H_2O$ 时，原料用 H_2SO_4 浸取后，粗制液中含有 Ni^{2+}、Cd^{2+}、Fe^{2+}、Mn^{2+} 等杂质，杂质 Fe^{2+}、Mn^{2+} 用氧化水解沉淀法除去，杂质 Ni^{2+}、Cd^{2+} 则用活泼金属 Zn 置换除去：

$$Ni^{2+} + Zn \longrightarrow Ni + Zn^{2+}, \quad Cd^{2+} + Zn \longrightarrow Cd + Zn^{2+}$$

金属置换反应是多相反应，为了提高置换反应的速率，除了加热和搅拌外，还要求金属尽量粉碎成小颗粒粉末，以增大反应的接触面积。

除上述两种除杂方法外，还可以用硫化物沉淀、溶剂萃取、离子交换等多种除杂方法，这里不再叙述。

③ 蒸发、浓缩、结晶、分离。精制液中除有产品组分外，还含有少量杂质离子，这些杂质可通过结晶或重结晶操作加以分离。

二、化合物的分离

在实际分析工作中，遇到的化合物品种繁多，有化工产品、半成品、矿石原料、金属材料和废渣等，这些样品往往组成复杂，含有多种组分，在合成和分析的过程中都需要除去杂质或去除干扰，分离是常用的除去杂质或干扰的方法。

1. 沉淀分离法

沉淀分离法是一种经典的分离方法，利用沉淀反应选择性地沉淀某些离子，与可溶性的离子实现分离。沉淀分离法的主要依据是物质的溶解度不同。沉淀分离法主要包括：沉淀分离法和共沉淀分离法。前者适用于常量组分的分离（毫克数量级以上），后者适用于痕量组分的分离（小于 1mg/mL）。

沉淀法是最古老、最经典的化学分离方法。在分析化学中常常通过沉淀反应把欲测组分分离出来，或者把共存的组分沉淀下来，以消除它们对欲测组分的干扰。虽然沉淀分离需经过过滤、洗涤等手续，操作较烦琐费时，且某些组分的沉淀分离选择性较差，分离不完全，但是一方面由于分离操作的改进，加快了过滤、洗涤速度；另一方面通过使用选择性较好的有机沉淀剂，提高了分离效率，因而到目前为止，沉淀分离法在分析化学中还是一种常用的分离方法。

(1) 常量组分的沉淀分离　常量组分的沉淀分离可选用无机沉淀剂或有机沉淀剂。常用的无机沉淀剂包括氢氧化物、硫化物和其它无机沉淀剂。

① 氢氧化物沉淀分离。大多数金属离子都能生成氢氧化物沉淀，但各种氢氧化物沉淀的溶解度有很大的差别。因此可以通过控制酸度，改变溶液中的 $c(OH^-)$，达到选择沉淀分离的目的。如以 NaOH 作沉淀剂，可将两性与非两性氢氧化物分离。以 NH_3 作沉淀剂，可将生成的氨配合物与氢氧化物沉淀分离。以六亚甲基四胺、吡啶、苯胺、苯肼等有机碱与其共轭酸组成缓冲溶液，可控制溶液的 pH 值，利用氢氧化物分级沉淀的方法达到分离的目的。

② 硫化物沉淀分离。40 余种金属离子可生成难溶硫化物沉淀，各种金属硫化物沉淀的溶解度相差较大，为硫化物分离提供了基础。

③ 其它无机沉淀剂。

a. 硫酸。使钙、锶、钡、铅、镭等离子形成硫酸盐沉淀可与金属离子分离。

b. HF 或 NH_4F。用于钙、锶、镁、钍、稀土金属离子与金属离子的分离。

c. 磷酸。$Zr(Ⅳ)$、$Hf(Ⅳ)$、$Th(Ⅳ)$、Bi^{3+} 等金属离子能生成磷酸盐沉淀而与其它离子分离。

④ 有机沉淀剂。有机沉淀剂所形成的沉淀具有溶解度小、沉淀完全、吸附作用小、高选择性与高灵敏度的特点。

(2) 痕量组分的共沉淀分离和富集　共沉淀现象是指当一种沉淀从溶液中析出时，由于沉淀表面的吸附、混晶、吸留和包藏，使溶液中其它离子也沉淀下来的现象。利用共沉淀现象，以某种沉淀作载体，将痕量组分定量地沉淀下来，达到分离的目的。

无机共沉淀剂按其作用原理的不同，可分为两类。

① 吸附或吸留作用的共沉淀分离。常用的载体有氢氧化物［$Fe(OH)_3$、$Al(OH)_3$ 或 $MnO(OH)_2$］、硫化物、磷酸盐等，它们大多为非晶体沉淀，表面积大、吸附能力强，通过吸附或吸留作用将痕量组分共沉淀分离除去。例如从含铜溶液中分离微量的 Al^{3+}，可加入过量的氨水，使 Cu^{2+} 生成 $[Cu(NH_3)_4]^{2+}$ 而留在溶液中，但由于 Al^{3+} 含量极少，还难以形成 $Al(OH)_3$ 沉淀，若加入 Fe^{3+}，则可利用生成的 $Fe(OH)_3$ 表面吸附的一层 OH^-，吸附 Al^{3+}，从而使 $Al(OH)_3$ 共沉淀分离。此类共沉淀分离法选择性不高。

② 混晶作用的共沉淀分离。当被沉淀离子与共存离子半径相近，晶格相似时，可产生混晶。例如 Pb^{2+} 与 Sr^{2+} 的半径相近（0.137nm 和 0.132nm），$SrSO_4$ 和 $PbSO_4$ 又具有相同的晶格，在分离微量的 Pb^{2+} 时，可先加入大量的 Sr^{2+}，再加入过量的 Na_2SO_4 溶液，使它们生成硫酸盐混晶而沉淀下来。常见的混晶有 $SrCO_3$-$CdCO_3$、$MgNH_4PO_4$-$MgNH_4AsO_4$、$ZnHg(SCN)_4$-$CoHg(SCN)_4$ 等。由于晶格的限制，混晶共沉淀分离选择性高，分离效果好。

有机共沉淀剂具有较高的选择性，得到的沉淀较纯净。沉淀通过灼烧即可除去共沉淀剂而留下待测定的元素。

2. 结晶和重结晶

(1) 结晶的条件与控制　结晶是溶解达到过饱和后，从溶液中析出晶体的过程。通常有两种结晶方法：一种方法适用于溶解度随温度的降低显著减小，即溶解度曲线陡度很大的物质，如 KNO_3、$H_2C_2O_4$ 等，该类物质的溶液不必通过蒸发浓缩，只需将溶液加热至饱和后冷却即可析出晶体。另一种是通过蒸发和汽化部分溶剂，使溶液浓缩到达过饱和状态后析出晶体。适用于溶解度较大，且随温度的降低而减小，即溶解度曲线较陡的物质，多数无机物属于这一类,这时只需蒸发至液面出现晶膜即可停止加热,随着温度的降低,晶体仍能继续析出。若物质的溶解度随温度变化不大,即溶解度曲线比较平坦的物质,如 NaCl、KCl 等,通过冷却高温的过饱和溶液不能获得较多的晶体,需要在晶体析出后继续蒸发母液至呈稀粥状后再冷却,才能获得较多的晶体。

① 结晶条件的控制。结晶过程分为两个阶段,第一阶段是形成作为结晶核心的微小晶核,第二阶段是晶核长大成为晶体。因此,晶体的析出速度首先与晶核形成的速度有关。溶液的过饱和程度越大,晶核形成的速度也越大,就能加快晶体的析出。对一般物质来讲,过饱和是一种不稳定的状态,在过饱和溶液中加入一较小晶体(晶种)、搅拌溶液或用玻璃棒摩擦器皿都可以加速晶体的析出。

析出晶体的颗粒大小除与溶液的过饱和程度有关外,还取决于结晶时的温度,如果溶液的过饱和程度大,形成晶核较多,当快速冷却同时进行强烈搅拌时,则形成细小的晶体。若溶液的过饱和程度较小,形成晶核较少,则晶体容易长大,在溶液缓慢冷却的同时加以适当的搅拌,就能得到较大颗粒的晶体。

② 结晶的操作技术。欲从溶液中析出晶体,一般都必须进行加热、蒸发。蒸发通常在蒸发皿中进行,蒸发皿的表面积大,有利于加速蒸发。蒸发皿中放入液体的量不要超过其容量的三分之二,如被蒸发的溶液较多时可以分次添加。一般可在石棉网上用煤气灯直接加热蒸发。对于遇热易分解的溶质,应用水浴控温加热或更换溶剂(如甲醇、乙醇等有机溶剂能降低许多无机化合物的溶解度)。对于在水溶液中能发生水解的物质,还应调节溶液的 pH 值,以抑制水解反应的进行。对于各种水合晶体,在蒸发浓缩中先析出的晶体所含的结晶水一般较少,甚至为无水物。在冷却过程中逐渐从母液中吸收水与之结合,从而达到所要求的结晶水。因此对这类化合物,绝不能蒸发过度。

随着蒸发的进行,溶液的浓度逐渐变大,此时不仅要控制好火焰的温度,同时要随时加以搅拌,以防局部过热而发生迸溅。总之,为了得到合格的产品,在加热蒸发中必须根据物质溶解度的不同与结晶大小的要求,严格控制蒸发浓缩的程度与结晶的条件。

(2) 重结晶溶剂的选择 重结晶是结晶提纯的一个重要方法,具体操作过程为:选择合适的溶剂,并在接近沸点的温度下将欲纯化的晶体溶解,制成热饱和溶液,然后趁热过滤溶液,除去不溶性杂质,滤液冷却后即析出晶体。如果析出的晶体纯度还不合要求,可以再次反复操作,直至达到要求。

选择合适的溶剂是重结晶操作的关键,所选的溶剂必须具备下列条件:
① 不与待纯化物质起化学反应;
② 待纯化物质的溶解度随温度变化有明显的差异;
③ 杂质在溶剂中的溶解度很大(结晶时留在母液中)或很小(趁热过滤即可除去);
④ 溶剂沸点应低于待纯化物质的熔点;
⑤ 溶剂的沸点不可太高,以便于重结晶之后的干燥操作。

当有几种溶剂符合上述条件可供选择时,则应根据结晶的回收率、操作的难易、溶剂的毒性、安全程度、价格以及溶剂回收等因素进行比较选择。一般来说,极性大的化合物难溶于非极性溶剂,而易溶于极性溶剂之中,反之亦然。常用的重结晶溶剂有水、冰醋酸、甲醇、乙醇、丙酮、乙醚、氯仿、苯、四氯化碳、石油醚等。

在选择溶剂时有时会发现,待纯化的物质在某种溶剂中溶解度很大,而在另一种溶剂中溶解度很小,此时可使用混合溶剂。即将两种能够互溶的溶剂按适当的比例混合使用,结晶时,先将溶解度大的溶剂加热近沸,并将待纯化的物质溶于其中,若有不溶性杂质,则应趁热滤去;如发现热溶液因不纯物而染色时,则可用活性炭煮沸脱色后趁热过滤。然后再将另一种溶剂加入，使之混溶，并冷至室温以析出结晶。常用的混合溶剂按1∶1混合使用，用重结晶法精制萘时，就以水-甲醇体系为溶剂。此外，乙醇-苯、乙醇-水、乙醚-丙酮、乙醇-氯仿等都是常用的混合溶剂。

第五节　无机化工生产简介

无机化工生产除原理与实验基本相同外，生产规模相差巨大，工艺上有较多的差别。本节简单地介绍无机化工生产的方法及其与实验的区别和联系。

经典的无机化工产品包括合成氨、化学肥料、硫酸、硝酸、盐酸、纯碱与烧碱，现在有大量的精细无机化工产品。无机化工的生产主要包括原料的处理（如矿石的粉碎、精选，气体的纯化等），在反应器中通过若干个化学单元反应过程（如氧化还原反应、沉淀溶解反应、配位反应等）把反应物转化为所需产品，产品的后处理（如分离、纯化、干燥等），最后得到符合要求的产品。在上述无机化工产品生产过程中，把具有共同特点，遵循共同的物理学或化学规律，所用设备相似，作用相同的基本加工过程称为操作单元，加工过程称为单元操作。这里主要介绍与实验联系较密切的几个单元。

一、无机化工原料的处理

无机化工生产所需原料大致可分为以下几大类：化学矿物、空气和各种天然含盐水、工业废料、化工原料（中间体）、农副产品及其它。

无机化工生产的原料绝大多数来自天然矿物，其有效元素含量各异，组织生产的首要任务就是原料的处理，将原料经过一系列的物理、化学过程，加工成符合化学反应要求的状态和规格。包括破碎、分级、煅烧、气体分离、液体分离等步骤。

1. 矿石的处理

矿石开采后要经过破碎、细磨、用筛网将固体颗粒按大小分级即筛分，使粒度达到一定的大小，才能进行化学加工，如硫酸工业中，先将硫铁矿粉碎到1～4mm颗粒，然后送入沸腾炉焙烧。

矿石的精选是利用矿石中各组分之间在物理及化学性质上的差别而使有用成分富集的方法。精选方法有手选、光电选、摩擦选、重力选、磁选、电选和浮选等，其中无机盐工业使用最多的是手选、磁选和浮选。

手选是按矿石外表特征，如颜色、光泽、形状进行选矿的简便方法，只能将明显的杂质挑去，提高矿石的品位。磁选是利用矿石的相对磁性差异进行选矿的方法，当矿石含有少量杂质时，其相对磁性也随之改变。浮选是利用矿石各种成分被溶剂润湿程度不同而分离的选矿方法。矿石磨细悬浮在水中，当鼓入空气时，不易被水润湿的矿粉颗粒即附在气泡上被带到悬浮液上部，而易被水润湿的矿粉颗粒沉到底部，有时加入药剂，使各种矿物产生不同润湿性，从而达到分离的目的。

2. 矿石的热化学加工

由于品位、矿物结构或其它原因，粉碎后的矿石还要进行一系列其它加工过程，才能用于产品的生产，矿石的热化学加工有煅烧、焙烧、烧结、熔融等。有时热加工过程也能直接得到所需产品。

① 煅烧是将矿石加热，除去其中挥发性组分的过程。有时煅烧的目的在于制取最终产品，如石膏（$CaSO_4 \cdot 2H_2O$）煅烧失去部分结晶水（$CaSO_4 \cdot 1/2H_2O$），石灰石（$CaCO_3$）制成氧化钙（CaO）等。有时煅烧的目的是使矿石变成疏松多孔、便于加工的结构，如各种

硼镁石的煅烧。

② 焙烧是指在低于熔点的温度下，矿石与反应剂反应，以改变化学组成和物理性质的过程。如：

$$2MoS_2 + 7O_2 \xrightarrow{400\sim500℃} 2MoO_3 + 4SO_2 \uparrow （氧化焙烧）$$

$$TiO_2 + 2Cl_2 + C \xrightarrow{850℃} TiCl_4 + CO_2 \uparrow （氯化焙烧）$$

$$ZnS + 2O_2 \xrightarrow{SO_2} ZnSO_4 （硫酸化焙烧）$$

$$BaSO_4 + 2C \xrightarrow{1000\sim1200℃} BaS + 2CO_2 \uparrow （还原焙烧）$$

③ 烧结是将矿粉和烧碱、纯碱或石灰石等碱性物质混合，加热到半熔融状态的过程，如硼镁铁矿与纯碱在高温下的烧结。

$$3MgO \cdot B_2O_3 \cdot FeO \cdot Fe_2O_3 + 2Na_2CO_3 \longrightarrow 3MgO + FeO + 2NaFeO_2 + 2NaBO_2 + 2CO_2 \uparrow$$

④ 熔融是将矿粉与固体反应剂在熔融状态下进行化学反应的过程，如硅砂和纯碱制造水玻璃。

$$xNa_2CO_3 + ySiO_2 \longrightarrow xNa_2O \cdot ySiO_2 + xCO_2 \uparrow$$

热化学反应有些是反应后的产物作为原料，有些则直接得到粗产品。为了使反应物接触增加，有时将炉料压制成团（粉碎后的反应物混合做成煤球状），如果炉料成分之一焙烧时成为液相或气相，则反应速率会加快，因此有时在炉料中添加助熔剂促进其熔融。

3. 浸取

大多数金属矿是多成分的，所以需要的金属要由加工过的矿石进行浸取后才能得到。例如从光卤石中提取氯化钾，用氨水提取明矾石中的硫酸盐，用硫酸分解磷灰石制磷酸，用硫酸浸取铜矿而分离提取铜，用氰化钠溶液浸取分离而提取金。利用浸取法还可以提取或回收铝、钴、锰、镍、锌、铀等金属，浸取是用溶剂分离和提取固体物料中的组分的过程，有时也称固液萃取。用浸取方法得到的一般是金属离子或含氧酸根离子，用置换法、沉淀法或萃取法得到所需成分。

4. 气体的纯化

气体参与的反应，大多用到催化剂，如合成氨、接触法生产硫酸以及氨催化氧化法生产硝酸等反应均用到催化剂，气体中的杂质常会使催化剂中毒，故原料气的纯化是很重要的操作过程。如合成氨原料气的脱硫，将合成气通入盛有强碱性溶液（如纯碱液）的吸收塔；硫酸生产中，硫铁矿焙烧后 SO_2 炉气中含有一定量的有害杂质，如矿尘、含砷气体等，一般用稀硫酸洗涤。大多数情况下，气体还需要通过干燥剂进行干燥。

5. 金属原料的处理

用金属单质与酸、盐或其它氧化剂反应时，根据反应情况的不同，有时直接用金属块，有时要用金属粉末，有时用金属花。

如果金属与其它反应物生成低熔点或易升华的产物，如氯气与铝生成无水氯化铝，则将铝锭放在密闭的氯化反应炉中即可，反应生成的氯化铝升华后露出新表面继续与氯气反应。类似的反应还有氯气与汞生成氯化汞，氯气与锑反应生成氯化锑，由于这类合成是在无水条件下进行的，因此称干法合成。

如果金属与酸反应，即使生成的盐易溶于水，为了增加酸与金属的接触面积，也常把金属加工成金属花。如铝与稀硫酸反应生成硫酸铝，将铝锭用机械方法刨成铝花，然后缓慢加入稀硫酸。锌与稀硫酸反应制备硫酸锌时，通常把锌锭在铁锅（用铁锅是为了使锌中混入少量铁，降低其反应时的过电位）中加热融化，然后缓慢倒入大量冷水中，使其炸成表面积很大的多孔锌花。锡花的制备也相似。

二、化学反应过程

1. 化学反应装置

工业上用于化学反应的装置很多，主要有釜式反应器、固定床反应器和流化床反应器。

(1) 釜式反应器　釜式反应器也称搅拌式反应器，是化学工业中应用最广泛的一种反应设备，相当于实验中带电动搅拌器的三口烧瓶。这种设备主要用于液体原料以及液体与固体原料间进行化学反应。

釜式反应器由釜体、搅拌器、传动装置、加热装置（夹套、蛇形盘管等，根据夹套中媒介不同，也可用作冷却装置）、观测装置等组成。这种反应器一般采用间歇式操作，物料由上部加入釜内，在搅拌作用下迅速混合并进行反应。如果需要加热，可在夹套或盘管中通入蒸汽；如果需要冷却，则通入冷却水或冷却剂。反应完成后，物料由底部放出。

(2) 固定床反应器　固定床反应器是一种用于使气体和静止状态的固体物料起化学反应，或使气体物料在静止状态的催化剂的影响下进行反应的设备。相应实验装置在基础化学实验中使用很少，但这类反应器在化学工业中应用很广泛，特别是现代化学工业中采用固体催化剂以加快反应速率之后，其重要性更为显著。

这种反应器内部装有气体分布板，固体物料或固体催化剂放置在其中，气体均匀地通过固体料层，在它们进行接触的过程中发生化学反应。所谓固定床，是指在反应器中，固体物料或催化剂固定地放在支撑板上，形成一定高度的床层。

(3) 流化床反应器　流化床反应器指在反应器中有粉末状固体，让流体自下而上地通过反应器，当流体速度逐渐加快时，粉末便从静止状态变为流动状态，像流体一样在反应器内部循环运动或随流体从反应器中流出。其最主要的特点是固体物料比较容易从反应器中取出，适合于连续生产。

2. 原料及产品的搅拌与混合

搅拌与混合操作在化学工业中应用极其广泛，其操作目的包括：①制备均匀的混合物，如调和、乳化、分散、固体悬浮、捏合和团粒混合等；②物料传质，如萃取、浸取、溶解、结晶、气体吸收等；③促进传热，如加热或冷却过程中的搅拌与混合；④某些有化学反应发生的场合，利用搅拌或混合，可使参加反应的物料良好接触，生成的产物迅速离开反应物表面，露出新表面用于快速反应。

3. 单元反应及基本操作简介

按参加反应物质的相态分类，可分为均相反应和非均相反应。均相反应包括气相反应和单一液相反应，非均相反应包括气-液反应、液-液反应、气-固反应、液-固相反应等。按反应过程的化学特性分类，可分为氧化、还原、氢化和脱氢等反应。

(1) 均相反应过程　均相反应过程是指参加反应的物质处于一个相同的相的反应过程。参加反应的物质包括反应物和进反应器的伴随物，如催化剂、溶剂等。均相反应过程没有相界面，不存在相间接触和相间传递问题。

因为气体的扩散性，气体混合物都会均匀混合，只要具备温度、压力等必要条件，气体反应物就能在反应器内的整个空间进行反应。单一液相反应的特征和气相反应基本相同，所不同的是单一液相反应的混合比气相混合反应困难些，故单一液相反应釜有搅拌装置，以加速混合。

(2) 非均相反应过程　非均相反应过程是指参加反应的物质处于两个相或多个相。由于存在相界面，因此反应物要越过相界面，才能相碰撞发生反应。反应速率不仅受温度、浓度等的影响，还要受不同相间传递速度即扩散速度以及相间接触表面的影响。

非均相反应有气-液反应、液-液反应（互不相容的液相）、气-固反应、液-固反应、气-液-固反应五类。有固相参与的反应，通常在固相表面进行，气相或液相反应物先扩散到固相表面，与固相表面反应物分子反应，然后产物离开表面，露出新的固相表面以便进行后续反应。反应速率除与温度、气相反应物压力、液相反应物浓度有关外，还与固相反应物的比表面积即颗粒大小有关。由于过程中有多次扩散，故搅拌速度对反应速率影响较大。

(3) 加料顺序 加料顺序有正加、反加、对加之分，在通过沉淀生产晶体的过程中经常涉及。所谓正加是指将金属盐类（沉淀物的阳离子）放在反应器中，加入沉淀剂（沉淀物的阴离子），加料顺序与沉淀物吸引哪种杂质离子有密切关系。

用 $AgNO_3$ 和 HCl 合成 AgCl 时，将稀盐酸向 $AgNO_3$ 溶液中加（正加）时，$AgNO_3$ 过量，沉淀所吸引的杂质为 Ag^+，易于洗涤。反之，若将 $AgNO_3$ 溶液向稀盐酸中加（反加），则 AgCl 吸附过量的 Cl^-，不易洗去。

两种溶液以一定的流速加入（对加）到反应器中，这种加料方式可以避免任何一种溶液局部过浓，这种方法所得颗粒一般都比较大，吸附杂质少。对于合成 $BaCO_3$、Ag_2CO_3、$Ni(OH)_2$、$NiCO_3$、$Zn(OH)_2 \cdot ZnCO_3$ 等产品均获得良好效果。

金属和酸合成无机盐时，通常把酸向金属中加（正加），只有制备硝酸铁时相反，将计量好的金属铁粉缓慢加入硝酸中。其目的是让硝酸大大过量，避免 Fe^{3+} 水解。如按常规正加，溶液则会因 Fe^{3+} 强烈水解发浑，甚至成为黄棕色的"稀粥"，此物既难溶于水，又不易过滤，只有报废。

(4) 干法与湿法 产品的生产不通过水溶液中的反应，而是直接合成，这种合成方法称为干法合成。如 Cl_2 和 Al 锭在密闭干燥的容器中生成无水 $AlCl_3$；干法反应生成的产物需熔点较低、易挥发或升华迅速离开原料表面。通过溶液中反应得到产物的生产方法称为湿法，如用氢氧化铝加盐酸反应得到 $AlCl_3$ 溶液。湿法生产的产品往往带结晶水，此结晶水有时很难除去，如带结晶水的 $AlCl_3$ 加热后即强烈水解，无法得到无水 $AlCl_3$。

(5) 加热与冷却 化工生产中常用的加热均为间接加热，先加热热载体，热载体通过反应釜的夹套或盘管来加热反应釜。有饱和水蒸气加热法、矿物油加热法、熔盐加热法、烟道气或炉灶加热法、电加热法和有机液体加热法等。

冷却分为直接冷却法和间接冷却法。将冰或冷水或其它冷却剂（如液氮、干冰）直接加入需冷却的物料中称为直接冷却法，该法高效简便，但只能用在加入冷却剂后不影响物质使用性能的场合。另一种直接冷却法称为自然汽化冷却法，将需冷却的物料置于敞口槽中或喷洒于空气中，使部分液体汽化，这样就带走了液体的部分热量而使液体温度降低。间接冷却法通常在间壁式换热器中进行，也可在夹套或盘管中通冷却水或其它冷冻剂。

三、产品的获得

物料经充分反应后，最后得到的一般为混合物，需通过分离得到所需产品。一般采用蒸发、蒸馏、结晶和吸收等单元操作，最后得到产品，产品经常还需干燥。

1. 机械分离

混合物大致分为均相混合物和非均相混合物。对于非均相混合物，由于其中的固体颗粒和液体具有不同的物理性质（如密度等），故一般可用机械方法将它们分离。

(1) 重力沉降分离 依靠重力的作用，固体颗粒发生沉降，实现非均相混合物的分离。密度较大或颗粒较大的沉淀容易沉降，典型设备有沉降室、沉降槽和分级器。

(2) 离心沉降分离 依靠惯性离心力作用而进行沉降，实现非均相混合物的分离。惯性离心力由旋转而产生，转速越大，离心力越强。由于旋转产生的离心力比重力大得多，因此，利用离心力作用可分离密度小或颗粒小、不易自然沉降的沉淀。

(3) 过滤分离　过滤是以多孔物质作为介质,在外力作用下,使液体通过介质孔道而固体颗粒被截留下来。过滤是保证产品质量的关键操作之一。根据产品性质不同,可以选用涤纶布、绸布、玻璃纤维、酸性石棉、多孔玻璃或陶瓷等器材。除自然过滤外,普遍采用减压过滤或加压过滤。

活性炭具有特殊的吸附性,对于除去水解产物、胶体、悬浮物和荧光物都有显著效果。所用漏斗在过滤"去头"时,要先敷上一层活性炭,用于吸附杂质,使滤液清澈透明。

2. 蒸发

蒸发是将不挥发性物质的稀溶液加热沸腾,使部分溶剂汽化,以提高溶液浓度的操作。蒸发是化工、轻工和医药工业生产中常用的单元操作,蒸发分为常压蒸发和减压蒸发。

(1) 蒸发的应用　蒸发主要应用于以下三个方面。

① 使溶液浓缩,制取浓溶液。如电解法制烧碱,最初电解液中 NaOH 含量只有 10%,经过蒸发操作,可使 NaOH 浓度达到产品质量要求的 42%。

② 回收固体物质,制取固体产品。通过蒸发将溶液浓缩到饱和状态,然后冷却溶质结晶分离,例如蔗糖、食盐的精制。

③ 除去不挥发性杂质,制取纯净溶剂,例如,海水淡化就是用蒸发的方法,将海水中的水蒸发出来。工业上蒸发、回收溶剂经常用此法。

(2) 蒸发的程度　蒸发程度直接关系到产品含量、不溶物、酸碱度以及某些杂质的多项指标。它的主要依据是溶解度相图,这里按蒸发程度结合实例进行讨论。

① 蒸发溶液到一定密度。如:

$FeCl_3 \cdot 6H_2O$,密度为 $1.48 \sim 1.50 g/cm^3$,冷却至 10℃ 以下搅拌结晶。

$Al_2(SO_4)_3 \cdot 18H_2O$,密度为 $1.35 \sim 1.38 g/cm^3$,若不在此范围,除含量外,还影响酸度和杂质指标。

$Cu(NO_3)_2 \cdot 6H_2O$,密度为 $1.85 g/cm^3$,若太浓,则含量偏高。

② 蒸发到溶液表面起皮,所谓起皮是指溶液表面形成一层固体薄膜。这是凭经验控制的一种方法,但简单可靠。如 $LiCl \cdot H_2O$、$LiNO_3$、$Na_2Cr_2O_7$、$Na_2CrO_4 \cdot 6H_2O$、$Ni(NO_3)_2 \cdot 6H_2O$ 和 $NiSO_4 \cdot 7H_2O$。

③ 蒸发出少量晶体,如 $MnCl_2 \cdot 4H_2O$、$CdCl_2 \cdot 2H_2O$、$Na_2SO_4 \cdot 10H_2O$ 和 $Na_2WO_4 \cdot 2H_2O$ 等,这类产品需要蒸发到析出少量晶体。这类物质溶解度随温度上升而增加的幅度很小,先结晶的物质中含结晶水较少,它还能结合结晶水使母液浓缩,从而结晶出更多的晶体。

④ 蒸发到稀粥状,如 $NiCl_2 \cdot 6H_2O$、$CuCl_2 \cdot 2H_2O$ 和 $Fe_2(SO_4)_3 \cdot 9H_2O$ 等,原因同③。

⑤ 完全蒸发出晶体,一面蒸发,一面析出结晶,又并非完全蒸干,有母液,这种方法即热结晶。

3. 吸收

吸收是利用气体混合物在液体中溶解度的差别,用液体吸收剂分离气体混合物的单元操作,也称气体吸收。气体混合物与作为吸收剂的液体充分接触时,溶解度大的一个或几个组分溶解于液体中,溶解度小的组分仍留在气相,从而实现气体混合物的分离。如盐酸的制备就是用水吸收氯化氢气体,氨水的制备是用水吸收氨气,硫酸的制备是用 98% 的硫酸吸收 SO_3 气体,制成发烟硫酸 $H_2SO_4 \cdot SO_3$,再加水稀释成 98% 的硫酸。

吸收所用的液体称为吸收剂或溶剂,气体混合物中被吸收的组分称为吸收质或溶质,不被吸收的组分称为惰性气体,吸收后得到的液体称为吸收液或溶液。例如用碱处理空气中的二氧化碳,就是利用二氧化碳在碱液中的溶解度大于氮气、氧气、氩气这一特点将它分离。

4. 沉淀和结晶

结晶是固体物质以晶体状态从溶液、熔融物或蒸气中析出的过程。在化工生产中,结晶指的是使溶于液体中的固体溶质从溶液中析出的单元操作。结晶操作是运用溶解度变化规律,通过将过饱和溶液中过剩溶质从液相中转移到固相实现的。

结晶过程包括形核和晶体生长两个阶段,其推动力是溶液的过饱和度。过饱和度要适中,使已有的晶核逐渐生长为较大的晶体,并防止再析出大量晶体而影响已有晶体的生长。结晶方法有冷却法、溶剂汽化法、真空冷却法和盐析法等。

(1) 冷却法 冷却法也称为降温法,指通过冷却降温使溶液达到过饱和的方法。这种方法适用于溶解度随温度降低而显著下降的物质,如硼砂、硝酸钾、重铬酸钾和结晶硫酸钠等。冷却的方式有自然冷却、间壁冷却和直接接触冷却。间壁冷却的原理和设备如同换热器,常用冷水或冷冻盐水作介质。冷却速度要适当,防止骤冷而产生大量小晶核,搅拌要适度,可保持均温,使晶种分布均匀。

(2) 溶剂汽化法 溶剂汽化法是蒸发溶剂,使溶液浓度增大而达到过饱和的方法。这种方法适用于当温度变化时溶解度变化不大的物质,如氯化钠。为了得到较大的晶体,需控制结晶速度,溶剂蒸发到稍超过饱和度,常通过用比重计测溶液密度的方法来控制。

(3) 真空冷却法 这种方法是使溶剂在真空下快速蒸发,一部分溶剂汽化带走热量,其余溶液冷却降温达到饱和。它实质上是将冷却法和溶剂汽化法结合起来同时进行。此法适用于随着温度升高溶解度以中等速度增大的物质,如氯化钾、溴化镁等。

(4) 盐析法 盐析法是指向溶液中加入某种物质以降低原溶质的溶解度,使溶液达到过饱和状态的方法。盐析加入的物质,要能与原来的溶剂互溶,但不能溶解要结晶的物质,且加入的物质与原溶质易于分离。如在联合制碱法生产中,向低温的饱和氯化铵母液中加入NaCl,使低温的饱和氯化铵尽可能多地结晶出来。向饱和的硫酸四氨合铜溶液中加入无水乙醇,使硫酸四氨合铜结晶出来。

(5) 加晶种 一般在两种情况下需要加晶种:一是溶液形成的过饱和状态相当稳定,不加晶种,长时间不结晶,例如 H_3PO_4、$Mg(Ac)_2 \cdot 4H_2O$、$(NH_4)_2Fe(SO_4)_2 \cdot 12H_2O$、$Fe_2(SO_4)_3 \cdot 12H_2O$、$Fe(NO_3)_3 \cdot 9H_2O$、$Cr(NO_3)_3 \cdot 9H_2O$、$Na_2CO_3 \cdot 10H_2O$ 等;二是若不加晶种,所析出的晶体外形、含量往往不符合要求。加晶种应掌握时机,如温度过高,晶体被溶解,则起不到作用。

除了以上方法,为了得到大的结晶颗粒以便后处理,沉淀要通过陈化,放置一定时间,使小的沉淀颗粒溶解后结晶到大的沉淀颗粒上。

5. 固体的干燥

化工生产中涉及的固体物料,一般对其湿分(水分或化学溶剂)含量都有一定的要求,对固体湿物料中湿分的除去称为去湿或干燥。物理干燥是利用干燥剂(如无水氯化钙、生石灰、浓硫酸、硅胶等)吸附湿物料中的水分。这种方法成本较高,适用于小批量固体的去湿。热能去湿是对固体湿物料进行加热,使所含湿分汽化,并及时转移走所产生的蒸汽,得到干燥的固体。

物料干燥操作有多种方法:将热量通过干燥器的壁面传给湿物料的热传导干燥法,使热空气或热烟道气与湿物料以对流方式直接接触的对流传导干燥法,红外线辐射干燥法,微波加热干燥法,冷冻真空干燥法(常用于医药、生物制品)。

喷雾干燥是在一定压力下,将料浆喷入具有较高温度的气流干燥塔中,料浆水分被蒸发,产品在较高温度下结晶析出,故可制得无水或含结晶水少的结晶产品。喷雾干燥器集结晶、干燥于一体,是生产无水或含结晶水少的产品的理想设备。

第六节 化学实验室的安全、救护和"三废"处理

一、化学实验安全知识

在进行化学实验时，会经常使用水、电、燃气和各种药品、仪器，如果马马虎虎、不遵守操作规则，不但会造成实验失败，还可能发生事故（如着火、中毒或烧伤等）。必须在思想上重视安全工作，遵守操作规则，避免相关安全事故的发生。

1. 实验室守则

① 实验过程中要集中精力，认真操作，仔细观察，如实记录。

② 保持严肃、安静的实验室氛围，不得高声谈话、嬉笑打闹。

③ 注意安全、爱护仪器、设备。使用精密仪器应格外小心，严格按操作规程进行。若发生故障，要及时报告指导教师。损坏仪器，应酌情赔偿。

④ 节约试剂，按实验教材规定用量取用试剂，从试剂瓶中取出的试剂不可再倒回瓶中，以免带进杂质。取用试剂后应立即盖上瓶塞，切忌张冠李戴污染试剂。试剂瓶应及时放回原处。

⑤ 随时保持实验室和桌面的整洁。火柴梗、废纸屑、金属屑等固态废物应投入废纸篓内。废液倒入废液缸内，严禁将其投入或倒入水槽，以防堵塞、腐蚀管道。

⑥ 实验完毕，须将玻璃仪器洗涤干净，放回原位。清洁并整理好桌面，打扫干净水槽、地面。检查电插头或闸刀是否拉开、水龙头和煤气开关是否关闭。

⑦ 实验室的一切物品（仪器、药品等）均不得带离实验室。

2. 实验室安全守则

① 实验开始前，检查仪器是否完整无损，装置安装是否正确。要了解实验室安全用具放置的位置，熟悉各种安全用具（如灭火器、沙桶、急救箱等）的使用方法。

② 嗅闻气体时，应用手轻拂气体。使用酒精灯时，应随用随点燃，不用时盖上灯罩。不要用已点燃的酒精灯去点燃其它酒精灯，以免酒精溢出而着火。

③ 绝不允许任意混合化学药品，以免发生事故。

④ 浓酸浓碱等具有强腐蚀性的药品，切忌溅在皮肤或衣服上，尤其不可将其溅入眼睛中。稀释浓硫酸时，应将浓硫酸缓慢倒入水中，而不能将水倒向浓硫酸中，以免迸溅。

⑤ 乙醚、乙醇、丙酮、苯等易挥发和易燃的有机溶剂，放置和使用时必须远离明火，取用完毕后应立即盖紧瓶塞和瓶盖，置于阴凉处。

⑥ 加热时，要严格遵从操作规程。加热试管时，不要将试管口指向自己或他人。不要俯视正在加热的液体，以免液体溅出受到伤害。制备或实验具有刺激性、恶臭和有毒的气体时（如 H_2S、Cl_2、CO、NO_2、SO_2 等），必须在通风橱内进行。

⑦ 实验室内的任何药品，特别是有毒药品（如重铬酸钾、钡盐、铅盐、砷的化合物、汞的化合物等，特别是氰化物）不得进入口内或接触伤口。有毒药品或有毒废液不得倒入水槽，以免与水槽中的残酸作用而产生有毒气体，培养良好的环境保护意识。

⑧ 实验室电气设备的功率不得超过电源负载能力。电气设备使用前应检查是否漏电，常用仪器外壳应接地。人体与电气设备导电部分不能直接接触，也不能用湿手接触电气设备插头。

⑨ 做危险性实验，应使用防护眼镜、面罩、手套等防护用具。

⑩ 经常检查燃气开关和用气系统，如果有泄漏，立即熄灭室内火源，打开门窗通风，

关闭燃气总阀,并立即报告指导教师。

实验进行时,不得擅自离开岗位。水、电、燃气、酒精灯等使用完毕应立即关闭。实验结束后,值日生和最后离开实验室的人员应再一次检查它们是否关好。不能在实验室内饮食、吸烟。实验结束后必须洗净双手方可离开实验室。

二、意外事故的处理

① 割伤(玻璃或铁器刺伤等)。先把碎玻璃从伤处挑出,如轻伤可用生理盐水或硼酸溶液擦洗伤处,涂上紫药水(或红药水),必要时撒些消炎粉,用绷带包扎。伤势较重时,则先用医用酒精在伤口周围擦洗消毒,再用纱布按住伤口压迫止血,立即送医院处置。

② 烫伤。可先用1%稀$KMnO_4$溶液或苦味酸溶液冲洗灼伤处,再在伤口处抹上黄色的苦味酸溶液、烫伤膏或万花油,切勿用水冲洗。

③ 受强酸腐伤。先用大量水冲洗,然后擦上碳酸氢钠油膏。如受氢氟酸腐伤,则应迅速用水冲洗,再用5%苏打溶液冲洗,然后浸泡在冰冷的饱和硫酸镁溶液中30min,最后敷由硫酸镁26%、氧化镁6%、甘油18%、水和盐酸普鲁卡因1.2%配成的药膏,伤势严重时,应立即送医院急救。当酸溅入眼内时,首先用大量水冲眼,然后用3%的碳酸氢钠溶液冲洗,最后用清水洗眼。

④ 受强碱腐伤。立即用大量水冲洗,然后用1%柠檬酸或硼酸溶液洗。当碱溅入眼内时,除用大量水冲洗外,再用饱和硼酸溶液冲洗,最后滴入蓖麻油。

⑤ 吸入刺激性、有毒气体。吸入氯气、氯化氢气体、溴蒸气时,可吸入少量酒精和乙醚的混合蒸气使之解毒。吸入硫化氢气体而感到不适时,应立即到室外呼吸新鲜空气。

⑥ 磷烧伤。用1%硫酸铜、1%硝酸银或浓高锰钾溶液处理伤口后,送医院治疗。

⑦ 起火。若由酒精、苯等引起着火,则应立即用湿抹布、石棉布或沙子覆盖燃烧物;火势大时可用泡沫灭火器。若遇电气设备引起的火灾,则应先切断电源,用二氧化碳灭火器或四氯化碳灭火器灭火,不能用泡沫灭火器,以免触电。

⑧ 毒物进入口中。若毒物尚未咽下,应立即吐出来,并用水冲洗口腔,若已咽下,应设法促使呕吐,并根据毒物的性质服解毒剂。

⑨ 触电事故。应立即拉开电闸,切断电源,尽快利用绝缘物(干木棒、竹竿)将触电者与电源隔离。必要时进行人工呼吸。

⑩ 若伤势较重,应立即送医院医治。火势较大,应立即报警。

三、常见化学品中毒的应急处理

① 氯气。进入眼睛,用2%小苏打水或食盐水洗涤;进入呼吸道,用2%小苏打水或食盐水洗鼻、漱口,吸入水蒸气。严重者要输氧和注射强心剂。

② 氨。眼睛和皮肤,用清水或3%硼酸水或1%明矾水洗涤;眼角膜溃疡,用红霉素眼药水、氯霉素眼药水或金霉素眼膏涂眼;支气管炎、肺炎,及时送医院治疗。

③ 一氧化碳。迅速移至空气新鲜处,解开衣领、腰带等,保持呼吸畅通。呼吸困难者要输氧。停止呼吸者要进行人工呼吸。

④ 氰化物。呼吸困难者需施行超压输氧,停止呼吸者进行人工呼吸。口服0.2%高锰酸钾或3%过氧化氢和高浓度食盐水,反复引吐和洗胃。清醒者吸入亚硝酸异戊酯,10min为3~6滴。失去知觉者注入3%亚硝酸钠10mL,注射10%硫代硫酸钠溶液。

⑤ 有机磷农药。保证呼吸和心跳正常,必要时施行人工呼吸或体外心脏按摩。解毒药:解磷针、阿托品、曼陀罗、氧磷啶等。皮肤污染:用清水或肥皂水清洗。眼睛污染:2%小苏打水洗眼。

四、实验室废液的处理

实验中经常会产生某些有毒的气体、液体和固体,都需要及时排弃,特别是某些剧毒物质,如果直接排出就可能污染周围空气和水源,损害人体健康。因此,废液、废气和废渣要经过一定的处理后,才能排弃。

产生少量有毒气体的实验应在通风橱内进行,通过排风设备将少量毒气排到室外,使排出气在室外大量空气中稀释,以免污染室内空气。产生毒气量大的实验必须备有吸收或处理装置。如一氧化氮、二氧化硫、氯气、硫化氢、氯化氢等可用导管通入碱液中,使其大部分吸收后排出,一氧化碳可点燃转化成二氧化碳。少量有毒的废渣常埋于地下(应有固定地点)。下面主要介绍一些常见废液处理的方法。

① 实验中通常大量的废液是废酸液。废酸缸中的废酸液可先用耐酸塑料网纱或玻璃纤维过滤。滤液加碱中和,调 pH 值至 6~8 后就可排出。

② 废铬酸洗液可以用高锰酸钾氧化法使其再生,重复使用。氧化方法:先在 110~130℃下将其不断搅拌、加热、浓缩除去水分后,冷却至室温,缓慢加入高锰酸钾粉末。每 1000mL 加入 10g 左右,边加边搅拌,直至溶液呈深褐色或微紫色,不要过量。然后直接加热至有三氧化铬出现,停止加热。稍冷,通过玻璃砂芯漏斗过滤,除去沉淀,冷却后析出红色三氧化铬沉淀,再加适量硫酸使其溶解即可使用。少量的废铬酸洗液可加入废碱液或石灰使其生成氢氧化铬沉淀,将此废渣埋于地下。

③ 氰化物是剧毒物质,含氰废液必须认真处理。对于少量的含氰废液,可先加氢氧化钠调至 pH>10,再加入几克高锰酸钾使 CN^- 氧化分解。大量的含氰废液可用碱性氯化法处理,先用碱将废液调至 pH>10,可加入漂白粉,使 CN^- 氧化成氰酸盐,并进一步分解为二氧化碳和氮气。

④ 含汞盐废液应先调 pH 值至 8~10,然后加适当过量的硫化钠生成硫化汞沉淀,并加硫酸亚铁生成硫化亚铁沉淀,从而吸附硫化汞共沉淀下来。静置后分离,再离心过滤,溶液汞含量降到 0.02mg/L 以下可排放。少量残渣可埋入地下,大量残渣可用焙烧法回收汞,但一定要在通风橱内进行。

⑤ 含重金属离子的废液。最有效和最经济的处理方法是加碱或加硫化钠把重金属离子变成难溶性的氢氧化物或硫化物沉积下来,然后过滤分离,少量残渣可埋于地下。

第七节 常用化学文献和网络资源

一、化学手册

在实际工作中,常需要了解各种物质的性质,如物质的状态、熔点、沸点、密度、溶解度、化学特性等;在实验数据处理计算时也常常需要一些常数,如解离常数、溶度积常数、配合物稳定常数等。因此,人们编辑了各种类型的手册,供有关人员查用。学会使用这些手册,对于培养分析问题和解决问题的能力是很重要的。下面介绍几种常用的化学手册。

1.《化工辞典》

《化工辞典》第 4 版由化学工业出版社于 2000 年出版,该书为一本综合化工方面的工具书,其中列有化合物的分子式、结构式及其物理化学性质,并有简要制备方法和用途介绍。

2.《试剂手册》

《试剂手册》第 3 版由中国医药集团上海化学试剂公司编著,于 2002 年由上海科学技术出版社出版。该书收集了无机试剂、有机试剂、生化试剂、临床试剂、仪器分析用试剂、标准品、精细化学品等资料编辑而成。每个化学品列有中英文正名、别名、化学结构式、分子式、相对分子质量、性状、理化常数、毒性数据、危险性质、用途、质量标准、安全注意事项、危险品国家编号及中国医药集团上海化学试剂公司的商品编号等详尽资料。入书的化学品 11560 余种，按英文字母顺序编排，后附中、英文索引，使用方便，查找快捷。

3. 《Aldrich》

由美国化学试剂公司出版，是一本试剂目录，它收集了超过 1.8 万个化合物。一个化合物作为一个条目，内含相对分子质量、分子式、沸点、折射率、熔点等数据。较复杂的化合物还附了结构式，并给出了该化合物核磁共振和红外光谱谱图的出处。每个化合物均给出了不同包装的价格，这对有机合成、订购试剂和比较各类化合物的价格很有好处。书后附有分子式索引，便于查找，还列出了化学实验中常用仪器的名称、图形和规格。公司每年出一本新书，若有需要，只要填写附在书中的回执，该公司免费寄送参考。

4. 《简明化学手册》

北京出版社 1980 年出版的《简明化学手册》是北京师范大学无机化学教研室为无机化学教学和学生综合训练的需要而编写的。主要内容有化学元素、无机化合物、溶液、常见有机化合物等，内容简明扼要，1982 年 10 月又进一步修订再版。

甘肃人民出版社出版的《简明化学手册》是 1980 年甘肃师范大学化学系根据大学无机化学、有机化学、分析化学等基础课教学和有关科研的需要而编写的。主要内容有物理数据、元素性质、无机和有机化合物性质、分析化学基础知识、热力学有关数据、标准电极电势表等。可供高校化学专业师生、中等学校教师、化工科技人员及其它科技人员使用。

5. 《化学数据手册》

《化学数据手册》由杨厚昌译自 J. G. Stark 和 H. G. Wallace 编的《Chemistry Data Book》。自 1969 年英文版问世以来，深受各国化工工作者和有关大专院校师生的欢迎，曾多次修订再版，中译本第一版于 1980 年由石油工业出版社出版。该书的特点是短小精悍、简明扼要，基本上包括了最新、最常用的物理化学方面的技术数据，包括元素、原子和分子的性质，热力学和动力学数据，有机化合物的物理性质，分析和其它方面的数据。

6. 《Handbook of Chemistry and Physics》（《化学物理手册》）

《Handbook of Chemistry and Physics》（《化学物理手册》）英文版，现由 D. R. Lide 主编，CRC 出版社出版。它介绍数学、物理、化学常用的参考资料和数据，逐年修订出版，提供最为准确、可靠和最新的化学物理数据资源，包括约 20000 种最常用的和被人所熟知的化合物，1998 年出版第 78 版。它是最广为人知和得到广泛认可的化学参考书。现有 CRC 在线化学物理手册，资料更新很快，网址为 http://www.crcnetbase.com/marcrecords。

7. 《Lange's Handbook of Chemistry》（《兰格化学手册》）

这是较常用的化学手册，该书第 1 版至第 10 版由 N. A. Lange（兰格）先生主持编撰，原名《Handbook of Chemistry》。兰格先生逝世后，从 1973 年第 11 版开始由 J. A. Dean 任主编，并更为现名，以纪念兰格先生。中译本根据原书 1998 年第 15 版译出，2003 年由科学出版社出版第 2 版。全书共分 11 部分，内容包括原子和分子结构、无机化学、分析化学、电化学、有机化学、光谱学、热力学性质、物理性质等方面的资料和数据，并附有化学工作者常用数学方面的有关资料。该书所列数据和命名原则均取自国际纯粹化学与应用化学联合会最新数据和规定。化合物中文名称按中国化学会 1980 年命名原则命名。

二、标准文献简介

标准文献是从事化学以及与化学有关领域科学研究及生产实践的一类重要参考资料。希望通过介绍使读者更好地了解、查阅和利用各种标准文献。

狭义的标准文献是指按规定程序制定,经公认权威机构批准的一整套在特定范围内必须执行的规格、规则、技术要求等规范性文献。广义的标准文献是指与标准化工作有关的一切文献,包括标准形成过程中的各种档案、宣传推广标准的手册及其它出版物、揭示报道标准文献信息的目录、索引等。

标准常分为基础标准、技术标准、强制性标准、中国国家标准(GB)、国际标准(ISO/IEF)等。

所谓标准,是对重复性事物和概念所做的统一规定,以科学、技术和实践经验的综合成果为基础,经有关方面协商一致,由主管机构批准,以特定形式发布,作为共同遵守的准则和依据。

基础标准是具有广泛指导意义的最基本的标准,如对专业名词、术语、符号、计量单位等所作的统一规定。

技术标准是为科研、设计、工艺、检测等技术工作以及产品和工程的质量而制定的标准,它们还可以细分为两类,即产品标准(对品种、检验方法、技术要求、包装、运输、储存等所作的统一规定)和方法标准(对检查、分析、抽样、统计等所作的统一规定)。

强制性标准是法律发生性的技术,即在该法律生效的地区或国家必须遵守的文件。包括三类:保障人体健康的标准、保障人身和财产安全的标准、法律和行政法规强制执行的标准。

中国国家标准是由国家标准化主管机构批准、发布,在全国范围内统一的标准,它由各专业标准化技术委员会或国务院有关主管部门提出草案,报国家标准化主管部门或由国家标准化主管部门委托的部门审批、发布,对于特别重要的标准,由国务院审批、发布。《中华人民共和国标准化法》将我国标准分为国家标准、行业标准、地方标准、企业标准四级。国家标准由"标准代号+顺序号+年代"组成,如 GB/T 3389.1—1996。其中 GB/T 为标准代号,代表中华人民共和国推荐性国家标准,GB 代表国家强制性标准,GB/Z 代表国家标准化指导性技术文件。

三、网上资源

国际互联网(Internet)的出现及其迅猛的发展,使当今世界跨入了真正的信息时代。

Internet 拥有着世界上最大的信息资源库,已成为人们生活、学习和工作中不可缺少的工具,在这信息的海洋中,人们能够以前所未有的速度在网上索取自己需要的信息和知识。

获取 Internet 信息资源的工具大体上可分为两类。一类是 Internet 资源搜索引擎(search engine),它是一种搜索工具站点,专门提供自动化的搜索工具。只要给出主题词,搜索引擎就可迅速地在数以千万计的网页中筛选出需要的信息。另一类是针对某个专门领域或主题,进行系统收集、组织而形成的资源导航系统,WWW(World Wide Web,万维网又简称Web)有很多联机职南、目录、索引以及搜索引擎。http://www.chemfinder.com,主要用于化学物质性质搜索,可通过化学物质名(chemical name)、CAS 登记号(CAS number)、分子式(molecular formula)或分子量(molecular)来查询。http://www.chemindustry.com,主要提供化学化工同义词字典的查询,可通过化学物质名、CAS 登记号、分子式查找到相应的化学名称、CAS 登记号和相关的结构图。

1. 国内杂志文献资料的查阅

利用网络进行国内文献资料查询,比较完整的数据库有维普全文期刊数据库和万方数据库的数字化期刊子系统等。

(1) 维普全文期刊数据库 进入维普全文期刊数据库浏览器的界面后,在检索入口栏中选择所查询主题词的属性（如 T=题名），然后在检索式中键入实验的主题关键词，即可查取"题名（论文题目名称）"属性下对应实验主题关键词的文献资料目录。

单击文献资料目录中的论文题目，在维普全文期刊数据库浏览器的界面下方显示出该论文的杂志名、卷期、摘要等。若需进一步查看该论文的全文，双击浏览器下方所显示的论文题目。

(2) 万方数据库的数字化期刊子系统　与查阅维普全文期刊数据库的方法相同，进入万方数据库的数字化期刊子系统浏览器界面，在对应的检索栏中键入实验的主题关键词，即可查得该实验主题关键词的文献资料。

2. 国外杂志文献资料的查阅

查阅国外化学类文献资料的途径有 CA、SCI、ACS（美国化学学会）、Elsevier 出版社的杂志等。其查阅方法与查阅维普全文期刊数据库的方法类似。

这里简要地介绍 CA 文献数据库的手工查阅过程。

① 根据分子式查阅 CA 的 Formula Index，找到对应的物质名。

② 根据物质名查阅 CA 的物质索引，找到该物质名下与物质制备有关的词条，记下这些词条的 CA 文摘号，如 1 23456X、P65432 1D（若文摘号从 Cdi. Ective Index 中查到，则还会有一个卷号，如 128. P6543z）。

③ 根据文摘号可查得对应的文摘，从文摘可了解该文献的主要信息以及该文献的出处。若有必要，从文献的出处可查到原文。

④ 若文摘号以"P"开头，则表明该文献是专利。除中国专利外，国外部分专利还可用以下网址 http:/patentsl. ic. gc. ca（加拿大专利检索网）、http:/patents. Uspto. gov（美国专利检索网）、http:/www. Ipdl. jpo-miti. go. jp（日本专利检索网）查询。

第八节　学生实验的一般步骤

为了达到实验目的，学生不仅要具有端正的学习态度，而且还要有正确的学习方法。无机化学实验大致包括以下步骤。

一、预习实验

为了避免在实验操作中"照方抓药"的不良现象，使实验能获得良好的效果，实验前必须进行预习。通过预习达到以下目的：

① 明确实验的目的和要求；

② 阅读实验教材、教科书和参考资料中的有关内容，理解实验的基本原理；

③ 了解实验的内容、步骤、操作过程和实验时应注意的问题；

④ 基本了解实验所用仪器的工作原理、用途和正确操作方法。

⑤ 认真思考与实验有关的问题，并用所学过的基本原理加以解决；

⑥ 通过查阅教材附录、参考书、手册，收集实验所需的化学反应方程式及所需物理化学数据等；

⑦ 在预习的基础上，认真、简要地写好实验预习报告。预习报告应包括简要的实验步骤与操作、定量实验的计算公式等。实验前未进行预习者不准进行实验。

预习报告的写法：预习报告总的要求是根据实验内容，先写好实验报告的一部分内容，如必须写明实验名称、目的和原理。如果是制备实验，则要写出实验内容（简明步骤，常用箭头表示过程），设计好数据记录表格；如果是元素性质实验，则应设计包括实验步骤、现象解释、备注等项目在内的表格,并绘好实验装置简图,以便实验时及时准确地记录实验现象和有关数据。(实验操作前,教师要检查预习报告,操作结束后,教师还要检查预习报告上记录的现象或实验数据。)

二、听实验前的讲解

实验前,指导老师一般会进行实验前讲解,除实验目的、实验原理外,重点会讲解实验中易出现的问题和操作关键点,有时根据具体情况,实验内容与课本内容有所取舍,学生应认真听,并记录下来,在做实验时要特别注意老师所讲到的问题,以免实验失败。

三、操作及记录

实验是培养独立工作和思考能力的重要环节,是训练学生正确掌握实验技术、达到培养能力的重要手段,必须认真、独立地完成。为做好实验,应做到下列几点。

① 既要大胆,又要细心,要仔细观察实验现象,认真测定数据,并把观察到的实验现象和实验数据,如实、详细而又及时地记录在实验预习报告上,不得用铅笔记录,也不得记录在纸片上。原始数据不得涂改或用橡皮(或修正液)擦拭,如记错可在原始数据上划一道线,再在旁边写上正确的数值。培养严谨的科学态度和实事求是的科学作风。一般应记录每一步操作所观察到的现象,例如,是否放热、颜色变化、有无气体产生、分层与否、温度、时间等。

② 实验中如果发现观察到的实验现象和理论不符合,先要尊重实验事实,同时要认真分析和检查原因,并仔细地重做实验,也可以做对照实验、空白实验,或自行设计实验进行核对,必要时应多次实验,从中得到有益的结论。

③ 要勤于思考。实验中遇到的疑难问题和异常现象,需仔细分析,尽可能通过查资料自己解决,也可与老师讨论,得到指导。

④ 做定性实验时,有些物质的取用量教材上写得比较模糊,如少量、适量、稀溶液等。如写少量,在试管反应中,固体一般取绿豆大小体积,溶液用 10~20 滴,稀溶液浓度选取 0.1mol/L。如写适量,则可粗略计算该物质与其它物质反应所需量。

⑤ 如实验失败,要检查原因,经实验指导老师同意,重做实验。

⑥ 实验过程中要严格遵守实验室工作规则,实验后做好结束工作,包括清洗、整理好实验仪器、药品,清理实验台面,清扫实验室,检查并关闭电源、煤气、自来水开关,关好门窗。

四、实验报告

实验报告是描述、记录、讨论某项实验过程和结果的报告,写实验报告是对实验结果进一步分析、归纳和提高的过程。实验结束后,应严格地根据实验记录,对实验现象作出解释,或根据实验数据进行处理,作出相应的结论,并对实验中的问题进行讨论。实验报告应包含以下几个方面的内容。

① 实验目的、要求。简要说明为什么进行实验,通过实验应掌握什么原理、方法和实验技能。

② 实验基本原理和主要反应方程式。

③ 实验内容。尽量采用表格、框图、符号等形式,清晰、明了地表示实验内容、实验步骤。

④ 实验现象和数据记录。这是实验报告中最重要的部分。如实记录实验现象,数据记录要完整,绝不允许主观臆造或抄袭别人的实验结果,与自己的预习报告应一致。

⑤ 数据处理和结论。对现象加以简明地解释,最后得出结论。数据处理以原始数据记

录为依据，最好用列表加以整理，明了地显示数据的变化规律。

⑥ 完成实验教材中规定的作业，做好实验教材中的思考题。

⑦ 讨论和实验体会。在实验过程中，常会出现实验现象和数据与教材内容不一致的地方，同学之间、实验小组之间也会存在不同程度的差异。针对上述情况，要认真思考，反思自己是否严格按实验操作步骤及实验条件进行实验，是否有操作失误；若无上述失误，则同学间或与老师一起讨论，认真分析导致实验异常现象或误差的原因。学生也可提出对实验的改进意见。针对实验操作过程写出自己的体会，哪些操作不规范、哪些操作做得很好都要作出总结，要做到做一次实验进一步。

附：实验报告格式示范。

Ⅰ 无机化学制备实验报告

实验名称：_____ 日期：_____ 室温：_____

（一）实验目的（略）

（二）实验原理（略）

（三）简单流程（可用图表表示，略）

（四）实验结果

产品外观（形状、颜色、颗粒大小）：

产量：

理论产量：

产率：

（五）产品纯度检验（可列表说明，略）

（六）问题和讨论

对产率、纯度和操作中遇到的问题进行讨论。（略）

Ⅱ 常数测定实验报告

（一）实验目的（略）

（二）实验原理（略）

（三）简单流程（可用图表表示，略）

（四）测得数据及数据处理（可列表表示，略）

（五）误差及相对误差（略）

（六）问题和讨论（略）

Ⅲ 元素性质（或验证性）实验

（一）实验目的（略）

（二）实验原理（略）

（三）实验内容

实验步骤	现 象	反应方程式及现象解释
一、氯、溴、碘单质的溶解性	氯水为黄绿色(或无色)，溴水为橙黄色，碘水为红棕色	氯、溴、碘在水中的溶解度均比较小
1. 三支试管分别加入氯水 1mL 和溴水、碘水各 0.5mL，观察、记录颜色		
2. 上述试管中，各加入 CCl₄ 10 滴，振荡试管，观察、记录 CCl₄ 相和水相的颜色	CCl₄ 相中氯水为黄绿色(或无色)，溴水为橙黄色，碘水为紫红色	氯、溴、碘在 CCl₄ 中的溶解度均比较大（相似者相溶）
结论：Cl_2、Br_2、I_2 在水中的溶解度均比较小，而在 CCl₄ 中的溶解度均比较大，颜色不同		
二、(略)		

五、综合性实验

综合性实验是将实验的制备（或天然产物的提取）、分离、提纯、有关物理常数及杂质含量的测定、物质的化学性质、物质组成的确定等内容归纳在一起的实验。如本书中三草酸合铁(Ⅲ)酸钾的合成及配离子组成和电荷数的测定，印制电路烂板液中铜的回收、利用及有关分析等。通过综合实验，可进一步巩固和加深化学实验基本技术和技能，拓宽学生的知识面，同时培养学生综合运用化学实验技能和所学基础知识解决实际化学问题的能力、查阅文献的能力、设计实验的能力。这些实验在老师的指导下，由学生独立完成。为确保综合实验的顺利进行，必须注意安全、认真实验、独立思考，遵守以下基本要求。

① 进行综合实验时，要写好预习报告。报告要求如下：写出实验的目的和原理、实验路线、实验方法和步骤，画出必要的实验装置图。

② 设计性实验旨在培养学生的独立工作能力，每位学生必须独立完成查阅文献、设计实验路线、撰写读书报告的工作。然后同学间进行讨论和交流。

③ 进入实验室要充分应用各种实验技能（包括无机实验、有机实验、分析和物化实验），注重掌握实验进程，记录要完整。每步实验要留有实验失败的余地，必须注意安全。

④ 实验总结报告应按国内外一类杂志论文格式撰写。

第二章 无机化学实验

第一节 基本操作与制备实验

实验一 基本操作

一、实验目的

1. 了解煤气灯的构造，学会正确使用煤气灯。
2. 了解煤气灯火焰的性质。
3. 练习玻璃管、搅拌棒和弯管等的简单加工方法。
4. 练习台秤的使用方法。

二、实验用品

1. **仪器**：煤气灯、石棉网、三脚架、蒸发皿、锉刀、玻璃弯管。
2. **材料**：玻璃管（内径 5mm、长 0.5m，1 根）。

三、实验内容

1. 观察煤气灯的构造（图 2-1），并学会煤气灯的点火和熄灭

煤气灯的式样较多，但构造基本相同。试拆装煤气灯，并搞清各元件及作用。

煤气灯使用时，先旋转灯管，关闭空气入口，打开煤气阀门，在接近灯管口处点燃火柴的同时开启煤气灯针形阀。通过调节针形阀控制煤气进入量从而控制火焰高度，然后旋转灯管，逐渐加大空气进入量至火焰成为正常火焰。加热完毕，旋转灯管关闭空气入口，再关闭煤气阀门，最后旋紧针形阀。煤气和空气比例合适时，煤气燃烧完全，这时的火焰称为正常火焰。正常火焰分为三层，内层为焰心，呈黑色，煤气与空气发生混合，但并未燃烧，因而温度最低；中层为还原焰，煤气燃烧不完全，火焰为淡蓝色，温度不高；外层为氧化焰，煤气燃烧完全，火焰为淡紫色，温度最高，通常可达到 800～900℃。实验时一般使用还原焰顶端的氧化焰加热。

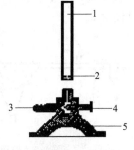

图 2-1 煤气灯构造
1—灯管；2—空气入口；
3—煤气入口；4—针形阀；
5—灯座

当空气或煤气的进入量调节不当时，会产生不正常的火焰，或火焰脱离灯管管口而凌空燃烧，或煤气在灯管内燃烧产生细长火焰（图 2-2），如果出现这些现象，应立即关闭煤气，重新调节和点燃。

(a) 正常火焰　(b) 凌空火焰(煤气、空气量都大)　(c) 侵入火焰(煤气量小、空气量大)

图 2-2 灯焰性质
1—氧化焰；2—还原焰；3—焰心；4—最高温度处

2. 玻璃用品的简单加工

(1) 制作两支玻璃棒（适用于一大一小烧杯）

① 截割。按比烧杯对角线长 3cm 量取玻璃棒，将玻璃棒平放在实验台上，用三角锉刀的棱或砂轮在需截断部位锉出一道凹痕，凹痕与玻璃棒垂直。注意应向一个方向锉，不能来回锉。在锉痕处滴一滴水润湿，然后双手持玻璃棒（管）锉痕两侧，拇指放在锉痕的背后向前推压，同时朝两边后拉，以折断玻璃棒（管）（见图2-3）。

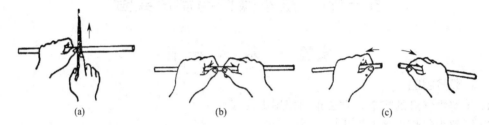

图 2-3 玻璃棒（或玻璃管）的截割

② 熔光玻璃棒（或玻璃管）口。玻璃棒折断后其截断面很锋利，断面必须烧熔光滑，以免割破手和损坏橡皮管等。把玻璃棒（或玻璃管）截断面斜插入氧化焰中，不时转动玻璃管（见图2-4），烧到微红时玻璃软化，锋利的断面变柔和，从火焰中取出，放在石棉网上冷却即可。

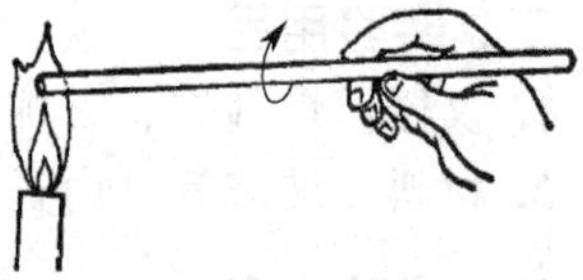

(2) 制备毛细管和滴管 先将玻璃管在小火上旋转预热，然后将玻璃管要拉细的部位插入氧化焰中，同时缓慢地同方向转动玻璃管（见图2-5），待玻璃管烧到发出黄光并充分软化时，立即取出，边转动边沿着水平方向向两旁拉，一直拉到所需要的粗细为止（见图2-6）。一手持玻璃管，使之垂直下垂，冷却后在拉细部分将其截断使之成为两个尖嘴，并熔光尖嘴处。拉管好坏的比较见图2-7。

图 2-4 玻璃棒（或玻璃管）的熔光

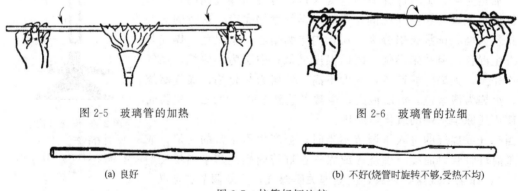

图 2-5 玻璃管的加热　　　　　图 2-6 玻璃管的拉细

(a) 良好　　　　　(b) 不好(烧管时旋转不够,受热不均)

图 2-7 拉管好坏比较

如果要制成滴管，则将拉成尖嘴的玻璃管的粗的一端烧至红软，然后立即垂直地向石棉网上压，便做成比玻璃管直径稍大的小檐儿。冷却后，装上橡皮帽，即成滴管。

(3) 弯玻璃管 加热玻璃管与制滴管方法相同，当玻璃管加热到发黄变软时即可弯管。自火焰中取出玻璃管后，两手保持水平，将玻璃管准确地弯成所需的角度，玻璃管的一端用手指封住，另一端吹气，以使弯曲部位不变扁。合格的弯管必须弯角里外均匀平滑，整个玻璃管处于同一平面上。

3. 用台秤称量几种物件
① 称一块锌粒的质量。
② 准确称取一定质量氯化钠的质量。

四、思考题
1. 试述煤气灯的主要构造及如何使用煤气灯。
2. 玻璃管的加工需要注意哪些问题？
3. 简述台秤称量的步骤。

实验二　粗食盐的提纯

一、实验目的
1. 掌握提纯粗食盐的原理、方法及有关离子的鉴定。
2. 练习溶解、沉淀、蒸发、浓缩、结晶、干燥等基本操作。
3. 掌握台秤、量筒、pH试纸、滴管和试管的正确使用方法。

二、实验原理
粗食盐中通常含有不溶性杂质（如泥沙等）和可溶性杂质（主要是 K^+、Ca^{2+}、Mg^{2+} 和 SO_4^{2-}）。为了得到较纯的 NaCl，必须将上述杂质除去。不溶性杂质可用溶解、过滤等方法除去，可溶性杂质则需加入适当的化学试剂使之成为难溶性化合物而除去。下面介绍去除粗食盐中可溶性杂质的具体方法。

在粗食盐的溶液中加入稍微过量的 $BaCl_2$ 溶液，SO_4^{2-} 转化为 $BaSO_4$ 沉淀：

$$SO_4^{2-} + Ba^{2+} =\!=\!= BaSO_4 \downarrow$$

向过滤掉 $BaSO_4$ 沉淀的食盐溶液中，再加入 NaOH 和 Na_2CO_3 溶液，可将 Ca^{2+}、Mg^{2+} 和过量的 Ba^{2+} 都转化为沉淀：

$$Ca^{2+} + CO_3^{2-} =\!=\!= CaCO_3 \downarrow$$
$$Mg^{2+} + 2OH^- =\!=\!= Mg(OH)_2 \downarrow$$
$$Ba^{2+} + CO_3^{2-} =\!=\!= BaCO_3 \downarrow$$

将 $CaCO_3$、$Mg(OH)_2$ 和 $BaCO_3$ 沉淀过滤除去，除去沉淀后的食盐溶液中过量的 NaOH 和 Na_2CO_3 可用盐酸溶液调至微酸性除去。可溶性杂质 KCl 在粗食盐中含量较少，且由于高温时 KCl 的溶解度远大于 NaCl 的溶解度，所以 KCl 在蒸发浓缩和结晶过程中绝大部分留在母液中而与 NaCl 分离。

三、实验用品
1. 仪器：台秤、药匙、烧杯、量筒、普通漏斗、漏斗架、布氏漏斗、抽滤瓶、蒸发皿、石棉网、表面皿、试管。
2. 试剂：粗食盐、2.0mol/L 的 HCl 溶液、2.0mol/L 的 NaOH 溶液、2.0mol/L 的 HAc（醋酸）溶液、1.0mol/L 的 Na_2CO_3 溶液、1.0mol/L 的 $BaCl_2$ 溶液、饱和 $(NH_4)_2C_2O_4$ 溶液、pH 试纸、滤纸、镁试剂。

四、实验内容
1. 粗食盐的提纯
(1) 溶解粗食盐　用台秤称取 8.0g 粗食盐放入 100mL 烧杯中，加入 30mL 去离子水，加热搅拌使大部分固体溶解，少量不溶的泥沙等杂质沉于烧杯底部。
(2) 除去 SO_4^{2-}　边搅拌边滴加 1.0mol/L 的 $BaCl_2$ 溶液，直至 SO_4^{2-} 全部转化为 $BaSO_4$

沉淀。为了检验沉淀是否完全，可将烧杯从石棉网上取下，待沉淀沉降后，沿烧杯壁向上层清液滴加 1~2 滴 $BaCl_2$ 溶液，观察有无浑浊出现，如有浑浊，表明 SO_4^{2-} 未沉淀完全，继续滴加 $BaCl_2$ 溶液，直至上层清液中无浑浊产生。若无浑浊，表明 SO_4^{2-} 沉淀完全。沉淀完全后，继续加热 5min，使沉淀颗粒长大以易于沉淀和过滤。用普通漏斗常压过滤，弃去沉淀，保留滤液。

(3) 除去 Ca^{2+}、Mg^{2+} 和过量的 Ba^{2+} 将滤液加热至沸腾，加入 1mL 2.0mol/L 的 NaOH 溶液和 3mL 1.0mol/L 的 Na_2CO_3 溶液。待沉淀沉降后，沿烧杯壁向上层清液滴加 1~2 滴 Na_2CO_3 溶液，检查被沉淀离子是否沉淀完全，若出现浑浊，可继续滴加 Na_2CO_3 溶液，直至无浑浊产生，表明沉淀完全（在此过程中应及时补充去离子水，防止 NaCl 提前析出）。用普通漏斗常压过滤，弃去沉淀，保留滤液。

(4) 除去过量的 OH^- 和 CO_3^{2-} 向滤液中滴加 2.0mol/L 的 HCl 溶液，加热，搅拌以除尽 CO_2，调滤液至酸性，用 pH 试纸检验，使 pH 值为 5~6。

(5) 蒸发结晶，减压过滤 将调好 pH 值的溶液倒入蒸发皿中，用小火加热蒸发，浓缩至稀粥状为止，切忌不可将溶液蒸干。趁热用布氏漏斗减压抽滤，尽量将结晶抽干。

(6) 干燥 将抽干的 NaCl 结晶放回蒸发皿中，小火加热干燥，直至不冒蒸汽为止。

(7) 称重 将产物冷却至室温，称重，计算产率。产物放入指定容器中回收。

2. 产品纯度的检验

称取粗食盐和提纯后的食盐各 1g，分别溶于 5mL 去离子水中，各分成三份于试管中，作对比检验。

(1) SO_4^{2-} 的检验 在第一组溶液中，先分别加入 1mL 2.0mol/L 的 HCl 溶液酸化，再分别加 2 滴 1.0mol/L 的 $BaCl_2$ 溶液，观察有无白色沉淀。

(2) Ca^{2+} 的检验 在第二组溶液中，分别加入 2 滴 2.0mol/L 的 HAc 溶液酸化，再分别加入 3 滴饱和 $(NH_4)_2C_2O_4$ 溶液，观察有无白色沉淀。

(3) Mg^{2+} 的检验 在第三组溶液中，分别加入 2 滴 2.0mol/L 的 NaOH 溶液和 3 滴镁试剂。若有天蓝色沉淀生成，证明有 Mg^{2+} 存在。镁试剂是对硝基偶氮间苯二酚，它在酸性溶液中呈黄色，在碱性溶液中呈红色或紫色，它与 Mg^{2+} 作用生成天蓝色沉淀，可检验 Mg^{2+} 的存在。

五、数据处理

1. 产率＝精盐质量(g)/粗盐质量(g)×100%

2. 产品纯度的检验

将待检离子的检验方法、粗盐溶液、精盐溶液量分别填入表 2-1，以计算产品的纯度。

表 2-1 产品纯度的检验

待检离子	检验方法	粗盐溶液	精盐溶液
SO_4^{2-}			
Ca^{2+}			
Mg^{2+}			

六、思考题

1. 提纯过程中，先除 SO_4^{2-}，再除 Ca^{2+} 和 Mg^{2+}，这两步能否颠倒？为什么？
2. 溶液浓缩蒸发时为什么不能蒸干？
3. 检验产品纯度时，能用自来水溶解产品吗？

实验三　硝酸钾的制备

一、实验目的
1. 学习利用温度对物质溶解度的不同影响和复分解反应制备盐类的方法。
2. 进一步熟悉溶解、蒸发浓缩、结晶、过滤等基本操作。
3. 学习热过滤操作，掌握用重结晶方法提纯物质的技术。

二、实验原理
复分解反应是制备无机盐类的常用方法。利用复分解方法很容易制得不溶性盐，但是可溶性盐则需要根据温度对反应体系中几种盐类溶解度的不同影响来处理。

本实验反应如下：

$$NaNO_3 + KCl \rightleftharpoons NaCl + KNO_3$$

反应是可逆的，根据氯化钠的溶解度随温度变化不大，而氯化钾、硝酸钠和硝酸钾在高温时具有较大或很大的溶解度而温度降低时溶解度明显减小（氯化钾、硝酸钠）或急剧下降（硝酸钾）的这种差别，将一定浓度的硝酸钠和氯化钾混合液加热浓缩，当温度达到118～120℃时，由于硝酸钾溶解度增加很多，它达不到饱和，不析出，而氯化钠的溶解度增加甚少，随着加热浓缩、溶剂水的减少，氯化钠析出。通过热过滤去除氯化钠，将此溶液冷却至室温，即有大量硝酸钾析出。

三、实验用品
1. **仪器**：量筒、烧杯、台秤、石棉网、三脚架、铁架台、热滤漏斗、布氏漏斗、吸滤瓶、抽气泵、瓷坩埚、坩埚钳、温度计（200℃）、比色管（25mL）。
2. **固体药品**：硝酸钠（工业级）、氯化钾（工业级）。
3. **液体药品**：$AgNO_3$（0.1mol/L）、硝酸（5mol/L）、氯化钠标准溶液。
4. **材料**：滤纸。

四、实验内容
1. 硝酸钾的制备

在台秤上称取20g硝酸钠和17g氯化钾（依照反应式给出的剂量比，可根据工业品所标的纯度自行折算取试剂量）。放入100mL小烧杯中，加30mL蒸馏水，加热至沸腾，使固体溶解（记下小烧杯中液面位置）。继续加热并不断搅拌溶液，氯化钠逐渐析出，当体积减小到约为原来的1/2（或热至118℃）时，趁热进行热过滤（热过滤操作时，漏斗颈应尽可能的短），动作要快。盛接滤液的烧杯预先加入2mL蒸馏水，以防降温时，氯化钠达到饱和而析出。

待滤液冷却至室温，用减压过滤法把硝酸钾晶体尽量抽干，得到的晶体为粗产品，进行称量。

2. 硝酸钾的重结晶

除保留少量（0.1～0.2g）粗产品供纯度检验外，按粗产品：水＝2∶1（质量比），将粗产品溶于蒸馏水中。加热、搅拌，待结晶全部溶解后停止加热。若溶液沸腾时，晶体还未全部溶解，可再加极少量蒸馏水使其溶解。待体系冷却至室温后抽滤，此时得到纯度较高的硝酸钾晶体，称量。

3. 产品纯度检验

分别取0.1g粗产品和一次重结晶得到的产品放入两支小试管中，各加入2mL蒸馏水配成溶液。在溶液中分别滴入1滴5mol/L硝酸酸化，再各滴入0.1mol/L硝酸银溶液2滴，观察现象，进行对比并得出结论。

五、数据处理

1. 将实验结果填入表2-2。

表2-2 产品报告表

项目	理论值	粗产品	纯产品
产品外观			
产量			
产率			
产品纯度			

2. 试设计从 KNO_3 母液中提取较高纯度晶体的实验方案。

六、思考题

1. 实验的操作关键有哪些？如何提高 KNO_3 的产率？
2. 计算 KNO_3 的理论产量时以何种试剂为标准？
3. 制备硝酸钾晶体时，为什么要把溶液进行加热和过滤？

实验四 硫酸亚铁铵的制备

一、实验目的

1. 掌握硫酸亚铁铵的制备方法。
2. 练习加热、溶解、过滤、蒸发、结晶等基本操作。
3. 了解产品纯度的检验方法。

二、实验原理

硫酸亚铁铵 [$FeSO_4 \cdot (NH_4)_2SO_4 \cdot 6H_2O$] 可用等物质的量的 $FeSO_4$ 和 $(NH_4)_2SO_4$ 在水溶液中相互作用，生成溶解度较小的硫酸亚铁铵复盐晶体得到。其反应为：

$$FeSO_4 + (NH_4)_2SO_4 + 6H_2O \longrightarrow FeSO_4 \cdot (NH_4)_2SO_4 \cdot 6H_2O$$

硫酸亚铁铵俗称摩尔盐，是一种复盐，为浅蓝色透明晶体。它在空气中不易被氧化，比硫酸亚铁稳定。它能溶于水，但难溶于乙醇。

$FeSO_4$ 可由铁粉与稀硫酸作用制得：

$$Fe + H_2SO_4 \longrightarrow FeSO_4 + H_2 \uparrow$$

在制备过程中，溶液要保持较强的酸性，因在弱酸性溶液中，$FeSO_4$ 容易发生水解和氧化反应：

$$4FeSO_4 + O_2 + 2H_2O \Longrightarrow 4Fe(OH)SO_4 \downarrow$$

产品纯度的检验采用目测比色法，将产品配成溶液，与标准溶液进行比色，以确定杂质的含量范围。硫酸亚铁铵产品中的杂质主要是 Fe^{3+}，产品质量等级也常以 Fe^{3+} 含量的多少来确定。如果产品溶液的颜色比某一标准溶液的颜色浅，就能确定 Fe^{3+} 杂质含量低于该标准溶液中的含量，即低于某一规定的限度。所以这种方法又称为限量分析。

三、实验用品

1. 仪器：电子天平（0.1g）、烧杯、量筒、布氏漏斗、吸滤瓶、蒸发皿、表面皿、25mL比色管、比色管架。

2. 试剂：H_2SO_4(3mol/L)、KSCN(1mol/L)、$(NH_4)_2SO_4$(s)、铁粉、Fe^{3+} 的标准溶液三份。

3. 材料：pH 试纸、滤纸。

四、实验内容

1. 硫酸亚铁的制备

称 2g 铁粉放入 100mL 小烧杯中，加入 3mol/L 的 H_2SO_4 溶液 15mL 左右（需过量 20%），盖上表面皿，在石棉网上小火加热（或在水浴中加热），使铁粉与稀硫酸发生反应，注意控制 Fe 与 H_2SO_4 的反应不要过于激烈。在反应过程中，要适当添加去离子水，以补充蒸发掉的水分，以防硫酸亚铁晶体析出。当小烧杯中不再产生小气泡时，表示反应基本完成。趁热抽滤，用少量去离子水洗涤布氏漏斗中的不溶物，将滤液转移到蒸发皿中。计算出生成的 $FeSO_4$ 的理论产量。

2. 硫酸亚铁铵的制备

根据 $FeSO_4$ 的理论产量，计算出所需 $(NH_4)_2SO_4$（s）的质量 [若使用的是试剂铁粉，且与 H_2SO_4 几乎完全反应完，不考虑在过滤操作中的损失，$(NH_4)_2SO_4$ 的用量可按生成 $FeSO_4$ 理论产量的 100% 计算]。将称好的 $(NH_4)_2SO_4$（s）加入盛 $FeSO_4$ 溶液的蒸发皿中，搅拌溶解（必要时可小火加热），完全溶解后，用 pH 试纸检验溶液的 pH 值是否为 1~2。若酸度不够，可用 3mol/L 的 H_2SO_4 溶液调节。调好后将溶液放在石棉网上，加热蒸发（尽量不使溶液沸腾），浓缩至表面出现一薄层晶膜为止（注意蒸发过程后期不宜搅动）。静置，让溶液自然冷却至室温，析出浅绿色 $FeSO_4 \cdot (NH_4)_2SO_4 \cdot 6H_2O$ 晶体，抽滤，将水分尽量抽干，用滤纸吸干晶体上残存的母液，观察晶体的形状和颜色，称重并计算产率。

3. 产品的检验

用烧杯将去离子水煮沸 5min，以除去溶解的氧，盖上表面皿，冷却后备用。称取 1g 产品置于 25mL 比色管中，加 15mL 备用的去离子水，将其溶解，再加入 1.0mL 3mol/L 的 H_2SO_4 溶液和 2 滴 1mol/L 的 KSCN 溶液，最后以备用的去离子水稀释到 25.00mL，摇匀，与标准溶液进行目测比色，以确定产品等级。

标准溶液的配制（实验室配制）：用吸量管依次吸取 Fe^{3+} 的标准溶液（0.100mg/mL）0.50mL、1.00mL、2.00mL，分别放入 3 支比色管中，然后各加入 1.0mL 3mol/L 的 H_2SO_4 溶液和 1.0mL 1mol/L 的 KSCN 溶液，用备用的含氧较少的去离子水将溶液稀释到 25.00mL，摇匀，配成三个级别的标准溶液（见表 2-3）。

表 2-3　三个级别的标准溶液

规　　格	Ⅰ级	Ⅱ级	Ⅲ级
Fe^{3+} 含量/mg	0.05	0.10	0.20

五、思考题

1. 为什么硫酸亚铁溶液和硫酸亚铁铵溶液都要保持较强的酸性？
2. 进行目测比色时，为什么用含氧较少的去离子水配制硫酸亚铁铵溶液？
3. 计算硫酸亚铁铵的产率时，应以 $FeSO_4$ 的量为准，还是以 $(NH_4)_2SO_4$ 的量为准？为什么？

实验五　醋酸铬（Ⅱ）水合物的制备

一、实验目的

1. 学习无氧条件下制备易被氧化的不稳定化合物的原理和方法。
2. 通过测定醋酸铬（Ⅱ）的磁化率来表征其纯度。

3. 练习和巩固沉淀的洗涤、过滤等基本操作。

二、实验原理

通常二价铬的化合物非常不稳定,它们能迅速被空气中的氧气氧化为三价铬的化合物。只有铬(Ⅱ)的卤化物、磷酸盐、碳酸盐和醋酸盐可存在于干燥状态。

醋酸铬(Ⅱ)是淡红色结晶性物质,不溶于水,但易溶于盐酸。这种溶液与其它所有亚铬酸盐一样,能被空气中的氧气氧化。

含有三价铬的化合物通常呈绿色或紫色(根据阴离子的不同而不同),且多溶于水,不溶于醇。

制备容易被空气氧化的化合物不能在大气气氛下进行,通常用惰性气体如氮气、氩气作为保护性气氛,有时也在还原性气氛下进行。

本实验在封闭体系中利用金属锌作还原剂,将三价铬还原为二价,再与醋酸钠溶液作用制得醋酸铬(Ⅱ)。反应体系中产生的氢气除了增大体系的压强使铬(Ⅱ)溶液进入醋酸钠溶液外,还起到隔绝空气使体系保持还原性气氛的作用。

制备反应的离子方程式如下:

$$2Cr^{3+} + Zn \longrightarrow 2Cr^{2+} + Zn^{2+}$$

$$2Cr^{2+} + 4Ac^- + 2H_2O \longrightarrow [Cr(Ac)_2]_2 \cdot 2H_2O$$

纯的醋酸铬(Ⅱ)$[Cr(Ac)_2]_2 \cdot 2H_2O$ 是反磁性的,因为它是二聚分子,铬原子之间存在电子间的相互作用,自旋单电子全部配对。反磁性物质的 $X_m < 0$。若 $X_m > 0$,即有顺磁性就意味着样品不纯。

三、实验用品

1. 仪器:吸滤瓶(50mL)、两孔玻璃塞、滴液漏斗(50mL)、锥形瓶(150mL)、烧杯(100mL)、布氏漏斗、量筒、古埃磁天平、平底试管。

2. 药品:浓盐酸、乙醇(AR)、乙醚(AR)、去氧水(已煮沸过的蒸馏水)、六水合三氯化铬、锌粒、无水醋酸钠。

四、实验内容

1. 醋酸铬(Ⅱ)的制备

仪器装置如图2-8所示,称取5g无水醋酸钠于锥形瓶中,用12mL去氧水配成溶液。在吸滤瓶中放入8g锌粒和5g三氯化铬晶体,加入6mL去氧水,摇动吸滤瓶,得到深绿色混合物。夹住通往醋酸钠溶液的橡皮管,通过滴液漏斗缓慢加入浓盐酸10mL,并不断摇动吸滤瓶。当溶液颜色逐渐变为蓝绿色,最终变为亮蓝色,氢气仍然较快地放出时,松开连接吸滤瓶与锥形瓶的橡皮管,以迫使氯化铬(Ⅱ)溶液进入盛有醋酸钠溶液的锥形瓶中。搅拌,形成红色铬(Ⅱ)沉淀。用铺有双层滤纸的布氏漏斗过滤沉淀,并用15mL去离子水洗涤沉淀数次。然后用少量乙醇、乙醚各洗涤3次。将一薄层产物铺在表面皿上,在室温下干燥。称重,计算产率。保存产品。

2. 醋酸铬(Ⅱ)的纯度测定

将醋酸铬(Ⅱ)的粉末装入平底试管,填充过程中不断用玻璃棒挤压样品,使粉末样品均匀填实,直到约15cm为止,用直尺测量样品的高度 h。

选定励磁电流为3A、4A。读取高斯计上指示的对

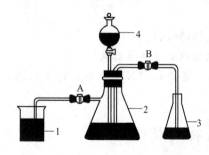

图2-8 醋酸铬(Ⅱ)的制备装置
1—烧杯;2—吸滤瓶;
3—锥形瓶;4—滴液漏斗

应磁感应强度。测出无磁场时的 $m_{样品+空管}$、$m_{空管}$。分别测出 $B_{I=3A}$、$B_{I=4A}$、$B_{I=0}$ 时 $m_{样品+空管}$、$m_{空管}$。则摩尔磁化率为：$X_m = 2(\Delta m_{样品+空管} - m_{空管})\dfrac{ghM}{\mu_0 B^2 m}$。

五、思考题

1. 为何要用封闭的装置来制取醋酸亚铬？
2. 为什么反应中锌要过量？产物为什么用乙醇、乙醚洗涤？
3. 根据醋酸铬（Ⅱ）的性质，如何保存该化合物？

实验六 硫代硫酸钠的制备

一、实验目的

1. 了解硫代硫酸钠的制备方法。
2. 了解硫代硫酸钠的性质。
3. 熟练并巩固一些基本操作。

二、实验原理

硫代硫酸钠的五水合物（$Na_2S_2O_3 \cdot 5H_2O$）俗称海波，又名大苏打，为单斜晶系大粒菱晶，56℃时溶于其结晶水中，100℃时脱水。硫代硫酸钠易溶于水，其水溶液呈弱碱性。工业上或实验室的制备，可用硫黄和亚硫酸钠溶液共煮而发生化合反应：

$$Na_2SO_3 + S \longrightarrow Na_2S_2O_3$$

经过滤、蒸发、浓缩结晶，即可制得 $Na_2S_2O_3 \cdot 5H_2O$ 晶体。硫代硫酸钠溶液在浓缩时能形成过饱和溶液，此时加入几粒晶体（称为晶种），就可有晶体析出。

硫代硫酸钠的重要性质之一是具有还原性，它是常用的还原剂。例如遇中等强度的氧化剂（I_2、Fe^{3+}）时，硫代硫酸钠被氧化成连四硫酸钠：

$$2Na_2S_2O_3 + I_2 \longrightarrow Na_2S_4O_6 + 2NaI$$

这一反应是定量分析中碘量法的基础。

硫代硫酸钠遇强氧化剂如 $KMnO_4$、Cl_2 时，可被氧化成硫酸盐：

$$8KMnO_4 + 5Na_2S_2O_3 + 7H_2SO_4 \longrightarrow 8MnSO_4 + 5Na_2SO_4 + 4K_2SO_4 + 7H_2O$$

$$4Cl_2 + Na_2S_2O_3 + 5H_2O \longrightarrow Na_2SO_4 + H_2SO_4 + 8HCl$$

后一反应可用于纺织漂染及自来水中除氯。

硫代硫酸钠的另一重要性质是配位性。例如银盐遇过量硫代硫酸钠反应，能生成可溶性的二硫代硫酸根合银（Ⅰ）酸钠而使难溶的 AgBr 溶解：

$$AgBr + 2Na_2S_2O_3 \longrightarrow Na_3[Ag(S_2O_3)_2] + NaBr$$

基于这一性质，硫代硫酸钠常用作感光胶片拍摄后的定影剂。

硫代硫酸钠可看作硫代硫酸的盐，硫代硫酸（$H_2S_2O_3$）极不稳定，所以硫代硫酸盐遇酸即分解：

$$Na_2S_2O_3 + 2HCl \longrightarrow S\downarrow + SO_2\uparrow + 2NaCl + H_2O$$

分解反应既有 SO_2 气体逸出，又有乳白色或乳黄色的硫析出而使溶液浑浊，这是硫代硫酸的盐和亚硫酸盐的区别。

三、实验用品

1. 仪器：烧杯（100mL）、表面皿、布氏漏斗、吸滤瓶、蒸发皿、石棉网。
2. 药品：硫黄粉、Na_2SO_3、乙醇。

四、实验内容

1. 硫代硫酸钠的制备

① 称取 Na_2SO_3 12.6g（0.1mol）置于烧杯中，加 75mL 水，用表面皿作为盖，加热、搅拌溶解，继续加热到近沸。

② 称取硫黄粉 4g(0.125mol) 放在小烧杯中，加水和乙醇（各半），将硫黄粉调成糊状，在搅拌下分次加入近沸的亚硫酸钠的溶液中，在保持沸腾下继续加热并搅拌 1h 左右。注意：在沸腾过程中，要经常搅拌，并将烧杯壁上黏附的硫用少量水冲淋下去，同时补充水分的蒸发损失。

③ 反应完毕，趁热用布氏漏斗减压过滤，弃去未反应的硫黄粉。

④ 滤液转入蒸发皿中，并放在石棉网上加热蒸发、浓缩至 20mL 左右，搅拌，冷却至室温。如无结晶析出，加几粒硫代硫酸钠晶体，即有大量晶体析出，静置 20min。

⑤ 用布氏漏斗减压过滤，并用玻璃瓶盖面轻压晶体，尽量抽干，取出称量，计算产率。

2. 产品性质检验

称取 0.3g 产品，溶于 10mL 蒸馏水制成试液，做以下性质实验，观察并记录实验现象。

① 检验试液的酸碱性。

② 试液与 2mol/L 的盐酸的反应。

③ 试液与碘水的反应。

④ 试液与氯水的反应，并检验有 SO_4^{2-} 生成。

⑤ 试液与 $KMnO_4$ 酸性溶液的反应。

⑥ $S_2O_3^{2-}$ 的鉴定。

根据以上实验现象，对产品性质作出结论。

五、思考题

1. 根据制备反应原理，实验中哪种反应物应过量？可以倒过来吗？
2. 在蒸发浓缩的过程中，溶液可以蒸干吗？
3. 计算出理论产量。
4. 拟好产品性质检验的实验操作步骤。

实验七　四碘化锡的制备

一、实验目的

1. 学习在非水溶剂中制备无水四碘化锡的原理和方法。
2. 学习加热、回流等基本操作。
3. 了解如何根据所有消耗试剂的用量确定物质的最简式。
4. 了解四碘化锡的某些化学性质。

二、实验原理

无水四碘化锡是橙红色的立方晶体，为共价型化合物，熔点为 416.5K，沸点为 621K。受潮易水解。在空气中也会缓慢水解，易溶于二硫化碳、三氯甲烷、四氯化碳、苯等有机溶剂中，在冰醋酸中溶解度较小。

根据四碘化锡溶解度的特性，它的制备一般在非水溶剂中进行，目前较多选择四氯化碳或冰醋酸为合成溶剂。

本实验采用冰醋酸为溶剂，金属锡和碘在非水溶剂冰醋酸和醋酸酐体系中直接合成：

$$Sn + 2I_2 = SnI_4$$

三、实验用品

1. 仪器：圆底烧瓶（100～150mL）、球形冷凝管、吸滤瓶、布氏漏斗、干燥管。

2. 试剂：$I_2(s)$、锡箔、冰醋酸、醋酸酐、饱和 KI 溶液、氯仿、丙酮。

四、实验内容

1. 四碘化锡的制备

在 100～150mL 干燥的圆底烧瓶中，加入 1.50g 碎锡箔和 4.00g I_2，再加入 30mL 冰醋酸和 30mL 醋酸酐。按图 2-9 所示，装好球形冷凝管，用水冷却，用煤气灯加热至沸，1～1.5h，直至紫红色的碘蒸气消失，溶液颜色由紫红色变成橙红色，停止加热。冷至室温即有橙红色的四碘化锡晶体析出，结晶用布氏漏斗抽滤，将所得晶体转移到圆底烧瓶中加入 30mL 氯仿，水浴加热回流溶解后，趁热抽滤。（保留滤纸上的固体。其为何物质？）将滤液倒入蒸发皿中，置于通风橱内，待氯仿全部挥发抽尽后，可得 SnI_4 橙红色晶体。称量，计算产率。

2. 产品检验

(1) 确定碘化锡最简式 称出滤纸上剩余 Sn 箔的质量（准确至 0.01g），根据 I_2 与 Sn 的消耗量，计算其比值，得出碘化锡的最简式。

(2) 性质实验

① 取自制的 SnI_4 少量溶于 5mL 丙酮中，分成两份，一份加几滴水，另一份加同样量的饱和 KI 溶液，解释所观察到的实验现象。

② 用实验证实 SnI_4 易水解的特性。

3. 微型实验

① 仪器：容积为 20mL 的圆底烧瓶、球形冷凝管（长度 100mm，直径 10mm）、干燥管、电光天平、微型抽滤瓶、微型布氏漏斗、洗耳球（代替真空泵）。

② 试剂用量：$I_2(s)$ 0.4000g，锡箔 0.2000g，冰醋酸 5mL、醋酸酐 5mL、氯仿 10mL。

③ 操作条件与常规实验相同，性质实验在点滴板上进行。

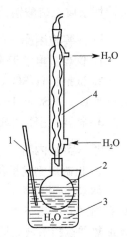

图 2-9 制备四碘化锡的装置
1—温度计；2—圆底烧瓶；
3—烧杯；4—球形冷凝管

五、思考题

1. 在合成 SnI_4 的过程中，为什么要预先干燥玻璃仪器，且安上 $CaCl_2$ 干燥管？
2. 在合成 SnI_4 时，以何种原料过量为好？为什么？
3. 在反应液中加入醋酸酐有何作用？
4. 从哪些现象可判断反应到达了终点？

实验八 硫酸铜的提纯

一、实验目的

1. 了解用化学法提纯硫酸铜的原理及方法。
2. 学习台秤的使用以及加热、溶解、过滤、蒸发、结晶等基本操作。
3. 掌握控制溶液的 pH 值除去杂质离子的方法。

二、实验原理

制备 $CuSO_4 \cdot 5H_2O$ 常用的方法是氧化铜法，即先将铜氧化成氧化铜，然后将氧化铜溶于硫酸而制得。由于废铜和工业硫酸不纯,所得硫酸铜粗产品中含有较多杂质,因此必须加以提纯。

粗硫酸铜中含有不溶性杂质和可溶性杂质 $FeSO_4$、$Fe_2(SO_4)_3$ 及其重金属盐等。不溶性杂质可在溶解、过滤的过程中除去。而杂质 $FeSO_4$ 需用氧化剂 H_2O_2 或 Br_2 将 Fe^{2+} 氧化成 Fe^{3+},然后调节溶液的 pH 值至 3.5~4.0,使 Fe^{3+} 水解成 $Fe(OH)_3$ 沉淀,再过滤除去,反应如下:

$$2Fe^{2+} + H_2O_2 + 2H^+ = 2Fe^{3+} + 2H_2O$$

$$Fe^{3+} + 3H_2O = Fe(OH)_3 \downarrow + 3H^+$$

除去铁离子后的滤液经蒸发、浓缩,即可制得较纯净的 $CuSO_4 \cdot 5H_2O$ 晶体。其它微量可溶性杂质在硫酸铜结晶时,留在母液中,经过滤可与硫酸铜分离。

三、实验用品

1. 仪器:电子天平(0.1g)、烧杯、量筒、布氏漏斗、吸滤瓶、蒸发皿、表面皿。

2. 试剂:H_2SO_4(1mol/L)、HCl(2mol/L)、$NH_3 \cdot H_2O$(1mol/L、6mol/L)、NaOH(2mol/L)、KSCN(1mol/L)、H_2O_2(3%)。

3. 材料:pH 试纸、滤纸。

四、实验内容

1. 粗硫酸铜的提纯

称取 6g 粗硫酸铜置于小烧杯中,加入 25~30mL 去离子水(用量筒量取),将小烧杯放在石棉网上加热至 70~80℃并搅拌,促其完全溶解。在上述溶液中滴加 2mL 3% H_2O_2,继续加热并搅拌溶液,同时逐滴加入 0.5mol/L NaOH(自己稀释)。调节溶液的 pH=3.5~4.0,再加热 10min,使 Fe^{3+} 充分水解成 $Fe(OH)_3$ 沉淀,常压过滤或抽滤,滤液转入洁净的蒸发皿中。

在精制后的硫酸铜滤液中滴加 1mol/L H_2SO_4 进行酸化,调节溶液的 pH 值至 1~2,然后在石棉网上加热,蒸发、浓缩至液面出现一薄层晶膜时,即停止加热,冷却至室温使硫酸铜晶体析出,在布氏漏斗上进行抽滤,将水分尽量抽干。取出硫酸铜晶体,用滤纸吸干其表面水分,观察晶体的形状和颜色。称量,并计算产率。

2. 粗硫酸铜纯度检验

称取 1g 提纯后的硫酸铜晶体,置于小烧杯中,用 10mL 去离子水溶解,加入 1mL 1mol/L H_2SO_4 酸化,然后加入 2mL 3% H_2O_2,充分搅拌后,煮沸片刻,使其中的 Fe^{2+} 氧化成 Fe^{3+}。待溶液冷却后,在搅拌下逐滴加入 6mol/L 的 $NH_3 \cdot H_2O$,直至最初生成的浅蓝色沉淀完全溶解,溶液呈深蓝色为止,此时 Fe^{3+} 已完全转化成 $Fe(OH)_3$ 沉淀,而 Cu^{2+} 则完全转化为配离子 $[Cu(NH_3)_4]^{2+}$。

$$Fe^{3+} + 3NH_3 \cdot H_2O = Fe(OH)_3 \downarrow + 3NH_4^+$$

$$2CuSO_4 + 2NH_3 \cdot H_2O = Cu_2(OH)_2SO_4 + (NH_4)_2SO_4$$

$$Cu_2(OH)_2SO_4 + (NH_4)_2SO_4 + 6NH_3 \cdot H_2O = 2[Cu(NH_3)_4]SO_4 + 8H_2O$$

常压过滤,并用 1mol/L 的 $NH_3 \cdot H_2O$ 洗涤滤纸,直至蓝色洗去为止,此时黄色 $Fe(OH)_3$ 沉淀留在滤纸上,用滴管将 3mL 2mol/L 的 HCl 滴在滤纸上,以溶解 $Fe(OH)_3$ 沉淀。收集溶液,将溶液转移到小试管中,加入 1mL 1mol/L 的 KSCN 溶液,观察溶液的颜色。根据颜色的深浅,可以评定提纯后硫酸铜的纯度。Fe^{3+} 含量越多,溶液颜色越深。

$$Fe^{3+} + nSCN^- = Fe(NCS)_n^{3-n} \quad (n=1\sim6)$$

(血红色)

五、思考题

1. 提纯中 Fe^{2+} 为什么要氧化为 Fe^{3+} 除去？采用 H_2O_2 作氧化剂比其它氧化剂有什么优点？
2. 除 Fe^{3+} 时，为什么要调节溶液的 pH 值为 4 左右？pH 值太大或太小有什么影响？
3. $KMnO_4$、$K_2Cr_2O_7$、Br_2、H_2O_2 都可以将 Fe^{2+} 氧化成 Fe^{3+}，选用哪一种氧化剂较为合适？为什么？
4. 为什么除 Fe^{3+} 后的滤液还要调节 pH 值至 1～2，再进行蒸发浓缩？
5. 蒸发溶液时，为什么不可将溶液蒸干？

第二节 化学原理与常数测定

实验九 化学反应热效应的测定

一、实验目的

1. 了解反应热效应测定的原理、方法。
2. 熟悉台秤、温度计和秒表的正确使用。
3. 学习数据测量、记录、整理、计算等的方法。

二、实验原理

化学反应中常伴随有能量的变化。一个恒温化学反应所吸收或放出的热量称为该反应的热效应。一般把恒温恒压下的热效应称为焓变（ΔH）。当体系放出热量时（放热反应），ΔH 为负值；当体系吸收热量时（吸热反应），ΔH 为正值。同一个化学反应，若反应温度或压力不同，则热效应也不一样。

反应热效应的测量方法很多，本实验采用普通的保温杯和精密温度计作为简易量热计来测量。假设反应物在量热计（见图 2-10）中进行的化学反应是在绝热条件下进行的，即反应体系（量热计）与环境不发生热量传递。这样，从反应体系前后的温度变化和量热器的热容及有关物质的质量和比热容等，就可以按式(2-1)计算出反应的热效应。本实验是以锌粉和硫酸铜溶液发生置换反应：

$$Zn + CuSO_4 \longrightarrow ZnSO_4 + Cu$$

该反应是一个放热反应，所以实验热效应计算式为：

$$\Delta_r H_m^{\ominus} = -\frac{(Vdc + C_p)\Delta T}{1000n} \tag{2-1}$$

式中 $\Delta_r H_m^{\ominus}$——反应热效应，kJ/mol；
  V——硫酸铜溶液的体积，mL；
  d——溶液的密度，g/mL；
  c——溶液的比热容，J/(g·K)；
  C_p——量热计的热容，J/K；
  ΔT——溶液反应前后的温差，K；
  n——体积为 V 的溶液中硫酸铜的物质的量，mol。

由于反应后温度需要一段时间才能升到最高值，而实验所用简易量热计不是严格的绝热系统，在这段时间内，量热计不

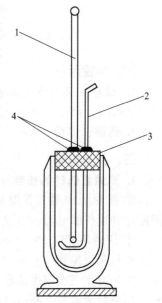

图 2-10 保温杯式简易量热计装置
1—温度计；2—搅拌棒；
3—塑料盖；4—橡皮圈

可避免地会与周围环境发生热交换,为了矫正由此带来的温度偏差,需用图解法确定系统温度变化的最大值,即以测得的温度为纵坐标,时间为横坐标(见图 2-11),按虚线外推到开始混合的时间($t=0$),求出温度变化最大值(ΔT),这个外推的 ΔT 值能较客观地反映出热效应所引起的真实温度变化。

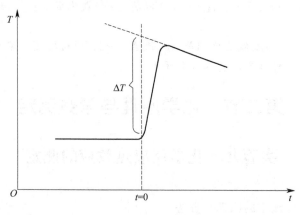

图 2-11 反应温度的变化

量热计的热容是指量热计温度升高 1℃所需要的热量。在测定反应热之前,应先测定量热计的热容。本实验的测定方法是:在量热计中加入一定量(如 50g)的冷水,测得其温度为 T_1,加入相同量的热水(加入前测得热水温度为 T_2),混合均匀后,测得体系(混合水)的温度为 T_3,已知水的比热容为 4.18J/(g·K),量热计的热容可由式(2-2)计算:

$$冷水得热 = (T_3 - T_1) \times 50g \times 4.18J/(g·K)$$
$$热水失热 = (T_2 - T_3) \times 50g \times 4.18J/(g·K)$$
$$量热计得热 = (T_3 - T_1)C_p$$

$$C_p = \frac{[(T_2 - T_3) - (T_3 - T_1)] \times 50g \times 4.18J/(g·K)}{T_3 - T_1} \tag{2-2}$$

三、实验用品

1. 仪器:保温杯式简易量热计、量筒、精密温度计(−5~+50℃,1/10 刻度)、移液管(50mL)、台秤、秒表、洗耳球、烧杯、称量纸。

2. 药品:锌粉(AR)、$CuSO_4$(0.2000mol/L)。

四、实验内容

1. 测量量热计的热容(C_p)

① 按图 2-10 装配保温杯式简易量热计。保温杯盖也可用泡沫塑料或大橡皮塞代替。在温度计和搅拌棒上套一小橡皮圈,使温度计和搅拌棒不接触杯底。

② 用量筒量取 50.00 mL 自来水,小心打开量热计的盖子,将水放入干燥的量热计中,加上盖后缓慢搅拌,5 min 后开始记录温度,读数精确到 0.1℃(以下同),然后每隔 20 s 记录一次,直至三次温度读数相同,表示体系温度已达平衡,此温度即为 T_1。

用量筒量取 50.00mL 自来水,注入 100mL 小烧杯中加热到高于冷水温度 20℃,停止加热,静置 1min,用同一支温度计测量其温度,然后每隔 20s 记录一次,直至三次温度读数不变,此温度即为 T_2。

③ 迅速将烧杯中的热水倒入量热计中,加盖搅拌,同时立即记录温度计读数,然后每隔 20s 记录一次,直至三次温度相同,此温度即为 T_3。

将测得数据记录于下方空白处。
室温：_____ 大气压力：_____
测温度 T_1：

t/s	0	20	40	60	……
T/℃					

测温度 T_2：

t/s	0	20	40	60	……
T/℃					

测温度 T_3：

t/s	0	20	40	60	……
T/℃					

2. 锌与硫酸铜置换反应热的测定

① 倒出量热计中的水后，用蒸馏水将量热计漂洗两次，用吸水纸擦干量热计。

② 在台秤上称 2.5g 锌粉。

③ 用移液管移取 0.2000mol/L 的 $CuSO_4$ 溶液 100 mL 于洁净的量热计中，加盖搅拌 5min 后，开始记录温度，然后每隔 20s 记录一次，直至三次温度相同，此温度即为 T_4。

④ 打开量热计盖子，小心、迅速地将锌粉倒入 $CuSO_4$ 溶液中，盖好、搅拌，记录温度，每隔 20s 记录一次。当温度升到最高点后，再延续测定 2min。按图 2-11 所示，以温度（T）对时间（t）作图，用外推法求出温度变化最大值（ΔT）。

将测得数据记录于下表中。

t/s	0	20	40	……
T/℃				

3. 数据处理

① 量热计热容测定：将测得结果填入下表中。

冷水温度(T_1)/℃	
热水温度(T_2)/℃	
冷热水混合水温度(T_3)/℃	
热水降低温度(T_2-T_3)/℃	
冷水升高温度(T_3-T_1)/℃	
量热计热容(C_p)/(J/K)	

② 锌与硫酸铜置换反应热 $\Delta_r H_m^\ominus$ 的测定：将测得结果填入下表中。

硫酸铜溶液温度(T_4)/℃	
反应后溶液升温(ΔT)/℃	
溶液的体积(V)/mL	
硫酸铜或生成铜的物质的量(n)/mol	
量热计热容(C_p)/(J/K)	
反应的热效应($\Delta_r H_m^\ominus$)/(kJ/mol)	
相对误差/%	

设：溶液的比热容接近水的比热容 $c=4.18J/(g \cdot K)$，溶液的密度接近水的密度 $d=1.0g/mL$。

③ 已知在恒压下，上述置换反应的焓变 $\Delta_r H_m^\ominus = -218.7kJ/mol$。计算实验的相对误差，并分析造成误差的原因。

五、思考题

1. 实验中为什么硫酸铜的浓度和体积要求比较精确,而锌粉只需用台秤称量?
2. 试分析本实验结果产生误差的原因。

实验十 化学反应速率和化学平衡

一、实验目的

1. 了解浓度、温度、催化剂对反应速率的影响。
2. 了解浓度、温度对化学平衡的影响。
3. 练习在水浴中进行恒温操作。
4. 根据实验数据练习作图。

二、实验原理

化学反应速率是以单位时间内反应物浓度的减少或生成物浓度的增加来表示的。化学反应速率首先取决于化学反应的本性,此外外界条件(如浓度、温度、催化剂等)也对化学反应速率有影响。

碘酸钾和亚硫酸氢钠在水溶液中发生如下反应:

$$2KIO_3 + 5NaHSO_3 \longrightarrow Na_2SO_4 + 3NaHSO_4 + K_2SO_4 + I_2 \downarrow + H_2O$$

反应中生成的碘遇淀粉变为蓝色。如果在反应物中预先加入淀粉作指示剂,则淀粉变蓝色所需的时间 t 可以用来指示反应速率的大小(实验中需碘酸钾过量)。反应速率与 t 成反比,而与 $1/t$ 成正比。本实验固定 $NaHSO_3$ 的浓度,改变 KIO_3 的浓度,可以得到与一系列不同浓度 KIO_3 相应的淀粉变蓝色的时间,将 KIO_3 浓度相对于 $1/t$ 作图,理论上可得到一条直线。

温度可显著地影响化学反应速率,对大多数化学反应来说,温度升高,反应速率增大。

催化剂可大大改变化学反应速率。催化剂与反应系统处于同相,称为均相(或单相)催化。在 $KMnO_4$ 和 $H_2C_2O_4$ 的酸性混合溶液中,加入 Mn^{2+} 可增大反应速率。该反应的反应速率可由 $KMnO_4$ 紫红色褪去时间的长短来指示。

$$2KMnO_4 + 5H_2C_2O_4 + 3H_2SO_4 \longrightarrow 2MnSO_4 + 10CO_2 \uparrow + K_2SO_4 + 8H_2O$$

催化剂与反应系统不为同一相,称为多相催化,如 H_2O_2 溶液在常温下极其缓慢地分解放出氧气,而加入催化剂 MnO_2 后则 H_2O_2 分解速率明显加快。

在可逆反应中,当正、逆反应速率相等时即达到化学平衡。改变平衡系统的条件如浓度(系统中有气体时的压力)或温度时,会使平衡发生移动。根据吕·查德里原理,当条件改变时,平衡就向着减弱这个改变的方向移动。

如 $CuSO_4$ 水溶液中,Cu^{2+} 以水合配离子形式存在,$[Cu(H_2O)_4]^{2+}$ 呈蓝色,当加入一定量的 Cl^- 后,会发生下列反应:

$$[Cu(H_2O)_4]^{2+} + 4Cl^- \rightleftharpoons [CuCl_4]^{2-} + 4H_2O \quad \Delta_r H_m^\ominus > 0$$

$[CuCl_4]^{2-}$ 为黄绿色,改变反应物或生成物浓度,会使平衡移动,从而使溶液改变颜色。

该反应为吸热反应,升高温度会使平衡向右移动,降低温度平衡则向左移动。温度变化也会使溶液颜色发生变化。

三、实验用品

1. **仪器**:烧杯(100mL、500mL)、量筒、温度计、秒表、内盛 NO_2 的玻璃球的平衡仪。
2. **试剂**:$NaHSO_3$(0.05mol/L)、KIO_3(0.05mol/L)、H_2SO_4(3mol/L)、$MnSO_4$

(0.1mol/L)、$H_2C_2O_4$(0.05mol/L)、$KMnO_4$(0.01mol/L)、H_2O_2(3%)、$FeCl_3$(0.1mol/L)、NH_4SCN(0.1mol/L)、$CuSO_4$(1mol/L)、HCl(6mol/L,浓)、MnO_2粉末。

四、实验内容

1. 浓度对反应速率的影响

用量筒准确量取 10mL 0.05mol/L 的 $NaHSO_3$ 溶液和 35mL 蒸馏水,倒入 100 mL 小烧杯中,搅拌均匀。用另一支量筒准确量取 5mL 0.05mol/L 的 KIO_3 溶液,将量筒中的 KIO_3 溶液迅速倒入盛有 $NaHSO_3$ 溶液的烧杯中,立即按下秒表计时,并搅拌溶液,记录溶液变为蓝色的时间,并填入表2-4。用同样的方法依次按表2-4中的实验编号进行实验。

表 2-4 浓度对反应速率的影响

实验编号	$NaHSO_3$体积/mL	H_2O体积/mL	KIO_3体积/mL	溶液变蓝时间(t)/s	$100/t$ /s^{-1}	KIO_3的浓度/(5×10^{-3}mol/L)
1	10	35	5			
2	10	30	10			
3	10	25	15			
4	10	20	20			
5	10	15	25			

根据表2-4中的实验数据,以 KIO_3 的浓度为横坐标,$1/t$ 为纵坐标,用作图纸绘制曲线(见图2-12)。

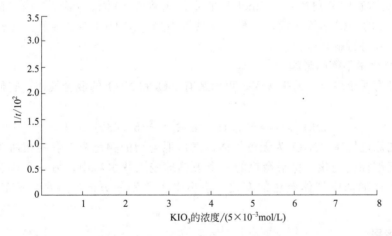

图 2-12 KIO_3 浓度与 $1/t$ 的关系图

2. 温度对反应速率的影响

在一只100mL的小烧杯中,混合 10mL $NaHSO_3$ 和 35mL H_2O,在试管中加入 5mL KIO_3 溶液,将小烧杯和试管同时放在水浴中(见图2-13),加热到比室温高出约 10℃,恒温 3min 左右,将 KIO_3 溶液倒入 $NaHSO_3$ 溶液中,立即计时,并搅拌溶液,记录溶液变为蓝色的时间,并填入表2-5中。

表 2-5 温度对反应速率的影响

实验编号	$NaHSO_3$体积/mL	H_2O体积/mL	KIO_3体积/mL	实验温度/℃	溶液变蓝时间(t)/s
1	10	35	5	室温	
2	10	35	5	室温+10℃	

如果在室温30℃以上做本实验,用冰浴代替热水浴,温度比室温低10℃左右。根据实

验结果，说明温度对反应速率的影响。

3. 催化剂对反应速率的影响

① 均相催化。在试管中加入 3mol/L 的 H_2SO_4 溶液 1mL、0.1mol/L 的 $MnSO_4$ 溶液 10 滴、0.05mol/L 的 $H_2C_2O_4$ 溶液 3mL。在另一试管中加入 3mol/L 的 H_2SO_4 溶液 1mL、蒸馏水 10 滴、0.05mol/L 的 $H_2C_2O_4$ 溶液 3mL。然后向两支试管中各加入 0.01mol/L 的 $KMnO_4$ 溶液 3 滴，摇匀，观察并比较两支试管中紫红色褪去的快慢。

② 多相催化。在试管中加入 3% H_2O_2 溶液 1 mL，观察是否有气泡产生，然后向试管中加入少量 MnO_2 粉末，观察是否有气泡产生，并检验是否为氧气。

4. 浓度对化学平衡的影响

① 在小试管中先加入 H_2O 1mL，然后加入 0.1mol/L 的 $FeCl_3$ 和 0.1mol/L 的 NH_4SCN 溶液各 2 滴，观察溶液的颜色。此试管内反应为：

$$Fe^{3+} + nSCN^- \longrightarrow [Fe(SCN)_n]^{3-n} \quad (n=1\sim6)$$

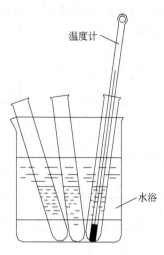

图 2-13　试管中反应物水浴温度的测量

把所得溶液平均放入两支试管中，在其中一支试管中逐滴加入 1.0mol/L 的 $FeCl_3$ 溶液，与另一支试管比较，观察溶液颜色的变化。由此说明浓度对化学平衡的影响。

② 在三支试管中分别加入 1.0mol/L 的 $CuSO_4$ 溶液 10 滴、5 滴、2 滴，在第二支试管中加入 6mol/L 的 HCl 溶液 5 滴，在第三支试管中加入浓 HCl 溶液 8 滴，比较三支试管中溶液的颜色，并进行解释。

5. 温度对化学平衡的影响

取一支带有两个玻璃球的平衡仪，里面装有 NO_2 和 N_2O_4 的混合气体，它们之间的平衡关系为：

$$2NO_2(g) \rightleftharpoons N_2O_4(g) \quad \Delta_r H_m^{\ominus} = -54.43 \text{kJ/mol}$$

NO_2 为红棕色气体，N_2O_4 为无色气体，气体混合物的颜色视二者的相对含量不同，可从浅红棕色至红棕色变化。将平衡仪的一个玻璃球浸入热水浴中，另一个玻璃球浸入冰水中，观测两个玻璃球中气体颜色的变化，指出平衡移动的方向，用吕•查德里原理进行解释。

五、思考题

1. 影响化学反应速率的因素有哪些？本实验中如何研究温度、浓度、催化剂对反应速率的影响？

2. 通过实验说明如何应用吕•查德里原理判断浓度（分压）、温度的变化对化学平衡移动的影响。

实验十一　解　离　平　衡

一、实验目的

1. 进一步理解弱酸、弱碱解离平衡及同离子效应等概念。
2. 研究盐的水解反应及影响水解的因素。
3. 掌握缓冲溶液的作用原理及其配制方法。
4. 练习 pH 试纸及酸度计的使用。

二、实验原理

弱电解质在水溶液中存在着解离平衡，如在 HAc 水溶液中存在以下平衡：

$$HAc \rightleftharpoons H^+ + Ac^-$$

若在此平衡系统中加入含有相同离子的强电解质（如 NaAc），则会使 HAc 解离平衡向左移动，从而使解离程度降低，这种作用称为同离子效应。

盐类（除了强酸和强碱所生成的盐以外）在水溶液中都会发生水解，例如：

$$Ac^- + H_2O \rightleftharpoons OH^- + HAc$$

$$NH_4^+ + H_2O \rightleftharpoons H^+ + NH_3 \cdot H_2O$$

盐类水解程度的大小主要与盐类的本性有关，此外，还受温度、浓度和酸度的影响。盐类的水解过程是吸热过程，升高温度可促进水解；加水稀释溶液，也有利于水解；如果水解产物中有沉淀或气体产生，则水解程度更大。例如 $BiCl_3$ 的水解：

$$BiCl_3 + H_2O \rightleftharpoons BiOCl \downarrow + 2HCl$$

在盐类的水溶液中，加入酸或碱，则有抑制水解或促进水解的作用，上例中如加入盐酸，则可抑制 $BiCl_3$ 的水解，平衡向左移动，使沉淀消失。如果加碱则促进水解。

一种水解呈酸性的盐[如 $Al_2(SO_4)_3$]和另一种水解呈碱性的盐（如 $NaHCO_3$）相混合时，将加剧两种盐的水解。

$$Al^{3+} + 3HCO_3^- \rightleftharpoons Al(OH)_3 \downarrow + 3CO_2 \uparrow$$

$Cr_2(SO_4)_3$ 溶液与 Na_2CO_3 溶液及 NH_4Cl 溶液与 Na_2CO_3 溶液混合时也会发生这种现象。

$$Cr^{3+} + 3CO_3^{2-} + 3H_2O \rightleftharpoons Cr(OH)_3 \downarrow + 3HCO_3^-$$

$$NH_4^+ + CO_3^{2-} + H_2O \rightleftharpoons NH_3 \cdot H_2O + HCO_3^-$$

弱酸（或弱碱）及其盐的混合溶液，例如 HAc 和 NaAc，具有抵抗外来少量酸、碱或稀释的影响，而使溶液 pH 值基本不变的性质，这种溶液称为缓冲溶液。

三、实验用品

1. 仪器：酸度计、玻璃电极、甘汞电极、烧杯、量筒、试管。

2. 试 剂：HCl（0.1mol/L、6.0mol/L）、HAc（0.1mol/L、1.0 mol/L）、NaOH（0.1mol/L）、$NH_3 \cdot H_2O$（0.1mol/L）、NaCl（0.1mol/L）、NaAc（0.1mol/L、1.0mol/L）、NH_4Ac（0.1mol/L）、Na_2CO_3（0.1mol/L、1.0mol/L）、$NaHCO_3$（0.5mol/L）、NH_4Cl（0.1mol/L、1.0mol/L）、$Al_2(SO_4)_3$（0.1mol/L）、$Fe(NO_3)_3$（0.1mol/L）、$CrCl_3$（0.1mol/L）、$BiCl_3$（0.1mol/L）、$NH_4Ac(s)$、酚酞、甲基橙。

3. 材料：pH 试纸、石蕊试纸。

四、实验内容

1. 同离子效应

① 在一试管中装有 2mL 0.1mol/L 的 HAc 溶液，加入 1 滴甲基橙，摇匀，观察溶液的颜色，然后加入少量固体 NH_4Ac，振荡使其溶解，观察颜色有何变化并进行解释。

② 在一试管中装有 2mL 0.1mol/L 的 $NH_3 \cdot H_2O$ 溶液，加入 1 滴酚酞，摇匀，观察溶液的颜色，然后加入少量固体 NH_4Ac，振荡使其溶解，观察颜色变化并进行解释。

2. 盐类水解

① 用 pH 试纸测定浓度为 0.1mol/L 的 NaCl、NaAc、NH_4Cl、NH_4Ac 溶液的 pH 值，同时测出去离子水的 pH 值，将所得结果与计算值进行比较，解释 pH 值各不相同

的原因。

② 在一试管中装有 2mL 1.0mol/L 的 NaAc 溶液,加入 1 滴酚酞,摇匀,观察溶液颜色,再将溶液加热至沸腾,观察溶液颜色的变化并进行解释。

③ 在两支试管中各加入 2mL 去离子水和 3 滴 0.1mol/L 的 $Fe(NO_3)_3$ 溶液,摇匀,将其中一支试管用小火加热,观察两支试管中溶液的颜色有何不同并说明原因。

④ 在一试管中加入 3 滴 0.1mol/L 的 $BiCl_3$ 溶液,加入 2mL 去离子水,观察出现的现象。再加入 6mol/L 的 HCl 溶液,观察有何变化。试解释观察到的现象。

⑤ 在一试管中装有 1mL 0.1mol/L 的 $Al_2(SO_4)_3$ 溶液,加入 1mL 0.5mol/L 的 $NaHCO_3$ 溶液,观察出现的现象。写出有关的离子反应方程式,并说明该反应的实际应用。

⑥ 在一试管中装有 1mL 0.1mol/L 的 $CrCl_3$ 溶液,加入 1mL 0.1mol/L 的 Na_2CO_3 溶液,观察出现的现象。写出有关的离子反应方程式。

⑦ 在一试管中装有 1mL 1.0mol/L 的 NH_4Cl 溶液,加入 1mL 1.0mol/L 的 Na_2CO_3 溶液,并立即用润湿的红色石蕊试纸在试管口检验是否有氨气生成(可将试管微热后观察)。写出有关的离子反应方程式。

3. 缓冲溶液

(1) 缓冲溶液的配制及其 pH 值的测定 按表 2-6 配制三种缓冲溶液,用量筒分别量取 HAc 和 NaAc 溶液各为 25mL,放入小烧杯中混合,并用酸度计测定其 pH 值。记录测定结果,并进行计算,将计算值与测定结果相比较。

表 2-6 缓冲溶液的配制及其 pH 值的测定

编号	加入 HAc 的浓度/(mol/L)	加入 NaAc 的浓度/(mol/L)	pH 计算值	pH 测定值
1	0.10	1.00		
2	1.00	0.10		
3	0.10	0.10		

(2) 缓冲溶液的缓冲作用 将上述配制的 3 号缓冲溶液中,加入 0.5mL(10 滴)0.1mol/L 的 HCl 溶液,摇匀,用酸度计测定其 pH 值,再加入 1.0mL(20 滴)0.1mol/L 的 NaOH 溶液,摇匀,用酸度计测定其 pH 值,将结果记录在表 2-7 中。与表 2-6 中的实验结果相比较,说明缓冲溶液的缓冲能力。

表 2-7 缓冲溶液的缓冲作用

3 号缓冲溶液	pH 计算值	pH 测定值
加入 0.5mL(10 滴) 0.1mol/L 的 HCl 溶液		
加入 1.0mL(20 滴) 0.1mol/L 的 NaOH 溶液		

五、思考题

1. 制备缓冲溶液时,将 100mL 2.3mol/L 的 HCOOH 溶液与 3mL 15mol/L 的 $NH_3 \cdot H_2O$ 溶液混合。该溶液的 pH 值为多少?

2. 将 Na_2CO_3 溶液与 $AlCl_3$ 溶液作用,产物是什么?写出反应方程式。

3. 将 $BiCl_3$、$FeCl_3$ 或 $SnCl_2$ 固体溶于水中发现溶液浑浊时,能否用加热的方法使它们溶解?为什么?

4. 在分离混合金属离子时,为何要在缓冲溶液中进行?能否用 pH=9 的 NaOH 溶液代替 $NH_3 \cdot H_2O$-NH_4Cl 溶液以分离 Fe^{3+} 和 Mg^{2+}?

5. 如何正确使用酸度计？

实验十二　弱酸的解离度和解离常数的测定

一、实验目的
1. 了解用酸度计测定醋酸解离常数和解离度的原理。
2. 加深对解离平衡常数、解离度和弱电解质解离平衡的理解。
3. 掌握酸度计的使用方法。

二、实验原理
醋酸是弱电解质，在溶液中存在如下解离平衡：

$$HAc \rightleftharpoons H^+ + Ac^-$$

其平衡常数表达式为：

$$K_a^\ominus = \frac{c(H^+)c(Ac^-)}{c(HAc)}$$

式中，$c(H^+)$、$c(Ac^-)$、$c(HAc)$ 分别为 H^+、Ac^-、HAc 的平衡浓度，若以 c 代表 HAc 的初始浓度，则

$$K_a^\ominus = \frac{c^2(H^+)}{c - c(H^+)}$$

HAc 的解离度可表示为：

$$\alpha = \frac{c(H^+)}{c} \times 100\%$$

可在一定温度下用酸度计测定一系列已知浓度的 HAc 溶液的 pH 值，根据 $pH = -\lg c(H^+)$ 关系式，计算出相应的 $c(H^+)$。将 $c(H^+)$ 的不同值代入上式，可求出一系列对应的解离常数 $K_a^\ominus$ 和解离度 α，将 $K_a^\ominus$ 取其平均值，即为该温度下 HAc 的解离常数。

三、实验用品
1. **仪器**：酸度计、干燥烧杯（50mL，4只）、酸式滴定管（2支）。
2. **试剂**：HAc 溶液（0.1mol/L 标准溶液）、缓冲溶液（pH=4.003）。
3. **材料**：擦镜纸或滤纸片。

四、实验内容
1. 配制 HAc 溶液
用酸式滴定管分别加入 3.00mL、6.00mL、12.00mL 和 24.00mL 已知准确浓度的 HAc 溶液于四只干燥的小烧杯中，并依次编号为 1、2、3、4。然后再从另一滴定管中依次加入 45.00mL、42.00mL、36.00mL 和 24.00mL 去离子水，并混合均匀。计算出稀释后 HAc 溶液的精确浓度并填入表 2-8 中。

2. 测定 HAc 溶液的 pH 值
把以上四种不同浓度的 HAc 溶液，按由稀至浓的次序依次在酸度计上分别测定它们的 pH 值，记录数据和室温，根据实验数据计算解离度 $K_a^\ominus$ 和解离常数 α。

五、数据记录与处理

室温：_____

表 2-8　HAc 溶液解离度和解离常数的测定

编号	HAc 的体积 /mL	H₂O 的体积 /mL	HAc 的浓度 /(mol/L)	pH 值	$c(H^+)$ /(mol/L)	α	$K_a^\ominus$	$K_a^\ominus$ 平均值
1								
2								
3								
4								

注：25℃ HAc 解离常数 $K_a^\ominus$ 的文献值为 1.76×10^{-5}。

六、思考题

1. 根据实验结果讨论 HAc 解离度和解离常数与其浓度的关系，改变温度对 HAc 的解离度和解离常数有何影响？

2. 若所用 HAc 溶液的浓度极稀，是否能用 $K_a \approx \dfrac{c^2(H^+)}{c}$ 求解离常数？

3. 配制不同浓度的 HAc 溶液有哪些注意之处？为什么？

4. 在测定一系列同一种电解质溶液的 pH 值时，测定的顺序按浓度由稀到浓和由浓到稀，结果有何不同？

5. 测得的 HAc 解离常数是否与文献所给的 $K_a^\ominus$ 有误差？试讨论怎样才能减小误差。

实验十三　难溶强电解质溶度积常数 $K_{sp}^\ominus$ 的测定

一、实验目的

1. 了解极稀溶液浓度的测量方法。

2. 了解测定难溶盐 $K_{sp}^\ominus$ 的方法。

3. 巩固活度、活度系数、浓度的概念及相关关系。

二、实验原理

在一定温度下，一种难溶盐电解质的饱和溶液在溶液中形成一种多相离子平衡，一般表示式为：

$$A_nB_m(s) \rightleftharpoons nA^{m+}(aq) + mB^{n-}(aq)$$

$$K_{sp}^\ominus = c^n(A^{m+})c^m(B^{n-})$$

这个平衡常数 $K_{sp}^\ominus$ 称为溶度积常数，或简称溶度积，严格地讲 $K_{sp}^\ominus$ 应为相应各离子活度的乘积，因为溶液中各离子有相互制约的作用，但考虑到难溶电解质饱和溶液中离子强度很小，可近似地用浓度来代替活度。

就 AgCl 而言，有

$$AgCl(s) \rightleftharpoons Ag^+(aq) + Cl^-(aq)$$

$$K_{sp,AgCl}^\ominus = c(Ag^+)c(Cl^-)$$

从上式可知，测出难溶电解质饱和溶液中各离子的浓度，就可以计算出溶度积 $K_{sp}^\ominus$，因此最终还是测量离子浓度的问题。设计出一种测量浓度的方法，就找到了测量 $K_{sp}^\ominus$ 的方法。

具体测量浓度的方法，包括滴定法（如 AgCl 溶度积的测定）、离子交换法（如 CaSO₄ 溶度积的测定）、电导法（如 AgCl 溶度积的测定）、离子电极法（如氯化铅溶度积的测定）、电极电势法（$K_{sp}^\ominus$ 与电极电势的关系）、分光光度法（如碘酸铜溶度积的测定）等，本实验用离子交换法测定硫酸钙的溶度积常数。

离子交换树脂是一类人工合成的，在分子中含有特殊活性基团，能与其它物质进行离子交换的固态、球状的高分子聚合物，含有酸性基团而能与其它物质交换阳离子的为阳离子交换树脂，含有碱性基团而能与其它物质交换阴离子的为阴离子交换树脂。最常用的聚苯乙烯磺酸型树脂是一种强酸性阳离子交换树脂，其结构式可表示为：

本实验是用强酸性阳离子交换树脂（用 $R\text{-}SO_3H$ 表示，型号 732）交换 $CaSO_4$ 饱和溶液中的 Ca^{2+}，其交换反应为：

$$2R\text{-}SO_3H + Ca^{2+} \longrightarrow (RSO_3)_2Ca + 2H^+$$

由于 $CaSO_4$ 是微溶盐，其溶解部分除了 Ca^{2+} 和 SO_4^{2-} 以外，还有以离子对形式存在的 $CaSO_4$，因此饱和溶液中存在着离子对和简单离子间的平衡：

$$CaSO_4(aq) \rightleftharpoons Ca^{2+} + SO_4^{2-}$$

当溶液流经交换树脂时，由于 Ca^{2+} 被交换平衡向右移动，$CaSO_4(aq)$ 解离，结果溶液中的 Ca^{2+} 和离子对中的 Ca^{2+} 全部被交换成 H^+，从流出液的 H^+ 浓度可计算 $CaSO_4$ 的摩尔溶解度 y 为：

$$y = c(Ca^{2+}) + c[CaSO_4(aq)] = \frac{c(H^+)}{2}$$

$c(H^+)$ 可用 pH 计测出，也可由标准 NaOH 溶液滴定得出，这里介绍滴定法。

设饱和 $CaSO_4$ 溶液中 $c(Ca^{2+}) = c$，则 $c(SO_4^{2-}) = c$，$c[CaSO_4(aq)] = y - c$，且

$$K_d^{\ominus} = \frac{c(Ca^{2+})c(SO_4^{2-})}{c[CaSO_4(aq)]}$$

$K_d^{\ominus}$ 为离子对解离常数，25℃时 $K_d^{\ominus} = 5.2 \times 10^{-3}$，则

$$K_d^{\ominus} = \frac{c(Ca^{2+})c(SO_4^{2-})}{c[CaSO_4(aq)]} = \frac{c^2}{y-c} = 5.2 \times 10^{-3}$$

由方程求出 c，并根据溶度积定义，由 $K_{sp}^{\ominus} = c(Ca^{2+})c(SO_4^{2-}) = c^2$，求出 $K_{sp}^{\ominus}$。

三、实验用品

1. 仪器：碱式滴定管、移液管、洗耳球、pH 计（用 pH 计测流出液值）、容量瓶（100mL）、螺旋夹、玻璃纤维。

2. 试剂：饱和硫酸钙溶液、标准 NaOH 溶液、溴百里酚酞（0.1%）、强酸性阳离子交换树脂。

四、实验内容

1. 装柱

将离子交换柱（可用碱式滴定管代用）洗净，底部填以少量玻璃纤维或脱脂棉，称取一定数量的 732 强酸型阳离子交换树脂，放入小烧杯中，加蒸馏水浸泡，搅拌，除去悬浮的颗粒及杂质后，与水一起转移到离子交换柱中，打开交换柱下端旋钮夹，让水慢慢流出，直到液面高于树脂 1cm 左右为止，夹紧螺旋夹，若有气泡，则用玻璃棒插入树脂中赶走气泡，在以后的操作过程中，均应使树脂泡在溶液中。气泡赶走后，在树脂上方加少量玻璃纤维（或脱脂棉）。

2. 转型

为保证 Ca^{2+} 完全交换成 H^+，必须将 Na^+ 型树脂完全转变成 H^+ 型，取 40mL 2mol/L

的 HCl 溶液分批加入交换柱，控制每分钟 80~85 滴的流速让其通过离子交换树脂，HCl 溶液流完后，保持 10min 后 [注意：如果使用酸处理好的树脂，则可在装柱后直接按下法处理]，用 50~70mL 的蒸馏水淋洗树脂，直到流出液的 pH 值为 6~7（用 pH 试纸检验）。

3. 硫酸钙饱和溶液的制备

将 1g 分析纯 $CaSO_4$ 固体置于约有 70mL 煮沸后又冷却至室温的蒸馏水中，搅拌 10min 后静置 5min，用定量滤纸过滤（滤纸、漏斗和抽滤瓶均应干燥），滤液即为 $CaSO_4$ 饱和溶液。

4. 交换

用移液管取 20.00mL 饱和 $CaSO_4$ 溶液，注入离子交换柱内，控制交换柱流出液的速度为 20~25 滴/min，用洗净的锥形瓶盛接流出液。在饱和溶液几乎完全流进树脂床时，加蒸馏水洗涤树脂（约 50mL 水分批淋洗）至流出液的 pH 值为 6~7。在整个交换和淋洗过程中注意勿使流出液损失。

5. 氢离子浓度的测定

采用酸碱滴定法，流出液加 2 滴溴百里酚酞指示剂，用标准 NaOH 溶液滴定，当溶液由黄色转变为鲜艳的蓝色时即为滴定终点。精确记录所用 NaOH 溶液的体积，按下式计算溶液中氢离子的浓度。

$$c(H^+) = \frac{c(NaOH)V(NaOH)}{20.00}$$

五、数据记录与处理

$CaSO_4$ 饱和液温度	
通过交换柱的饱和溶液体积/mL	
$c(NaOH)/(mol/L)$	
$V(NaOH)/mL$	
$c(H^+)/(mol/L)$	
$CaSO_4$ 的溶解度 y	
$CaSO_4$ 的溶度积 $K_{sp}^{\ominus}$	

计算时 $K_{d}^{\ominus}$ 近似取 25℃ 的数据，将计算过程写进实验报告。

误差分析，根据 $CaSO_4$ 溶解度的文献值来计算误差，并讨论误差产生的原因。

六、思考题

1. 操作过程中为什么液体流速不宜太快？树脂层为什么不允许有气泡的存在？应如何避免？
2. 如何根据实验结果计算 $CaSO_4$ 的溶度积？
3. 制备硫酸钙饱和溶液时，为什么要使用已除去 CO_2 的蒸馏水？
4. 影响最终测定结果的因素有哪些？通过影响因素分析，你认为整个操作过程中的关键步骤是什么？
5. 以下情况对实验结果有何影响？
   ① 转型时，树脂未完全转换为 H^+ 型。
   ② $CaSO_4$ 饱和液未冷却至室温就过滤。
   ③ 过滤 $CaSO_4$ 饱和液的漏斗和接收瓶未干燥。
   ④ 转型时，流出的淋洗液未达中性就停止淋洗并进行交换。

附：$CaSO_4$ 溶解度的文献值见表 2-9。

表 2-9 $CaSO_4$ 溶解度的文献值

T/℃	0	10	20	30	40
溶解度/(10^{-2} mol/L)	1.29	1.43	1.50	1.54	—
溶解度/(g/100g)	0.1759	0.1928	—	0.2090	0.2097

实验十四 分光光度法测定 $[Fe(NCS)]^{2+}$ 配位平衡常数

一、实验目的
1. 掌握用分光光度法测定配合物生成常数的原理和方法。
2. 学习分光光度计的使用方法。

二、实验原理

有色物质溶液颜色的深浅与浓度有关，溶液浓度越大，颜色越深。因而可用分光光度法根据溶液颜色的深浅来测定溶液中有色物质的浓度。

根据朗伯-比耳定律，有色溶液对光的吸收程度即吸光度 A 与溶液中有色物质的浓度 c 和液层厚度 b 的乘积成正比，其数学表达式为：

$$A = \varepsilon bc \tag{2-3}$$

式中 ε——摩尔吸光系数，当吸收波长一定时，ε 是有色物质的一个特征常数；
  b——溶液浓度，mol/L；
  c——液层厚度，cm。

若同一种有色物质的两种不同浓度的溶液厚度相同，则可得：

$$\frac{A_1}{A_2} = \frac{c_1}{c_2} \text{ 或 } c_2 = \frac{A_2}{A_1} c_1 \tag{2-4}$$

如果已知标准溶液中有色物质的浓度为 c_1，并测得标准溶液的吸光度为 A_1，未知溶液的吸光度为 A_2，则从式(2-4) 可求出未知溶液中有色物质的浓度 c_2。

本实验通过分光光度法测定生成 $[Fe(NCS)]^{2+}$ 配离子的标准平衡常数 $K^\ominus$：

$$Fe^{3+} + HSCN \rightleftharpoons [Fe(NCS)]^{2+} + H^+$$

$$K^\ominus = \frac{c([Fe(NCS)]^{2+}) c(H^+)}{c(Fe^{3+}) c(HSCN)} \tag{2-5}$$

由于反应中只有 $[Fe(NCS)]^{2+}$ 呈红色，所以平衡时溶液中 $[Fe(NCS)]^{2+}$ 的浓度可以用已知浓度的 $[Fe(NCS)]^{2+}$ 标准溶液通过比色测得，然后根据反应方程式和 Fe^{3+}、HSCN、H^+ 的初始浓度，求出平衡时各物质的浓度，即可根据式(2-5) 计算出标准平衡常数 $K^\ominus$。

本实验中，已知浓度的 $[Fe(NCS)]^{2+}$ 标准溶液可以根据以下假设配制：当 $c(Fe^{3+}) \gg c(HSCN)$ 时，反应中的 HSCN 可以认为全部转化为 $[Fe(NCS)]^{2+}$。因此 $[Fe(NCS)]^{2+}$ 的标准浓度就是所用 HSCN 的初始浓度，实验中标准溶液的初始浓度为：$c(Fe^{3+}) = 0.100$ mol/L，$c(HSCN) = 0.000200$ mol/L。

由于 Fe^{3+} 的水解会产生一系列有色离子，例如 $[Fe(OH)]^{2+}$，因此溶液必须保持较大的 $c(H^+)$ 来抑制 Fe^{3+} 的水解。较大的 $c(H^+)$ 还可以使 HSCN 基本上保持未离解状态。本实验中的溶液用 HNO_3 保持 $c(H^+) = 0.500$ mol/L。

三、实验用品
1. **仪器**：722型分光光度计、移液管 (10mL)、烧杯 (50mL)。

2. 试剂：0.200mol/L 的 Fe^{3+} 溶液、0.00200mol/L 的 Fe^{3+} 溶液 [用 $Fe(NO_3)_3 \cdot 9H_2O$ 溶解在 1.0mol/L 的 HNO_3 中配制，HNO_3 的浓度必须标定]、0.00200mol/L 的 KSCN。

四、实验内容

1. $[Fe(NCS)]^{2+}$ 标准溶液的配制

在 1 号干燥、洁净的烧杯中加入 10.0mL 0.200mol/L 的 Fe^{3+} 溶液，2.00mL 0.00200mol/L 的 KSCN 和 8.00mL 去离子水，充分混合，所得标准溶液 $c([Fe(NCS)]^{2+}_{标准}) = 0.000200$ mol/L。

2. 待测溶液的配制

在 2～5 号烧杯中，分别按表 2-10 配制待测溶液并混合均匀。

表 2-10 待测溶液配方

烧杯编号	V(0.00200mol/L 的 Fe^{3+})/mL	V(0.00200mol/L 的 KSCN)/mL	V（去离子水）/mL
2	5.00	5.00	0
3	5.00	4.00	1.00
4	5.00	3.00	2.00
5	5.00	2.00	3.00

3. 测定吸光度

在 722 型分光光度计上，用去离子水作参比溶液，在波长 447nm 处测定 1～5 号烧杯中溶液的吸光度。

五、数据记录与处理

将溶液的吸光度、初始浓度和计算得到的各平衡浓度及 $K^\ominus$ 记录在表 2-11 中。

表 2-11 溶液的吸光度、初始浓度和计算得到的各平衡浓度及 $K^\ominus$

烧杯编号	吸光度 A	初始浓度/(mol/L)		平衡浓度/(mol/L)				$K^\ominus$	$\overline{K}^\ominus$
		$c(Fe^{3+})$	$c(HSCN)$	$c(Fe^{3+})$	$c(HSCN)$	$c([Fe(NCS)]^{2+})$	$c(H^+)$		
1									
2									
3									
4									
5									

具体计算方法如下。

① 求各平衡浓度。$c(H^+_平) = c(HNO_3)$，$c([Fe(NCS)]^{2+}_平) = \dfrac{A_n}{A_1} c([Fe(NCS)]^{2+}_{标准})$，$c(Fe^{3+}_平) = c(Fe^{3+}_{初始}) - c([Fe(NCS)]^{2+}_{标准})$，$c(HSCN_平) = c(HSCN_{初始}) - c([Fe(NCS)]^{2+}_{标准})$。

② 计算 $K^\ominus$。将表 2-11 中的各平衡浓度带入公式 $K_f^\ominus = \dfrac{c([Fe(NCS)]^{2+})c(H^+)}{c(Fe^{3+})c(HSCN)}$，求 $K_f^\ominus$。

六、思考题

1. 试剂用移液管量取，各移液管应严格区分。如果不这样做对实验将产生怎样的影响？

2. 在配制 Fe^{3+} 溶液时，用 HNO_3 溶液和直接用去离子水来配制有何不同？本实验中 Fe^{3+} 溶液为何要保持很大的 $c(H^+)$？

第三节 元素性质实验

实验十五 若干 p 区非金属元素单质及化合物的性质

一、实验目的
1. 掌握卤素单质的氧化性及卤素离子的还原性。
2. 掌握过氧化氢的氧化还原性。
3. 了解氮、硫含氧酸盐的性质。
4. 掌握 Cl^-、Br^-、I^- 的分离与鉴定方法。

二、实验原理
1. 卤素单质的氧化性及卤素离子的还原性

卤素单质都是氧化剂,其氧化性强弱的顺序为:$F_2 > Cl_2 > Br_2 > I_2$;卤素离子具有一定的还原性,其还原性变化规律为:$I^- > Br^- > Cl^- > F^-$。Br^-、I^- 可以被氯水氧化为 Br_2 和 I_2,如用 CCl_4 萃取,CCl_4 层中含有 Br_2 时为橙黄色,CCl_4 层中含有 I_2 时则呈现紫色。根据上述反应现象可以定性鉴定 Br^- 和 I^-。

Cl^- 与 Ag^+ 反应生成 AgCl 白色沉淀。由于 AgCl 与 $NH_3 \cdot H_2O$ 能反应生成 $[Ag(NH_3)_2]^+$ 而溶解,因此 AgCl 可溶于氨水。用 HNO_3 酸化 $[Ag(NH_3)_2]^+$ 溶液后,重新生成白色的 AgCl 沉淀。

$$[Ag(NH_3)_2]^+ + Cl^- + 2H^+ = AgCl\downarrow + 2NH_4^+$$

2. H_2O_2 的性质

H_2O_2 不稳定,见光或加热易分解。H_2O_2 中 O 的氧化数为 -1,处于 O 元素氧化数的中间状态,因此 H_2O_2 既具有氧化性,又具有还原性。作为氧化剂时还原产物为 H_2O 或 OH^-,作为还原剂时产物为 O_2。

3. 硫代硫酸钠的性质

硫代硫酸钠 ($Na_2S_2O_3$) 是常用的还原剂,其氧化产物取决于氧化剂氧化性的强弱。当与强氧化剂(如 Cl_2)反应时,$S_2O_3^{2-}$ 被氧化为 SO_4^{2-};当与氧化性较弱的氧化剂(如 I_2)反应时,$S_2O_3^{2-}$ 被氧化为 $S_4O_6^{2-}$。此外,$Na_2S_2O_3$ 在酸性介质中不稳定,易分解为 S 和 SO_2。

$$Na_2S_2O_3 + 4Cl_2 + 5H_2O = Na_2SO_4 + H_2SO_4 + 8HCl$$
$$2Na_2S_2O_3 + I_2 = Na_2S_4O_6 + 2NaI$$
$$S_2O_3^{2-} + 2H^+ = H_2O + S\downarrow + SO_2\uparrow$$

4. 亚硝酸及其盐的性质

亚硝酸及其盐具有氧化还原性,但以氧化性为主。作为氧化剂时被还原的还原产物为 NO。

$$NO_2^- + Fe^{2+} + 2H^+ = NO\uparrow + Fe^{3+} + H_2O$$

亚硝酸及其盐不稳定,易分解。

$$2HNO_2 \underset{冷}{\overset{热}{\rightleftharpoons}} H_2O + N_2O_3(在水中为蓝色) \underset{冷}{\overset{热}{\rightleftharpoons}} H_2O + NO\uparrow + NO_2\uparrow$$

三、实验用品
1. 仪器:离心机、试管、试管架、试管夹。
2. 试剂:固体 NaCl,固体 NaBr,固体 NaI,Zn 粉,H_2SO_4(1mol/L、1:1、浓),HCl(2mol/L、6mol/L、浓),HNO_3(2mol/L、6mol/L、浓),NaOH(2mol/L、6mol/L),$NH_3 \cdot H_2O$

(2mol/L、6mol/L),NaNO$_2$(0.1mol/L、1mol/L),KI(0.1mol/L),NaCl(0.1mol/L),KBr(0.1mol/L),AgNO$_3$(0.1mol/L),Pb(Ac)$_2$(0.1mol/L),Na$_2$S$_2$O$_3$(0.1mol/L),KMnO$_4$(0.01mol/L),碘水,淀粉溶液,H$_2$O$_2$(3%),CCl$_4$,Cl$^-$、Br$^-$、I$^-$混合溶液。

四、实验内容

1. 卤化氢或氢卤酸的还原性

在三支干燥的试管中分别放入米粒大小的 NaCl、NaBr、NaI 固体,然后分别加入数滴浓 H$_2$SO$_4$ 溶液,观察现象。分别用 pH 试纸、淀粉-KI 试纸、Pb(Ac)$_2$ 试纸检验所产生的气体,根据现象分析产物。比较 HCl、HBr、HI 的还原性,写出反应方程式。

2. 过氧化氢的氧化还原性质

① 将 10 滴 3% 的 H$_2$O$_2$ 溶液放入试管中,用 2 滴 1mol/L H$_2$SO$_4$ 酸化后,滴加 KI-淀粉溶液,观察现象,写出反应方程式。

② 将 10 滴 0.01mol/L 的 KMnO$_4$ 溶液放入试管中,用 2 滴 1mol/L 的 H$_2$SO$_4$ 酸化后,滴加 3% H$_2$O$_2$ 溶液,观察现象,写出反应方程式。

3. 硫代硫酸及其盐的性质

① 将 10 滴 0.1mol/L Na$_2$S$_2$O$_3$ 的溶液放入试管中,滴加数滴稀 HCl 溶液,静置并观察现象,写出反应方程式。

② 向装有 10 滴 0.1mol/L 的 Na$_2$S$_2$O$_3$ 溶液的试管中加入 I$_2$ 水,观察反应现象,写出反应方程式。

4. 亚硝酸及其盐的性质

① 将在冰水中冷却了的 1mol/L 的 NaNO$_2$ 溶液和 1:1 的 H$_2$SO$_4$ 溶液等体积混合,观察溶液的颜色和液面上气体的颜色,写出反应方程式。

② 将 10 滴 0.01mol/L 的 KMnO$_4$ 溶液放入试管中,用 2 滴 H$_2$SO$_4$ 酸化后,滴加 0.1mol/L 的 NaNO$_2$ 溶液,观察反应现象,写出反应方程式。

5. Cl$^-$、Br$^-$、I$^-$ 的分离与鉴定

图 2-14 列出了 Cl$^-$、Br$^-$、I$^-$ 的分离与鉴定流程。

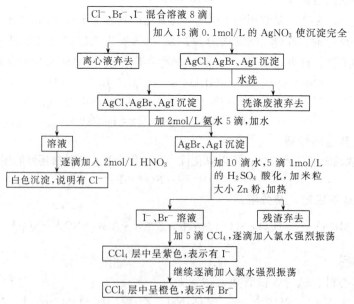

图 2-14 Cl$^-$、Br$^-$、I$^-$ 离子的分离与鉴定流程

五、思考题

1. 在 Br^-、I^- 混合溶液中，逐滴加入氯水，为何 CCl_4 层先呈现紫色，然后变为橙黄色？
2. 为什么用 KI-淀粉试纸检验氯气时，刚开始试纸呈现蓝色，放置一段时间后，蓝色会褪去？
3. 向一未知液中滴加 $AgNO_3$ 溶液，若无沉淀产生，能否说明溶液中不存在卤素离子？

实验十六　若干 p 区金属元素单质及化合物的性质

一、实验目的

1. 了解锡、铅、锑、铋氢氧化物的酸碱性，离子的沉淀、配位性能，不同氧化态的氧化还原性。
2. 了解锡、铅、锑、铋的离子鉴定法。
3. 了解锡、铅、锑、铋难溶盐的生成和性质。

二、实验原理

锡、铅、锑、铋是周期表中 p 区金属元素，锡、铅是第ⅣA族元素，其价电子构型为 ns^2np^2，能形成 +2、+4 氧化数的化合物。锑、铋是第Ⅴ族元素，其价电子构型为 ns^2np^3，能形成 +3、+5 氧化数的化合物。

1. 锡、铅、锑、铋氢氧化物的酸碱性

Sn、Pb、Sb、Bi 的低氧化态氢氧化物均是难溶于水的白色化合物。除 $Bi(OH)_3$ 为碱性氢氧化物以外，其它氢氧化物都是两性氢氧化物，它们溶解在相应的酸中，也可以溶解在过量的 NaOH 溶液中。发生的反应如下：

$$Sn(OH)_2 + 2NaOH == Na_2[Sn(OH)_4]$$
$$Pb(OH)_2 + NaOH == Na[Pb(OH)_3]$$
$$Sb(OH)_3 + NaOH == Na[Sb(OH)_4]$$

2. Sn(Ⅱ)、Sb(Ⅲ)、Bi(Ⅲ) 氯化物的水解性

Sn(Ⅱ)、Sb(Ⅲ)、Bi(Ⅲ) 氯化物和它们的可溶性盐均发生不同程度的水解，水解的产物为碱式盐、酰基盐或氢氧化物。例如：

$$SnCl_2 + H_2O == Sn(OH)Cl\downarrow(白色) + HCl$$
$$SbCl_3 + H_2O == SbOCl\downarrow(白色) + 2HCl$$
$$BiCl_3 + H_2O == BiOCl\downarrow(白色) + 2HCl$$

Pb^{2+} 水解不显著。为了抑制水解，在配制这些盐溶液时，应加入相应的酸。

3. 锡、铅、锑、铋的难溶盐

锡、铅、锑、铋的常见难溶盐主要是硫化物及某些含氧酸盐，其中多数铅盐是难溶的，如 $PbSO_4$、$PbCrO_4$（铬黄）、$[Pb(OH)]_2CO_3$（铅白）、PbX_2 等，而可溶性铅盐都有毒。

常见的硫化物如下：

SnS	SnS_2	PbS	Sb_2S_3	Bi_2S_3
暗棕	黄色	黑色	橙色	棕色

锡、铅、锑的硫化物不溶于稀 HCl，但可溶于浓 HCl，生成氯化配离子和 H_2S 气体，如：

$$SnS_2 + 6HCl == H_2[SnCl_6] + 2H_2S\uparrow$$

SnS_2、Sb_2S_3 能溶于 Na_2S 溶液中，生成相应的硫代酸盐。

$$SnS_2 + Na_2S == Na_2SnS_3$$

$$Sb_2S_3 + 3Na_2S = 2Na_3SbS_3$$

所有硫代酸盐只能存在于中性或碱性介质中，遇酸生成不稳定的硫代酸，继而分解，放出 H_2S 气体并析出相应的硫化物沉淀：

$$Na_2SnS_3 + 2HCl = SnS_2\downarrow + H_2S\uparrow + 2NaCl$$
$$2Na_3SbS_3 + 6HCl = Sb_2S_3\downarrow + 3H_2S\uparrow + 6NaCl$$

Bi_2S_3 既不溶于浓盐酸，也不溶于 Na_2S 和多硫化物，只能借助氧化性酸如硝酸将其氧化，使 Bi^{3+} 转移到溶液中去。

4. 氧化还原性

$Sn(II)$ 是常用的还原剂，即使是较弱的氧化性物质（Fe^{3+}、$HgCl_2$ 等）也能被它还原，相应的反应式为：

$$Sn^{2+} + 2Fe^{3+} = Sn^{4+} + 2Fe^{2+}$$
$$Sn^{2+} + 2HgCl_2 = Sn^{4+} + Hg_2Cl_2\downarrow(白色) + 2Cl^-$$
$$Sn^{2+} + Hg_2Cl_2 = Sn^{4+} + 2Hg(黑色) + 2Cl^-$$

后两个反应是 Sn^{2+} 对 $HgCl_2$ 的分步反应，常用于鉴定 Hg^{2+}（或 Sn^{2+}）。在碱性介质中，$Sn(II)$ 的还原性更强，如通常鉴定 Bi^{3+} 的反应式为：

$$3SnO_2^{2-} + 2Bi(OH)_3 = 3SnO_3^{2-} + 2Bi\downarrow(黑色) + 3H_2O$$

PbO_2 和 $Bi(V)$ 的化合物都具有较强的氧化性，在酸性条件下，能将 Mn^{2+} 氧化成 MnO_4^-：

$$5PbO_2 + 2Mn^{2+} + 4H^+ = 5Pb^{2+} + 2MnO_4^- + 2H_2O$$
$$5NaBiO_3 + 2Mn^{2+} + 14H^+ = 2MnO_4^- + 5Na^+ + 5Bi^{3+} + 7H_2O$$

5. Pb(II) 盐的溶解性

除了 $Pb(NO_3)_2$ 和 $Pb(Ac)_2$ 能溶于水外，其它的 $Pb(II)$ 盐均难溶于水，例如：

$PbCl_2$	$PbSO_4$	$PbCO_3$	PbS	PbI_2	$PbCrO_4$
白色	白色	白色	黑色	金黄色	黄色

$PbCl_2$ 虽然难溶于冷水，却可以溶于热水。$PbSO_4$ 溶于饱和 NH_4Ac。$PbCrO_4$ 溶于稀 HNO_3、浓 HCl、浓 $NaOH$。PbI_2 溶于浓 KI：

$$2PbSO_4 + 2NH_4Ac = (PbAc)_2SO_4 + (NH_4)_2SO_4$$
$$2PbCrO_4 + 2HNO_3 = PbCr_2O_7 + Pb(NO_3)_2 + H_2O$$
$$PbCrO_4 + 4NaOH = Na_2PbO_2 + Na_2CrO_4 + 2H_2O$$
$$PbI_2 + 2KI = K_2[PbI_4]$$

三、实验用品

1. 仪器：离心机。

2. 试剂：NaOH(2mol/L、6mol/L)、HCl(2mol/L、6mol/L)、H_2SO_4(2mol/L)、浓 HCl、HNO_3(6mol/L、2mol/L)、HAc(2mol/L)、浓 H_2SO_4、饱和 H_2S、K_2SO_4(0.1mol/L)、饱和 NH_4Ac、$SnCl_2$(0.1mol/L)、$Pb(NO_3)_2$(0.1mol/L、1mol/L)、$HgCl_2$(0.1mol/L)、$Bi(NO_3)_3$(0.1mol/L)、$MnSO_4$(0.1mol/L)、KI(0.1mol/L)、K_2CrO_4(0.1mol/L)、Na_2S(0.5mol/L)、$SbCl_3$(0.1mol/L)；PbO_2(s)、$NaBiO_3$(s)、锡片、砂纸、pH 试纸。

四、实验内容

1. 锡、铅、锑、铋氢氧化物的酸碱性

取 2mL 0.1mol/L 的 $SnCl_2$ 溶液，逐滴加入 2mol/L 的 NaOH 溶液，生成沉淀后，离心分离，弃去清液。将沉淀分成两份，分别与 6mol/L 的 NaOH 溶液和 6mol/L 的 HCl 溶液作用。

按照上述操作,分别用 Pb(NO$_3$)$_2$、SbCl$_3$ 和 BiCl$_3$ 溶液进行实验。将实验结果填入下表。

氢氧化物		溶解情况		氢氧化物酸碱性
化学式	颜色	NaOH	HCl(HNO$_3$)	
Sn(OH)$_2$				
Pb(OH)$_2$				
Sb(OH)$_3$				
Bi(OH)$_3$				

2. 锡、铅、锑、铋的水解

取少量 SbCl$_3$ 溶液,用 pH 试纸测其 pH 值。加水稀释,观察现象,再用 pH 试纸测溶液的 pH 值,然后逐滴滴加 6mol/L 的 HCl,沉淀是否溶解?最后再用水稀释,又有什么变化?按上述操作,分别试验 SnCl$_2$、Pb(NO$_3$)$_2$ 和 Bi(NO$_3$)$_3$ 溶液的水解情况。

3. 锡、铅、锑、铋的难溶盐

(1) 难溶铅盐

① 取 5 滴 Pb(NO$_3$)$_2$ 溶液,加入数滴 HCl 溶液,观察沉淀颜色。将试管微热,观察沉淀是否溶解。静置冷却后,观察是否又有沉淀出现。离心分离,弃去清液,在沉淀上加浓 HCl,沉淀是否溶解?

② 取 5 滴 Pb(NO$_3$)$_2$ 溶液,加入数滴 0.1mol/L 的 K$_2$CrO$_4$ 溶液,观察沉淀颜色。离心分离,沉淀分成两份,分别研究沉淀与 6mol/L 的 HNO$_3$ 和 6mol/L 的 NaOH 溶液作用的情况。

③ 取 5 滴 Pb(NO$_3$)$_2$ 溶液,加入数滴 0.1mol/L 的 K$_2$SO$_4$ 溶液,观察沉淀颜色。离心分离,沉淀分成两份,分别研究沉淀与浓 H$_2$SO$_4$ 溶液(加热)和饱和 NH$_4$Ac 溶液作用的情况。

④ 取 5 滴 Pb(NO$_3$)$_2$ 溶液,加入数滴 0.1mol/L 的 KI 溶液,观察沉淀颜色。离心分离,弃去清液,在沉淀上加 2mol/L 的 KI 溶液,观察沉淀是否溶解。

将上述结果填入下表。

难溶盐	颜 色	溶解性	
PbCl$_2$		热水	
		浓 HCl	
PbCrO$_4$		6mol/L 的 HNO$_3$	
		6mol/L 的 NaOH	
PbSO$_4$		浓 H$_2$SO$_4$	
		饱和 NH$_4$Ac	
PbI$_2$		2mol/L 的 KI	

(2) 难溶硫化物 在离心试管中加入 5 滴 Bi(NO$_3$)$_3$ 溶液,再加入饱和 H$_2$S 溶液,观察沉淀的颜色。离心分离,弃去清液,将沉淀洗涤 1~2 次,然后将沉淀分成 4 份,分别研究沉淀与稀 HCl、浓 HCl、6mol/L 的 HNO$_3$ 和 0.5mol/L 的 Na$_2$S 溶液作用的情况。

分别用 SnCl$_2$、SbCl$_3$ 和 Pb(NO$_3$)$_2$ 溶液重复上述实验,将实验现象填入下表。

	实验项目	Bi$_2$S$_3$	Sb$_2$S$_3$	SnS	PbS
	颜色				
硫化物	加 2mol/L 的 HCl				
	加浓 HCl				
	加 6mol/L 的 HNO$_3$				
	加 0.5mol/L 的 Na$_2$S				

4. 氧化还原性

① 研究 $[Sn(OH)_4]^{2-}$ 溶液（自制）与 $Bi(NO_3)_3$ 溶液的作用（此反应可鉴定 Sn^{2+} 和 Bi^{3+}）。

② 在 $HgCl_2$ 溶液中，用 2mol/L 的 HCl 酸化，逐滴滴加 $SnCl_2$ 溶液，观察反应现象（此反应可鉴定 Hg^{2+}）。

③ 向 1mL 6mol/L 的 HNO_3 溶液中加入 5 滴 0.1mol/L 的 $MnSO_4$ 溶液，再加入少量的 PbO_2 固体，微热，静置片刻，观察溶液的颜色。

④ 向 1mL 6mol/L 的 HNO_3 溶液中加入 5 滴 0.1mol/L 的 $MnSO_4$ 溶液，再加入少量的 $NaBiO_3$ 固体，微热，静置片刻，观察溶液的颜色。

五、思考题

1. 若需验证 $Pb(OH)_2$ 的碱性，应使用何种酸？
2. 研究 PbO_2 和 $NaBiO_3$ 的氧化性时，应使用何种酸进行酸化？
3. 怎样配制和保存 $SnCl_2$ 溶液？

实验十七　若干 d 区元素化合物的性质

一、实验目的

1. 了解第一过渡系 Cr、Mn、Fe、Co、Ni 等元素的各种价态及其相互转化。
2. 了解第一过渡系 Cr、Mn、Fe、Co、Ni 等元素的氢氧化物和配合物的生成和性质。
3. 了解第一过渡系 Cr、Mn、Fe、Co、Ni 等元素的鉴定反应和分离方法。

二、实验原理

铬的稳定氧化数有 +3、+6，可以通过氧化还原反应而相互转化。

+3 价铬的氢氧化物呈两性，+3 价铬盐容易水解。在碱性溶液中，+3 价铬盐易被强氧化剂如 Na_2O_2 或 H_2O_2 氧化为黄色的铬酸盐。

$$2CrO_2^- + 3H_2O_2 + 2OH^- == 2CrO_4^{2-} + 4H_2O$$

铬酸盐和重铬酸盐在水溶液中存在着下列平衡：

$$2CrO_4^{2-} + 2H^+ == Cr_2O_7^{2-} + H_2O$$
$$\text{黄色} \qquad\qquad\quad \text{橙色}$$

上述平衡在酸性介质中向右移动，在碱性介质中向左移动。

铬酸盐和重铬酸盐都是强氧化剂，易被还原为 +3 价铬（+3 价铬离子呈绿色或紫色）。

在酸性溶液中，$Cr_2O_7^{2-}$ 与 H_2O_2 反应而生成蓝色过氧化铬 CrO_5（必须有乙醚或戊醇存在才稳定）。这个反应常用来鉴定 $Cr_2O_7^{2-}$ 或 Cr^{3+}。

锰在溶液中以 MnO_4^- 和 Mn^{2+} 较为常见。分别具有强氧化性和弱还原性。MnO_4^- 被还原时，因介质的酸碱性不同，可能生成浅桃红色的 Mn^{2+}、棕色的 MnO_2 固体或墨绿色的 MnO_4^{2-}。

Mn^{2+} 能被强氧化剂如 Na_2O_2、PbO_2、$NaBiO_3$ 等在 HNO_3 介质中氧化为紫红色 MnO_4^-，如：

$$5NaBiO_3 + 2Mn^{2+} + 14H^+ == 2MnO_4^- + 5Bi^{3+} + 5Na^+ + 7H_2O$$

常用这类反应来鉴定 Mn^{2+}。

+2 价和 +3 价的铁盐在溶液中易起水解作用。+2 价铁离子是还原剂，而 +3 价铁离子是弱的氧化剂。+2 价铁、钴、镍的盐大部分是有颜色的。在溶液中，Fe^{2+} 呈浅绿色，

Co^{2+} 呈粉红色，Ni^{2+} 呈亮绿色。

铁、钴、镍都能生成不溶于水而易溶于稀酸的硫化物。但是 CoS 和 NiS 一旦从溶液中析出，晶格会发生改变，成为难溶物质，不再溶于稀酸。

铁能生成很多配位化合物，其中常见的有亚铁氰化钾 $K_4[Fe(CN)_6]$ 和铁氰化钾 $K_3[Fe(CN)_6]$。钴和镍也能生成配位化合物，如 $[Co(NH_3)_6]Cl_3$、$K_3[Co(NO_2)_6]$、$[Ni(NH_3)_6]SO_4$ 等。

Co(Ⅱ) 的配位化合物不稳定，易被氧化为 Co(Ⅲ) 的配位化合物，而 Ni 的配位化合物则以 +2 价的为稳定。

三、实验用品

1. 酸：HCl(2mol/L、6mol/L、浓)、HNO_3 (2mol/L、6mol/L)、H_2SO_4 (2mol/L)、HAc(2mol/L)。

2. 碱：NaOH(2mol/L、6mol/L、40%)、氨水(2mol/L、6mol/L)。

3. 盐：$CrCl_3$ (0.1mol/L)、$K_2Cr_2O_7$ (0.1mol/L)、$KMnO_4$ (0.01mol/L)、$MnSO_4$ (0.1mol/L、0.5mol/L)、$NiSO_4$ (0.1mol/L、0.5mol/L)、$CoCl_2$ (0.1mol/L、0.5mol/L)、KSCN(0.1mol/L，饱和)、$K_3[Fe(CN)_6]$ (0.1mol/L)、$K_4[Fe(CN)_6]$ (0.1mol/L)、NaCl(0.1mol/L)、$FeCl_3$ (0.1mol/L)、$CrCl_3$ (0.1mol/L)、NH_4Cl (1mol/L)、Na_2SO_3 (0.1mol/L)、$FeSO_4$ (晶体)、Na_2S (0.5mol/L)。

4. 其它：H_2O_2 (3%)、淀粉溶液、二乙酰二肟（1%酒精溶液）、丙酮、乙醚。

四、实验内容

1. 铬和锰

(1) 氢氧化铬的制备和性质 用 $CrCl_3$ 溶液制备氢氧化铬沉淀，观察沉淀的颜色。用实验证明 $Cr(OH)_3$ 是否呈两性，并写出反应方程式。

(2) 铬（Ⅲ）的氧化 在少量 $CrCl_3$ 溶液中，加入过量的 NaOH 溶液，再加入 H_2O_2 溶液，加热，观察溶液颜色变化。解释现象，并写出反应方程式。

(3) 铬酸盐和重铬酸盐的相互转变 在 $K_2Cr_2O_7$ 溶液中，滴入少许 2mol/L 的 NaOH 溶液，观察颜色变化。加入 1mol/L 的 H_2SO_4，酸化，观察颜色变化。解释现象，并写出反应方程式。

(4) 铬（Ⅵ）的氧化性

① 用 Na_2SO_3 溶液验证 $K_2Cr_2O_7$ 在酸性溶液中的氧化性，写出反应方程式。

② $K_2Cr_2O_7$ 是否能将盐酸氧化产生氯气？试用实验证明。

(5) 铬（Ⅲ）的鉴定 取 0.1mol/L 的 $CrCl_3$ 溶液 2 滴，加 6mol/L 的 NaOH 溶液使 Cr^{3+} 转化为 CrO_2^-，然后加入 3 滴 3% H_2O_2，微热至溶液呈浅黄色。冷却后加入 10 滴乙醚，然后逐滴加入 6mol/L 的 HNO_3 酸化，振荡。乙醚层出现深蓝色表示有 Cr^{3+}。

(6) MnO_4^- 还原产物与介质的关系 设计三个试管试验，证明 MnO_4^- 在酸性、中性和强碱性介质中被 Na_2SO_3 还原后的产物是不同的。

(7) Mn^{2+} 的鉴定 取 5 滴 0.1mol/L 的 $MnSO_4$ 溶液，加入数滴 6mol/L 的 HNO_3，然后加入少量 $NaBiO_3$ 固体，振荡，沉降后，上层清液呈紫色，表示有 Mn^{2+}。

2. 铁盐的氧化还原性

(1) Fe(Ⅱ) 的还原性 用 0.01mol/L 的 $KMnO_4$ 验证 $FeSO_4$ 溶液的还原性，观察现象并进行解释，写出反应方程式。

(2) Fe(Ⅲ) 的氧化性 用 0.1mol/L 的 KI 来验证 0.1mol/L 的 $FeCl_3$ 的氧化性。观察

现象并进行解释，写出反应方程式。

3. 铁、钴、镍的配合物

(1) 铁的配合物

① +2 价铁的配合物。在 0.1mol/L 的 $K_4[Fe(CN)_6]$ 中，滴加 2mol/L 的 NaOH 数滴。观察是否有 $Fe(OH)_2$ 沉淀产生，试进行解释。

在 0.1mol/L 的 $FeCl_3$ 中滴入 1～2 滴 $K_4[Fe(CN)_6]$。观察现象，并写出反应方程式（这个反应可以用来鉴定 +3 价铁离子）。

② +3 价铁的配合物。在 0.1mol/L 的 $K_3[Fe(CN)_6]$ 中，滴加 2mol/L 的 NaOH 数滴。观察是否有 $Fe(OH)_3$ 沉淀产生，试进行解释。

在试管中加入几粒 $FeSO_4$ 晶体，用水溶解后，滴加 1～2 滴 $K_3[Fe(CN)_6]$ 溶液。观察现象，并写出反应方程式（这个反应可以用来鉴定 +2 价铁离子）。

(2) 钴的配合物

① +2 价钴的配合物。在 0.5mol/L 的 $CoCl_2$ 中，加入几滴 1mol/L 的 NH_4Cl 和过量的 6mol/L 氨水。观察二氯化六氨合钴（Ⅱ）$[Co(NH_3)_6]Cl_2$ 溶液的颜色，静置片刻，观察颜色的改变。加以解释，并写出反应方程式。

② 在试管中加入 5 滴 0.1mol/L 的 $CoCl_2$，加入少量饱和 KSCN，再加丙酮数滴，生成的配位离子 $[Co(NCS)_4]^{2-}$ 溶于丙酮而呈现蓝色（这个反应可用来鉴定 Co^{2+}）。

(3) 镍的配合物 在 5 滴 0.1mol/L 的 $NiSO_4$ 中，加入 5 滴 2mol/L 氨水，再加入一滴 1% 二乙酰二肟，于 Ni^{2+} 与二乙酰二肟生成稳定的螯合物而产生红色沉淀（这个反应可用来鉴定 Ni^{2+}）。

4. 混合离子的分离和鉴定

取 0.1mol/L 的 $FeCl_3$、$NiSO_4$ 和 $CrCl_3$ 各 5 滴，混合后设法将三种阳离子分离，并分别进行鉴定。

五、思考题

1. 在 Cr^{3+} 的鉴定中为什么要加乙醚？加乙醚前为什么要先将溶液冷却？
2. 怎样分离和鉴定以下各对离子？
①Cr^{3+} 和 Mn^{2+}；②Fe^{3+} 和 Co^{2+}。

实验十八　若干 ds 区元素化合物的性质

一、实验目的

1. 了解 ds 区 Cu、Ag、Zn、Cd、Hg 等元素的各种价态及其相互转化。
2. 了解 ds 区 Cu、Ag、Zn、Cd、Hg 等元素的氢氧化物和配合物的生成和性质。
3. 了解 ds 区 Cu、Ag、Zn、Cd、Hg 等元素的鉴定反应和分离方法。

二、实验原理

铜和银是周期系ⅠB族的元素，锌、镉、汞是ⅡB族的元素。在化合物中，铜的氧化数是 +1 或 +2，银的氧化数通常是 +1，锌和镉的氧化数通常为 +2，汞的氧化数为 +1 或 +2。

蓝色的 $Cu(OH)_2$ 为碱性稍偏两性，在加热时容易脱水而分解为黑色 CuO。AgOH 极不稳定，在常温下极易脱水而转变为棕色的 Ag_2O。$Zn(OH)_2$ 和 $Cd(OH)_2$ 均呈两性。Hg(Ⅰ、Ⅱ) 的氢氧化物极不稳定，极易脱水而生成黄色的 HgO 和黑色的 Hg_2O。

铜、银、锌、镉、汞离子均能生成多种配合物，如 Cu^{2+}、Ag^+、Zn^{2+}、Cd^{2+} 与过量

氨水反应均能生成氨的配合物。Hg(Ⅰ、Ⅱ)与氨水的反应比较复杂。难溶于水的卤化银可通过生成配合物而溶解。

从元素铜和汞在酸性溶液中的标准电势图可知，Cu^+ 在水溶液中不能以自由离子形式存在，因此 Cu^{2+} 难以被还原为 Cu^+，但可被还原为 Cu(Ⅰ) 难溶物或配合物；同理，Hg_2^{2+} 只有生成 Hg(Ⅱ) 难溶物或配合物时才能发生歧化反应。

$$E_A^\ominus/V \quad Cu^{2+} \xrightarrow{+0.158} Cu^+ \xrightarrow{+0.522} Cu$$

$$Hg^{2+} \xrightarrow{+0.907} Hg_2^{2+} \xrightarrow{+0.792} Hg$$

如：
$$2Cu^{2+} + 4I^- =\!=\!= 2CuI\downarrow + I_2$$
$$CuI + I^- =\!=\!= [CuI_2]^-$$
$$Cu^{2+} + Cu + 4Cl^- =\!=\!= 2[CuCl_2]^-$$

Cu^{2+} 能与 $K_4[Fe(CN)_6]$ 反应而生成棕红色 $Cu_2[Fe(CN)_6]$ 沉淀，利用这个反应可鉴定 Cu^{2+}（若存在 Fe^{3+}，则需消除 Fe^{3+} 对 Cu^{2+} 的鉴定干扰）。Zn^{2+} 可由它与二苯硫腙反应而生成粉红色螯合物来鉴定。Cd^{2+} 可由它与饱和 H_2S 溶液反应而生成黄色 CdS 沉淀来鉴定。可通过 Ag^+ 与 Cl^- 反应生成白色沉淀，在沉淀中加入 6mol/L 的 $NH_3 \cdot H_2O$ 沉淀溶解，再加 6mol/L 的 HNO_3，白色沉淀又重新析出，证明 Ag^+ 的存在。Hg^{2+} 的存在可由它与 $SnCl_2$ 反应生成白色 Hg_2Cl_2 来鉴定。

三、实验用品

1. 仪器：离心机。

2. 试剂：HCl（2mol/L、浓）、HNO_3（2mol/L）、H_2S（饱和）、H_2SO_4（0.2mol/L）、NaOH（2mol/L、6mol/L）、$NH_3 \cdot H_2O$（2mol/L、6mol/L）、$AgNO_3$（0.1mol/L）、$Cd(NO_3)_2$（0.1mol/L）、$CuCl_2$（1mol/L）、$Cu(NO_3)_2$（0.1mol/L）、$CuSO_4$（0.1mol/L）、$HgCl_2$（0.1mol/L）、Hg_2Cl_2（0.1mol/L）、$Hg(NO_3)_2$、（0.1mol/L）、$Hg_2(NO_3)_2$（0.1mol/L）、KBr（0.1mol/L）、$K_4[Fe(CN)_6]$（0.1mol/L）、KI（0.1mol/L）、$Na_2S_2O_3$（0.1mol/L）、NH_4NO_3（固体）、$SnCl_2$（0.1mol/L）、$Zn(NO_3)_2$（0.1mol/L）、二苯硫腙、CCl_4。

四、实验内容

1. 铜、银、锌、镉、汞的氢氧化物的制备和性质

① 在三支试管中各加入 10 滴 0.1mol/L 的 $CuSO_4$ 溶液，再各滴入 2mol/L NaOH 溶液，观察沉淀的生成。然后，在第一支试管中加入适量的 2mol/L 的 HCl，在第二支试管中加入适量的 6mol/L 的 NaOH，观察现象，判断 $Cu(OH)_2$ 的酸碱性。将第三支试管放在煤气灯上加热，观察现象，写出以上各反应式。

② 取 10 滴 0.1mol/L 的 $AgNO_3$ 溶液，加入 2mol/L 的 NaOH 溶液，观察现象。验证沉淀物的酸碱性，写出反应式。

③ 在两支试管中各加入 5 滴 0.1mol/L 的 $Zn(NO_3)_2$ 溶液，并各滴加 2mol/L 的 NaOH 溶液，直到生成大量沉淀为止。然后在其中一支试管中加入几滴 0.2mol/L 的 H_2SO_4，在另一支试管中加入过量的 2mol/L 的 NaOH 溶液，观察现象。

以 0.1mol/L 的 $Cd(NO_3)_2$ 溶液做同样的实验，观察现象。写出以上各反应方程式。

④ 在两支试管中各加入 2 滴 0.1mol/L 的 $Hg(NO_3)_2$ 溶液，并各滴加 2mol/L 的 NaOH 溶液，观察现象。然后在其中一支试管中加入几滴 2mol/L 的 HNO_3，在另一支试管中加入过量 2mol/L 的 NaOH 溶液，观察现象。

以 0.1mol/L 的 $Hg_2(NO_3)_2$ 溶液做同样的实验，观察现象。

写出以上各反应方程式。

2. 铜、银、锌、镉、汞配合物的制备

① 在 5 滴 0.1mol/L 的 $CuSO_4$ 溶液中，逐滴加入 2mol/L 的 NaOH 溶液，观察 $Cu(OH)_2$ 沉淀的生成。离心分离后，验证 $Cu(OH)_2$ 沉淀是否溶解于 2mol/L 的 $NH_3 \cdot H_2O$，写出反应方程式。

② 在 0.5mL 0.1mol/L 的 $AgNO_3$ 溶液中，加入数滴 0.1mol/L 的 NaCl 溶液，观察沉淀的生成。继续滴加 6mol/L 的 $NH_3 \cdot H_2O$，观察沉淀的溶解。再加入数滴 0.1mol/L 的 KBr 溶液，观察又有沉淀生成。继续加入 0.1mol/L 的 $Na_2S_2O_3$ 溶液，沉淀又溶解。写出反应方程式。

③ 在 5 滴 0.1mol/L 的 $Zn(NO_3)_2$ 溶液中，滴加 2mol/L 的 $NH_3 \cdot H_2O$，观察沉淀的生成。继续滴加 2mol/L 的 $NH_3 \cdot H_2O$，观察沉淀的溶解。

以 0.1mol/L 的 $Cd(NO_3)_2$ 溶液做同样的实验，观察现象。

写出以上各反应方程式。

④ 在 5 滴 0.1mol/L 的 $HgCl_2$ 溶液中，滴加 2mol/L 的 $NH_3 \cdot H_2O$，观察沉淀的生成。继续加入过量 2mol/L 的 $NH_3 \cdot H_2O$，观察沉淀是否溶解，写出反应方程式。

在 5 滴 0.1mol/L 的 $Hg(NO_3)_2$ 溶液中，加入数滴 6mol/L 的 $NH_3 \cdot H_2O$，观察现象。继续加入少许固体 NH_4NO_3，观察沉淀是否溶解，写出反应方程式。

根据以上实验，比较铜、银、锌、镉、汞离子与 $NH_3 \cdot H_2O$ 反应的异同。

3. Cu(Ⅱ)-Cu(Ⅰ)、Hg(Ⅱ)-Hg(Ⅰ) 之间的相互转化以及 Cu(Ⅰ) 和 Hg(Ⅰ) 难溶物的性质

① 在离心试管中加入 5 滴 0.1mol/L 的 $CuSO_4$ 溶液，并加入 1mL 0.1mol/L 的 KI 溶液，观察现象。离心分离，弃去液体并洗涤沉淀后，再在试管中加入饱和 KI 溶液至沉淀刚好溶解，并将溶液逐滴加入盛有水的烧杯中，观察现象，写出反应方程式。

在试管中加入 10 滴 1mol/L 的 $CuCl_2$ 溶液，并加入 10 滴浓 HCl 和少量铜屑，加热至沸，待溶液呈泥黄色时停止加热。用滴管吸出少量溶液加入盛有水的烧杯中，观察现象，写出反应方程式。

② 在 5 滴 0.1mol/L 的 $Hg_2(NO_3)_2$ 溶液中，滴加 0.1mol/L 的 KI 溶液，观察沉淀的生成。再加过量 0.1mol/L 的 KI 溶液，观察沉淀的变化，写出反应方程式。

4. Cu^{2+}、Ag^+、Zn^{2+}、Cd^{2+}、Hg^{2+} 的鉴定

① 在 2 滴 0.1mol/L 的 $Cu(NO_3)_2$ 溶液中，加入 2 滴 0.1mol/L 的 $K_4[Fe(CN)_6]$ 溶液。如有棕红色沉淀，表示有 Cu^{2+}，写出反应方程式。

② 在离心试管中加入 5 滴 0.1mol/L 的 $AgNO_3$ 溶液，并滴加 2mol/L 的 HCl 至沉淀完全。离心分离，弃去液体并洗涤沉淀后，加入过量 6mol/L 的 $NH_3 \cdot H_2O$，待沉淀溶解后，再加入 2 滴 0.1mol/L 的 KI 溶液。若有淡黄色沉淀生成，表示有 Ag^+，写出反应方程式。

③ 在 2 滴 0.1mol/L 的 $Zn(NO_3)_2$ 溶液中，加入 5 滴 6mol/L 的 NaOH 溶液和 10 滴二苯硫腙，搅动并在水浴上加热。水溶液中呈粉红色或 CCl_4 层由绿色变为棕色，均表示有 Zn^{2+}，写出反应方程式。

④ 在 10 滴 0.1mol/L 的 $Cd(NO_3)_2$ 溶液中，加入饱和 H_2S 溶液，若有黄色沉淀生成，表示有 Cd^{2+}，写出反应方程式。

⑤ 在 5 滴 0.1mol/L 的 $HgCl_2$ 溶液中，逐滴加入 0.1mol/L 的 $SnCl_2$ 溶液，若有白色沉淀生成，并继而转变为黑色沉淀，表示有 Hg^{2+}，写出反应方程式。

5. Cu^{2+}、Ag^+ 和 Zn^{2+} 混合离子的分离和鉴定

分别取 5 滴 0.1mol/L 的 $Cu(NO_3)_2$、0.1mol/L 的 $AgNO_3$ 和 0.1mol/L 的 $Zn(NO_3)_2$ 溶液，混匀。试自行设计方案，将它们分离并逐个进行鉴定。

五、思考题

1. 比较铜、银、锌、镉、汞的氢氧化物的热稳定性。
2. 比较铜、银、锌、镉、汞离子与 $NH_3·H_2O$ 反应有什么相同和不同之处。
3. $Hg(Ⅱ)$ 与 $Hg(Ⅰ)$ 之间的相互转化条件是什么？
4. 在什么条件下，$Cu(Ⅰ)$ 才能稳定存在？

实验十九　未知阳离子混合液的分析

一、实验目的

1. 掌握用两酸两碱系统分析法对常见阳离子进行分组分离的原理和方法。
2. 掌握分离、鉴定的基本操作与实验技能。

二、实验原理

阳离子的种类较多，常见的有 20 多种，个别定性检出时，容易发生相互干扰，所以阳离子的分析都是利用阳离子的某些共同特征，先分成几组，然后再根据阳离子的个别特性加以检出。本实验对 Pb^{2+}、Sn^{2+}、Ag^+、Cu^{2+}、Zn^{2+}、Cd^{2+}、Hg^{2+}、Cr^{3+}、Mn^{2+}、Fe^{3+} 等离子进行分离鉴定。在阳离子系统分析中，利用不同的组试剂，可以提出许多种分组方案。比较有意义的是硫化氢系统分组方案和两酸两碱系统分组方案，下面介绍硫化氢系统分组方案。

其原理是根据阳离子的硫化物以及它们的氯化物、碳酸盐等溶解度的不同，以 HCl、H_2S、$(NH_4)_2S$ 和 $(NH_4)_2CO_3$ 为组试剂把阳离子分成五组（盐酸组、硫化氢组、硫化铵组、碳酸铵组和易溶组），然后再分别加以检出。硫化氢系统的分组与分离步骤如图 2-15 所示。

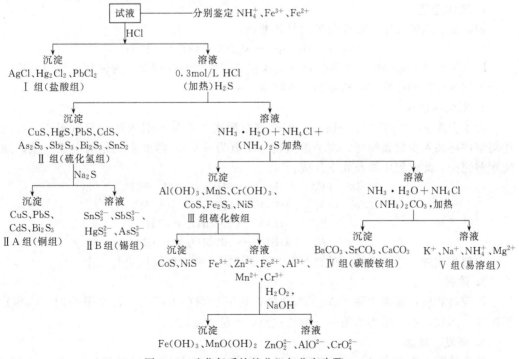

图 2-15　硫化氢系统的分组与分离步骤

三、实验内容

1. 向教师领取未知液 2mL，取 0.5mL，根据自己设计的方案进行分析。

2. 根据初步观察的实验现象，综合考虑，得出初步分析结果，然后用剩余的未知液进一步验证，最后得出正确结果。

第四节 综 合 实 验

实验二十 从硼镁泥制取七水硫酸镁

一、实验目的

1. 应用氧化还原反应、水解反应等基本化学原理，掌握通过控制溶液 pH 值及温度等条件去除杂质离子的方法。
2. 熟悉无机化合物制备过程中的过滤、蒸发、结晶等基本操作。
3. 通过从硼镁泥制取 $MgSO_4 \cdot 7H_2O$，了解工业废渣的综合利用。

二、实验原理

七水硫酸镁（$MgSO_4 \cdot 7H_2O$）在印染、造纸和医药等工业中有着广泛的应用。本实验采用化工厂生产硼砂（$Na_2B_4O_7 \cdot 10H_2O$）的废渣——硼镁泥为原料来制取七水硫酸镁。硼镁泥的主要成分为 Mg_2CO_3，此外还有其它杂质，硼镁泥的组成见表 2-12。

表 2-12 硼镁泥成分分析

成分	MgO	CaO	MnO	Fe_2O_3	Al_2O_3	B_2O_3	SiO_2	其它
含量/%	20~30	2~3	1	5~15	1~2	1~2	20~25	20~40

下面介绍从硼镁泥制取七水硫酸镁一般需要经过的步骤。

1. 酸解造液

加硫酸于硼镁泥中，首先分解的是碳酸盐：

$$MgCO_3 + H_2SO_4 \longrightarrow MgSO_4 + CO_2 \uparrow + H_2O$$

Fe_2O_3、Al_2O_3、MnO 等氧化物也生成相应的可溶性硫酸盐。为使硼镁泥溶解完全，加入硫酸的量应控制在反应后料浆的 pH 值在 1 左右。

2. 氧化和水解

为了去除 Fe^{2+}、Fe^{3+}、Mn^{2+}、Al^{3+} 等杂质离子而又不引入其它杂质离子，可以在上述料浆中再加入少量硼镁泥，调节溶液的 pH 值为 5~6，再加入氧化剂次氯酸钠，加热促使水解完全。此过程中涉及如下反应：

$$Mn^{2+} + ClO^- + H_2O \longrightarrow MnO_2 \downarrow + 2H^+ + Cl^-$$
$$2Fe^{2+} + ClO^- + 5H_2O \longrightarrow 2Fe(OH)_3 \downarrow + 4H^+ + Cl^-$$
$$Fe^{3+} + 3H_2O \longrightarrow Fe(OH)_3 \downarrow + 3H^+$$
$$Al^{3+} + 3H_2O \longrightarrow Al(OH)_3 \downarrow + 3H^+$$

水解生成的 H^+ 继续分解新加入的少量硼镁泥，使水解反应进行完全。

3. 除钙

沉淀过滤后，滤液中除了 $MgSO_4$ 之外，还有少量的 $CaSO_4$，温度升高时，$CaSO_4$ 溶解度减小。因此，溶液适当浓缩后，趁热过滤，可除去 $CaSO_4$。

4. 蒸发、结晶

将上述除去杂质的 $MgSO_4$ 溶液蒸发、浓缩、冷却结晶，可得到纯度较高的 $MgSO_4 \cdot$

$7H_2O$ 晶体。

三、实验用品

1. 仪器：电子天平、布氏漏斗、抽滤瓶、蒸发皿等。

2. 试剂：硼镁泥、H_2SO_4（1mol/L、6mol/L）、NaClO 溶液（含 12%～15% 有效氯）、H_2O_2（3%）等。

四、实验内容

1. 硼镁泥酸解

称取 25g 研细的硼镁泥，放入 400mL 烧杯中，加水 100～150mL，搅拌成浆，用滴管滴加约 20mL（根据实际情况，可适当增减）H_2SO_4（6mol/L）溶液，小火加热并不断搅拌（小心料浆溢出）。待反应中大部分气体放出后，保持微沸 10min，根据反应情况，控制料浆的 pH 值在 1 左右。

2. 氧化和水解

分批加入少量硼镁泥（加入的少量硼镁泥要计量，以便计算 $MgSO_4 \cdot 7H_2O$ 的产率），继续加热，保持溶液体积在 150mL 左右。当浆液 pH 值为 5～6 时，加入次氯酸钠溶液 5～6mL，加热煮沸，使水解完全。此时料浆转变为深棕色，趁热抽滤，用少量热水淋洗沉淀。可用 KSCN 溶液检验溶液中的 Fe^{3+} 是否完全除去。（如何检验？）

3. 除钙

将滤液倒入烧杯中，加热蒸发至 100mL 左右，$CaSO_4$ 沉淀析出，趁热过滤，除去 $CaSO_4$。

4. 蒸发、结晶

将上述除去杂质的 $MgSO_4$ 溶液转移到蒸发皿中，蒸发、浓缩至稀粥状，停止加热，自然冷却，结晶，抽滤。称量并计算产率（以硼镁泥中 MgO 的含量为 20% 计）。

五、思考题

1. 酸解后，用少量硼镁泥调解料浆 pH 值为 5～6，这是为什么？如何计算得到？
2. 本实验中，加入次氯酸钠氧化的目的是什么？如果控制溶液 pH 值使 Mn^{2+} 和 Fe^{2+} 分别生成 $Mn(OH)_2$ 和 $Fe(OH)_2$ 是否可行？为什么？
3. 本实验中，能否用其它氧化剂，如高锰酸钾或双氧水代替次氯酸钠？为什么？
4. 蒸发浓缩时，要蒸发、浓缩至稀粥状才能停止加热，为什么？

实验二十一 三草酸合铁（Ⅲ）酸钾的合成和配离子组成以及电荷数的测定

（Ⅰ）三草酸合铁（Ⅲ）酸钾的合成及其光化学性质

一、实验目的

1. 了解配位化合物合成中的相关原理。
2. 进一步掌握溶解、加热、沉淀、过滤等基本操作。
3. 了解三草酸合铁（Ⅲ）酸钾的光化学性质。

二、实验原理

三草酸合铁（Ⅲ）酸钾（$K_3[Fe(C_2O_4)_3]$）为亮绿色晶体，溶于水，难溶于乙醇、丙酮等有机溶剂。它的合成工艺多种多样，例如可采用氢氧化铁与草酸钾反应；也可以先用硫酸亚铁与草酸反应生成草酸亚铁，再在过量草酸根存在下使用过氧化氢将其氧化制得三草酸合铁（Ⅲ）酸钾。本实验通过三氯化铁和草酸钾直接反应进行制备。

$$FeCl_3 + 3K_2C_2O_4 \rightleftharpoons K_3[Fe(C_2O_4)_3] + 3KCl$$

三草酸合铁（Ⅲ）酸钾对光敏感，见光易分解，进行下列光化学反应：

$$2[Fe(C_2O_4)_3]^{3-} \xrightarrow{h\nu} 2FeC_2O_4 + 3C_2O_4^{2-} + 2CO_2$$

该光化学反应能够定量进行，因此三草酸合铁（Ⅲ）酸钾常被用作化学光计量材料。本实验利用三草酸合铁（Ⅲ）酸钾作为感光剂，进行感光实验。

三、实验用品

1. 仪器：电子天平（0.1g）、布氏漏斗、吸滤瓶、循环水泵、干燥器、烧杯、量筒、蒸发皿。

2. 试剂：草酸钾（$K_2C_2O_4 \cdot H_2O$，CP）、三氯化铁溶液（$FeCl_3$，0.4g/mL）、$K_3[Fe(CN)_6]$（CP）、丙酮。

四、实验内容

1. 三草酸合铁（Ⅲ）酸钾的制备

称取 12g 草酸钾放入 100mL 烧杯中，加入 20mL 水，加热使其全部溶解。继续加热草酸钾溶液，在溶液接近沸腾时边搅拌边加入三氯化铁溶液 8mL。在冰水中冷却上述溶液至 0℃，即可观察到有绿色晶体析出。晶体完全析出后，利用倾析法将母液倾出，所得晶体即为粗产品。

将粗产品溶解于 40mL 左右的热水中，趁热减压过滤。将滤液转移到蒸发皿中，小火加热，蒸发浓缩至溶液体积约为 20mL。在冰水中冷却结晶，结晶完全后抽滤，用少量丙酮洗涤晶体，然后用滤纸吸干，称重，计算产率。最后将产物置于干燥器内避光保存。

2. 三草酸合铁（Ⅲ）酸钾的光化学性质

将少许产品放在表面皿上，在日光下放置一段时间，观察晶体颜色变化，并与原来的晶体进行比较。

称取 0.5g 三草酸合铁（Ⅲ）酸钾和 0.4 g $K_3[Fe(CN)_6]$，加水配成 5mL 溶液。将滤纸放入该溶液中。待溶液完全将滤纸润湿后，取出在暗处晾干。在干燥的滤纸上贴上图案后，放置在强光下，观察变化。

五、数据记录与处理

记录实验过程、现象、产品形态及颜色，并对产品质量进行评价。计算三草酸合铁（Ⅲ）酸钾的理论产量和实际产率。

（Ⅱ）三草酸合铁（Ⅲ）酸钾配离子电荷数的测定

一、实验目的

1. 学习离子交换原理及离子交换树脂的操作技术。
2. 学习用离子选择性电极测定微量氯的原理与方法。

二、实验原理

本实验所使用的离子交换树脂是一种季铵盐型阴离子交换树脂（$R\equiv N^+Cl^-$）。其中的 Cl^- 可与溶液中的阴离子 X^{n-} 进行交换：

$$nR\equiv N^+Cl^- + X^{n-} \rightleftharpoons (R\equiv N^+)_n X^{n-} + nCl^-$$

当三草酸合铁（Ⅲ）酸钾的溶液流经交换树脂柱时，三草酸合铁（Ⅲ）酸钾的配离子与离子交换树脂上的 Cl^- 进行交换，将一定量的 Cl^- 置换出来。收集交换出来的含 Cl^- 的溶液，以氯离子选择性电极作为指示电极，双液接甘汞电极作为参比电极，测定 Cl^- 的总物质的量，即可确定草酸合铁（Ⅲ）酸钾配离子的电荷数 x：

$$x = \text{Cl}^- \text{的总物质的量} / \text{三草酸合铁(Ⅲ)酸钾的物质的量}$$

三、实验用品

1. 仪器：电子天平（0.1mg）、pHS-3C 型酸度计、磁力搅拌器、氯离子选择性电极、双液接甘汞电极、离子交换柱（$\phi 10 \sim 12$mm、长 $25 \sim 30$cm 玻璃管）、移液管（10mL）、吸量管（10mL）、容量瓶（100mL）。

2. 试剂：NaCl 溶液（1mol/L）、氯标准溶液（1mol/L）、强碱性阴离子交换树脂、离子强度调节缓冲液（TISAB）、1mol/L $NaNO_3$ 溶液滴加 HNO_3 调节到 pH=2~3。

四、实验内容

1. 离子交换

(1) 装柱　在交换柱底部填入少量玻璃纤维，将 8mL 左右的离子交换树脂与水的糊状物注入交换柱中，使树脂自然沉下，同时将多余的水从下部排出（切勿使树脂露出水面）。如有气泡，用塑料通条将其赶出。当交换柱装好后，在顶部再装入一小团玻璃纤维，以防注入溶液时将树脂冲起。

(2) 洗涤　用去离子水淋洗树脂，直至流出液中不含 Cl^- 为止，用螺旋夹夹紧交换柱的出口。注意在洗涤过程中不要使树脂露出水面。

(3) 交换　准确称取 0.5g $K_3[Fe(C_2O_4)_3] \cdot 3H_2O$ 于小烧杯中，加入 10~15mL 去离子水将其溶解。将该溶液转移至交换柱中，松开螺旋夹，以 1mL/min 的速度使溶液流出，用 100mL 容量瓶收集流出液。当溶液液面略高于树脂层时，用 5mL 左右的去离子水洗涤小烧杯，并转入交换柱中。如此重复 2~3 次后，直接用去离子水淋洗树脂。这时可适当加快流速。待收集液体积达到 60~70mL 时，可检验流出液是否含有 Cl^-。如不含有 Cl^-（与洗涤树脂时相比较），则可停止交换。用去离子水稀释至容量瓶刻度，摇匀。

2. 用氯离子选择性电极测定氯离子浓度

(1) 氯离子选择性电极　氯离子选择性电极是一种电化学传感器。它可以将溶液中氯离子的活度转换成相应的电位。将氯离子选择性电极、双液接甘汞电极插入试液中组成工作电池后，在一定的氯离子活度范围内（$1 \sim 10^{-4}$ mol/L）和一定的条件下，电池电动势 E 与氯离子活度 a_{Cl^-} 具有以下关系：

$$E = K - \frac{2.303RT}{nF} \lg a_{Cl^-}$$

当使用离子强度调节缓冲液时，溶液的离子强度恒定，从而使氯离子活度系数为一常数，则上式可写为：

$$E = K' - \frac{2.303RT}{nF} \lg c_{Cl^-}$$

即电池电动势与氯离子浓度的对数值成线性关系。

(2) 配制氯标准溶液　吸取 10mL 浓度为 1.00mol/L 的氯标准溶液，置于 100mL 容量瓶中，加入 10.0mL TISAB，然后用去离子水稀释至刻度，摇匀，配成 pCl=1 的标准溶液（1#）。

吸取 10mL 1# 标准溶液，置于 100mL 容量瓶中，加入 9.0mL TISAB，然后用去离子水稀释至刻度，摇匀，配成 pCl=2 的标准溶液（2#）。

用同样的方法配制 pCl=3（3#）、pCl=4（4#）的标准溶液。

(3) 绘制标准曲线　首先用去离子水反复冲洗氯离子选择性电极，使其空白电位值大于

—240mV，以缩短电极响应时间。更换双液接甘汞电极外管中的 KNO_3 溶液。将氯标准溶液转入小烧杯中，随后将氯离子选择性电极、双液接甘汞电极插入试液中组成工作电池。把仪器的选择开关置于"mV"，在搅拌下由稀向浓依次测定各标准溶液的电位（mV）。

(4) 试液中氯离子浓度的测定 吸取 10mL 待测液，移入 100mL 容量瓶中，加入 10.0mL TISAB，然后用去离子水稀释至刻度，摇匀。按照上面的方法测定其电位 E_x(mV)。

五、数据记录与处理

1. 将所测得的电位值记录在下表中。

样品	1#	2#	3#	4#	试液
pCl	1	2	3	4	
E/mV					

2. 以电位值为纵坐标，pCl 为横坐标，绘制标准曲线，并在标准曲线中找出与 E_x 相对应的 pCl 填入上表。然后计算离子交换后试液中 Cl^- 的总物质的量。

3. 配阴离子电荷数 z 的计算：
$K_3[Fe(C_2O_4)_3] \cdot 3H_2O=$ ＿＿＿＿ g，配合物的物质的量＝＿＿＿＿ mol 交换出的 Cl^- 物质的量＝＿＿＿＿ mol，$z=$＿＿＿＿。

4. 与理论值进行比较，分析误差产生的原因。

六、思考题

1. 制得的 $K_3[Fe(C_2O_4)_3]$ 应如何保存？
2. $K_3[Fe(C_2O_4)_3]$ 和 $K_3[Fe(CN)_6]$ 的混合物为何在光照后变为蓝色？
3. 离子交换时如果流出速度过快，对实验结果有何影响？
4. 产物中的 K^+ 可以用什么方法进行定量分析？
5. 影响 z 偏大、偏小的因素有哪些？

实验二十二 从废电池中回收锌皮制备硫酸锌

一、实验目的

1. 了解由废干电池综合回收锌皮的意义。
2. 熟悉由锌皮制备七水硫酸锌的方法。
3. 掌握通过控制 pH 值进行沉淀分离、去除杂质的一般方法。
4. 进一步熟悉无机制备操作的一些基本方法。

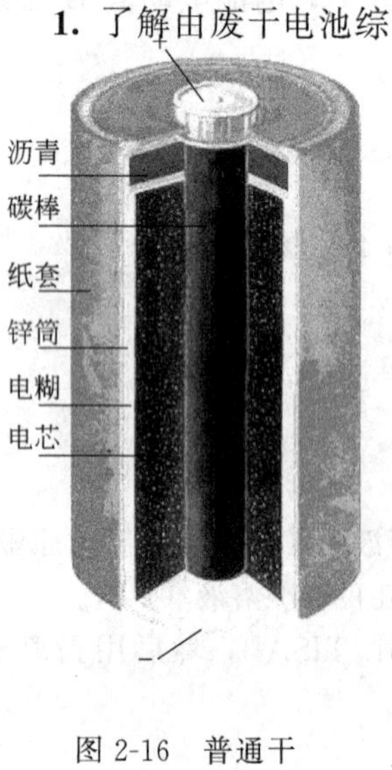

二、实验原理

目前，随着电子工业的迅速发展，各种电子产品和通信器材的大量涌现和更新换代致使电池用量急剧增加，由废电池引起的资源和环境问题也日益加剧。我国是世界上锌锰干电池的主要生产和消费国家之一，目前所使用的干电池主要以普通的糊式干电池为主，其负极是作为电池壳体的锌电极，正极是被 MnO_2 包围着的石墨电极，电解质是氯化铵及氯化锌的糊状物，其结构如图 2-16 所示。

在干电池的制造过程中，锌的使用量较大（见表 2-13），因此对废干电池的锌皮进行回收利用既能节约资源，又能减少对环境的污染，对国民经济发展具有重大意义。

图 2-16 普通干电池结构

表 2-13　各类废干电池成分分析结果

成分	锌	锰	镉	铅	汞	铁	碳	其它
质量分数/%	13～22	12～20	0.01	0.1～0.3	0.004	23～26	2～6	26～47

锌是两性金属元素，既能溶于酸，又能溶于碱。在常温下，锌与碱的反应较慢，而与酸的反应则快得多。因此本实验用回收的锌皮与稀硫酸反应来制取七水硫酸锌，基本反应方程式如下：

$$Zn + H_2SO_4 \longrightarrow ZnSO_4 + H_2 \uparrow$$

此外，锌皮中含有少量的杂质铁也同时溶解，生成硫酸亚铁：

$$Fe + H_2SO_4 \longrightarrow FeSO_4 + H_2 \uparrow$$

在上面所得到的含有少量硫酸亚铁的硫酸锌溶液中，先用过氧化氢将 Fe^{2+} 氧化生成 Fe^{3+}：

$$2Fe^{2+} + H_2O_2 + 2H^+ \longrightarrow 2Fe^{3+} + 2H_2O$$

然后用 NaOH 调节溶液的 pH=8，使 Zn^{2+} 和 Fe^{3+} 生成相应的沉淀：

$$Zn^{2+} + 2OH^- \longrightarrow Zn(OH)_2 \downarrow$$
$$Fe^{3+} + 3OH^- \longrightarrow Fe(OH)_3 \downarrow$$

在上述生成的沉淀中逐滴加入稀硫酸，控制 pH=4。此时，$Zn(OH)_2$ 沉淀可以溶解完全，而 $Fe(OH)_3$ 不溶解，过滤除去。将所得的硫酸锌溶液酸化，蒸发浓缩，结晶，即得 $ZnSO_4 \cdot 7H_2O$ 晶体。

三、实验用品

1. 仪器：电子天平、布氏漏斗、抽滤瓶、蒸发皿等。

2. 试剂：H_2SO_4(2mol/L)、NaOH(2mol/L)、H_2O_2(3%) 等。

四、实验内容

1. 锌皮的回收和处理

用工具拆下废干电池内的锌皮。锌皮表面可能粘有氯化锌、氯化铵和二氧化锰等杂质，应先用水刷洗干净。锌皮上可能还粘有石蜡、沥青等有机物，可用砂纸打磨干净，或者在锌皮溶解于酸后过滤除去。将锌皮剪成约 3mm×15mm 的小块，备用。

2. 锌皮的溶解

用电子天平准确称取 5g 已处理过的锌片小块，放在 200mL 烧杯中，加入适量的 2mol/L 硫酸（体积自行计算）。加热，使之充分反应后过滤（如果反应不彻底，可以放置过夜或者等到下次实验时使用）。

3. $Zn(OH)_2$ 的生成

滤液稍冷却后，加入 3% H_2O_2 溶液 2～3mL。将硫酸锌溶液加热近沸，不断搅拌下滴加 2mol/L 的 NaOH 溶液，逐渐有大量白色 $Zn(OH)_2$ 沉淀生成，直至溶液 pH=8 为止，加热过程中保持溶液体积约为 150mL。稍冷，沉淀完全后，抽滤，并用蒸馏水洗涤沉淀数次，弃去滤液。

4. $Zn(OH)_2$ 的溶解和铁的去除

将 $Zn(OH)_2$ 沉淀转移到 100mL 烧杯中，不断搅拌下滴加 2mol/L 硫酸，小火加热，控制溶液 pH=4（后面滴加过程要缓慢）。将所得溶液加热近沸，使 Fe^{3+} 完全沉淀生成 $Fe(OH)_3$，趁热过滤，弃去沉淀。

5. 蒸发浓缩、结晶

在上述滤液中，滴加 2mol/L 硫酸，调节 pH 值为 1～2，转入蒸发皿中，蒸发浓缩至液面上出现晶膜，停止加热，自然冷却，结晶，抽滤。将晶体放在两层滤纸间吸干，称量并计算产率。

五、思考题

1. 实验过程中，硫酸锌溶液为什么要趁热抽滤？
2. 计算说明，$Zn(OH)_2$ 的溶解和铁的去除中，为什么要控制 pH=4？
3. 在加热结晶前，为什么要使硫酸锌溶液呈酸性？

实验二十三 印制电路烂板液中铜的回收、利用及有关分析
（Ⅰ）印刷电路烂板液中铜的回收和利用

一、实验目的

1. 初步学会查阅有关的文献资料。
2. 根据实验室条件设计出合适的实验方案。
3. 学会一些常用试剂的配制方法和实验基本操作。
4. 掌握铜及其化合物的化学性质。
5. 了解废水处理和利用的一般方法。
6. 学会写实验总结报告，为今后的毕业论文（或毕业设计）奠定基础。

二、实验要求

1. 查阅有关印制电路烂板液中铜的回收和利用的文献资料。
2. 设计出烂板液中铜的回收和利用的实验方案。
3. 在教师的帮助下，准备实验所需的仪器和试剂。
4. 实施设计好的实验方案。
5. 书写实验总结报告。

三、实验原理

1. 印制电路板的烂板原理

(1) $FeCl_3$ 法

$$2Fe^{3+} + Cu \longrightarrow 2Fe^{2+} + Cu^{2+}$$

采用该方法，废液再生工艺比较复杂，效率不高。

(2) $CuCl_2$-HCl 法

$$Cu^{2+} + Cu + 4Cl^- \longrightarrow 2[CuCl_2]^-$$

采用该方法，废液可再生利用。再生利用的反应式如下：

$$2[CuCl_2]^- + H_2O_2 + 2H^+ \longrightarrow 2Cu^{2+} + 4Cl^- + 2H_2O$$

2. 回收原理

① $FeCl_3$ 法烂板废液中含有 $FeCl_3$、$FeCl_2$、$CuCl_2$、HCl 及少量其它杂质。从经济和环保的角度来说，其中的 Cu 具有较大的回收价值。一般的方法是先用 Fe 粉将 Cu^{2+} 置换出来，涉及的方程式如下：

$$Fe + Cu^{2+} \longrightarrow Fe^{2+} + Cu$$
$$2Fe^{3+} + Fe \longrightarrow 3Fe^{2+}$$

然后把 Cu 转化为 $CuSO_4$ 等化学品加以利用，常见的方法如下。

方法一：

$$2Cu + O_2 \longrightarrow 2CuO$$
$$CuO + H_2SO_4(稀) \longrightarrow CuSO_4 + H_2O$$

方法二：

$$Cu + 2HNO_3(浓) + H_2SO_4(稀) \longrightarrow CuSO_4 + 2NO_2\uparrow + 2H_2O$$

$$3Cu + 2HNO_3(浓) + 3H_2SO_4(稀) \longrightarrow 3CuSO_4 + 2NO\uparrow + 4H_2O$$

方法三：

$$Cu + H_2O_2 + H_2SO_4(稀) \longrightarrow CuSO_4 + 2H_2O$$

② $CuCl_2$-HCl 法烂板废液中含有 $CuCl_2$、HCl。回收时一般以 $CuSO_4$ 或 CuCl 的形式回收。以 $CuSO_4$ 形式回收时与 $FeCl_3$ 法烂板废液中 Cu 的回收方法相同，只不过在加入 Fe 粉前需加入 Na_2CO_3 中和部分 HCl。以 CuCl 形式回收时可以采用下列方法。

方法一：

$$Cu^{2+} + Cu + 4Cl^- \longrightarrow 2[CuCl_2]^- \xrightarrow{H_2O} 2CuCl\downarrow(白色) + 2Cl^-$$

方法二：

$$2CuCl_2 + Na_2SO_3 + H_2O \longrightarrow 2CuCl\downarrow + Na_2SO_4 + 2HCl$$

四、实验内容

1. $FeCl_3$ 法烂板废液中铜的回收

(1) 由 $FeCl_3$ 烂板液中回收铜粉 用量筒量取 60mL $FeCl_3$ 烂板液（$FeCl_3$、$FeCl_2$、$CuCl_2$ 混合液），放入 250mL 的烧杯中，加入 60mL 水，加热至近沸。边加热边搅拌下，分批缓慢加入 9g 左右的 Fe 粉（注意防止溶液溢出烧杯），注意观察氢气气泡和水蒸气气泡的产生：氢气的气泡是极细小的，而且在加热到煮沸前都会出现，而沸腾的水蒸气气泡则体积较大。其间适当加水弥补水的蒸发。到溶液颜色变浅（青绿色），没有氢气气泡产生时，取 1mL 上层清液加入极少量铁粉，若有紫红色沉淀，则还有铜未被还原，将测定的溶液再倒回烧杯继续还原反应操作；若无紫红色沉淀说明铜已经全部还原。抽滤，滤渣转移到原烧杯中，加 10mL 水和 25mL 3mol/L 的 H_2SO_4，加热直到无细小气泡产生为止。抽滤，洗涤滤渣数次，得到的铜粉在蒸发皿上小火加热除去水分（铜粉表面变黑，只是极少量氧化，不影响后续操作），冷却后称量。将所得到的铜粉均分为两份，一份放在干净的 100mL 烧杯中，另一份放到干净的瓷坩埚中备用。

(2) $CuSO_4 \cdot 5H_2O$ 晶体的制备

① 瓷坩埚连同铜粉，先在小火上加热至无气雾产生，再改用氧化焰灼烧 2h，其间不时搅拌防止结块，紫红色铜粉变成黑色 CuO 粉末，冷却后称量。将 CuO 放入 100mL 的烧杯中，加入 3mol/L 的 H_2SO_4 约 25mL（具体视氧化铜的量而定，过量 10%），加热至黑色粉末基本溶解，若有 $CuSO_4$ 晶体析出，则加少量水溶解。抽滤，将滤液放入干净的蒸发皿中，加热蒸发到表面有少量结晶膜出现，关掉煤气灯，冷却到室温。抽滤，称量 $CuSO_4 \cdot 5H_2O$ 晶体。

② 另一份 Cu 粉放入 100mL 烧杯中，计算反应所需 3mol/L 的 H_2SO_4 体积和浓 HNO_3 的用量。在通风橱中，将 3mol/L 的 H_2SO_4 倒入 Cu 粉中，加热近沸，搅拌下，非常缓慢地逐滴加入浓 HNO_3（不应超过理论量，尽可能使反应生成 NO），直到 Cu 粉完全溶解为止，若有 $CuSO_4$ 晶体析出，则加少量水溶解。抽滤，将滤液转入干净的蒸发皿中，加热蒸发到表面有少量结晶膜出现，关掉煤气灯，冷却到室温，抽滤，称量 $CuSO_4 \cdot 5H_2O$ 晶体的质量。

2. $CuCl_2$-HCl 法烂板废液中铜的回收

(1) 以 $CuSO_4$ 的形式回收 用量筒量取 60mL $CuCl_2$-HCl 废液，放入 250mL 的烧杯中，加入 60mL 水稀释，然后加入一定量的 Na_2CO_3 中和 HCl 至 pH 值为 1~2。后续步骤与

FeCl$_3$法烂板废液中铜粉的回收及制备CuSO$_4$·5H$_2$O晶体完全相同。

(2) 以CuCl的形式回收

① 用量筒量取60mL CuCl$_2$-HCl废液，放入250mL的烧杯中，加入60mL水稀释，然后加入一定量的Na$_2$CO$_3$中和HCl至pH值为1～2。加热到约80℃，在边加热边搅拌下，分批缓慢加入9g左右的Fe粉（注意防止溶液溢出烧杯），直到溶液颜色变浅（青绿色），验证铜粉全部被还原（该操作的注意点同前述的回收铜粉一样）。抽滤，将滤渣移到原烧杯中，加10mL水和3mol/L的H$_2$SO$_4$ 25mL，加热直到无细小气泡产生为止。抽滤，洗涤滤渣数次，得到红棕色铜粉备用。

用量筒量取40mL CuCl$_2$-HCl废液，放入250mL的烧杯中，用水稀释一倍，加入一定量的Na$_2$CO$_3$中和HCl至pH值为1～2，放入上述回收的铜粉，加热到约80℃，在边加热边搅拌下，分批缓慢加入10g左右的NaCl，至溶液呈浅棕色。抽滤，滤渣铜粉回收，滤液在剧烈搅拌下倒入1L水中（事先溶解1g Na$_2$SO$_3$和1mL浓盐酸），沉淀抽滤，最后用少量95%乙醇洗涤，少量无水乙醇洗涤，得到CuCl白色固体。

② 用量筒量取50mL CuCl$_2$-HCl废液，放入250mL的烧杯中，用水稀释一倍，加入一定量的Na$_2$CO$_3$中和HCl至pH值为1～2。加热至80℃左右，滴加3mol/L的NaOH溶液和Na$_2$SO$_3$固体，控制pH值为3左右。随着加入量的增大，溶液的颜色变浅，呈浅褐色，随后有白色沉淀生成，交替滴加NaOH溶液和Na$_2$SO$_3$固体，反应至溶液澄清透明。倒入已加有1g Na$_2$SO$_3$和1mL浓HCl的1L水中，沉淀抽滤，最后用少量95%乙醇洗涤，少量无水乙醇洗涤，得到CuCl白色固体。

五、数据记录与处理

描述产品的外观，并计算产率。

六、思考题

1. ① 已知 $Cu^{2+} \xrightarrow{0.158V} Cu^+ \xrightarrow{0.522V} Cu$ ，$\xrightarrow{0.337V}$ 求：$Cu^{2+} + Cu \longrightarrow 2Cu^+$ 的平衡常数。该反应可以正向进行吗？

② 若 $Cu^+ + 2Cl^- \longrightarrow CuCl_2^-$ 的 $K(CuCl_2^-) = 3.2 \times 10^5$，求：$Cu^{2+} + Cu + 4Cl^- \longrightarrow 2CuCl_2^-$ 的平衡常数。该反应可以正向进行吗？

2. 已知 $K(CuCl_2^-) = 3.2 \times 10^5$，$K_{sp}(CuCl) = 1.2 \times 10^{-6}$，求：

① $CuCl + Cl^- \longrightarrow CuCl_2^-$ 的平衡常数。

② 要使 $CuCl_2^-$ 稳定存在（假设浓度为1mol/L），则 Cl^- 至少应维持浓度为多少？

3. 还原制Cu时，为什么铁粉量应尽可能少？如何判断 Cu^{2+} 被全部还原？在得到的Cu、Fe混合物中加酸除铁，如何判断Fe已被全部除尽？

4. 用铜粉制CuO时，为什么焙烧温度不能太高，也不能太低？

5. 从铜粉直接氧化合成 CuSO$_4$·5H$_2$O 时，为什么浓HNO$_3$的量要尽可能少？为什么加入HNO$_3$的量比理论量少？

6. CuCl有什么性质？在实验中应注意什么？

7. 使用 CuCl$_2$-HCl 烂板废液时，为什么都要事先用Na$_2$CO$_3$中和多余的酸？

8. CuCl$_2$反歧化法制备CuCl时，为什么加入铜粉后又要补充一定量的NaCl？不计废液中HCl的量，应加入NaCl多少克？

9. 用Na$_2$SO$_3$还原CuCl$_2$时，为什么还要加入NaOH？

七、讨论和体会

（Ⅱ）硫酸铜的提纯

本实验可参阅实验八。

（Ⅲ）硫酸铜中铜含量的分析

一、实验目的

1. 掌握间接碘量法测定铜的原理和方法。

2. 进一步了解氧化还原滴定法的特点。

二、实验原理

在酸性溶液中，Cu^{2+} 与过量 KI 反应生成碘化亚铜沉淀，并析出与铜量相当的碘：

$$2Cu^{2+} + 4I^- =\!=\!= 2CuI\downarrow + I_2$$
$$I_2 + I^- =\!=\!= I_3^-$$

再用 $Na_2S_2O_3$ 标准溶液标定析出的 I_2，由此可计算出铜含量。

由于碘化亚铜沉淀表面容易吸附 I_3^-，因此使测定结果偏低，且终点不明显。通常需在终点到达之前加入硫氰化钾，使 CuI 沉淀（$K_{sp}^{\ominus} = 1.1 \times 10^{-12}$）转化为溶度积更小的 CuSCN 沉淀（$K_{sp}^{\ominus} = 4.8 \times 10^{-15}$），反应式如下：

$$CuI + SCN^- =\!=\!= CuSCN\downarrow + I^-$$

CuSCN 更容易吸附 SCN^-，从而释放出被吸附的 I_3^-，因此测定反应更趋完全，滴定终点变得明显，减少误差。

溶液的 pH 值一般控制在 3~4。酸度过低，容易造成 Cu^{2+} 水解，反应速度减慢，而且反应不完全，使结果偏低；酸度过高，则 I^- 易被空气中的氧氧化成 I_2，使结果偏高。

三、实验用品

$CuSO_4 \cdot 5H_2O$（样品）、1mol/L 的 H_2SO_4、10% KI 水溶液、10% KCNS 水溶液、0.5%淀粉溶液、0.1mol/L 的 $Na_2S_2O_3$ 标准溶液（该溶液的配制和标定请查阅分析化学实验的相关内容）。

四、实验内容

用称量瓶在粗天平上称取 $CuSO_4 \cdot 5H_2O$ 样品 2.1g 左右，然后从称量瓶中准确称取三份，各重 0.7g 左右，分别置于三支 250mL 锥形瓶中，各加 5mL 1mol/L 的 H_2SO_4、100mL 水、10mL 10% KI 溶液，立即用 $Na_2S_2O_3$ 标准溶液滴定至呈现浅黄色，然后加入 5mL 0.5%淀粉溶液，继续滴定至浅蓝色，再加入 10mL 10% KSCN 溶液，混合后溶液又转变为深蓝色，最后用 $Na_2S_2O_3$ 标准溶液滴定到蓝色刚刚消失为止，此时溶液为 CuSCN 的米色悬浮液。记下读数（$V_{Na_2S_2O_3}$）并计算 $CuSO_4 \cdot 5H_2O$ 样品中 Cu^{2+} 的含量。

注意：在操作过程中要不断摇动样品溶液。

五、思考题

1. 实验终点时，$CuSO_4 \cdot 5H_2O$ 中的 Cu^{2+} 转变成什么物质？为什么？
2. 为什么加入 KI 后还要加入 KSCN？如果在酸化后立即加入 KSCN 溶液，会有什么影响？
3. I_2 在淀粉溶液中呈什么颜色？I^- 在淀粉溶液中呈什么颜色？
4. 加入 KSCN 溶液混合后，溶液又转变为深蓝色，为什么？
5. 已知 $\varphi^{\ominus}_{Cu^{2+}/Cu^+} = 0.159V$　$\varphi^{\ominus}_{I_2/I^-} = 0.545V$，为何在本实验中 Cu^{2+} 却能氧化 I^- 为 I_2？

（Ⅳ）硫酸铜中 SO_4^{2-} 含量的分析

一、实验目的
1. 熟悉并掌握质量分析的一般基本操作，包括沉淀陈化、过滤、洗涤、转移、烘干、灰化、灼烧、恒重。
2. 了解晶体沉淀的性质及其沉淀的条件。
3. 了解本实验误差的来源及其消除方法。

二、实验原理
在碱金属和碱土金属的硫酸盐溶液中，可直接加入适当过量的氯化钡，定量地沉淀溶液中的硫酸根，将沉淀的硫酸钡分离，灼烧（或烘干）后，称其质量，进行试样中硫酸根含量的测定。反应如下：

$$Ba^{2+} + SO_4^{2-} \longrightarrow BaSO_4 \downarrow$$

三、实验内容
1. 瓷坩埚的恒重
将空坩埚置于马弗炉中，850℃灼烧 1h 至恒重。

2. 试样溶液的制备
称取 1.0g 左右硫酸铜试样（称准至 0.1mg），置于 350～400mL 烧杯中，加 50mL 去离子水，搅拌使其溶解。再加入 1～2mL 6mol/L 的 HCl，盖上表面皿。加入稀 HCl 是为了增加酸度，以防止生成 $BaCO_3$ 等沉淀，同时使 $BaSO_4$ 溶解度增大，但过多的 HCl 会使 $BaSO_4$ 溶解度增大过多。溶液加热至近沸（不能沸腾）。另在 150mL 小烧杯中，配制 25mL 5% $BaCl_2$ 溶液，用水稀释至约 100mL，加热至近沸。一边搅动溶液，一边慢慢将 $BaCl_2$ 溶液约 90mL 倾入上述试样溶液中。待沉淀下沉后，再在上层清液中滴 2 滴沉淀剂溶液，以检查沉淀是否完全。沉淀完全后，加少量水吹洗表面皿和烧杯壁，再盖上表面皿，将沉淀和母液置于沸水浴上加热 1h，取下放置过夜陈化。

3. 沉淀灼烧
用定量致密滤纸过滤上述陈化过的溶液，用热水转移并洗涤沉淀，直至洗涤液无 Cl^-。滤纸和沉淀一起置于事先在 850℃灼烧恒重后的瓷坩埚里，小心灰化滤纸后，将坩埚转移到马弗炉中，在 850℃灼烧约 1h 至恒重。冷却，称量。

四、数据处理
（略）

（Ⅴ）硫酸四氨合铜（Ⅱ）的制备及氨含量的测定

一、实验目的
1. 掌握硫酸四氨合铜（Ⅱ）的制备方法。
2. 掌握硫酸四氨合铜（Ⅱ）中氨含量的分析方法，确定产物的组成。

二、实验原理
在配合物溶液中加入强碱，并加热使配合物破坏，氨就能挥发出来。

$$[Cu(NH_3)_4]SO_4 + 2NaOH \longrightarrow CuO \uparrow + 4NH_3 \uparrow + Na_2SO_4 + H_2O$$

用标准酸吸收，再用标准碱滴定剩余的酸，即可测得氨含量。

三、实验用品
1. 仪器：抽滤瓶、布氏漏斗、滴液漏斗、酸式滴定管、烧杯。

2. 试剂：CuSO$_4$（0.5mol/L）、氨水（6mol/L）、乙醇（95%）、甲基橙溶液（0.1%）、NaOH（10%）、HCl 标准溶液（0.2mol/L）、NaOH 标准溶液（0.2mol/L）。

四、实验内容

1. 硫酸四氨合铜（Ⅱ）的制备

向烧杯中加入 15mL 0.5mol/L 的 CuSO$_4$ 溶液，逐滴加入 6mol/L 氨水至生成的沉淀消失，向溶液中加入少量 95% 的乙醇，摇匀静置，有硫酸四氨合铜晶体产生。抽滤、洗涤晶体，然后将其在 60℃ 左右烘干，称重，保存待用。

2. 氨的测定

称取 0.25~0.30g 样品，放入 250mL 锥形瓶中，加 80mL 水溶解。在锥形瓶口装上带有滴液漏斗和玻璃导管的橡皮塞，然后把锥形瓶固定在铁架台的加热位置上。玻璃导管导入另一放入冰浴中且盛有 50mL 标准 HCl 溶液的锥形瓶。从滴液漏斗中加入 3~5mL 10% 的 NaOH 于锥形瓶中，加热样品。先用大火加热，当溶液接近沸腾时，改用小火，保持微沸状态，蒸馏 1h 左右，即可将氨全部蒸出。蒸馏完毕后，取出插入 HCl 溶液的导管，用蒸馏水冲洗导管内外，洗涤液收集在氨吸收瓶中。从冰浴中取出吸收瓶，加 2 滴 0.1% 甲基橙溶液，用标准 NaOH 溶液滴定剩余的 HCl 溶液。计算 NH$_3$ 质量分数：

$$w(NH_3) = \frac{17.04(c_1V_1 - c_2V_2)}{1000m} \times 100\%$$

式中　c_1 和 V_1 —— 标准 HCl 溶液的浓度和体积；
　　　c_2 和 V_2 —— 标准 NaOH 溶液的浓度和体积；
　　　m —— 样品质量；
　　　17.04 —— NH$_3$ 的摩尔质量。

（Ⅶ）硫酸铜晶体中结晶水的测定（采用热重法）

一、实验目的

1. 测定硫酸铜晶体中结晶水的含量。
2. 了解热重法的基本原理和基本操作。

二、实验原理

热分析是在程序温度下，测量物质的物理性质随温度变化的一类技术，主要包括差热分析法、差示扫描量热法及热重法，其中热重法（thermogravimetry，TG）应用最为广泛。热重法是在程序控制温度下，测量物质的质量随温度（或时间）变化关系的一种技术。采用 TG 法确定硫酸铜晶体的结晶水，样品用量少，测试时间短、操作简便。在加热过程中 CuSO$_4$·5H$_2$O 分三步失去结晶水：

$$CuSO_4 \cdot 5H_2O \longrightarrow CuSO_4 \cdot 3H_2O + 2H_2O$$
$$CuSO_4 \cdot 3H_2O \longrightarrow CuSO_4 \cdot H_2O + 2H_2O$$
$$CuSO_4 \cdot H_2O \longrightarrow CuSO_4 + H_2O$$

CuSO$_4$·5H$_2$O 的 TG 曲线如图 2-17 所示。

三、实验用品

SDT Q-600 TA 分析仪（thermal analysis instruments），自制的硫酸铜晶体样品。

四、实验内容

① 检查连接好气流装置。
② 打开电脑和网络连接装置，打开热分析仪电源，通过网络将电脑和热分析仪联系

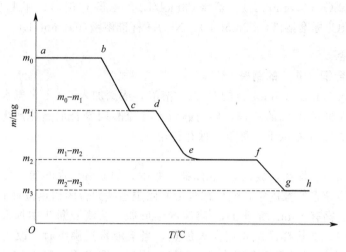

图 2-17　$CuSO_4 \cdot 5H_2O$ 的 TG 曲线

起来。

③ 选择需要的操作模式、操作程序，建立文件名和文件保存路径。

④ 打开炉门，放入空的氧化铝坩埚，再关闭炉门，称重，去皮。打开炉门，取出坩埚，装入样品 10～20mg，再关闭炉门。

⑤ 运行操作程序。

⑥ 实验结束，待炉温冷却到 50℃ 以下时，从操作软件上关闭仪器，待出现安全关闭信息时方可关闭仪器电源。

⑦ 关闭电脑及网络的电源。

⑧ 关闭气源。

五、数据处理

（略）

第三章 无机化学实验指导

实验教学是我国化学教育中最薄弱的环节。选择化学专业就意味着近乎一半的学时将在实验室度过，学习模式将要发生质与量的变化。如何使新生尽快步入化学实验双基训练教学轨道，适应新的实验学习模式，作为实验课专业的指导教师，上好第一门实验教学课，是至关重要的。严谨的科学态度、严明的实验素养、严格的实验操作规程、严密的实验学习方法的四严教学和教育是重要内容。实验中，使学生掌握每一个要点，做到每做一次实验进一步。本指导对每个实验操作中应注意的事项进行了归纳，并简述一些原理。

第一节 基本操作与制备实验

实验一 基 本 操 作

一、实验操作注意事项

1. 点燃煤气灯前，先检查三阀（煤气管道阀门、针形阀、空气孔）是否已关闭。打开煤气管道阀门，在接近灯管口处点燃火柴的同时开启煤气灯针形阀，通过调节针形阀控制煤气进入量调节火焰高低。然后旋转灯管逐渐加大空气进入量，黄色火焰逐渐变蓝，直至出现三层正常火焰，观察各层火焰的颜色。停止使用时，应先关闭空气入口，再关闭管道煤气阀门，最后关闭煤气灯针形阀。

2. 点燃煤气灯时，当空气或煤气的进入量调节得不合适时会产生侵入火焰或临空火焰等不正常火焰。点燃煤气灯，灯管空气孔大开时，可能产生侵入火焰，火焰呈绿色时，煤气在灯管中燃烧，这时灯管温度很高，绝不能用手去旋转灯管调小空气进量，否则会烫坏手指。这时应先关闭管道煤气阀门熄灭煤气灯，然后用湿毛巾冷却灯管（滚烫的灯管会冒出水蒸气），冷却后再点燃煤气灯。

3. 截割玻璃管（棒）时，用锉刀的棱或小砂轮片在左手拇指按住玻璃管（棒）的地方用力锉出一条凹痕。应注意向一个方向锉，不要来回锉，否则不但凹痕多，而且易使锉刀或小砂轮变钝。两拇指紧按凹痕两边，捏住后向外用力折。为了安全，折时应尽可能远离眼睛，在锉的两边包上布或戴上手套再折。在凹痕处蘸水，较容易折断且断面光滑。

4. 玻璃管（棒）的截面如果不平整则必须圆口。将断截面斜插入煤气灯的氧化焰中熔烧，缓慢地转动玻璃管（棒）使其熔烧均匀，直到熔烧光滑为止。灼热的玻璃管（棒）应放在石棉网上，以免烧焦桌面，也不要用手去触摸，以免烫伤。

5. 拉玻璃管时，应先将玻璃管用小火预热。然后双手持玻璃管，把要拉的地方斜插入氧化焰中以增大玻璃的受热面积。同时缓慢而均匀地转动玻璃管，两手用力均等，转速要一致，以免玻璃管在火焰中扭曲。当玻璃管烧到红黄色发软时从火焰中取出，顺着水平方向边拉边转动玻璃管，拉到所需的细度时，一手持玻璃管，使玻璃管垂直下垂，冷却后，可按长度将其截断。拉制毛细管时，玻璃管的加热面要大一些，拉伸速度要稍快些。

6. 玻璃棒（管）熔光时，即将玻璃棒（管）呈45°在氧化焰边沿一边烧、一边来回转动直至平滑即可。毛细管熔光时应特别注意，不应烧得太久，以免熔化的玻璃把管口封住。

7. 制玻璃弯管时，当玻璃管发黄软化后从火中取出，不可在火焰中弯玻璃管，两手水平端持，玻璃软化段在重力作用下向下弯曲，两手再轻轻地向中心施力，使其弯曲到所需角度。用力不能太大，否则在弯曲处玻璃管会瘪陷。如果玻璃管要弯成较小的角度，则可分几次进行上述操作，用积累的方式达到所需的角度。

8. 加工后的玻璃棒（管）均应随即退火处理，即再在弱火焰中加热一会儿，然后将玻璃棒（管）慢慢移离火焰，在石棉网上冷却至室温。否则玻璃棒（管）因急剧冷却，内部将产生很大的应力，即使不立即开裂，过后也有破碎的可能。

9. 称量时必须注意以下几点：

① 台秤不能称量热的物体。

② 称量物不能直接放在托盘上，根据情况称量物应放在称量纸、表面皿或其它容器中。吸湿或有腐蚀性的药品（如 NaOH、KOH 等）必须放在玻璃容器内进行称量。

③ 称量完毕，放回砝码（包括游码也必须复位至零点刻度处），使台秤各部分恢复原状。

④ 经常保持台秤的整洁，托盘上有药品或其它污物时应立即清除干净。

二、问题与讨论

1. 煤气的组成是什么？

煤气的主要成分是：CH_4、CO、H_2 和不饱和烃，还有少量 N_2、CO_2 和 H_2S 等。产地不同，组成有较大差异。但是，无论哪里产的煤气，里面都会有一种臭鱼味的物质称为甲硫醇，因此在实验室闻到此种气味，就应有所警惕，因为 CO 有毒。

2. 煤气灯的正常火焰分为哪三层？各具有什么性质？

煤气灯的正常火焰可分为内层（焰心）、中层（还原焰）和外层（氧化焰）三层。

内层（焰心）：在这里煤气和空气混合，并未燃烧，温度低，约为 300℃。

中层（还原焰）：在这里煤气不完全燃烧，由于煤气的组成分解为含碳的基团，所以这部分火焰具有还原性。

外层（氧化焰）：在这里煤气完全燃烧，但由于含有过量的空气（由于温度高，有较多的原子氧），这部分火焰具有氧化性，称为氧化焰。

煤气灯正常火焰的最高温度处于还原焰顶端上部的氧化焰中，800～900℃（煤气的组成不同，火焰的温度也有所差异），火焰呈淡紫色。实验时，一般用氧化焰来加热。

3. 点燃煤气灯时，当空气或煤气的进入量调节得不合适时，将会产生哪些不正常火焰？

点燃煤气灯时，当煤气和空气的进入量都很大时，火焰就会临空燃烧，称为临空火焰。待引燃用的火柴熄灭后，它也立即自行熄灭。当煤气进入量很小，而空气进入量很大时，煤气会在灯管内燃烧而不是在灯管口燃烧，这时还能听到特殊的嘶嘶声和看到一根细长的火焰，这种火焰称为侵入火焰。它会将灯管烧热，一不小心就会烫伤手指。有时在煤气灯使用过程中，煤气量突然因某种原因而减小，这时也会产生侵入火焰，这种现象称为回火。遇到临空火焰或侵入火焰后，就应立即关闭煤气开关，待灯管冷却后，将空气入口关闭，重新点燃煤气灯和调节空气入口。

三、实验室准备工作注意事项

1. 实验室应准备好去污粉与合成洗涤剂，以备学生洗涤仪器时使用。

2. 实验室应多准备一些玻璃管和玻璃棒，在学生做玻璃管（棒）加工实验失败时备用。

3. 实验室还应准备一些红药水、烫伤油膏、药棉、绷带、橡皮膏等药品材料,以备学生在割破或烫伤手指时使用。

四、实验前准备的思考题

1. 煤气灯的构造是怎样的?怎样正确使用?
2. 侵入火焰是怎样发生的?如何避免和处理?
3. 煤气灯的正常火焰分为几层?各层的温度和性质是怎样的?
4. 截割玻璃管时应注意哪些问题?为什么截断后的玻璃管要圆口?
5. 怎样拉制滴管?制作滴管时应注意哪些问题?

实验二 粗食盐的提纯

一、实验操作注意事项

1. 在用沉淀法除去 Ca^{2+}、Mg^{2+} 和 SO_4^{2-} 等离子时,沉淀剂应稍过量以使沉淀反应完全。为了检查沉淀是否完全,可将烧杯从石棉网上取下,待沉淀沉降后,在上层清液中再滴加 1~2 滴沉淀剂,观察澄清液中是否还有浑浊现象,如无浑浊,说明已沉淀完全。如仍有浑浊现象,则必须继续滴加沉淀剂,直至沉淀完全为止,否则将因杂质离子没有完全除去而影响产品的纯度。此外,在沉淀完全后应继续加热煮沸数分钟,以使颗粒长大而易于过滤。

2. 如实验时间较短,除去泥沙、$BaSO_4$、$Mg(OH)_2$、$CaCO_3$ 等沉淀,在过滤时可用减压过滤,但过滤前必须先加热煮沸一会儿,以使沉淀颗粒变大。

3. 使用 pH 试纸时,应先将 pH 试纸剪成小条,放在干燥洁净的点滴板或表面皿上,绝不能将试纸直接投入溶液中,否则不仅检测结果不准,而且还会污染溶液。

4. 用盐酸除去过量的 Na_2CO_3 与 NaOH 时,必须将溶液调至微酸性(pH=5~6),而且所用的必须是纯盐酸(可用化学纯)。因为工业用盐酸常含有 Fe^{3+} 等杂质而带黄色,从而影响氯化钠的纯度。

5. 提纯后的氯化钠溶液用小火加热蒸发,蒸发时不断搅拌溶液,以免局部暴沸溅出而伤人并使液体损失,浓缩至稀粥状的稠液为止,切忌不可将溶液蒸发至干,否则溶液中含有的少量杂质 KCl 将与 NaCl 一同析出而无法分离。

6. 浓缩至稀粥状的稠液要趁热抽滤,因其中的硝酸盐杂质在高温时有很大的溶解度,低温时溶解度较小。趁热抽滤随溶液抽去,保证 NaCl 的纯度。

二、问题与讨论

1. 为什么氯化钠的提纯不采用重结晶法,而采用化学方法?为什么最后的氯化钠溶液不能蒸干?

重结晶的原理是由于晶体物质的溶解度一般随温度的降低而减小,当热的饱和溶液冷却时,待提纯的物质首先以结晶析出,而少量杂质由于尚未达到饱和,仍留在溶液(母液)中从而达到分离提纯的目的。

粗食盐中所含的 Ca^{2+}、Mg^{2+} 和 SO_4^{2-} 等可溶性杂质,通过加入稍过量的沉淀剂便相应转化为难溶性的沉淀,然后通过过滤的方法即可除去。又因为氯化钠的溶解度随温度的变化不大,故不能用重结晶的方法来提纯氯化钠而是采用化学方法来提纯。

至于少量可溶性杂质(如 KCl),由于它们的含量很少而其溶解度随温度的变化又大,可以利用 KCl 和 NaCl 在不同温度下溶解度的差别(见表 3-1)采用以下方法分离。

表 3-1　KCl 和 NaCl 在不同温度下的溶解度　　　　　　　单位：g/100g 水

温度/℃	0	10	20	30	40	60	80	100
NaCl	35.7	35.8	36.0	36.3	36.6	37.3	38.4	39.8
KCl	27.6	31.0	34.0	37.0	40.0	45.5	51.1	56.7

从 KCl 和 NaCl 的溶解度曲线可知它们相交于 27℃ 左右。即在 27℃ 以上，KCl 的溶解度大于 NaCl 的溶解度，而在 27℃ 以下，KCl 的溶解度小于 NaCl 的溶解度。所以在 NaCl 溶液中含有少量 KCl 时，分离除去 KCl 时必须注意以下两点：

① NaCl 溶液倒入蒸发皿中，用小火加热蒸发浓缩时，浓缩至稀粥状的稠液即可，切不可将溶液蒸干（防止少量可溶性 KCl 杂质也结晶出来）。

② 蒸发后的浓缩液稍冷后（温度应在 27℃ 以上）即用布氏漏斗减压抽滤，尽量将结晶抽干，此时得到的结晶即为较纯的 NaCl。因为在 27℃ 以上，KCl 的溶解度大于 NaCl 的溶解度，此时 KCl 主要仍留在母液内而与 NaCl 分离。

2. 粗食盐中除去 SO_4^{2-}、Mg^{2+}、Ca^{2+}、K^+ 的先后顺序是否可以颠倒过来？例如先除去 Mg^{2+} 和 Ca^{2+}，再除去 SO_4^{2-}，两者有何不同？

粗食盐中除去 SO_4^{2-}、Mg^{2+}、Ca^{2+}、K^+ 的先后顺序不能颠倒过来，因为在除去 SO_4^{2-} 离子时必须加入稍过量的 $BaCl_2$ 溶液，这样才能将 SO_4^{2-} 离子转化为 $BaSO_4$ 沉淀而除去。然后再在溶液中加入 NaOH 溶液与 Na_2CO_3 溶液，此时粗食盐溶液中的 Mg^{2+}、Ca^{2+} 以及沉淀 SO_4^{2-} 时加入的过量 Ba^{2+} 便相应转化为难溶的 $Mg(OH)_2$、$CaCO_3$、$BaCO_3$ 沉淀而通过过滤除去。如果先除去 Mg^{2+} 与 Ca^{2+}，然后再除去 SO_4^{2-}，就有可能发生以下两种情况：

① 如果沉淀剂 $BaCl_2$ 溶液用量不足，则无法将 SO_4^{2-} 除尽。

② 如果沉淀剂 $BaCl_2$ 溶液过量，虽可将 SO_4^{2-} 以 $BaSO_4$ 沉淀形式除去，但将使溶液带入过量有毒性的 Ba^{2+} 而直接影响产品的质量与纯度。

3. 在 Mg^{2+} 检验过程中为什么必须先加入 NaOH 溶液使溶液呈碱性后才能滴加镁试剂进行检验？

镁试剂是一种有机染料（化学名称为对硝基苯偶氮间苯二酚）。它在酸性溶液中呈黄色，在碱性溶液中呈红色或紫色，当它被 $Mg(OH)_2$ 沉淀吸附后，则呈天蓝色，因此可以用来检验 Mg^{2+} 的存在。在检验过程中先加入 NaOH 溶液，使溶液呈碱性的主要目的是先让 OH^- 与 Mg^{2+} 作用生成 $Mg(OH)_2$ 沉淀，然后 $Mg(OH)_2$ 沉淀吸附紫色的镁试剂后呈天蓝色。这个反应非常灵敏，但能生成深色氢氧化物沉淀的金属离子的存在对 Mg^{2+} 的鉴定会有干扰，可用饱和 EDTA（二钠盐）进行掩蔽。

三、补充说明

pH 试纸是用滤纸浸渍某种混合指示剂后制成的，是实验室和工业上常用的一种试纸，它能方便地测定溶液的 pH 值。

广泛 pH 试纸可用来粗略地检验溶液的 pH 值范围；精密 pH 试纸在 pH 值变化较小时就有颜色的变化，可用来较精密地检验溶液的 pH 值。可根据不同测量要求来采用上述某种试纸。在具体使用时，应先将试纸剪成小条，放在干燥洁净的点滴板或表面皿上，用蘸有待测液的玻璃棒点在试纸的中部，试纸即被待测液润湿而变色。试纸变色后与标准比色板比较，即可得出待测液的 pH 范围或 pH 值。绝对不能将 pH 试纸浸泡在溶液中，否则试纸上的有效成分将溶于溶液中而使之污染（有些 pH 试纸使用说明书中写有将 pH 试纸浸泡在待测液中测 pH 值，是指工作生产中的使用方法，因量大，生产的是工业品，极微量杂质进入不影响其质量），并且，经浸泡而变色的试纸与标准比色板比较时，所测得的 pH 值误差也较大，因而使检测结果不准。

四、实验室准备工作注意事项

1. 本实验中所用盐酸必须是纯盐酸（可用化学纯），因为工业纯盐酸常含有 Fe^{3+} 等杂质而带黄色，从而影响氯化钠的纯度。

2. 镁试剂的配制：溶解 0.01g 对硝基苯偶氮间苯二酚于 1L 1mol/L 的 NaOH 溶液中。

五、实验前准备的思考题

1. 粗食盐为什么不能用重结晶的办法进行纯化？为什么最后的氯化钠溶液浓缩时不能蒸干？

2. 怎样除去粗食盐中的杂质 Mg^{2+}、Ca^{2+}、K^+ 和 SO_4^{2-} 等离子？

3. 怎样除去过量的沉淀剂 $BaCl_2$、NaOH 和 Na_2CO_3？

4. 怎样检验提纯后 NaCl 的纯度？

5. 预习台秤与 pH 试纸的使用以及加热、溶解、减压过滤、蒸发、结晶、干燥等基本操作内容。

实验三 硝酸钾的制备

一、实验操作注意事项

1. 控制好加热蒸发是本实验的关键之一，20g 硝酸钠和 17g 氯化钾加水 30mL 后总体积约为 50mL，如何控制蒸发至原体积的 1/2，即 25mL？可量取 25mL 水倒入小烧杯，标记好刻度。蒸发过度或蒸发不足都会给实验带来不良后果。若蒸发过度，则析出的 NaCl 中混有 KNO_3，使 KNO_3 产量偏低；若蒸发不足，则第一步除去的 NaCl 少，母液体积较大，从而影响 KNO_3 的产量。

2. 由于在溶解蒸发 KNO_3 和 NaCl 混合溶液的过程中，溶液中会析出较多的固体，此时还需继续搅拌，以免局部过热造成溶液及固体飞溅。

3. 趁热过滤时，玻璃漏斗应放在水浴锅中预热，以防在漏斗中由于降温而使 KNO_3 析出，最好用铜质保温漏斗内装水浴中的沸水后再过滤。

4. 烧杯内壁的 KNO_3 晶体经布氏漏斗转移时，杯内壁的 KNO_3 用滤纸清除并转移，不能用水洗，否则会减少产量。

5. 在最后产品抽滤过程中，吸滤瓶中由于真空度大，水蒸发引起温度再降低，可能还有 KNO_3 结晶出来，倒出来再抽滤，产品合并起来。

6. 重结晶时注意不要用水过多，否则晶体析出较少，这时要对溶液进行浓缩。

二、问题与讨论

1. 有的学生收率很低，甚至得不到 KNO_3 晶体的原因是什么？

主要原因：①将混合溶液过度蒸发，KNO_3 和 NaCl 一起结晶而被滤出；②未趁热过滤，在滤液还未透过滤纸时，KNO_3 已结晶析出。

2. 在硝酸钾的制备过程中，为什么要趁热过滤？

若溶液稍微冷些，则 KNO_3 会混在 NaCl 中在滤纸上和漏斗颈的末端析出，有时会把漏斗孔堵塞。

3. 在正常操作下，KNO_3 晶体中为什么会有 NaCl 晶体？

在 KNO_3 晶体快速长大的过程中会把 Cl^-、Na^+ 裹在晶体里，或在晶体长大过程中由于晶体表面吸附这些离子所造成。

4. 何为重结晶？它的实用条件是什么？

初结晶中仍混有少量的可溶性杂质，用再次结晶的方法去掉杂质，得到较纯净的物质，称为重结晶。其步骤同结晶法相同：溶解→蒸发（或冷却）→结晶→分离。反复这样操作。它的实用条件应根据物质的溶解度随温度的变化而确定。当物质在不同温度下的溶解度差别较大时用冷却法（如 KNO_3）。在一定量的初结晶中，加入略多于100℃时全部溶解它所需要的水，加热，使晶体全部溶解，随即冷却结晶。

当物质在不同温度下的溶解度差别不大时，用蒸发法（如 $NaCl$）。在一定量的初结晶中，加入较多的水，再加热蒸发至表面出现晶膜（饱和），随即冷却结晶。

5. 在检验粗品和精品 KNO_3 的试液中要加 HNO_3 酸化后再加 $AgNO_3$ 溶液，为什么？

未酸化的 KNO_3 中，存在着能和 Ag^+ 生成沉淀的阴离子，若未酸化就加入 $AgNO_3$ 溶液进行定性检验，则会发生下列反应：

$$2Ag^+ + 2OH^- \longrightarrow Ag_2O\downarrow + H_2O$$

$$2Ag^+ + CO_3^{2-} \longrightarrow Ag_2CO_3\downarrow$$

有 Ag_2O 和 Ag_2CO_3 沉淀生成而可能误认为有 Cl^- 存在。

三、补充说明

1. 在100℃时 KNO_3 的溶解度是 246g/100g 水。要制得饱和溶液时，2.46g KNO_3 需加水 1g。为了制得近饱和溶液，2g KNO_3 中加入水 1g 为宜。

2. 两种以上物质混合后，制取某一种物质时，加水量应以溶解度较小的那种物质（在温度较高时）为准进行计算。

3. KNO_3 晶体为针状，$NaCl$ 为细粒状。KNO_3 在缓慢冷却时针状较长；快速冷却析出时，针状较细，在显微镜下很清晰，但肉眼不易辨别。

4. 进行产品检验时，最好把粗品和重结晶产品一起检验，进行对比。浑浊度较浅的溶液中 Cl^- 较少。一次重结晶后的 KNO_3 中还有 Cl^- 存在，甚至二次重结晶后还能检验出 Cl^-。通过一次重结晶，能达到一定程度的除杂，但很难通过重结晶除尽 Cl^- 杂质。

5. 复分解反应是指两种化合物在水溶液中正、负离子发生互换的反应。若生成物是气体或沉淀，则通过收集气体或分离沉淀，即能获得产品。如果生成物也溶于水，则可采用结晶法获得产品。这种制备方法的主要操作包括溶液的蒸发、浓缩、结晶、再结晶、过滤和洗涤等。

制备 KNO_3 的原料是 KCl 和 $NaNO_3$，两者的溶液混合后，在溶液中同时存在 K^+、Na^+、Cl^- 和 NO_3^- 四种离子，它们可以组成四种盐：KCl、$NaNO_3$、KNO_3 和 $NaCl$。比较它们在不同温度下的溶解度，可以粗略地找出制备 KNO_3 的条件。不同温度时四种盐在水中的溶解度列于表 3-2。

表 3-2　四种盐在水中的溶解度　　　　　单位：g/100g 水

t/℃	0	20	40	60	80	100
KNO_3	13.3	31.6	63.9	110.0	169.0	246
KCl	27.6	34.0	40.0	45.6	51.1	56.7
$NaNO_3$	73.0	88.0	104.0	124.0	148.0	180.0
$NaCl$	35.7	36.0	36.6	37.3	38.4	39.8

由表 3-2 中数据可以看出，相同温度时，四种盐的溶解度各不相同，而且它们受温度变化的影响也不一样。随着温度的升高，$NaCl$ 的溶解度几乎没有改变，KCl 和 $NaNO_3$ 的溶解度改变也不是很大，而 KNO_3 的溶解度却迅速增大。因此，将上述混合溶液在较高温度下

蒸发浓缩，NaCl 首先达到饱和而从溶液中结晶出来，趁热过滤将其分离。再将滤液冷却，就析出溶解度急剧下降的 KNO₃ 晶体。在 KNO₃ 的初次结晶中，一般混有少量可溶性杂质，为除去这些杂质，可进一步采取重结晶法提纯。

四、实验室准备工作注意事项

1. 实验时如果 NaNO₃ 和 KCl 没有工业品，可用四级品即实验试剂代替。

2. 原料工业 NaNO₃ 若结块，应放在研钵中慢慢研细，不能用力敲，因硝酸盐易分解爆炸。

3. 因本实验中采用趁热过滤，所以应准备好水浴锅并预先烧一些开水备用。

五、实验前准备的思考题

1. 用 KCl 和 NaNO₃ 制备 KNO₃ 的原理是什么？
2. 根据溶解度数据，计算本实验中应有多少 NaCl 和 KNO₃ 晶体析出？
3. KNO₃ 中混有 KCl 或 NaNO₃ 时，应如何提纯？

实验四　硫酸亚铁铵的制备

一、实验操作注意事项

1. 配制 3mol/L 的 H_2SO_4 溶液时，应将浓硫酸沿玻璃棒慢慢倒入已加有适量去离子水的烧杯中，边倒边搅拌均匀，切不可将去离子水倒入浓硫酸中，以免浓硫酸溅出伤人。如实验室已经准备好了其它浓度的 H_2SO_4，则应根据物质的量取相应的体积。

2. 如使用的是工业铁屑，则要用 Na_2CO_3 溶液洗涤去除表面油污，而后必须用水洗至中性，否则，残留的碱液要耗去即将加入的部分硫酸致使反应过程中溶液酸度不够。

3. 铁屑与稀硫酸反应相当剧烈冒出大量气泡，因此烧杯应盖上表面皿，烧杯放在石棉网上只能用小火加热（最好改用在水浴中加热）。应随时注意观察反应现象，使铁屑与稀硫酸反应至基本上不再有气泡冒出为止（反应约需 20min）。当发现反应中有溢泡现象时，应立即移去小火，并加入少量去离子水以防止反应液溢出。在加热过程中应不时加入少量去离子水以补充被蒸发掉的水分，这样可以防止 $FeSO_4$ 结晶出来。但加水量也不能太多，否则最后溶液蒸发的时间就会延长（在烧杯上做初始液面的记号）。

4. 溢泡与氢气泡的区别。氢气泡细小，在整个有铁粉的底部不断地析出；溢泡大，常在靠近底部的侧壁上偶尔放出，从上向下看时很容易区别。

5. 在用稀硫酸溶解铁屑的过程中，会产生大量氢气及少量有毒气体（如 PH_3、H_2S 等），应注意实验室通风，避免发生事故，此实验最好能在通风橱中进行操作（若用试剂铁粉则不产生有毒气体）。此外应防止煤气灯火焰与反应过程中溢出的气体产生爆鸣现象。

6. 在蒸发过程中，有时溶液会由浅蓝色逐渐变为黄色（这是由于溶液的酸度不够，Fe^{2+} 被氧化为 Fe^{3+} 以及 Fe^{3+} 进一步水解所致），这时要向溶液中加几滴浓硫酸以提高溶液的酸度，同时加极少量的铁粉或洗净的铁屑，使 Fe^{3+} 转变为 Fe^{2+}。

7. 反应液过滤时，有时铁粉很细，需垫两张滤纸过滤。

8. 以铁或硫酸亚铁为标准，计算并加入硫酸铵，加入后，要搅拌使硫酸铵完全溶解，溶液澄清。

9. 蒸发后的溶液，必须充分冷却待硫酸亚铁铵结晶完全后，才能用布氏漏斗减压过滤。若未充分冷却，则由于抽滤时抽真空，溶液蒸发而进一步降温，在滤液中会有硫酸亚铁铵晶体析出，致使产量降低。这时应重新抽滤，以提高硫酸亚铁铵的产量。

二、问题与讨论

1. 为什么制备硫酸亚铁铵晶体时,溶液必须呈酸性?

亚铁盐在空气中不稳定,易被氧化成铁盐,在溶液中,亚铁盐的氧化还原稳定性,随介质的不同而异,这可从下面的电极电势值看出。

在酸性介质中: $Fe^{3+}+e^- \rightleftharpoons Fe^{2+}$ $\qquad E^\ominus = 0.77V$

在碱性介质中:$Fe(OH)_3+e^- \rightleftharpoons Fe(OH)_2+OH^-$ $\qquad E^\ominus = -0.56V$

以上电极电势值表明,Fe^{2+}在酸性介质中还是比较稳定的,但Fe^{2+}在碱性溶液中易被氧化成Fe^{3+}。例如,亚铁盐与碱作用生成白色的$Fe(OH)_2$沉淀,它一旦接触空气(即使是溶解在水中的少量氧气)就很快被氧化而逐渐变成红棕色的$Fe(OH)_3$。

$$4Fe(OH)_2+2H_2O+O_2 \rightleftharpoons 4Fe(OH)_3$$

硫酸亚铁在中性溶液中也很容易氧化并水解,析出黄褐色的碱式硫酸亚铁沉淀。

$$4FeSO_4+2H_2O+O_2 \rightleftharpoons 4Fe(OH)SO_4$$

如果溶液的酸性减弱则水解度就增加。因此,在制备硫酸亚铁铵的过程中,为了使Fe^{2+}不被氧化和水解,溶液就必须保持足够的酸度。

2. 硫酸亚铁铵晶体从母液中析出并经减压过滤后,为什么还要用酒精洗涤?

用酒精洗涤的目的是洗去晶体表面所吸附的杂质和残留的母液,以获得纯净的晶体。若用去离子水洗涤,则会使部分晶体溶解而造成产率降低。硫酸亚铁铵在酒精中溶解度小,因此用酒精洗涤可减少晶体的损失;同时,由于酒精易于挥发并与水互溶,因此有利于继续减压抽滤时除去晶体间隙的水分,而使产物易于干燥。

3. 计算硫酸亚铁铵的理论产量时,应该以哪一种物质作为标准?

计算理论产量时,总是以反应物中用量较少的物质作为依据。铁与稀硫酸作用时,为保持溶液的酸性,硫酸总是过量的;而$(NH_4)_2SO_4$的量是根据铁量计算的,不能作为标准。所以,硫酸亚铁铵的理论产量应以铁或硫酸亚铁的量作为标准进行计算。

三、补充说明

1. 蒸发与结晶时应注意的问题。

蒸发浓缩也可在水浴上进行,若溶液较稀,且被浓缩的物质是热稳定的,则可以放在石棉网上直接加热蒸发。蒸发的快慢不仅和温度的高低有关,而且和被蒸发液体的表面积大小有关;蒸发皿的表面积大,有利于快速蒸发,蒸发皿内所盛液体的量不应超过其容量的三分之二。随着水分的不断蒸发,溶液逐渐被浓缩,浓缩到什么程度,则取决于溶质溶解度的大小与结晶时对浓度的要求。当物质的溶解度较小,或其溶解度随温度变化较大时,蒸发到一定程度即可停止。如果物质的溶解度较大或其溶解度随温度变化较小时,则必须使溶液表面出现较多薄层晶膜或呈稀粥状时才停止蒸发。此外,如结晶时希望得到较大晶体,就不宜将溶液浓缩得太浓。

结晶颗粒的大小要适当,颗粒较大且均匀的晶体夹带母液较少,易于洗涤。晶体太小且大小不匀时,会形成稠厚的糊状物,夹带的母液较多不易洗涤。结晶颗粒的大小与结晶时的条件有关,如果溶液浓度较高,冷却速率快并不时搅拌,则析出的结晶颗粒细小;若缓慢地自然冷却则析出结晶的颗粒较粗大。

2. 什么叫目视比色法?简单介绍它的操作步骤与此法的优缺点。

用眼睛观察,比较溶液颜色深度以确定物质含量的方法称为目视比色法。

常用的目视比色法是标准系列法。用一套由相同材料制造的、形状和大小相同的比色管(容量有10mL、25mL及100mL几种),将一系列不同量的标准溶液依次加入各比色管中,再分别加入等量的显色剂及其它试剂,并控制其它实验条件相同,最后稀释至同样体积,这样便配成了一套颜色逐渐加深的标准色阶。将一定量被测试液置于另一比色管中，在同样条件下进行显色，并稀释至同样体积。比色时从管口垂直向下观察，也可以从比色管的侧面观察，为了使溶液颜色的深浅易于观察和比较，可以在比色管下面的桌面上放一张白纸，或将装有标准溶液和被测试液的两支比色管并列在一起，周围用白纸裹住，使光线从底部进入进行比色。若被测试液与标准系列中某溶液的颜色深度相同，则说明这两支比色管中溶液的浓度相同；如果被测试液颜色深度介于相邻两个标准溶液之间，则该被测试液的浓度也就介于这两个标准溶液浓度之间。

标准系列比色的优点是：仪器简单，操作方便，适宜于大批试样分析，速度快；比色管由上往下观色，液体厚度大，适宜于稀溶液中微量物质的测定，灵敏度高；有些不符合朗伯-比耳定律（有色溶液对光的吸收程度与溶液中有色物质的浓度和液层厚度的乘积成正比）的有色液体仍可用目视比色法进行测定。但此法也有以下缺点：显示颜色一般不太稳定，常需临时配制一套标准色阶；相对误差较大，一般在5%～20%；对比色管的要求更为严格（玻璃质量、管子形状、大小、平底、磨口以及刻度准确等均应保持一致）。

3. 不同温度下 $FeSO_4 \cdot 7H_2O$、$(NH_4)_2SO_4$、$(NH_4)_2SO_4 \cdot FeSO_4 \cdot 6H_2O$ 晶体在水中的溶解度数据见表 3-3。

表 3-3　三种晶体在水中的溶解度　　　　　　　　　单位：g/100g 水

温度/℃	0	10	20	30	40	50	60	80	100
$FeSO_4 \cdot 7H_2O$	15.65	20.51	26.5	32.9	40.2	48.6			
$(NH_4)_2SO_4$	70.6	73.0	75.4	78.0	81.0		88.0	95.3	103.3
$(NH_4)_2SO_4 \cdot FeSO_4 \cdot 6H_2O$	12.5	17.2		33	40		53		

$(NH_4)_2SO_4 \cdot FeSO_4 \cdot 6H_2O$ 为透明浅蓝色单斜晶体。

四、实验室准备工作注意事项

1. 实验室应预先制备好三支比色管中分别含有 Fe^{3+} 0.05mg、0.10mg、0.20mg 的标准色阶，以供学生目视比色法检验产品含 Fe^{3+} 量时使用。

2. $(NH_4)_2SO_4$ 固体必须纯度高（可用分析纯）。

五、实验前准备的思考题

1. 铁屑表面的油污是怎样除去的？
2. 为什么要保持硫酸亚铁溶液和硫酸亚铁铵溶液呈较强的酸性？
3. 如何计算 $(NH_4)_2SO_4 \cdot FeSO_4 \cdot 6H_2O$ 的理论产量和反应所需 $FeSO_4 \cdot 7H_2O$ 的质量？
4. 怎样证明产品中含有 NH_4^+、Fe^{2+} 和 SO_4^{2-}？怎样分析产品中的 Fe^{3+} 含量？
5. 预习台秤的使用以及加热、溶解、减压过滤、蒸发、结晶、干燥等基本操作内容。

实验五　醋酸铬（Ⅱ）水合物的制备

一、实验操作注意事项

1. 装置要检查气密性，不能漏气。

2. 反应物锌粒要过量，一部分锌会与盐酸反应。

3. 滴加盐酸的速度不宜太快，反应时间控制在 1h 左右。

4. 醋酸铬（Ⅱ）容易被氧化，为防止产品与空气接触，过滤和洗涤时，在晶体上面要有一层液体覆盖。过滤时在前一次溶液或洗涤液滤完前，就要加下一次的洗涤液。

5. 产品在抽滤过程中很容易被氧化,因此在抽滤前必须准备好抽滤装置和去氧水,并迅速完成抽滤和洗涤步骤。

6. 产品需在惰性气氛中保存。

二、问题与讨论

1. 由于锌粒与 $CrCl_3$ 溶液的反应是固液非均相反应,可在吸滤瓶中加搅拌子用电磁搅拌加快反应。实际进行的过程应为锌粒还原 H^+ 成原子氢,一部分原子氢还原 Cr^{3+} 至 Cr^{2+}。

2. 由于红色醋酸亚铬很容易被氧化成蓝色的醋酸铬,因此可在 $CrCl_2$ 溶液被倒入醋酸钠溶液及反应期间用 N_2 或 CO_2 气体保护,这样可避免红色醋酸亚铬被氧化,同时起到气泡搅拌作用。

3. 对实验装置稍加改动,使装醋酸钠溶液的锥形瓶与用于水封的烧杯串联连接,如图 3-1 所示,在溶液逐渐由暗绿色→绿色→蓝绿色→亮蓝色时,迅速按图 3-2 连接,这样能保持反应体系一直处在氢气气氛中,避免红色醋酸亚铬被氧化。

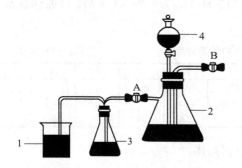

图 3-1 改动后的制备装置
1—烧杯;2—吸滤瓶;
3—锥形瓶;4—滴液漏斗

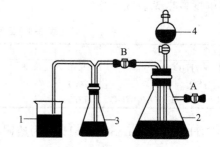

图 3-2 变色时装置的连接
1—烧杯;2—吸滤瓶;
3—锥形瓶;4—滴液漏斗

三、补充说明

1. 也可用重铬酸钾作被还原物质,这时需要较多的锌。

$$Cr_2O_7^{2-} + 3Zn + 14H^+ \longrightarrow 2Cr^{3+} + 3Zn^{2+} + 7H_2O$$

$$2Cr^{3+} + Zn \longrightarrow 2Cr^{2+} + Zn^{2+}$$

在吸滤瓶中放入 10g 锌粒与 2g 重铬酸钾晶体。通过滴液漏斗缓缓加入 15mL 浓盐酸,在不断搅拌下溶液逐渐变为蓝绿色到亮蓝色。

2. 均相反应和非均相反应。

相是指物理和化学性质完全相同的均匀部分。两种物质间进行反应,若能使它们成为同一相,即组成气体混合物或相互溶解,则反应物分子间得到最大机会的接触,反应速率较大;有些物质间由于液体不互溶、固体不溶于另一反应物的溶液中或固体间反应,反应物处于不同相,仅靠有限的接触界面发生反应,反应速率很慢,此时需要快速搅拌来增加反应物间的接触。有时用相转移催化剂使非均相变为部分均相以增大反应速率。

四、实验室准备工作注意事项

可准备氮气钢瓶或 CO_2 钢瓶,并做好连接。

五、实验前准备的思考题

1. 为何要用封闭的装置来制备醋酸亚铬?

2. 产物为什么用乙醇、乙醚洗涤？
3. 无氧水如何制备？

实验六　硫代硫酸钠的制备

一、实验操作注意事项

1. 因亚硫酸钠溶液与硫黄是非均相反应，硫黄必须磨成粉末状，再用酒精水溶液调成糊状，否则会浮在液面上难以反应。

2. 由于产物 $Na_2S_2O_3$ 在酸性溶液中不稳定，因此应保持溶液呈碱性，加入少量 NaOH 溶液，使溶液 pH 值在 10 左右。

3. 硫黄与溶液不互溶，反应中要不断搅拌以增加反应物间的接触和使表面产物迅速溶解。

4. 反应一直要维持在微沸状态，若加热到溶液剧烈沸腾，则要用较大的烧杯，以免溶液溅出影响产量；剧烈沸腾时，相当于强力搅拌，反应时间 0.5h 左右，但应注意液面高度，不时补充去离子水以维持溶液体积，以免由于水的减少而使溶质析出。

5. 用蒸发皿蒸发溶液时，由于 $Na_2S_2O_3$ 容易形成过饱和溶液，表面一般不出现晶膜，蒸发到 20mL 时停止加热（可用同样的蒸发皿加 20mL 水，比较液面来判断），冷却溶液析出晶体。

6. 若反应在三口烧瓶中进行并带回馏搅拌装置则更佳。

二、问题与讨论

1. 为什么反应液的 pH 值要保持在 10 左右？

$Na_2S_2O_3$ 在酸性溶液中不稳定，会分解成 SO_2 和 S。

$$Na_2S_2O_3 + 2H^+ \longrightarrow 2Na^+ + SO_2\uparrow + S\downarrow + H_2O$$

若碱性太强，硫会歧化成 Na_2SO_3 和 Na_2S。

$$3S + 6NaOH \longrightarrow 2Na_2S + Na_2SO_3 + 3H_2O$$

2. 为什么要把硫粉调成糊状？为什么在反应时要不停地快速搅拌？能否靠溶液的沸腾来搅动？

硫和 Na_2SO_3 溶液的反应是非均相反应，很好地混合和反应物不断地接触是本反应的关键。若硫粉不调成糊状，则会浮在溶液表面，在搅拌中会飘散到空气中，只有很少留在溶液中；本实验在反应的 1h 中几乎要不停地搅拌，若单靠溶液沸腾搅动，则会发现硫全浮在表面，即使在锥形瓶中沸腾 1h，最后产率也不超过 85%，而不停地搅拌，产率能达到 95%。若用机械搅拌当然更好，但实验装置要复杂许多。

3. 怎样判断反应完成的程度？

反应时，体系中硫粉减少，在停止搅拌溶液静止时，可观察到表面絮状的硫黄层不断变薄，到最后，硫黄层只有表面很薄的一层，趁热抽滤时，滤纸上硫粉很少，表示反应已基本完全。

4. 溶液要蒸发浓缩到什么程度？如何判断？

由于 $Na_2S_2O_3$ 的溶解度受温度影响大，冷却后容易形成过饱和溶液，故从现象上较难判断应蒸发到何种程度。只能根据产物的溶解度推算出蒸发到溶液还剩 20mL 时已饱和，溶液稍有黏性，可冷却等待结晶。有时过 1h 都不结晶，此时可加入少量硫代硫酸钠晶种，晶体会在加入晶种的瞬间析出。

若把溶液蒸发过量，冷却后晶块会与蒸发皿结成一体，难以从蒸发皿中取出。

三、补充说明

1. 实验室制备硫代硫酸钠有多种方法，常用的还有在碳酸钠和硫化钠混合溶液中通入 SO_2 气体的方法，方程式为：

$$Na_2CO_3 + 2Na_2S + 4SO_2 \longrightarrow 3Na_2S_2O_3 + CO_2$$

该方法装置较复杂，且反应中 SO_2 气体有毒，应在通风橱中进行。

2. 在剧烈搅拌的反应中后期，溶液呈橙黄色，但过滤后溶液仍为无色。

3. 产品硫代硫酸钠的纯度检验，可用间接碘量法滴定。反应方程式为：

$$Cr_2O_7^{2-} + 6I^- + 14H^+ \longrightarrow 2Cr^{3+} + 3I_2 + 7H_2O$$
$$I_2 + 2S_2O_3^{2-} \longrightarrow 2I^- + S_4O_6^{2-}$$

该实验可与分析化学实验结合起来作为综合实验。

4. 硫代硫酸钠浓缩结晶时，若过饱和晶体不析出，也可将过饱和液加入到乙醇中使结晶很快出现，但结晶颗粒很小，纯度稍低。

5. 反应温度要保持在100℃或稍高，即保持微沸状态，转化率可达到99%。若温度为95℃，则转化率为70%；温度为90℃，转化率为61%；温度为80℃时，转化率仅为58%。

6. 本实验计量应以不足量的 Na_2SO_3 为标准，而不应以稍过量的硫粉为标准，实验表明，硫粉过量20%左右即可，再增加硫粉，Na_2SO_3 的转化率也不增加。

7. 有关物质的溶解度见表3-4。

表3-4　有关物质的溶解度　　　　　　　　单位：g/100g 水

温度/℃	10	20	30	40	50
$Na_2SO_3 \cdot 7H_2O$	20	26.9	36		
Na_2SO_3				28	28.2
$Na_2S_2O_3$	61.0	70.0	84.7	102.6	169.7

四、实验室准备工作注意事项

1. 所用硫粉要干燥、磨细，不能有结块。

2. 亚硫酸钠最好用新的，因暴露在空气中较长时间的亚硫酸钠容易被氧化成硫酸钠，使反应物的量减少并使产物不纯。

五、实验前准备的思考题

1. 本实验在计算 $Na_2S_2O_3 \cdot 5H_2O$ 的理论产率时，应以哪种原料为准？
2. 蒸发浓缩硫代硫酸钠溶液时，为什么不能蒸发得太浓？
3. 干燥硫代硫酸钠晶体的烘箱温度为什么要控制在40℃？

实验七　四碘化锡的制备

一、实验操作注意事项

1. 实验所用玻璃仪器，如圆底烧瓶、冷凝管、干燥管均要干燥。

2. 金属锡要用薄锡片，并剪成小碎片，绝对不能用锡粒。

3. 若固体碘颗粒较大，则应放在研钵中研细。碘中放入溶剂后要充分摇晃，使其溶解。

4. 由于产物遇水易水解，因此应在冷凝管上端口接氯化钙干燥管以防止空气中的水蒸气侵入。

5. 回流装置的组装应从下而上，由水浴高度确定圆底烧瓶位置，再装上回流冷凝管。冷却水下口进，上口出。冷凝管与圆底烧瓶的连接要注意密封性，以免可能漏出的冷凝水进入反应体系。

6. 回流中注意控制水浴或油浴的温度，并调节冷凝水量使含碘的紫色蒸气不超过球形冷凝管第二个冷凝球，确保溶剂蒸气不跑到外面。

7. 四氯化碳、苯或氯仿等溶剂对人体有害，若使用此类溶剂，则操作必须在通风橱中进行。

8. 反应结束后所剩锡片要洗净、烘干后称量，以准确计算产率。

二、问题与讨论

1. 溶剂的选择：可分别用乙酸-乙酸酐、苯、石油醚（60~90℃）、四氯化碳作溶剂，产率相差不大。当以乙酸-乙酸酐作溶剂时，反应体系为棕黑色，难以判断反应的进行程度；当以石油醚为溶剂时，产物在冷的石油醚中几乎不溶解，需用热的石油醚洗涤几次才能将产物转移干净；以苯作溶剂时，苯沸点较低，易挥发气味，产物四碘化锡在苯中溶解度较大，需蒸发掉部分溶剂后再冷却析出产物，操作较麻烦；用四氯化碳作溶剂时，反应物碘和产物四碘化锡的颜色相差较大，容易判断反应进行程度，后续处理也较方便。

2. 因为锡价廉易得，又易测得其使用量（初始量－剩余量），便于确定四碘化锡的最简式。

3. 反应时间的选择：碘在苯和四氯化碳中的溶解度较高，反应较快，反应 0.5h 后反应体系的颜色已变化很大，表明已消耗了大部分反应物碘和有较多的产物四碘化锡生成，反应 1h 后，反应已很完全。用石油醚作溶剂，反应速率较慢。

4. 水浴或油浴温度：由于反应在单口烧瓶中进行，且唯一的烧瓶口与冷凝管连接，体系无法搅拌，只能靠体系的沸腾来搅拌。在可能的情况下，水浴或油浴温度高有利于反应体系沸腾，油浴温度 120℃时（注意稍调大冷凝水），反应速率较快。

三、补充说明

1. 四碘化锡为橙红色立方晶体，当产品不纯时其外观为橙红色针状结晶，属于共价化合物，熔点为 145.75℃，易水解。四碘化锡具有较强的杀菌作用，主要用于制造有机锡配合物。

2. 四碘化锡在不同溶剂中的溶解度（23℃）见表 3-5。

表 3-5　四碘化锡在不同溶剂中的溶解度（23℃）　　　　单位：g/100mL

溶剂	石油醚	丙酮	四氯化碳	苯
溶解度	2.8	3.6	7.1	9.9

3. 四碘化铅能否用类似的方法制得，为什么？

可用此法制备四碘化锡，是因为电对 Sn^{4+}/Sn^{2+}、I_2/I^- 的标准电极电势分别为 0.15V、0.534V，故碘能把锡氧化为四碘化锡。而 Pb^{4+}/Pb^{2+} 的标准电极电势为 1.69V，所以碘无法将铅氧化成四碘化铅。

四、实验室准备工作注意事项

1. 在制备无水四碘化锡时，所用仪器都必须充分干燥。

2. 市售锡粒不宜用于该实验。若无锡片，可把锡粒置于清洁的坩埚中加热熔化，然后把熔化液倒入盛水的磁盘中，锡溅开成薄片。

3. 实验室要准备好干燥器，产品称量后，放在干燥器中。

4. 若用四氯化碳作溶剂，实验室应注意通风。

五、实验前准备的思考题

1. 在实验操作中，应注意哪些问题？能否用明火加热？

2. 四碘化锡可采用什么方法进一步提纯？
3. 如何判断反应是否完全？

实验八　硫酸铜的提纯

一、实验操作注意事项

1. 称取硫酸铜前，最好将硫酸铜用研钵研细，然后再称量，研细的硫酸铜更容易溶解于水。

2. 加热溶解时用玻璃棒搅拌以加速溶解，但玻璃棒不能碰烧杯内壁及触及杯底，否则易损坏烧杯。在加热过程中应不时加入少量去离子水以补充被蒸发掉的水分，这样可以防止 $CuSO_4$ 结晶出来。但加水量也不能太多，否则最后溶液蒸发的时间就会延长（在烧杯上做初始液面的标记）。

3. 在粗硫酸铜溶液中加入 H_2O_2 前，应将溶液稍冷却，而后用滴管将 H_2O_2 逐滴加入，边加边搅拌，以避免 H_2O_2 受热分解而失去氧化能力。

4. 使用 pH 试纸时，先将试纸剪成小块，放在干燥洁净的表面皿上，不能将 pH 试纸直接投入溶液中，否则检测结果不准，而且污染溶液。

5. 在沉淀过程中，应不断用 pH 值试纸检测溶液的酸碱性，将溶液的 pH 值控制在 4 左右。

6. 蒸发过程中，蒸发皿放在石棉网上加热，蒸发皿中所加待浓缩液不宜过多，以不超过蒸发皿容积的 2/3 为宜，多余的溶液可逐步添加。当浓缩至溶液表面出现薄层晶膜时，就非常容易出现暴沸而使液体溅出，因此，此时应停止加热，不可将溶液蒸干，残留一些母液有利于可溶性杂质的溶解，从而保证重结晶所得到的 $CuSO_4·5H_2O$ 晶体的纯度。当然，如果浓缩不够，母液残留太多，也会影响重结晶所得到的硫酸铜的产量。

7. 结晶时，如时间充足，可让其自然冷却，这样析出晶体的颗粒较大，纯度高；若时间较紧，可用流水冷却或用玻璃棒摩擦器壁，这样结晶速度较快，但晶体的颗粒较小。

8. 减压过滤前，残留在蒸发皿中的晶体可用玻璃棒小心转移到布氏漏斗中，固体要平铺，以便尽量抽干，并用酒精洗涤（在加入洗涤液时，要暂时撤去真空），减压过滤后，将漏斗中的晶体取出，摊在两张滤纸之间，用手指在纸上轻压以吸干其中的母液。

9. 硫酸铜纯度（含 Fe^{3+} 量）鉴定时，必须加入过量氨水，直至最初生成的蓝色沉淀完全溶解，溶液呈深蓝色为止。此时 Fe^{3+} 成为 $Fe(OH)_3$ 沉淀，而 Cu^{2+} 则成为深蓝色的 $[Cu(NH_3)_4]^{2+}$ 溶液，然后通过常压过滤加以分离。在过滤分离时，漏斗内溶液不能倒入太多，否则滤纸会被蓝色溶液全部或大部分浸润，以致下一步用稀氨水洗涤滤纸时不易将蓝色溶液完全洗去。如果洗涤不彻底，在用 HCl 溶解 $Fe(OH)_3$ 沉淀时便会将蓝色溶液一起洗入试管中。当加入 SCN^- 检验 Fe^{3+} 时，Cu^{2+} 会与 SCN^- 作用生成黑色的 $Cu(SCN)_2$ 沉淀而影响检验结果。

$$Cu^{2+} + 2SCN^- == Cu(SCN)_2 \downarrow （黑色沉淀）$$

10. $CuSO_4·5H_2O$ 晶体在水中的溶解度见表 3-6。

表 3-6　$CuSO_4·5H_2O$ 晶体在水中的溶解度

温度/℃	0	10	20	30	40	50	60	80	100
溶解度/(g/100g 水)	14.3	17.4	20.7	25.0	28.5	33.3	40.0	55.5	75.4

二、问题与讨论

1. 实验中在加碱液沉淀之前，为什么要加入 H_2O_2？

因为粗硫酸铜晶体中的杂质通常为 $FeSO_4$ 和 $Fe_2(SO_4)_3$，Fe^{2+} 比 Fe^{3+} 水解程度小得多，它们完全沉淀时的 pH 值分别为 9.0 和 2.8，而 Cu^{2+} 完全沉淀为 $Cu(OH)_2$ 时的 pH 值为 6.7，所以无法用 NaOH 调节溶液的 pH 值来除去 Fe^{2+}。

在酸性介质中，H_2O_2 是一种强氧化剂，使用 H_2O_2 能保证将 Fe^{2+} 全部转化为 Fe^{3+} 而不带进杂质。

2. 用 NaOH 溶液调节硫酸铜溶液的 pH＝4 时，$Fe(OH)_3$ 是否沉淀完全？此时可否产生 $Cu(OH)_2$ 沉淀？

本实验中硫酸铜溶液的 pH 值为 1～2，加入 NaOH 调节 pH＝4，由于 $Fe(OH)_3$ 完全沉淀的 pH 值为 2.8，故 $Fe(OH)_3$ 沉淀完全，而 Cu^{2+} 开始沉淀的 pH 值为 4.2，此时 Cu^{2+} 未开始沉淀，留在溶液中。

3. 怎样解释在沉淀过程中，滴加 NaOH 溶液时会产生浅蓝色沉淀，随后沉淀物逐渐变成红棕色，搅拌后沉淀物迅速变成红棕色？

因为在溶液中 $c(Cu^{2+}) \gg c(Fe^{3+})$，刚滴加 NaOH 溶液时，液滴周围的 pH≫4.2，在此小范围内，$c(Cu^{2+})c^2(OH^-) \gg K_{sp}[Cu(OH)_2]$，因而产生大量浅蓝色 $Cu(OH)_2$ 沉淀。虽然此时 $c(Fe^{3+})c^3(OH^-)$ 也大于 $K_{sp}[Fe(OH)_3]$，产生少量红棕色 $Fe(OH)_3$ 沉淀，但其颜色被大量浅蓝色 $Cu(OH)_2$ 沉淀所掩盖，故观察到的是浅蓝色的沉淀。随着 OH^- 的扩散，OH^- 浓度趋于均匀，使原液滴周围的 OH^- 浓度降低，不足以形成 $Cu(OH)_2$ 沉淀，但仍满足 $c(Fe^{3+})c^3(OH^-) > K_{sp}[Fe(OH)_3]$，因而在浅蓝色沉淀物边缘形成红棕色的 $Fe(OH)_3$。在 OH^- 浓度相同的情况下，沉淀 $Fe(OH)_3$ 所需 OH^- 浓度远远小于沉淀 $Cu(OH)_2$ 所需 OH^- 浓度，因此浅蓝色沉淀物转化成红棕色。搅拌则加速了这种转化，使沉淀物迅速由浅蓝色变成红棕色。

4. 粗硫酸铜溶液中加入碱液（pH＞4）溶液呈深绿色而无沉淀，加入硫酸又恢复为天蓝色。

若硫酸铜粗品中含铁量很多，加入碱液后易形成相当稳定的 $Fe(OH)_3$ 胶体，吸附硫酸铜后成为深绿色的稳定状体系。加入硫酸后 $Fe(OH)_3$ 胶体溶解，又呈现出主要成分 Cu^{2+} 的颜色。有时天蓝色的硫酸铜溶液在蒸发过程中一瞬间变深绿色，也是加热时 Fe^{3+} 水解后吸附 Cu^{2+} 的颜色。

对于这种情况，一定要除净铁成分。H_2O_2 的加入量要稍多，在 pH 值调到 4 后加热时间要长，可超过 15min，以使 $Fe(OH)_3$ 胶体完全破坏，可以看到过滤后的滤液完全呈天蓝色。

三、补充说明

洗涤沉淀物的目的是除去混杂在沉淀中的母液以及吸附在沉淀表面的杂质。洗涤液的选择原则是既要达到洗涤目的又要避免沉淀因溶解而损失。因此，只有溶解度很小又不易成胶体的沉淀，才可用去离子水洗涤；溶解度较大的晶体沉淀，可用沉淀剂稀溶液洗涤，但沉淀剂必须是在烘干或灼烧时易挥发或易分解除去的，例如用 $(NH_4)_2C_2O_4$ 稀溶液洗涤 CaC_2O_4 沉淀；对于一些溶解度很小的非晶体沉淀，甚至可以用热水洗涤。像本实验中 $CuSO_4 \cdot 5H_2O$ 这样溶解度比较大的晶体沉淀，可用挥发性大而又不会使晶体溶解的洗涤液，如酒精进行洗涤。

洗涤时，应该每次用少量的洗涤液多洗几次（贯彻"少量多次"原则），而每次在加入一份新的洗涤液以前，应该让前一份洗涤液尽量流尽，以提高洗涤效率。

沉淀的洗涤必须连续进行，一次完成，不能将沉淀干涸放置太久。尤其是一些非晶体沉淀，放置凝聚后，就不易洗涤。

四、实验室准备工作注意事项

1. 粗硫酸铜晶体若块大坚硬，则应敲碎成小块后供实验时使用，否则在玻璃研钵中难以研细。

2. pH 试纸应保存在干燥密闭的容器中，如保存在密闭的塑料袋或培养皿中，勿使其受潮，如发现已受潮或变色，则要替换。

3. 3% 的 H_2O_2 易分解，要新配制且浓度稍高些。

五、实验前准备的思考题

1. 粗硫酸铜中的杂质 Fe^{2+} 为什么要氧化为 Fe^{3+} 后再除去？而在除 Fe^{3+} 时，为什么要调节溶液的 pH 值在 4 左右？pH 值太大或太小会有什么影响？

2. $KMnO_4$、$K_2Cr_2O_7$、Br_2、H_2O_2 都可使 Fe^{2+} 氧化为 Fe^{3+}，你认为选用哪一种氧化剂较为合适，为什么？

3. 提纯后的硫酸铜其纯度（含 Fe^{3+} 量）如何鉴定？操作过程中应注意哪些问题？

4. 用重结晶法提纯硫酸铜，在蒸发浓缩时，为什么加热不可过猛？为什么不可将滤液蒸干？

5. 预习台秤和 pH 试纸的使用以及加热、溶解、过滤、蒸发、结晶、干燥等基本操作。

第二节 化学原理与常数测定

实验九 化学反应热效应的测定

一、实验操作注意事项

1. 精密温度计水银球外面的玻璃很薄，测量时不能接触杯底，先量一下温度计与杯底的距离，然后在温度计上套一小橡皮圈以固定温度计的高度，绝对不能用温度计搅拌。

2. 用移液管移取 $CuSO_4$ 溶液前，移液管不仅要用蒸馏水洗净，还要用待取用的 $CuSO_4$ 溶液润洗，若移液管内有少量水，则会稀释所移 $CuSO_4$ 溶液，出现误差。

3. 在测量热计比热容时初加冷水和测反应热效应时加 $CuSO_4$ 溶液测温度时，不能急，一定要等 5min，使量热计与溶液充分热交换，温度趋于一致，然后每隔 20s 读一次温度，直至三次温度读数相同，此时体系温度达到平衡。热水在测温时其温度可能一直会下降，这时可用 t-T 曲线外推得到热水倒入量热计时的温度来计算。

4. 反应中，$CuSO_4$ 与 Zn 的摩尔比是 1:1，但 $CuSO_4$ 的加入量是 0.02mol(0.100L × 0.2000mol/L)，而 Zn 的用量为 0.038mol[2.5g/(65.39g/mol)]，因是固体，不容易充分混合，故用量稍过量。但反应是按不足量的 $CuSO_4$ 的量进行的，计算也按不足量的 $CuSO_4$ 的量来计算。

5. 在测 $CuSO_4$ 与 Zn 的反应热效应时，应先在量热计中加入 $CuSO_4$ 溶液，等测到稳定的温度后，再加入 Zn 粉，顺序不能颠倒。

6. 反应中的容器及仪器，包括量热计、精密温度计、搅拌棒均要洗净、擦干，以减小误差。

7. 为使固体 Zn 粉与 $CuSO_4$ 溶液迅速反应并反应完全，可稍摇晃保温杯相当于搅拌。

二、补充说明

1. 取比所需量稍多的分析纯 $CuSO_4 \cdot 5H_2O$ 晶体于一干净的研钵中研细后，倒入称量瓶或蒸发皿中，再放入电热恒温干燥箱中，在低于60℃的温度下烘1~2h，放入干燥器中冷却，备用。在分析天平上准确称取研细、烘干的$CuSO_4 \cdot 5H_2O$晶体，并置于一只250mL的烧杯中，加入约150mL的去离子水，用玻璃棒搅拌使其完全溶解，再将该溶液倒入1000mL容量瓶中，用去离子水将玻璃棒及烧杯冲洗2~3次，洗涤液全部转入容量瓶中，最后用去离子水稀释至刻度，摇匀。

2. 取该$CuSO_4$溶液25.00mL于250mL锥形瓶中，将pH值调到5.0，加入1mL $NH_3 \cdot H_2O-NH_4Cl$缓冲溶液，加入8~10滴PAR指示剂[4-(2-吡啶偶氮)间苯二酚]，4~5滴亚甲基蓝指示剂，摇匀，立即用标准EDTA溶液滴定到恰好由紫红色转为黄绿色为止。

3. 所取锌粉若有结块，要磨细后加入。

三、实验室准备工作注意事项

1. $CuSO_4 \cdot 5H_2O$晶体在低于60℃的温度下烘1~2h，放入干燥器中冷却备用。
2. 所取锌粉若有结块，要先磨细。
3. 要准备长2~3cm的乳胶管以备套在精密温度计上。

四、实验前准备的思考题

1. 预习化学反应焓变测定的原理和方法及其计算；预习保温杯式量热计的操作要领；预习分析天平、容量瓶及移液管的使用方法。

2. 思考并回答下列问题：

① 为什么本实验所用的$CuSO_4$溶液的浓度和体积必须准确？而实验中所用的Zn粉则可用台秤称量？

② 在计算化学反应焓变时，温度变化ΔT的数值，可采用反应前（$CuSO_4$溶液与Zn粉混合前）的平衡温度值与反应后（$CuSO_4$溶液与Zn粉混合）的最高温度值之差，而采用t-T曲线外推法得到ΔT值则更为准确，将这两种方法所得数据进行对照。

③ 本实验中对所用的量热计、温度计有什么要求？是否允许反应器内有残留的洗液或水？为什么？

④ 影响实验成败的因素有哪些？

实验十 化学反应速率和化学平衡

一、实验操作注意事项

1. 可以两人为一组进行实验，但两人必须分工明确、配合密切，做到溶液量准，混合迅速，搅拌速度均匀，看准现象，准确计时。在实验中所移取的液体试剂应该用干燥洁净的量筒准确量取，烧杯、量筒如不洁净，绝对不能用自来水做最后一次清洗（因自来水中含有少量氯气，会与Na_2SO_3反应，降低Na_2SO_3的浓度，使反应时间大为增加）。相差少量试剂时可用滴管（也必须是干燥的，若量筒和滴管一时无干燥的，可用少量反应液润洗两次）滴加或弃去。每种试剂用一个量筒和一支滴管（可预先做好标记，防止用错）。

2. 用来配制不同浓度Na_2SO_3所用的水必须是蒸馏水，绝对不能用自来水。

3. 在对两支试管中的化学反应速率进行比较时，其它各方面的条件应尽可能保持一致。试管和烧杯洗涤后应该沥干，以免溶液浓度变小。

4. 用水浴加热反应液时，为了测量反应液温度时尽量准确，可把温度计放入另一有一半水的试管中，然后把该插有温度计的试管与盛有反应液的小烧杯同时放入水浴中（见图2-13)，这样读出的温度与反应液的温度最为接近。

5. 要认真仔细观察实验过程中的各种现象：如颜色的变化、气体的逸出、沉淀或浑浊的程度等，并立即记录下实验数据，尤其是颜色变蓝的反应，因为这个颜色变化是突变。

6. 尽可能使水浴温度在反应期间保持不变，且与试管及烧杯中溶液温度保持一致。温度若有变动，可取测定前后的平均温度为反应温度，大试管放入水浴时要小心轻放，避免打破试管或烧杯底。改变水浴温度时可用热水或冷水来调节。

7. $[Fe(NCS)_n]^{3-n}$ 本身就是血红色的，加 $FeCl_3$ 后颜色加深不明显，可取出几滴 $[Fe(NCS)_n]^{3-n}$，加水稀释使颜色变浅，然后加 $FeCl_3$ 溶液，颜色加深就很明显。

8. H_2O_2 加 MnO_2 后放出的 O_2 不多，不足以使余烬的木条复燃，观察到有大量气泡就可以了。

9. 取用试剂时要仔细认准瓶上标签，切勿错拿。本实验中特别要注意分辨 Na_2SO_3 和 $Na_2S_2O_3$ 两种溶液。

10. 在以浓度和反应速率作图时，并非每一个点均要连接起来，可以作拟合曲线，即点到该曲线距离的平方和的值最小。

11. 观察玻璃密封管中 NO_2 和 N_2O_4 混合气体因温度不同而颜色不同时，可将两相同的密封管分别放入热水和冷水，然后观察各自水下部分的颜色，可明显地看出颜色的差别。

二、问题与讨论

1. KIO_3 和 Na_2SO_3 在酸性溶液中反应的速率方程式如何表示？为什么淀粉变蓝可作为反应完成的标志？

KIO_3 和 Na_2SO_3 在酸性介质中的总反应为：

$$2KIO_3 + 5Na_2SO_3 + H_2SO_4 \longrightarrow K_2SO_4 + 5Na_2SO_4 + I_2 + H_2O$$

而实际反应可能按下列连续过程进行（反应原理）（在酸性介质中 Na_2SO_3 以 H_2SO_3 表示）：

$$HIO_3 + H_2SO_3 \longrightarrow HIO_2 + H_2SO_4 \tag{1}$$

$$HIO_2 + 2H_2SO_3 \longrightarrow HI + 2H_2SO_4 \tag{2}$$

$$5HI + HIO_3 \longrightarrow 3I_2 + 3H_2O \tag{3}$$

$$I_2 + H_2SO_3 + H_2O \longrightarrow 2HI + H_2SO_4 \tag{4}$$

反应（4）比反应（3）快，反应（3）比反应（2）快，反应（2）比反应（1）快。

在本实验中，H_2SO_3 的浓度和反应温度保持不变，而只改变 KIO_3 的浓度，测定从混合的时刻到蓝色突然出现所经过的时间。根据反应机理可知，最慢的步骤（1）是总反应速率的决定步骤，所以：

$$v = kc(HIO_3)c(H_2SO_3)$$

由较快的步骤（3）生成的游离态碘，又迅速地按反应（4）与 H_2SO_3 作用，因而在所有的 H_2SO_3 消耗完毕以前，I_2 的浓度不会增加，只有当全部 H_2SO_3 作用完以后，I_2 才能存在，并与淀粉作用而显蓝色。故可用蓝色的出现作为 H_2SO_3 反应完的标志。但要注意，KIO_3 总是过量的（即按总化学方程式计算，比足以与所有存在的 H_2SO_3 起反应的量还要多），故随着 KIO_3 浓度的增大，变为蓝色所需的时间缩短。

2. H_2O_2 的催化分解反应与其浓度有何关系？

H_2O_2 的分解反应由于各种催化剂（如 MnO_2、活性炭、Fe^{3+}、过氧化氢酶等）的存在而得以加速进行。多数场合下这个反应的反应速率和 H_2O_2 浓度的一次方成正比：

$$v = kc(H_2O_2)$$

3. 写出 $KMnO_4$ 与 $H_2C_2O_4$ 在酸性介质中反应的离子方程式。

离子方程式为：

$$2MnO_4^- + 5H_2C_2O_4 + 6H^+ = 2Mn^{2+} + 10CO_2 + 8H_2O$$

因为 $H_2C_2O_4$ 是有机弱酸，写离子方程式时不应写成 $C_2O_4^{2-}$，其中碳的氧化数为 +3。在反应中作为还原剂，被氧化成 CO_2。

三、补充说明

1. 淀粉指示剂的组成和变色条件。

可溶性淀粉和碘作用形成蓝色配合物，灵敏度很高，它很容易检出浓度达到 10^{-5} mol/L 的碘。温度升高可使指示剂的灵敏度降低（例如 50℃时的灵敏度只有 25℃时的 1/10）。此外，若有醇类存在，也能降低灵敏度，在 50% 以上的乙醇溶液中便无蓝色出现，小于 50% 时则无影响。使用淀粉指示剂时，还应注意溶液的酸度，在弱酸性（pH=4）溶液中最为灵敏。若溶液的 pH<2，则淀粉易水解而成糊精，遇碘显红色；若溶液的 pH>9，则碘因生成 IO^-（$I_2 + 2OH^- = I^- + IO^- + H_2O$）而不显蓝色。大量电解质的存在，能与淀粉结合而降低灵敏度。

淀粉不是一个单纯分子，而是一种混合物。它由两种不同类型的分子组成：一种是可溶性淀粉，称为直链淀粉；另一种是不溶性淀粉，称为支链淀粉。在一般得自马铃薯等的淀粉中，直链淀粉含 20%～30%，支链淀粉 70%～80%。直链淀粉与碘形成蓝色配合物，支链淀粉与碘的相互作用很弱，形成紫红色产物。实践证明，直链淀粉遇碘必须有 I^- 存在，并且 I^- 离子浓度越大显色的灵敏度也越高。欲使碘在 2×10^{-5} mol/L 时出现蓝色，I^- 浓度必须大于 4×10^{-5} mol/L。

2. 根据实验数据作图的有关知识。

实验数据常用作图法来处理。作图可直接显示出数据的特点、数据变化的规律，还可以求得斜率、截距、外推值等。因此作图正确与否直接影响着实验结果，最常用的作图纸是直角毫米坐标纸。下面介绍作图的一般方法。

(1) 选取坐标轴 用直角坐标纸作图时，在坐标纸上画两条互相垂直的直线，分别作为横坐标和纵坐标，代表实验数据的两个变量。习惯上以横坐标表示自变量，纵坐标表示因变量。横、纵坐标的读数不一定从"0"开始。坐标轴旁应注明所代表的变量的名称及单位。坐标轴比例尺的选择应遵循下列原则：

① 从图上读出的有效数字与实验测量得到的有效数字一致。

② 所选择的坐标标度应便于读数和计算。通常应使单位坐标格子的变量为 1、2、5 的倍数，而不宜为 3、7 等的倍数。

③ 尽量使数据点分散开，占满纸面，使整个图布局均匀，不要使图形太小，只偏于一角。

(2) 点、线的描绘

① 点的描绘。代表各组读数的点可分别用 ⊙、○、△、× 等符号表示，这些符号的中心位置即为读数值，其面积应近似地表明测量的误差范围。

② 线的描绘。描出的线必须是平滑的曲线或直线。作线时，应尽可能接近或贯穿大多数的点，但无须通过全部点，只要使处于曲线或直线两边的点的数目大致相同且均匀分布即可。这样描出的曲线或直线就能近似地表示出被测物理量的平均变化情况。

根据浓度对化学反应速率影响的实验数据，以 KIO_3 的浓度为横坐标，$1/t$ 为纵坐标，用作图纸绘制曲线。

3. 书写实验报告的目的与要求。

书写实验报告的首要目的，是把实验结果和对实验结果的分析报告给指导教师，另一个十分重要的目的，是训练学生写技术报告的能力。

必须将实验过程中所观察到的各种现象及时、如实地记录在实验报告内。实验报告严禁相互抄袭，马虎行事。报告内容应该简明扼要，原始数据不得随意涂改。实验报告一般应包括下列四个部分。

(1) 实验步骤 尽量用简图、表格、化学反应式、符号等表示。

(2) 实验现象或数据记录 把实验中观察到的现象或测得的各种数据记录下来。

(3) 解释、结论或数据的处理和计算 根据实验现象进行整理、归纳，作出解释，写出有关化学反应式，或根据记录的数据进行计算，并将计算结果与理论值比较，作出结论，分析产生误差的原因。

(4) 思考题和实验体会 认真回答教材上的思考题，并结合自己的实验写出自己对本次的实验体会，做到每做一次实验进一步。

四、实验室准备工作注意事项

1. Na_2SO_3 溶液（含有淀粉且用 H_2SO_4 酸化过）需要当天配制，如果放置时间过长，低浓度的 Na_2SO_3 会和 H_2SO_4 反应，部分生成 SO_2 逸出而降低浓度。

2. Na_2SO_3 溶液的配制：1L 溶液中含 1g Na_2SO_3（或 2g $Na_2SO_3 \cdot 7H_2O$）、5g 可溶性淀粉及 4mL 浓 H_2SO_4（本溶液需新配制）。

3. 锥形瓶中的 NO_2 和 N_2O_4 气体可由铜和浓 HNO_3 溶液反应产生。收集气体的配有磨口玻璃瓶塞的锥形瓶必须干燥，两瓶气体的颜色要适度且尽可能深浅一致，充气后用蜡封口。

4. 实验室准备好一批干燥洁净的小烧杯，每组发五只，以供学生实验时使用。

实验十一 解离平衡

一、实验操作注意事项

1. 试剂的取用。应根据实验要求合理取量，在试管中加液量不能超过 1/3，否则不易振荡混合，使现象不明显。一般取溶液 2mL 以上用量筒，2mL 以下用滴管。注意：使用滴管根据滴数计算体积时，1mL 约 20 滴，所以 1 滴≈0.05mL。将少量细粒晶体加入试管时，大多数会粘在试管壁上，可用纸卷将药品送入试管底部。

2. 醋酸铅试纸的制备和使用。将醋酸铅溶液滴加在滤纸条上，当即使用，若干涸则要用蒸馏水润湿。使用时，可将湿的试纸卷贴在玻璃棒上，深入到试管口以下、液面以上（不要碰试管壁）（用润湿的石蕊试纸检验氨气也可用此法）。

3. 在使用点滴板之前，须将其清洗干净，并且不要用手直接拿取 pH 试纸，以防污染。

4. pH 试纸的使用与数据记录。

① 使用 pH 试纸时，先将试纸剪成长 1cm 左右的片段，铺在表面皿上，用干净的玻璃棒蘸取待测液，滴在 pH 试纸上，变色后与标准色阶比较，得出溶液的 pH 值。

② 广泛 pH 试纸，pH 值的间隔为±1，如与标准色阶比较时，pH 值为 4～5，不能计为 4.5，精密 pH 试纸，若 pH 值的间隔为±0.5（规格不一，间隔也不一，分为±0.3 和±0.2），应计为 4.0、4.5、5.0 等，不能计为 4、5、6 等。

二、问题与讨论

1. 去离子水（或蒸馏水）的 pH 值为什么常常低于 7.0？怎样测定用 pH 值小于 7.0 的"纯水"配制的溶液的 pH 值？

实验室所用的去离子水（或蒸馏水）可视为纯水，纯水的 pH 值理论上应为 7.0。但因在制取过程中一般不隔绝空气，空气中或多或少含有一定量的酸性气体，例如 CO_2 等，它溶于水（20℃时 1L 水能溶解 0.9L CO_2）再电离而呈弱酸性。

$$CO_2 + H_2O \rightleftharpoons H_2CO_3 \rightleftharpoons H^+ + HCO_3^- \rightleftharpoons 2H^+ + CO_3^{2-}$$

所以实际测得的 pH 值常小于 7.0。

一般实验室中所用的去离子水，其 pH 值在 7 左右达不到 7.0，若分别测定用 pH 值低于 7.0 的纯水来配制的溶液和用 pH 值等于 7.0 的纯水来配制的溶液的 pH 值，并加以比较可知，测量方法不同（指用广泛 pH 试纸、精密 pH 试纸或 pH 计），所配制的溶液的 pH 值表现出程度不同的差异。

2. 酚酞指示剂滴入 NaAc 溶液中时，为什么会产生白色胶状浑浊？振荡或加热后浑浊为什么又可能消失？

酚酞是一种在常温下呈白色的固体有机物质。它在水中溶解度极小，20℃时 100g 水中仅能溶解 0.2g；而在乙醇中，酚酞的溶解度较大，25℃时 100g 乙醇中能溶解 10g。一般将酚酞溶在乙醇和水的混合溶液中配成酚酞指示剂。当酚酞指示剂滴入溶液时，由于乙醇和水迅速互溶，相对地降低了指示剂液滴中乙醇的含量，被溶解了的酚酞分子则因乙醇量的减少而析出，故可见白色胶状浑浊。

如果对加有酚酞指示剂的溶液加以振荡或加热，指示剂液滴中酚酞分子运动加剧，迅速扩散到整个水溶液。若酚酞量少，由于在 20℃时 100g 水中还能溶解 0.2g 酚酞，所以即使不振荡，不加热，只要时间足够，也能自然溶解。加热在增强溶液水解度（碱性增强）的同时也增大了酚酞在水溶液中的溶解度。

3. 为什么 $NaHCO_3$ 水溶液呈碱性，而 $NaHSO_4$ 水溶液呈酸性？

H_2CO_3 是弱酸，HCO_3^- 在水中同时有解离和水解两种反应，具体酸碱性要看上述两种倾向的相对强弱。计算公式为

$$pH = \frac{pK_{a_1} + pK_{a_2}}{2} = \frac{6.38 + 10.25}{2} = 8.31$$

而 H_2SO_4 是强酸，HSO_4^- 在水中只有解离反应，其水溶液当然呈酸性。

4. 为什么 H_3PO_4 溶液呈酸性，NaH_2PO_4 溶液呈微酸性，Na_2HPO_4 溶液呈微碱性，Na_3PO_4 溶液呈碱性？

H_3PO_4 是酸，在水溶液中解离出 H^+，故溶液呈酸性。Na_3PO_4 在水溶液中只有水解，水解出 OH^-，故溶液呈碱性。NaH_2PO_4 和 Na_2HPO_4 在水溶液中有解离和水解两种反应，酸碱性要看解离和水解反应的相对强弱。

对于 NaH_2PO_4：$\quad pH = \dfrac{pK_{a_1} + pK_{a_2}}{2} = \dfrac{2.12 + 7.20}{2} = 4.66$

对于 Na_2HPO_4：$\quad pH = \dfrac{pK_{a_2} + pK_{a_3}}{2} = \dfrac{7.20 + 12.36}{2} = 9.78$

5. 灭火器原理实验。在 250mL 吸滤瓶的支管上，用一小段橡皮管套上一根尖嘴玻璃管（孔径 3mm 左右）。在瓶内装入约 100mL 饱和 $NaHCO_3$ 溶液，在另一支普通试管内加入约 20mL 饱和 $AlCl_3$ 溶液，并在试管内插一根比吸滤瓶略短的玻璃棒，然后把试管小心地放进吸滤瓶，由于玻璃棒的支撑作用，试管不会倾倒。最后在吸滤瓶口上紧塞一支橡皮塞。

将尖嘴玻璃管对准一小堆燃烧物（事先将废纸或木柴准备好，点燃），把吸滤瓶倒转过来，使两种溶液混合起来反应。反应时，由于产生氢氧化铝和二氧化碳，形成大量浓厚的泡沫，瓶内压力增大，使这些泡沫带着瓶里的液体从支管口喷射出来，覆盖在燃烧物上，一方面可以隔绝空气，另一方面可以降温，使燃烧物熄灭（此实验应到室外去做）。用离子方程

式表示反应过程为：

$$3HCO_3^- + Al^{3+} \longrightarrow Al(OH)_3 + 3CO_2$$

三、补充说明

弱酸的解离常数 K_i 随温度而变化，但由于热效应是解离和水合的综合效应（解离吸热，水合放热），热效应较小，K_i 在同一数量级，可忽略其变化。在浓度变化不大时，解离度 α 的变化也不大。

四、实验室准备工作注意事项

1. pH 值为 4.00 的缓冲液的配制：称取 10.21g 纯邻苯二甲酸氢钾（G.R.），用蒸馏水溶解后稀释至 1L。然后分装在 60mL 或 100mL 塑料瓶中，用一只小塑料杯配套使用。

2. 冰醋酸装在滴瓶中。冬天易固化，此时可用热水温化。

3. 玻璃电极球泡在每次测溶液 pH 值前要用蒸馏水清洗。按"少量多次"原则，清洗三次。

4. 准备标签纸、糨糊、吸水纸（剪滤纸的边角料）、记号笔等。

5. pHS-3 型玻璃电极的保质期为一年，出厂一年以后，不管是否使用，其性能都会受到影响，应及时更换。此外，电极如长期不用，容易老化，这是造成仪器不正常的重要原因。因此，每年要申购一些复合电极，平常注意保护。已老化的电极，可在 1% HF 中浸泡 5~10s 后取出，清洗使用（称为电极活化）。

6. 第一次使用的 pH 电极或长期未用的 pH 电极，在使用前必须在 3mol/L 氯化钾溶液中浸泡 24h。

7. 酸度计读数不稳的原因可能如下。

① 电极未按规定浸泡，没有稳定其不对称电位，玻璃球泡有裂纹或老化，玻璃电极的球泡和参比电极末端未全部浸入溶液中（复合电极的砂芯孔未浸入溶液）。

② 电极接触不良。

③ 仪器未充分预热。

④ 体系各部分氢离子浓度不均匀，可加以振荡。

⑤ 仪器输入端开路。应插上短路插头或电极插头。

⑥ 定位能调到，但斜率调不到。电极失效，应更换电极。

⑦ 斜率调节不起作用。斜率电位器损坏，更换斜率电位器。

五、实验前准备的思考题

1. 在含有酚酞的氨水溶液中加入少量 NH_4Ac 固体，溶液的颜色将会产生怎样的改变？解释颜色变化的原因。

2. 将含有酚酞的 NaAc 溶液加热至沸腾，溶液的颜色有何变化？解释此现象。

3. 将 10mL 0.20mol/L 的 HAc 和 10mL 0.10mol/L 的 NaOH 混合，所得溶液是否具有缓冲作用？这个溶液的 pH 值在什么范围内？

实验十二　弱酸的解离度和解离常数的测定

一、实验操作注意事项

酸度计是用来测定溶液的 pH 值的常用仪器之一，故又称 pH 计。以现在实验室常用的 pHS-3C 数显型酸度计为例，具体操作时应注意下列事项。

1. 安装、开机前的准备工作。将电极插头旋入 pH 计电极插入孔中，将电极夹于电极支架上,并调节到适当位置。清洗电极头。每次测量溶液前须用蒸馏水清洗电极,清洗后用滤纸吸干。

2. 预热。接通电源,按下(打开)背面的开关,预热 0.5h。

3. 标定(或称定位)。正常使用,每天至少标定一次。其步骤如下。

① 拔去短路插头,插入复合电极插头。

② 把"选择"钮调至 pH 挡。

③ 把"温度"钮调至溶液温度值(溶液温度事先用温度计测量好)。

④ 把"斜率"钮顺时针旋到底(即调到 100% 位置或旋尽)。

⑤ 把清洗后的电极插入 pH 值为 6.86(该值不一定是 6.86,它的值随温度的变化而变化)的缓冲溶液,晃动烧杯或搅拌溶液。

⑥ 调节"定位"钮,使屏幕上显示的 pH 值等于上述缓冲溶液的 pH 值(例如,混合磷酸盐,25℃,pH=6.86;10℃,pH=6.92。所以具体测量时需要参阅说明书中的缓冲溶液的 pH 值与温度关系对照表)。

⑦ 蒸馏水清洗电极,用滤纸吸干,再插入 pH=4.00(测酸时)或 pH=9.18(测碱时)的缓冲溶液中,晃动烧杯或搅拌溶液,调节"斜率"钮,使屏幕上显示的 pH 值等于该缓冲溶液室温下的 pH 值(在 5~25℃时,pH=4.00)。

⑧ 重复④~⑦的操作步骤,直至不用再调节"定位"或"斜率"两调节钮为止,说明仪器完成标定。注意:经标定后,"定位"调节钮及"斜率"调节钮不应再有变动。若有变动,则需重新标定。

4. 测量 pH 值。经标定过的仪器,即可用来测量被测溶液,被测溶液与标定溶液温度是否相同,测量步骤也有所不同。

① 被测溶液与标定溶液温度相同时,测量步骤如下。

a. 用蒸馏水清洗电极头部,再用被测溶液清洗一次。

b. 把电极浸入被测溶液中,用搅拌子电磁搅拌溶液,使溶液均匀,在显示屏上读出溶液的 pH 值。

② 被测溶液和标定溶液温度不同时,测量步骤如下。

a. 用蒸馏水清洗电极头部,再用被测溶液清洗一次。

b. 用温度计测出被测溶液的温度值。

c. 调节"温度"钮,使白线对准被测溶液的温度值。

d. 把电极浸入被测溶液中,用搅拌子电磁搅拌溶液,使溶液均匀,在显示屏上读出溶液的 pH 值。

5. 电极使用维护的注意事项。

① 电极在测量前必须用已知 pH 值的缓冲溶液进行标定,其值越接近被测值越好。

② 取下电极套后,应避免电极的敏感玻璃泡与硬物接触,因为任何破损或擦毛都会使电极失效。

③ 测量后,及时将电极保护套套上,套内应放入少量补充液以保持电极球泡的湿润。切忌浸泡在蒸馏水中。

④ 复合电极的外参比补充液为 3mol/L 氯化钾溶液,补充液可以从电极上端小孔加入。电极的引出端必须保持清洁干燥,绝对防止输出两端短路,否则将导致测量失准或失效。

⑤ 电极应与输入阻抗较高的酸度计(>1012Ω)配套,以使其保持良好的特性。

⑥ 应避免电极长期浸泡在蒸馏水、蛋白质溶液和酸性氟化物溶液中。

⑦ 避免电极与有机硅油接触。

⑧ 电极经长期使用后，如发现斜率略有降低，则可把电极下端浸泡在 1% HF 中 5~10s，用蒸馏水洗净，然后在 0.1mol/L 盐酸溶液中浸泡，使之复新。

⑨ 被测溶液中如含有易污染球泡或堵塞液接界的物质则会使电极钝化，出现斜率降低现象，读数不准。如发生该情况，则应根据污染物的性质，用适当溶液清洗，使电极复新。

⑩ 玻璃球泡不可粘有油污，如果发生这种情况，则应将球泡先浸入酒精中，再放于乙醚或四氯化碳中（不能碰到电极套），然后再浸入酒精中，最后用去离子水清洗并浸入去离子水中。

⑪ 在测强碱性溶液时，应尽快操作，测完后立即用去离子水洗涤，以免碱液腐蚀玻璃。

注意：选用清洗剂时，不能用四氯化碳、三氯乙烯、四氢呋喃等能溶解聚碳酸酯的清洗液，因为电极外壳是用聚碳酸酯制成的，其溶解后极易污染敏感的玻璃球泡，从而使电极失效。也不能用复合电极去测上述溶液。

二、问题与讨论

1. 在配制不同浓度的醋酸溶液时，48.00mL HAc 是否也必须精确量取？

不必。因为当温度一定时弱电解质的解离度仅与浓度有关，而与体积无关。但其它四只烧杯内溶液（24.00mL HAc、12.00mL HAc、6.00mL HAc、3.00mL HAc）则必须精确量取，因为起始的用量与稀释后的浓度有关。

2. 为什么醋酸溶液的 pH 值要用 pH 计来测定？pH 计测定弱电解质的酸度有什么优点？

用标准碱液滴定醋酸只能测得醋酸的浓度，而不能测得醋酸的酸度[即 $c(H^+)$ 或 pH 值]。因为醋酸在水溶液中存在解离平衡，碱液的加入会破坏这种平衡，直到全部解离。用 pH 试纸可以测定醋酸溶液的 pH 值，其方法虽然简便可行，但其精确度受到限制。用 pH 计（电位法）测定醋酸等弱电解质的酸度，它不破坏醋酸的解离平衡，又可直接测得一定精确度的数据并在 pH 计上方便地直接读出 pH 值。目前，一般 pH 计能测到的 pH 值精确度是小数点后两位（十分位是可靠的，百分位是估计的）。精密 pH 计可测到的 pH 值精确度是小数点后三位（百分位是可靠的，千分位是估计的）。

3. pH 计测定溶液 pH 值的原理是什么？

pH 计是测定溶液 pH 值最常用的仪器之一。它主要利用一对电极在 pH 值不同的溶液中能产生不同的电动势这一原理。在这对电极中，一个是指示电极（如玻璃电极），另一个是参比电极（如甘汞电极）。玻璃电极是用一种导电玻璃（含 72% SiO_2、22% Na_2O、6% CaO）吹制成的极薄的空心小球，球中装有 0.1mol/L 盐酸（或一定 pH 值的缓冲溶液）和 Ag-AgCl（覆盖有 AgCl 的 Ag 丝）电极，把它插入待测溶液，便组成了原电池的一极，例如：

$$Ag, AgCl(s) | HCl(0.1mol/L) | 玻璃 | 待测溶液$$

此导电玻璃膜把两种溶液隔开，小球内氢离子浓度是固定的，所以该电极的电位随待测溶液的 pH 值不同而改变。在 25℃时有：

$$\phi_G = \phi_G^\ominus - 0.0592 \text{pH}$$

式中 ϕ_G、$\phi_G^\ominus$——电极电位、标准电位。

将玻璃电极和参比电极（如甘汞电极）组成电池，并与检流计连接，即可测定该电池的电动势 E，在 25℃时有：

$$E = \phi_正 - \phi_负 = \phi_{甘汞} - \phi_G = \phi_{甘汞} - (\phi_G^\ominus - 0.0592\text{pH})$$

$$\text{pH} = (E_{已知或未知} - \phi_{甘汞} + \phi_G^\ominus)/0.0592$$

式中　$\phi_{甘汞}$——甘汞电极的电极电位，常用的是饱和甘汞电极，在 25℃ 时，其电位为 0.2415V。

若已知 $\phi_G^\ominus$ 的数值，则可从电动势求出 pH 值；而 $\phi_G^\ominus$ 的数值是可以用一已知 pH 值的标准溶液代替待测溶液，从组成原电池的电动势求得的。

pH 计上一般是把检流计测得的电池电动势直接用 pH 值表示出来。为了方便起见，仪器加装了定位调节器，当测量标准缓冲溶液时，利用这一调节器，把读数直接调节在标准缓冲溶液的 pH 值上面，这样就使得在以后测未知溶液的时候，指针可以直接指出溶液的 pH 值，省去了计算手续。一般都把前一步称为"校准"，后一步称为"测量"。一台已经校准过的仪器在一定时间内可以连续测量许多份未知液。温度对 pH 测定值的影响，可根据能斯特方程式予以校正，在 pH 计中已配有温度补偿器。

4. pH 计的读数不稳定或读数不准的原因是什么？

可能有以下一些原因：

① 电极未按规定处理，没有稳定其不对称电位，或玻璃膜粘有油污，或玻璃球泡有裂纹或老化；玻璃电极的玻璃球和甘汞电极的细支管未全部浸入溶液中；安装电极时接触不良等。

② 由外电源输入的电流没有将仪器预热，致使有关部件（如电子管）尚不稳定。

③ 原电池中溶液（标准缓冲溶液或未知液）在插入电极后没有振荡，体系未达到平衡，H^+ 浓度不均匀。

④ 测量过程中，零点调节器、定位调节器等旋钮可能因操作疏忽而转动。

⑤ 仪器接地不良。

以上这些原因都可使通过指示电表的电流时大时小，越是精密仪器，反应就越明显。

三、补充说明

1. pH 值的测量标准。

为了使 pH 值的测量有一个统一的标准，本实验采用了国际承认的实用标准。它是在同一温度下，对两种溶液（一种是已知 pH 值的溶液，一种是未知 pH 值的溶液）分别用玻璃电极作指示电极、甘汞电极作参比电极组成两组电池，分别测量其电动势 E。

（一）玻璃电极｜被测电极（已知或未知）｜甘汞电极（＋）

$$E_{已知或未知}=\phi_{甘汞}-\phi_G=\phi_{甘汞}-\phi_G^\ominus+0.0592\text{pH}$$

$$\text{pH}=(E_{已知或未知}-\phi_{甘汞}+\phi_G^\ominus)/0.0592$$

因为所用的电极相同，所以两次测量中的 $\phi_{甘汞}$ 和 $\phi_G^\ominus$ 也相同，因此测得的电动势（$E_{已知}$ 和 $E_{未知}$）与溶液的 pH 值（$\text{pH}_{已知}$ 和 $\text{pH}_{未知}$）间关系为：

$$\text{pH}_{未知}-\text{pH}_{已知}=(E_{未知}-E_{已知})/0.0592$$

根据上式，可选用已知 pH 值的标准缓冲溶液作基准来确定未知溶液的 pH 值。

一般采用 0.05mol/L 邻苯二甲酸氢钾标准溶液作原始基准点，它的 pH 值在 0～60℃ 范围内符合关系式：

$$\text{pH}=4.00+\frac{1}{2}\left(\frac{t-15}{100}\right)^2$$

常被用作 pH 基准点的还有以下两种标准溶液：0.025mol/L 磷酸二氢钾（KH_2PO_4）和 0.025mol/L 磷酸氢二钠（Na_2HPO_4）标准溶液与 0.01mol/L 硼砂（$Na_2B_4O_7 \cdot 10H_2O$）标准溶液。

2. 电导率法测定解离度和解离常数。

电解质溶液是离子电导体，在一定温度下，电解质溶液的电导（电阻的倒数）Λ 为：

$$\Lambda=\kappa A/l$$

式中 κ——电导率，表示长度 l 为 1m、截面积 A 为 $1m^2$ 导体的电导，S/m。

为了便于比较不同溶质的溶液电导，常采用摩尔电导率 Λ_m。它表示在相距 1m 的两平行电极之间，放置含有 1 单位物质的量的电解质的电导，其数值等于电导率 κ 乘以此溶液的全部体积。若溶液的浓度为 $c(mol/L)$，则含有 1 单位物质的量电解质的溶液体积 $V=10^{-3}/c(mol/L)$，溶液的摩尔电导率为：

$$\Lambda_m = \kappa V = 10^{-3} \kappa / c$$

Λ_m 的单位为 $S \cdot m^2/mol$。

根据解离度与弱电解质溶液浓度的关系式：

$$K_i^{\ominus} = \frac{c\alpha^2}{1-\alpha}$$

$$\alpha \approx \sqrt{\frac{K_i^{\ominus}}{c}}$$

可知弱电解质溶液浓度 c 越小，弱电解质的解离度越大，无限稀释时弱电解质也可看作是完全解离的，即此时的 $\alpha = 100\%$。从而可知，一定温度下，某浓度的摩尔电导率 Λ_m 与无限稀释时的摩尔电导率 $\Lambda_{m,\infty}$ 之比即为该弱电解质的解离度：

$$\alpha = \Lambda_m / \Lambda_{m,\infty}$$

以 HAc 为例，不同温度时其 $\Lambda_{m,\infty}$ 见表 3-7。

表 3-7 不同温度时 HAc 无限稀释时的摩尔电导率 $\Lambda_{m,\infty}$

温度 T/K	273	291	298	303
$\Lambda_{m,\infty}/(S \cdot m^2/mol)$	0.0245	0.0349	0.0391	0.0428

通过电导率仪测定一系列已知初始浓度的溶液的值，即可求得解离度。将此公式代入前式，可得：

$$K_i^{\ominus} = \frac{c\Lambda_m^2}{\Lambda_{m,\infty}(\Lambda_{m,\infty} - \Lambda_m)}$$

根据上式，可求得 HAc 的解离常数。

四、实验室准备工作注意事项

1. pH 计使用前，一定要进行检查，调试零点。若零点调节器不能使指针调到 pH＝7 的位置时，则要打开仪器、调节零点粗调节器。每次使用前先打开电源开关，使仪器稳定 20min 左右。

2. 玻璃电极在初次使用时，先在去离子水中浸泡两昼夜以上，以稳定其不对称电位；不用时及时将电极保护套套上，套内应放入少量补充液以保持电极球泡的湿润。切忌浸泡在蒸馏水中。

3. 实验室应预先准备好一定体积的标准缓冲溶液以供 pH 计在测未知液前给标准缓冲溶液 pH 值定位之用。

4. pH 计必须接地，如果实验室内的电源插口是两线的，没有地线或地线性能不佳的时候，则必须另接一根导线，它的一端与自来水管等接地金属接通。

5. 实验室准备好一批干燥洁净的小烧杯，每组发给五只，以供学生实验时使用。

五、实验前准备的思考题

1. 本实验测定醋酸解离常数的依据是什么？
2. 测定不同浓度醋酸溶液的 pH 值时，测定顺序应由稀到浓，为什么？
3. 用 pHS-3C 数显型酸度计测量 pH 值的操作步骤有哪些？写出操作步骤的要点。
4. 怎样正确使用复合电极？

实验十三 难溶强电解质溶度积常数 $K_{sp}^{\ominus}$ 的测定

一、实验操作注意事项

1. 盛取饱和 $CaSO_4$ 溶液和取流出液测 pH 值的容器必须是干燥的，如来不及放在干燥箱中干燥，用可电吹风快速吹干。

2. 初次使用移液管量取液体试剂，先要学会较熟练地使用移液管。可先练习用移液管量取一定体积的水，直至操作动作规范熟练，量取体积正确后再量取试剂。移液管正式量取试剂时先要润洗。

3. 注意液面始终高于离子交换树脂1cm以上，不能使离子交换树脂露出液面。

4. 注意控制流出液的速度，出液控制器螺旋夹有时会不稳或失控。

5. 流出液包括最后洗涤交换柱的流出液全要收集在一起，定容后测 pH 值。

二、问题与讨论

1. 难溶电解质 $CaSO_4$ 在体系中的平衡并非是固体 $CaSO_4$ 与 Ca^{2+}、SO_4^{2-} 间的直接平衡，而是固体 $CaSO_4$ 与溶解态 $CaSO_4$ 分子，溶解态 $CaSO_4$ 分子再与 Ca^{2+}、SO_4^{2-} 之间的平衡，虽然公式 $K_{sp}^{\ominus}(CaSO_4) = c(Ca^{2+})c(SO_4^{2-})$ 仍成立，但此时被树脂交换掉的离子不仅有原溶液中的 Ca^{2+}、SO_4^{2-}，还有原溶解态 $CaSO_4$ 分子由于平衡移动而全部解离出的 Ca^{2+}、SO_4^{2-}，故计算溶度积常数时要扣除后一部分离子浓度。

2. 若盛取的烧杯不干燥，有少量水分，则烧杯中的 $CaSO_4$ 并不饱和，会使实验结果偏低，若取定容好的流出液测 pH 值的烧杯不干燥，会使里面的 H^+ 稍被稀释，浓度偏低，同样会使实验结果偏低。

3. 离子在树脂上交换，相对于溶液中的离子反应，速度较慢，故液体流出速度不宜过快，否则会使部分离子来不及交换已流出，会使实验结果偏低。

4. 溶度积常数测定的实验有多种，有些是通过离子交换法测定溶度积，如硫酸钙、氯化铅的溶度积测定；有些是通过分光光度计测定难溶电解质在溶液中的离子（或再生成颜色较深的配合物）浓度求得溶度积，如碘化铅、碘酸铜溶度积的测定；有些是通过沉淀滴定法测定难溶电解质在溶液中的离子来求得溶度积，如醋酸银溶度积的测定。

三、补充说明

将化合物通过装有离子交换树脂的离子交换柱后，由于离子间交换而得到相应产物的方法被称为离子交换法。该法广泛用于元素的分离、提取、纯化、有机物的脱色精制、水的净化以及用作反应的催化剂等方面，离子交换法所需要的物品包括相应的离子交换树脂和离子交换柱等。

离子交换树脂包括天然的和合成的两大类别，其中比较重要的是人工合成的有机树脂，它主要是利用苯乙烯和二乙烯苯交联成高聚物作为树脂的母体结构，然后再连接上相应的活性基团而合成的。人工合成的离子交换树脂是一种不溶性的具有网状结构的含有活性基团的高分子聚合物，在网状结构的骨架上有许多可以电离、能和周围溶液中的某些离子进行交换的活性基团，离子交换树脂的网状结构在水或者酸、碱性溶液中极难溶解，且对多数有机溶剂、氧化剂、还原剂及热均不发生作用。

1. 离子交换树脂的分类

因所带基团和所起作用不同，离子交换树脂又可以分为可与阳离子发生交换反应的阳离子交换树脂、可与阴离子发生交换反应的阴离子交换树脂及具有特殊功能的离子交换树脂等类别。

(1) 阳离子交换树脂 阳离子交换树脂是带有酸性交换基团的树脂,这些酸性基团包括磺酸基(—SO₃H)、羧基(—COOH)、酚羟基(—OH)等。在这些树脂中,它们的阳离子可被溶液中的阳离子所交换,根据活性基酸碱性的强弱不同,将阳离子交换树脂再细分为强酸性阳离子交换树脂(活性基为—SO₃H,如国产的 732 型树脂,新牌号为 001-100♯)、中等酸性阳离子交换树脂(活性基为—PO₃H₂,国产新牌号为 401-500♯)和弱酸性阳离子交换树脂(活性基为—CO₂H、—C₆H₄OH 等,如 724 型,新牌号为 101-200♯)等,其中以强酸性树脂用途最广。

(2) 阴离子交换树脂 含有碱性活性基的树脂,这类树脂的阴离子可被溶液中的阴离子交换。根据活性基碱性的强弱差别分为强碱性阴离子交换树脂(活性基为季铵碱,如国产的 711♯、714♯等)和弱碱性阴离子交换树脂(活性基为伯胺基、仲胺基和叔胺基,如 701♯树脂等)。

(3) 具有特殊功能的树脂 如螯合树脂、两性树脂、氧化还原树脂等(见表 3-8)。

在使用中应根据实验的具体要求,选择不同的离子交换树脂。

表 3-8 离子交换树脂的种类

类型		活性基	类别	举例
阳离子交换树脂	强酸性	磺酸基团	H 型(R—SO₃H)、Na 型(R—SO₃Na)	732 型、IR-120 型
		磷酸基团	H 型(R—PO₃H₂)、Na 型(R—PO₃Na₂)	
	弱酸性	羧酸基团	H 型(R—CO₂H)、Na 型(R—CO₂Na)	724 型、IRC-50 型
		苯酚基团	H 型(R—C₆H₄OH)、Na 型(R—C₆H₄ONa)	
阴离子交换树脂	强碱性	季铵基团	OH 型(R—NR₃′OH)、Cl 型(R—NR₃′Cl)	717 型、IRA-400 型
	弱碱性	伯胺基团	OH 型(R—NH₃OH)、Cl 型(R—NH₃Cl)	701 型、IR-45 型
		仲胺基团	OH 型(R—NR′H₂OH)、Cl 型(R—NR′H₂Cl)	
		叔胺基团	OH 型(R—NHR₂′OH)、Cl 型(R—NHR′2Cl)	
特殊功能离子交换树脂			螯合树脂、两性树脂、氧化还原树脂等	

2. 离子交换的基本原理

离子交换过程是溶液中的离子通过扩散进入到树脂颗粒内部,与树脂活性基上的 H^+(或 Na^+ 及其它离子)离子进行交换,被交换的 H^+ 又扩散到溶液中并被排出。因此离子交换过程是可逆的,对于阳离子交换树脂来说,离子价越大交换势越大,即与树脂结合的能力越强:

$$Li^+ < H^+ < Na^+ < K^+ < Ag^+ < Fe^{2+} < Co^{2+} < Ni^{2+} < Cu^{2+} < Mg^{2+} < Ca^{2+} < Ba^{2+} < Sc^{3+}$$

同样,对于阴离子交换树脂而言,其交换势也随着离子价的增大而加大,如对强碱性阴离子交换树脂而言:

$$Ac^- < F^- < OH^- < HCOO^- < H_2PO_4^- < HCO_3^- < BrO_3^- < Cl^- < NO_3^- < Br^- < NO_2^- < I^- < CrO_4^{2-} < C_2O_4^{2-} < SO_4^{2-}$$

一般离子的交换能力可用交换容量来表示,所谓的交换容量指的是 1g 干树脂可以交换相应离子的物质的量。不同类型的树脂交换容量不同,对于强酸性离子交换树脂来说,一般交换容量 ≥ 4.5 mmol/g 干树脂,因此可由此计算出某一实验所需的最低树脂量。

3. 影响树脂交换的因素

影响树脂交换的因素很多,主要包括以下几个方面。

① 树脂本身的性质。不同厂家、不同型号的树脂交换容量不同。

② 树脂的预处理或再生的好坏。

③ 树脂的填充。离子交换柱中树脂填充是否有气泡。

④ 柱径比与流出速度。由于离子交换过程是一个缓慢的交换过程,并且这个交换过程

是可逆的。因此流出速度对于交换结果影响很大，流出速度过大，来不及进行离子交换，离子交换效果较差。同时流出速度又与流动相溶液中离子的浓度和离子交换柱的柱径比[离子交换柱的高度与直径的比值（图 3-3）]等因素有关，如离子浓度小时，可适当增大流出速度。在实验室中柱径比一般要求在 10∶1 以上，柱径比较大时可适当增大流出速度。为了得到较好的结果，流出速度一般要控制在 20～30 滴/min。

4. 新树脂的预处理与老化树脂的再生

(1) 阳离子交换树脂的预处理

① 漂洗。目的在于除去一些外源性杂质，将购买的新树脂用自来水浸泡，并不时搅动。弃去浸洗液，不断换水直到浸洗液无色为止。

② 碱洗。因稳定性的要求，购买的新树脂基本上都是钠型的，利用碱洗过程，可将某些非钠型转换为钠型，便于下一步的处理。加等容量 8% 的 NaOH 溶液浸泡 30min，分离碱液，用水洗至中性。

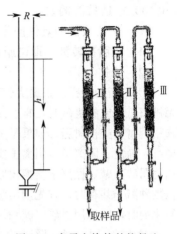

图 3-3 离子交换柱的柱径比
Ⅰ—阳离子交换柱；Ⅱ—阴离子交换柱；Ⅲ—混合离子交换柱

③ 转换。用 7% 的 HCl 溶液处理三次，每次均为等容量并浸泡 30min，分离酸液，并用水洗至中性备用。

注意：最后几次应用蒸馏水或去离子水洗涤。

(2) 阴离子交换树脂的预处理

① 将新购阴离子交换树脂加等量 50% 乙醇搅拌放置过夜，除去乙醇，用水洗至浸洗液无色无味。

② 用 7% 的 HCl 溶液处理三次，每次均为等容量并浸泡 30min，分离酸液，并用水洗至中性。

③ 用 8% 的 NaOH 溶液处理三次，每次均为等容量并浸泡 30min，水洗至 pH 值为 8～9 为止。

(3) 离子交换树脂的再生 离子交换树脂用过一段时间后，会发生色变，并失去交换能力，这就是树脂的老化，可通过处理使其再生。再生的方法因树脂不同而异，但基本步骤与预处理相类似，首先是漂洗，然后利用离子交换过程的可逆性原理，用 H^+、Na^+（或 OH^-、Cl^-）交换树脂上的离子即可。再生过程可以使用静态法和动态法等方法，下面以阳离子交换树脂的再生为例进行介绍。

① 静态法。将经过漂洗的树脂加入适量（2～3 倍体积或更多）的 2mol/L 的盐酸放置 24h 以上（放置过程中要经常加以搅拌），弃去酸液，用水冲洗至中性。

② 动态法。先将离子交换柱的残水放出，加入 2～3 倍容量的 2mol/L（约为 7%）的 HCl 溶液（或其它酸），打开离子交换柱下部的旋钮，使液体缓慢流出，并随时检验流出液的 pH 值，当流出液呈强酸性时，关闭旋钮静置一段时间，使交换充分（静态再生）后再放出酸液，并将其余酸液不断加入（动态再生），最后用水冲洗至中性即可。

注意事项：①为避免洗涤过程中自来水中的离子与树脂发生交换作用，最好先用自来水将树脂中的大部分酸（或碱）洗出 [此时流出液 pH 值为 2～3（或 11～12）]之后，再用蒸馏水（去离子水）洗涤至 pH 值为 6～7（或 8～9）。②阴离子树脂在 40℃ 以上极易分解，应特别注意。③离子交换树脂在使用过程中会逐渐裂解破碎，但是一般可以用 3～4 年甚至更长，不要轻易倒掉。④已处理好（或再生好）的树脂，应立即使用，不可放置太久，因为它的稳定性较差。一般阳离子离子交换树脂 Na^+ 型比 H^+

稳定，阴离子离子交换树脂 Cl 型比 OH 型稳定。⑤树脂再生时，应根据结合在树脂上的离子选择不同的酸（碱），如结合的是 Pb^{2+}，就不能用 HCl，而应该用 HNO_3，因为 $Pb(NO_3)_2$ 是易溶的。

5. 离子交换法的具体操作

(1) 树脂的转型　即树脂应先经预处理或再生，转型后的树脂放置在蒸馏水中。

(2) 装柱

① 树脂的选择。根据实验目的和具体情况选择不同性能的离子交换树脂，若被吸附的是无机阳离子或有机碱时，宜选用阳离子交换树脂，反之若被吸附的是无机阴离子或有机酸时应选用阴离子交换树脂，如果是分离氨基酸这样的两性物质时，则使用阳离子、阴离子交换树脂均可。确定了阳离子、阴离子交换树脂后，需确定交换基的种类，如对于吸附性强的离子，可选用弱酸（碱）性离子交换树脂，而对于吸附性较弱者，宜选用强酸（碱）性离子交换树脂。在数种离子共存时，宜先选用吸附性较弱的，以后再选用吸附性较强的交换树脂。若将树脂作催化剂时，应选用强酸（碱）性离子交换树脂。

② 树脂装柱。将已经活化好的树脂装入离子交换柱的过程叫装柱。装柱的关键就在于不能使树脂出现断层或气泡，具体做法是：先将离子交换柱中加入部分去离子水，然后将树脂带水装进柱内并打开下部活塞，使水缓缓流出。当树脂加完后，用去离子水将树脂冲洗至流出液为中性。在装柱过程中特别注意不能使树脂层断水，以免产生气泡而引起树脂断层。当不慎有气泡产生时，可利用玻璃棒搅动树脂，并将气泡带出。

(3) 离子交换　打开离子交换柱下端的旋钮，将已经处理好的离子交换柱中的去离子水放出（注意：此时要再检验一次流出液的 pH 值，如不为中性则继续用去离子水冲洗至中性）。直到去离子水刚刚浸没树脂时，将待处理的样品液加入到离子交换柱中（注意：加入时不要使树脂翻动），打开树脂柱下端开关旋钮，控制流速在 20～30 滴/min，当样品液几乎全部进入到树脂中时，加入去离子水（注意：在离子交换过程中同样不能让树脂层断水，以免产生气泡，影响离子交换效果）继续进行离子交换，直到流出液的 pH 值为 6～7 时为止。

(4) 树脂再生　方法见前所述。

四、实验室准备工作注意事项

1. 给每组学生准备三个洁净干燥的 100mL 烧杯。
2. 新配制的硫酸钙饱和溶液要经过过滤，温度保持在室温。
3. 准备好调试 pH 计的标准缓冲溶液。
4. 用过的树脂要及时再生。

五、实验前准备的思考题

1. 如何配制饱和 $CaSO_4$ 溶液？对所用蒸馏水有何要求？过滤 $CaSO_4$ 沉淀时，对滤纸、漏斗及盛接容器有什么要求？

2. 在进行离子交换操作过程中，为什么要控制流出液的流速？如太快，将会产生什么后果？

3. 为什么交换前与交换洗涤后的流出液都要呈中性？为什么要将洗涤液合并到容量瓶中？

4. 除用酸度计测定流出液的 $c(H^+)$ 外，还有哪些方法可以测定流出液的 $c(H^+)$？试设计测定方法，列出计算关系式。

实验十四　分光光度法测定 $[FeNCS]^{2+}$ 配位平衡常数

一、实验操作注意事项

1. 吸液管在移液前要用待移液润洗，移液的准确性对实验结果影响很大。

2. 注意移液管上的标签，不能用错。

3. 为了减少误差，在配制溶液时，吸取同种试剂时由一人操作。测定一组溶液的吸光度应用同一支比色皿。

4. 比色管或锥形瓶必须洁净且是干燥的，故每次实验结束后，都必须认真清洗，并将其倒置于比色管架上。

5. 分光光度计不用时暗盒盖要打开，防止光电池疲劳。

6. 拿比色皿时，手指要夹在毛玻璃面上，不能碰到光滑的透光面，透光时要用擦镜纸擦拭干净。

7. 绘制工作曲线时，由低浓度到高浓度逐一测定其吸光度。

8. 使用分光光度计经常出现的问题是：在换取溶液或记录数据时未关闭光路闸门，影响光电池的使用；比色架的拉杆未拉到应在的位置，溶液没有完全进入光路，影响吸光度值。

二、问题与讨论

1. 试剂量用移液管量取，各支移液管应严格区分，如果不这样做将产生怎样的影响？

导致溶液浓度未配准，影响吸光度值，使所测浓度和计算的平衡常数出现较大的误差。

2. 在配制 Fe^{3+} 溶液时，用纯水和用 HNO_3 溶液来配制有何不同？本实验中 Fe^{3+} 溶液中为何要维持很大的 $c(H^+)$？

用纯水配制 Fe^{3+} 溶液时，由于 Fe^{3+} 的水解会产生一系列有色离子，如棕色的 $[FeOH]^{2+}$，这样对实验结果产生影响。而用 HNO_3 配制，则可使溶液保持较大的酸度，以阻止 Fe^{3+} 的水解。

本实验中 Fe^{3+} 溶液维持很大的 $c(H^+)$，除阻止 Fe^{3+} 水解外，还可以使 HSCN 基本上保持未电离状态。

3. 绘制工作曲线和测定试样为何应在相同的条件下进行？

因为当测试条件符合朗伯-比耳定律时，只有在相同的测试条件下，吸光度 A 与溶液浓度 c 才成正比。为了减少测量误差，绘制工作曲线和测定试样时应做到：①均为稀溶液；②在相同的波长下测定吸光度 A；③标准溶液和待测溶液应使用同一比色皿；④使用相同的参比液；⑤应在同一台仪器上完成标准试液和待测试液的测试。

4. 为什么计算所得的 K_c 为近似值？怎样求得精确的 K_c？

计算时未考虑 HSCN 的解离部分，因此只是 K_c 的近似值。实际上溶液中同时存在着下列两个平衡：

$$HSCN \rightleftharpoons H^+ + SCN^-$$
$$Fe^{3+} + SCN^- \rightleftharpoons [FeNCS]^{2+}$$

在精确计算时：

$$c(HSCN\text{ 初始}) = c(HSCN\text{ 平衡}) + c(FeNCS^{2+}\text{ 平衡}) + c(SCN^-\text{ 平衡})$$

$$c(SCN^-\text{ 平衡}) = K^{\ominus}(HSCN) \frac{c(HSCN\text{ 平衡})}{c(H^+\text{ 平衡})}$$

代入上式，整理得：

$$c(SCN^-\text{ 平衡}) = \frac{c(HSCN\text{ 初始}) - c(FeNCS^{2+}\text{ 平衡})}{1 + \dfrac{K^{\ominus}(HSCN)}{c(H^+\text{ 平衡})}}$$

$$K_c(\text{精确}) = K_c(\text{近似}) \left[1 + \frac{K^{\ominus}(\text{HSCN})}{c(\text{H}^+ \text{平衡})}\right]$$

25℃时，$K^{\ominus}(\text{HSCN}) = 0.141$。

三、补充说明

吸光分析法是根据物质对光的选择性吸收而进行分析的方法。各种物质对光都会吸收，有色物质吸收了可见光（波长 400～800nm）中某些波长的光，无色物质吸收了非可见光（紫外线或红外线）。不同物质由于结构不同，所吸收光的波长及吸收程度不同，这就是物质对光的选择性吸收。有色溶液对某一波长光吸收的强度与有色物质的浓度 c 及吸光溶液的液层厚度 b 成正比，称为光吸收定律或郎伯-比耳定律，其数学表达式为：

$$A = \varepsilon bc$$

式中　A——吸光度，是透光率 T 的负对数；

　　　ε——摩尔吸光系数。

测定溶液吸光度的仪器称为分光光度计，其型号很多，但基本都由光源、单色器、比色皿、检测器、显示器五个部分组成，其连接关系如下：

光源 → 单色器 → 比色皿 → 检测器 → 显示器

光源（钨灯、卤钨灯或氢灯）发射的连续光，经单色器（色散元件为棱镜或光栅）色散分光，通过波长选择鼓轮使单色光直射比色皿（玻璃的或石英的），部分光被有色溶液吸收后，透射光投射到检测器（光电池、光电管或光电倍增管）上，使光信号转换为电信号，经放大后在显示器（微安表、数码管、记录仪或计算机显示屏）上显示出吸光度。下面介绍实验室常用的 722 型分光光度计。

1. 仪器的外形结构和光学系统

722 型分光光度计是以碘钨灯为光源、衍射光栅为色散元件、端窗式光电管为光电转换器的单光束、数显式可见光分光光度计。可用的波长范围为 330～800nm，波长精度为 ±2nm，光谱带宽 6nm，吸光度的显示范围为 0～1.999，吸光度的精度为 ±0.004（在 $A=0.5$ 处）。试样架可置放 4 个比色皿。仪器的外形和光学系统分别如图 3-4 和图 3-5 所示。

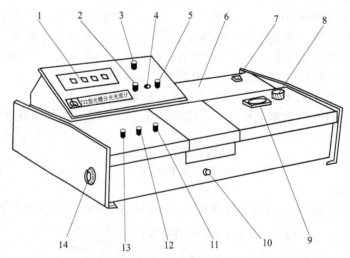

图 3-4　722 型分光光度计外形图

1—数显器；2—吸光度调零旋钮；3—选择开关；4—调斜率电位器；5—浓度旋钮；6—光路室；
7—电源开关；8—波长手轮；9—波长刻度窗；10—比色皿拉杆；11—100%T 旋钮；12—0%T 旋钮；
13—灵敏度调节；14—干燥室

第三章　无机化学实验指导

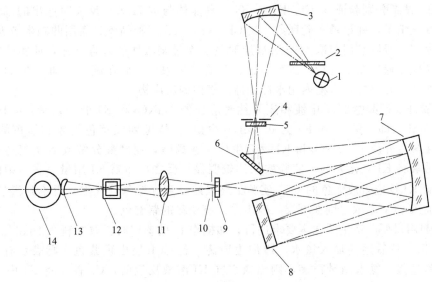

图 3-5　722 型分光光度计光学系统
1—碘钨灯；2—滤光片；3—聚光镜；4—进光缝；5,9—保护玻璃；6—反射镜；7—准直镜；
8—光栅；10—出光狭缝；11—聚光镜；12—试样；13—光门；14—光电管

2. 使用方法

① 将灵敏度调节旋钮置于"1"挡（放大倍率最小），选择开关置于"T"挡。

② 开启电源，指示灯亮并调节波长至测试所需波长，将仪器预热 20min。

③ 打开试样室盖（光门自动关闭），调节"100%T"旋钮，使数字显示为"0.00"。

④ 将盛有参比溶液的比色皿置于试样架第一格内，将盛有试样的比色皿置于第二格内，盖上试样室盖（光门打开，光电管受光）。将参比溶液推入光路，调节"100%T"旋钮，使数字显示为"100.0"，如果显示不到"100.0"，则增大灵敏度挡，再调节"100%T"旋钮，直至显示为"100.0"。

⑤ 重复操作③和④步骤，直至仪器显示稳定。

⑥ 将选择开关置于"A"挡，此时吸光度显示应为".000"，若不是，则调节吸光度调零旋钮使之显示为".000"。然后将试样拉至光路，此时显示值即为试样的吸光度。

⑦ 实验过程中，可随时将参比液推入光路以检查其吸光度零点是否变化。如果不是".000"，则应将选择开关置于"T"挡，用"100%T"旋钮调节至"100.0"，再将选择开关置于"A"挡，这时如不是".000"，则可调节吸光度调零旋钮。大幅度改变测试波长时，应稍等片刻（因为能量急剧变化，光电管受光后响应缓慢，需一段时间光响应平衡），待稳定后重新调整"0"和"100%T"后才可工作。

⑧ 浓度的测量：选择开关由"A"旋至"c"，将已标定浓度的样品放入光路，调节浓度旋钮，使数字显示为标定值。然后将被测样品推入光路，即可读出被测样品的浓度值。

⑨ 仪器使用完毕，应先关闭电源，再取出比色皿，洗净后放回原处。

第三节　元素性质实验

实验十五　若干 p 区非金属元素单质及化合物的性质

一、实验操作注意事项

1. 在做卤化氢还原性比较实验时，应先准备好已经湿润的 pH 试纸、KI-淀粉试纸与 Pb(Ac)$_2$ 试纸分别验证 NaCl、KBr、KI 三种晶体与浓 H$_2$SO$_4$ 反应时逸出的气体，观察试纸颜色变化情况，并记录实验现象。NaCl、KBr、KI 三种晶体只需用两颗米粒大小即可，用量不宜太多，否则它们与浓 H$_2$SO$_4$ 反应时放出大量刺激性的有毒气体，使实验室遭到污染，故反应应在通风橱中进行。当反应进行到看清现象后，应在试管中加入 NaOH 溶液中和未反应的酸，并立即在水槽内用水冲洗掉试管内的反应物。

2. 在验证亚硝酸盐的氧化性和还原性时应控制 NaNO$_2$ 和 KI 的加入量：0.1mol/L 的 NaNO$_2$ 为 5mL（即大量），而 KI 为 0.5mL（少量），能见到红棕色气体和黑色的碘沉淀，这是因为在酸性介质中 NaNO$_2$ 和 KI 反应生成了亚硝酸，亚硝酸分解成 NO$_2$ 气体；具有氧化性的亚硝酸将 KI 氧化为 I$_2$。实验效果比较明显；反之，如果 KI 用量过多，则由于生成的 I$_2$ 可以同 KI 反应生成无色的 I$_3^-$，实验最终只能见到红棕色的气泡，看不到黑色的沉淀。若反应后加入 CCl$_4$ 萃取，则在下层（CCl$_4$ 层）有明显的紫红色。

3. 试剂用量要严格按照课本要求进行，如操作 I$^-$ 的鉴定时：取 2 滴 0.1mol/L 的 KI 和 5～6 滴 CCl$_4$，然后逐滴加入氯水，边加边振荡，若 CCl$_4$ 层出现紫色，则表示有 I$^-$ 存在。如果在实验过程中氯水用量很多，则当氯水同 KI 溶液反应时，Cl$_2$ 首先将 KI 中 I$_2$ 置换出来，此时溶液显紫色，但由于溶液中氯水很多，被置换出来的 I$_2$ 将会进一步同 Cl$_2$ 反应而被氧化为无色的 IO$_3^-$。因此实验中很可能观察不到紫色。

$$I_2 + 5Cl_2 + 6H_2O == 2IO_3^- + 10Cl^- + 12H^+$$

也可用另一鉴定方法，取 2 滴 0.1mol/L 的 KI 加入 1 滴 2mol/L 的 NaNO$_2$ 后，又滴加 1mol/L 的 H$_2$SO$_4$ 酸化。这样才能观察到 I$_2$ 出现的现象。

4. 鉴定 Cl$^-$、Br$^-$、I$^-$ 沉淀完全的方法：往混合溶液中先加入稀硝酸酸化，然后加入 AgNO$_3$ 溶液至完全沉淀。将沉淀在水浴中加热，离心沉降后在上层清液中再加入沉淀剂，如不再产生沉淀，表示沉淀已经完全。

5. 用氯水检验 I$^-$ 存在时，如果加入过量 Cl$_2$ 水则反应产生的 I$_2$ 将进一步被氯水氧化为 IO$_3^-$ 而使紫色变为无色。

同理用氯水检验 Br$^-$ 存在时，如果加入过量 Cl$_2$ 水则反应产生的 Br$_2$ 将进一步被氯水氧化为 BrCl 而使橙黄色变为浅黄色。因而影响 Br$^-$ 的检出。

6. 用 CCl$_4$ 萃取 Br$_2$ 和 I$_2$ 时，必须充分振荡试管，由于 Br$_2$ 或 I$_2$ 在 CCl$_4$ 中的溶解度远远大于在水中的溶解度，而且与水互不相溶，其密度又大于水，因此根据 CCl$_4$ 层（下层）的颜色可以检出 Br$_2$ 或 I$_2$（Br$_2$ 在 CCl$_4$ 层中呈橙黄色，I$_2$ 在 CCl$_4$ 层中呈紫色）。萃取时应采用"少量多次"原则，这样经过反复几次操作后，就能将 Br$_2$ 或 I$_2$ 几乎全部萃取至 CCl$_4$ 层中。

7. 检验沉淀完全的方法。在 Cl$^-$、Br$^-$、I$^-$ 的混合溶液中先加入 HNO$_3$ 酸化，然后加入 AgNO$_3$ 溶液至沉淀完全。将沉淀在水浴上加热，离心沉降后在上层清液中再加入沉淀剂，如不再产生新的沉淀，表示沉淀已完全。

8. KI-淀粉试纸与 Pb(Ac)$_2$ 试纸的制取和使用。KI-淀粉试纸主要用来定性地检验氧化性气体（如 Cl$_2$、Br$_2$ 等）。在一张滤纸上滴加一滴淀粉溶液和一滴 KI 溶液即可成 KI-淀粉试纸。

Pb(Ac)$_2$ 试纸用来检验反应中是否有 H$_2$S 气体产生。在滤纸条上滴加一滴 Pb(Ac)$_2$ 溶液即成 Pb(Ac)$_2$ 试纸。

检验挥发性气体时，应将试纸贴在玻璃棒一端悬空放在试管口的上方。若逸出的气体较少，可将试纸伸进试管，但必须注意，切勿使试纸接触到溶液或试管壁。

9. 酸化、碱化操作。

酸化：用弱酸（如 HAc）或缓冲溶液，调节溶液 pH 值为 4～5。

碱化：用弱碱（如 $NH_3 \cdot H_2O$）或缓冲溶液，调节溶液 pH 值为 9~10。

10. 检验沉淀是否完全的方法。将沉淀与溶液的混合物离心分离，在上层清液中再滴加沉淀剂，如上层清液不再产生沉淀，则表示沉淀已经完全。得到的沉淀一般要进行水洗，以防止吸附的离子干扰下一步沉淀的鉴定。

二、问题与讨论

做元素性质实验时，根据课时数，可选择性地做部分实验，如课时多，可多做一些性质实验，下面问题与讨论有些是本次实验中未安排的，现放在一起讨论，以备课时数多时应用。

1. H_2S 与强氧化剂 $KMnO_4$ 反应时，H_2S 可以被氧化至 S 或 SO_4^{2-}，这和 $KMnO_4$ 的浓度、用量及溶液的酸度有何关系？

当 $KMnO_4$ 的浓度较小、用量较少、溶液的酸度较强时，H_2S 被氧化为 S 析出。

$$2KMnO_4 + 5H_2S + 3H_2SO_4 = 2MnSO_4 + 5S\downarrow + K_2SO_4 + 8H_2O$$

当 $KMnO_4$ 的浓度较大、用量较多、在碱性溶液中与 $H_2S(g)$ 反应时，$H_2S(g)$ 可被氧化为 SO_4^{2-}。

$$8KMnO_4 + 3H_2S(g) = 8MnO_2\downarrow + 3K_2SO_4 + 2KOH + 2H_2O$$

2. 当 H_2S 溶液逐滴滴加到 $Hg(NO_3)_2$ 溶液中制取 HgS 时，为什么有时得不到黑色的 HgS 沉淀？

因为在产生 HgS 沉淀的过程中，生成的少量 HgS 与 $Hg(NO_3)_2$ 之间形成一系列中间产物，颜色由白→黄→棕→黑。$Hg(NO_3)_2 \cdot 2HgS$ 沉淀为白色，继续滴加 H_2S 时，沉淀逐渐变为黄色、棕色，最后变为黑色沉淀。

当 H_2S 浓度太低，得不到黑色 HgS 沉淀时，可加入少量 Na_2S 溶液，即生成黑色沉淀。

3. CdS 属于不溶于稀酸的硫化物，为什么会溶于 2mol/L 的 HCl？

H_2S 与 Cd^{2+} 反应时，当 $c(H^+)$ 约为 0.3mol/L 时，可得到较多量的 CdS 黄色沉淀，离心分离弃去清液后，往沉淀中加入少量 2mol/L 的 HCl 时，并无明显溶解。当 HCl 加入量较多时，可见有部分甚至全部 CdS 溶解。

由于 CdS 的溶度积并不太小（$K_{sp} = 8.0 \times 10^{-27}$），因此，它在稍浓的盐酸中即可明显地溶解。这不仅是因为 $c(H^+)$ 的增大会引起 $c(S^{2-})$ 的降低 $[c(S^{2-}) = K_1K_2c(H_2S)/c^2(H^+)]$，同时也由于 Cd^{2+} 易与 Cl^- 形成配离子（如 $CdCl^+$ 等）而降低了 Cd^{2+} 浓度，从而使得 $c(Cd^{2+})c(S^{2-}) < K_{sp}CdS$，因而 CdS 沉淀溶解。

4. 在 $ZnSO_4$ 溶液中滴入 H_2S 溶液，为何没有 ZnS 沉淀？

配制 $ZnSO_4$ 溶液时为防止其水解，往往在较强的酸性条件下进行。在 $ZnSO_4$ 溶液中滴入 H_2S 溶液时，由于强酸性，解离出的 S^{2-} 较少，又由于 ZnS 的溶度积常数较大（$K_{sp} = 2.93 \times 10^{-25}$），$S^{2-}$ 不足以与 Zn^{2+} 生成 ZnS 沉淀，故无沉淀。要制得 ZnS 沉淀，要在 $ZnSO_4$ 溶液中加入 Na_2S 溶液。

5. 在 S^{2-}、SO_3^{2-}、$S_2O_3^{2-}$ 混合溶液中要鉴定 SO_3^{2-} 与 $S_2O_3^{2-}$ 时，为什么要预先除去 S^{2-}，采用什么方法除去？

因为 S^{2-} 会妨碍 SO_3^{2-} 和 $S_2O_3^{2-}$ 的检出，例如 S^{2-} 和 SO_3^{2-} 共存，酸化时它们即相互作用生成 S。如果 S^{2-} 是过量的，就检不出 SO_3^{2-}；如果 SO_3^{2-} 是过量的，则产物是 S 和 SO_2，而这些正是 $S_2O_3^{2-}$ 与酸作用的产物，因而会误认为试液中存在 $S_2O_3^{2-}$。此外，S^{2-} 与 SO_3^{2-} 均能与 $Na_2[Fe(CN)_5NO]$ 反应生成红色化合物，S^{2-} 也能与 $AgNO_3$ 作用生成黑色 Ag_2S 沉淀而影响 $S_2O_3^{2-}$ 的检出。因此在检出 SO_3^{2-} 与 $S_2O_3^{2-}$ 前，必须把 S^{2-} 除去。除去的方法可在

S^{2-}、SO_3^{2-}、$S_2O_3^{2-}$ 混合溶液中加入固体 $PbCO_3$，充分搅拌，根据沉淀理论，使 $PbCO_3$ 转化为溶解度更小的 PbS 沉淀而除去 $[K_{sp}(PbCO_3)=7.4×10^{-14}>K_{sp}(PbS)=8.0×10^{-27}]$。离心分离证明 S^{2-} 已被完全除去后，将离心液分成两份，分别鉴定 SO_3^{2-} 和 $S_2O_3^{2-}$。

6. 在鉴定 $S_2O_3^{2-}$ 时，当加入 $AgNO_3$ 溶液后，为什么生成的沉淀颜色由白→黄→棕→黑？

$S_2O_3^{2-}$ 与 Ag^+ 作用先生成白色的 $Ag_2S_2O_3$ 沉淀，当放置一些时间后，此沉淀在空气中会最终变为黑色 Ag_2S 的。根据 $Ag_2S_2O_3$ 转变为 Ag_2S 量的多少，因而会使沉淀的颜色由白→黄→棕→黑。

$$2Ag^+ + S_2O_3^{2-} \Longrightarrow Ag_2S_2O_3 \downarrow (白色)$$
$$Ag_2S_2O_3 + H_2O \Longrightarrow Ag_2S \downarrow (黑色) + H_2SO_4$$

这是 $S_2O_3^{2-}$ 最特殊的反应之一，进行反应时应注意，$Ag_2S_2O_3$ 沉淀能溶解于过量的硫代硫酸盐中，生成 $[Ag_2(S_2O_3)_3]^{3-}$ 配离子。因此仅在 Ag^+ 存在过量时才能生成 $Ag_2S_2O_3$ 沉淀。

7. 验证 $NaNO_2$ 的氧化或还原性时为什么不能先酸化？

因为 $NaNO_2$ 酸化时立即生成 HNO_2，HNO_2 很不稳定，很快就会分解产生 N_2O_3（使溶液呈天蓝色），气体一旦逸出液面即分解为 NO 和 NO_2。根据加入酸量的多少，在加 KI 或 $KMnO_4$ 溶液验证 $NaNO_2$ 的氧化或还原性前，$NaNO_2$ 可能已部分甚至全部作用完，从而导致实验失败。

$$2NO_2^- + 2H^+ \Longrightarrow N_2O_3 \uparrow + H_2O$$
$$N_2O_3 \Longrightarrow NO + NO_2$$

故实验时应先将 $NaNO_2$ 与 KI 或 $KMnO_4$ 溶液混合，然后加酸（稀硫酸）酸化，观察溶液颜色的变化情况。

8. 在 $KClO_3$ 溶液中加入 KI 溶液，然后逐滴加入 H_2SO_4 酸化，不断振荡试管并加微热，为什么溶液会由黄色（I_3^-）变为紫黑色（I_2 析出），最后变为无色（IO_3^-）？

因为 $KClO_3$ 在酸性介质中表现出强氧化性，它能将 KI 氧化为 I_2。由于此时溶液中存在着还未作用完的 KI，它与 I_2 作用生成 I_3^- 而呈黄色。当溶液中的全部 KI 与 $KClO_3$ 作用完后则变为紫黑色。由于 I_2 在水中的溶解度较小（$20℃$，$2.9×10^{-2}$ g/100gH_2O），因而观察到有紫黑色单质碘结晶状沉淀析出。单质碘与过量 $KClO_3$ 在酸性介质中又发生反应最后变为无色的 IO_3^-。如果加热，则大部分碘升华，此时可以观察到有紫红色碘的蒸气逸出。上述各步反应的方程式如下：

$$ClO_3^- + 6I^- + 6H^+ \Longrightarrow Cl^- + 3I_2 + 3H_2O$$
$$I_2 + I^- \Longrightarrow I_3^-$$
$$2ClO_3^- + I_2 + 2H^+ \Longrightarrow 2HIO_3 + Cl_2 \uparrow$$

9. 当氯水逐滴滴入碘化钾溶液至过量时，应先出现紫色，然后紫色褪去，但有时为什么观察不到紫色 I_2 的消失？

当饱和氯水和 KI 溶液反应时，首先从 KI 中把 I_2 置换出来，此时溶液呈紫色，被置换出来的 I_2 能进一步被 Cl_2 氧化成无色的碘酸（HIO_3）。其反应方程式如下：

$$Cl_2 + 2I^- \Longrightarrow 2Cl^- + I_2 \tag{5}$$
$$I_2 + 5Cl_2 + 6H_2O \Longrightarrow 2IO_3^- + 10Cl^- + 12H^+ \tag{6}$$

如果所用的氯水不饱和（不是新配制的）或所用 KI 量太多，那就观察不到紫色 I_2 的消失了。根据能斯特方程式：

$$E(氧化态/还原态) = E^{\ominus}(氧化态/还原态) + \frac{0.0592}{n} \lg \frac{c(氧化态)}{c(还原态)}$$

从反应式（5）中可以看出，若 Cl_2 的浓度过低，$E(Cl_2/Cl^-)$ 值下降；因为 $E(Cl_2/Cl^-)=1.36V \gg E(I_2/I^-)=0.535V$，浓度改变并不影响反应（5）的顺利进行。但 KI 量过多，消耗的 Cl_2 也多，使 Cl_2 的浓度进一步下降，在反应式（6）中 $E(Cl_2/Cl^-)$ 的值更小。但由于 $E(Cl_2/Cl^-)=1.36V$ 与 $E(IO_3^-/I_2)=1.19V$ 相差不大，因此就有可能使 $E(Cl_2/Cl^-) < E(IO_3^-/I_2)$，致使反应（6）不能顺利进行，$I_2$ 的紫色就不能消失。

因此，为了使实验能顺利进行，所用氯水必须是新配制的饱和氯水，而且 KI 的量不宜用得过多。

10. 在 Br^- 与 I^- 的混合溶液中逐滴加入氯水时，在 CCl_4 层中，为什么先出现紫红色后呈橙黄色？

氯水能将 Br^- 与 I^- 氧化为 Br_2 与 I_2，在 CCl_4 层中 Br_2 呈橙黄色，I_2 呈紫色，由于 I_2 的颜色较 Br_2 深，故实际观察到的是紫红色。当氯水逐滴加入至过量，I_2 进一步被 Cl_2 氧化成无色的 HIO_3，此时呈现出来的橙黄色即为 Br_2 在 CCl_4 层中的颜色。但必须注意的是，加入过量氯水后，Br_2 也能进一步被 Cl_2 氧化为 $BrCl$ 而使橙黄色变为淡黄色，影响 Br^- 的检出。

11. 用锌粉置换 AgBr、AgI 中的银时，为什么要加入稀硫酸？

因为锌与 AgBr、AgI 均为固相，为非均相反应。要分子间碰撞发生反应很难，速度很慢。加入稀硫酸后，锌与酸中的氢离子反应生成氢原子，易运动的氢原子再使溶液中少量 Ag^+ 还原，AgBr、AgI 再溶解出 Ag^+，这样就把银置换出来了，H^+ 起了传递电子的作用，相当于催化剂。方程式是：

$$Zn + 2H^+ \longrightarrow Zn^{2+} + 2H\cdot$$
$$H\cdot + AgBr(或 AgI) \longrightarrow Ag + Br^-(或 I^-) + H^+$$

三、补充说明

1. 用奈氏试剂鉴定 NH_4^+ 时，为什么必须采用气室法而不能直接在试管内进行？

奈氏试剂是 $K_2[HgI_4]$ 的碱性溶液与 NH_4^+ 作用后生成的红棕色沉淀。如果在待测液中含有少量重金属杂质离子（如 Fe^{3+}、Cr^{3+}、Co^{2+}、Ni^{2+} 等）的话，这些杂质离子均能与奈氏试剂中的 OH^- 生成深色氢氧化物沉淀。如果鉴定直接在试管中进行的话，则这些有色沉淀就会干扰 NH_4^+ 的检出，若改用气室法后，因为待测液与溶液是滴在一块表面皿内，而滴有奈氏试剂的滤纸条是贴在另一块表面皿内。这样，这些杂质重金属离子不会气化，它们的存在就不会干扰 NH_4^+ 的检出了。

2. 为什么可以用 $(NH_4)_2CO_3$ 溶液或 $AgNO_3$-NH_3 溶液将 AgCl 和 AgBr、AgI 分离？

AgCl 能溶于氨水，AgBr 能部分溶于氨水，AgI 则不溶于氨水。如以 $(NH_4)_2CO_3$ 溶液处理 AgCl、AgBr 和 AgI 沉淀时，由于 $(NH_4)_2CO_3$ 水解得到 NH_3 能使 AgCl 溶解，而 AgBr 和 AgI 不能溶解。如以 $AgNO_3$-NH_3 溶液来处理 AgCl、AgBr 和 AgI 沉淀时，由于混合液中除 NH_3 外，还含有 $[Ag(NH_3)_2]^+$ 配离子，后者正是卤化银溶于溶液时的反应产物，例如：

$$AgBr + 2NH_3 \rightleftharpoons [Ag(NH_3)_2]^+ + Br^-$$

混合液内的 $[Ag(NH_3)_2]^+$ 配离子使上述反应向左移动，因而使 AgBr 的溶解度更为降低，几乎完全不溶。反之，由于 AgCl 的溶解度较大，仍能部分溶于混合液中，从而使 AgCl 和 AgBr、AgI 分离。

四、实验室准备工作注意事项

1. 下列试剂都必须现用现配：饱和 H_2S 溶液、Na_2S 溶液、Na_2SO_3 溶液、$NaNO_2$ 溶液、$1\% Na_2[Fe(CN)_5NO]$ 溶液、$K_4[Fe(CN)_6]$ 溶液、奈氏试剂、钼酸铵试剂、饱和氨水、

淀粉溶液、$NaNO_2$ 溶液、$(NH_4)_2CO_3$ 溶液、氯水。

2. 奈氏试剂的配制：溶解 115g HgI_2 和 80g KI 于去离子水中，冲稀至 500mL，加入 500mL 6mol/L 的 NaOH 溶液，静置后，取其清液，保存在棕色瓶中。

3. 钼酸铵试剂（0.1mol/L）的配制：溶解 124g$(NH_4)_6Mo_7O_{24} \cdot 4H_2O$ 于 1L 去离子水中，将所得溶液倒入 1L 6mol/L 的 HNO_3 中，放置 24h，取其澄清液。

4. 1% $Na_2[Fe(CN)_5NO]$ 溶液的配制：溶解 1g $Na_2[Fe(CN)_5NO]$ 于 100mL 去离子水中，如溶液变成蓝色，则需重新配制（只能保存数天）。

5. $AgNO_3$-NH_3 溶液的配制：溶解 1.7g $AgNO_3$ 于去离子水中，加 17mL 浓氨水，再用去离子水稀释至 1L。

6. 四只瓶内分别装入 $NaNO_2$、$NaNO_3$、NH_4NO_3、Na_3PO_4 四种白色晶体，并分别用标签标识。

7. 实验室应准备好 pH 试纸、KI-淀粉试纸、$Pb(Ac)_2$ 试纸以供学生实验时使用。

五、实验前准备的思考题

1. 本实验中怎样检验硫化氢的还原性？
2. 金属硫化物根据它们的溶解情况可以分为哪几类？
3. 亚硫酸盐与硫代硫酸盐有哪些主要性质？怎样用实验加以验证？
4. 本实验中怎样检验亚硝酸的氧化性？稀硝酸对金属的作用与稀硫酸或稀盐酸有何不同？
5. 卤化氢的还原性有什么递变规律，在实验时应注意哪些安全问题？怎样检验逸出的气体？
6. 在水溶液中氯酸盐的氧化性与介质有何关系？
7. 在 KI 溶液中逐滴滴入氯水时，在 CCl_4 层中为什么先出现紫色后紫色又褪去？
8. Cl^-、Br^-、I^- 混合离子怎样分离和鉴定？

实验十六　若干 p 区金属元素单质及化合物的性质

一、实验操作注意事项

1. 在进行 $Pb(OH)_2$ 的两性实验时应加稀 HNO_3 检验它的碱性，因为常见的铅盐中只有 $Pb(NO_3)_2$ 和 $Pb(Ac)_2$ 是易溶于水的。如果改用 HCl 和 H_2SO_4 的话，由于反应生成的 $PbCl_2$ 和 $PbSO_4$ 都是难溶于水的白色沉淀，就难以判断 $Pb(OH)_2$ 是否具有碱性了。

2. 在做 $SnCl_2$ 还原性的验证（或 Hg^{2+} 与 Sn^{2+} 的鉴定）实验时，$HgCl_2$ 溶液只需用 2～3 滴即可，不能多加，否则将需加入大量 $SnCl_2$ 溶液才能观察到白色沉淀转变为灰黑色沉淀。滴加的顺序是把 $SnCl_2$ 滴入 $HgCl_2$ 中，而且需不断振荡试管并放置片刻后才能观察到沉淀颜色的变化情况。

3. 在进行 PbO_2、$NaBiO_3$ 氧化性（即 Mn^{2+} 鉴定）实验时，必须用 HNO_3 酸化，振荡试管，并加微热，静置片刻，使溶液逐渐澄清后，观察上层澄清溶液应呈现紫红色。否则，由于溶液中有过量 PbO_2、$NaBiO_3$ 存在，使溶液浑浊不清，很难观察到紫红色溶液。

4. 在 $SnCl_2$ 溶液中加 NaOH 溶液制备沉淀 $Sn(OH)_2$ 时，为了避免 NaOH 过量使 $Sn(OH)_2$ 沉淀马上消失，NaOH 要逐滴加入。因在配制 $SnCl_2$ 溶液时为防止水解加了过量的酸，会消耗较多的碱后才有 $Sn(OH)_2$ 沉淀出现。

5. 把沉淀分成几份并分别加入其它试剂中反应，取出少量沉淀比较困难，可把浊液先分成几份，分别离心沉淀，这样比较容易得到几份近似等量的同一种沉淀。

6. 在做 Sb^{3+} 和 Bi^{3+} 的硫化物实验时,由于生成的 Sb_2S_3 和 Bi_2S_3 沉淀的量很少,难以将沉淀分成三份,故实验时可分别取三支试管各制取三份 Sb_2S_3 和 Bi_2S_3 沉淀,然后分别逐滴加入 2mol/L 的 HCl、浓 HCl 和 0.5 mol/L 的 Na_2S 溶液检验 Sb_2S_3 和 Bi_2S_3 沉淀是否都能溶解。

二、问题与讨论

1. $SnCl_2$、$SbCl_3$、$BiCl_3$ 水解后的产物是否相似?为什么它们的水解产物均难溶于水?

$SnCl_2$、$SbCl_3$、$BiCl_3$ 水解后都先生成碱式盐沉淀,如 $Sn(OH)Cl$、$Sb(OH)_2Cl$、$Bi(OH)_2Cl$。但后两种脱水后即生成 $SbOCl$ 与 $BiOCl$ 酰基盐沉淀。

$$SnCl_2 + H_2O = Sn(OH)Cl\downarrow + HCl$$
$$SbCl_3 + 2H_2O = Sb(OH)_2Cl\downarrow + 2HCl$$
$$\hookrightarrow SbOCl(氯化氧锑或氯化酰锑) + H_2O$$
$$BiCl_3 + 2H_2O = Bi(OH)_2Cl\downarrow + 2HCl$$
$$\hookrightarrow BiOCl\downarrow(氯化氧铋或氯化酰铋) + H_2O$$

这些碱式盐在水中或酸性不强的溶液中溶解度很小,这是因为它们的"金属离子"都具有外层为 18+2 的电子构型。这种外层电子结构不仅增强了离子的极化能力,而且增加了离子的变形性,从而增大了这些离子与负离子的相互极化作用,增强了它们之间的作用力,以致使它们难以再与水结合,因而难溶于水。

2. 有时 $SnCl_2$ 水解产生的白色沉淀在盐酸中不能溶解,这是什么原因?在新配制的 $SnCl_2$ 溶液中常加少量锡粒起什么作用?

$SnCl_2$ 固体溶于水即发生水解,产生碱式氯化亚锡 $Sn(OH)Cl$ 的白色沉淀。由于 $Sn(OH)Cl$ 易溶于盐酸,故加入适量的盐酸可抑制水解而得到澄清溶液。但有时即使采用纯度较高的 $SnCl_2$ 固体来配制,白色沉淀也不能全部溶于盐酸而仍略显浑浊。这可能是由于 $SnCl_2$ 已部分被空气中的氧气氧化为 $SnCl_4$(在光的作用下氧化作用显著加速)。

$$2SnCl_2 + 4HCl + O_2 = 2SnCl_4 + 2H_2O$$

$SnCl_4$ 水解更加剧烈,产生不溶于酸和碱的 β-锡酸(与 H_2O 作用所得新鲜沉淀称为 α-锡酸,可溶于酸或碱)所致。

$$SnCl_4 + 3H_2O = H_2SnO_3 + 4HCl$$

此时若更换质量好的 $SnCl_2$ 固体来配制,就不会有浑浊现象发生了。

在新配制的 $SnCl_2$ 溶液中常加入少量金属锡粒,主要是防止溶液中的 Sn^{2+} 氧化,它可以使已被氧化生成的 Sn^{4+} 又还原为 Sn^{2+}。

$$Sn^{4+} + Sn = 2Sn^{2+}$$

3. 在 $NaBiO_3$ 的氧化性实验中是否需要加酸酸化?为什么需用 HNO_3 而不能用 HCl?

$$NO_3^- + 2H^+ + e^- = NO_2 + H_2O \quad E^\ominus = 0.79V$$
$$Cl_2 + 2e^- = 2Cl^- \quad E^\ominus = 1.36V$$
$$MnO_4^- + 8H^+ + 5e^- = Mn^{2+} + 4H_2O \quad E^\ominus = 1.49V$$
$$NaBiO_3(s) + 6H^+ + 2e^- = Bi^{3+} + Na^+ + 3H_2O \quad E^\ominus > 1.80V$$

因为根据 $E^\ominus$ 值可知 $NaBiO_3$ 只有在酸性溶液中才能表现出氧化性。在 HNO_3 溶液中,$NaBiO_3$ 的氧化能力远大于 HNO_3,且 HNO_3 不能氧化溶液中仅有的还原性物质 Mn^{2+},故只可能发生下述反应:

$$5NaBiO_3(s) + 2Mn^{2+} + 14H^+ = 2MnO_4^- + 5Bi^{3+} + 5Na^+ + 7H_2O$$

而在 HCl 溶液中,氧化剂只有 $NaBiO_3$,而还原剂却有 Cl^- 与 Mn^{2+} 两种,且 Cl^- 的还原能力强于 Mn^{2+},故首先发生如下反应:

$$2NaBiO_3(s) + 4Cl^- + 12H^+ =\!=\!= 2Bi^{3+} + 2Na^+ + 2Cl_2 + 6H_2O$$

4. 哪些硫化物能溶于 Na_2S 或 $(NH_4)_2S$ 溶液中？哪些硫化物能溶于 Na_2S_x 或 $(NH_4)_2S_x$ 溶液中？哪些硫化物不溶于 Na_2S_x 或 $(NH_4)_2S$ 溶液中？

As_2S_3、As_2S_5、Sb_2S_3、Sb_2S_5、SnS_2、GeS_2 这些硫化物均能溶于 Na_2S 或 $(NH_4)_2S$ 溶液中生成硫代亚酸盐或硫代酸盐。例如：

$$As_2S_3 + 3Na_2S =\!=\!= 2Na_3AsS_3（硫化亚砷酸钠）$$
$$Sb_2S_5 + 3(NH_4)_2S =\!=\!= 2(NH_4)_3SbS_4（硫代锑酸铵）$$
$$SnS_2 + Na_2S =\!=\!= Na_2SnS_3（硫代锡酸钠）$$

由于 Na_2S_x 或 $(NH_4)_2S_x$ 溶液多硫离子（S_x^{2-}）的氧化作用，它能将 Sn^{2+} 或 Ge^{2+} 氧化成硫代锡酸盐或硫代锗酸盐而溶解。

$$SnS + Na_2S_2 =\!=\!= Na_2SnS_3$$

此外由于 As_2S_3 和 Sb_2S_3 都具有一定的还原性，故它们能和具有氧化性的 Na_2S_x 或 $(NH_4)_2S_x$ 反应生成硫代酸盐并析出单质硫。

$$As_2S_3 + 3Na_2S_2 =\!=\!= 2Na_3AsS_4 + S$$
$$Sb_2S_3 + 3(NH_4)_2S_2 =\!=\!= 2(NH_4)_3SbS_4 + S$$

而 PbS 与 Bi_2S_3 因显碱性故不能溶于 Na_2S 或 $(NH_4)_2S$ 溶液中。

5. Sb_2S_3 与 Bi_2S_3 是否均能溶于 HCl 中？

Sb_2S_3 溶于浓度约为 9mol/L 的 HCl 中，而 Bi_2S_3 可溶于约 4mol/L 的 HCl 中，Sb_2S_3 与 Bi_2S_3 能与热的浓 HCl 作用生成 $SbCl_3$ 与 $BiCl_3$ 而溶解。Sb_2S_3 与浓 HCl 作用也能生成 $H_3[SbCl_6]$ 而溶解。

$$Sb_2S_3 + 6HCl(浓,热) =\!=\!= 2SbCl_3 + 3H_2S\uparrow$$
$$Sb_2S_3 + 12HCl(浓) =\!=\!= 2H_3[SbCl_6] + 3H_2S\uparrow$$

6. 硫酸铅能否溶于硫酸？

很多实验书上有硫酸铅能溶于硫酸的说法，方程式是：

$$PbSO_4 + H_2SO_4 =\!=\!= Pb(HSO_4)_2$$

作者进行了多次实验，不论用什么浓度的硫酸，不论 $PbSO_4$ 沉淀是新鲜制备的还是老化过的，不论是否加热，都未观察到硫酸铅溶于硫酸的现象。

三、补充说明

验证氢氧化物酸碱性的方法有哪几种？如何选用？

本课程中验证氢氧化物的方法有三种：①指示剂显色；②pH 试纸或 pH 计测定；③试验其与强酸、强碱溶液的反应情况。方法①、②只适用于易溶或溶解度虽不大但仍足以引起指示剂变色者。方法②还要求该溶液是弱酸或弱碱性的，即 $2<pH<12$，才能测得明确的 pH 值。方法③一般用于不溶于水的氢氧化物。如能与强酸反应而溶解，说明该氢氧化物呈碱性；能与强碱反应而溶解，说明该氢氧化物呈酸性；如果在强酸、强碱溶液中都能溶解，则该氢氧化物呈两性。

验证某些难溶氢氧化物的酸性时，还应注意碱的浓度，有时可采用浓碱甚至固碱。如 $Cu(OH)_2$ 微显两性，它易溶于酸，但只能溶于过量浓的强碱溶液中。而 $Mg(OH)_2$ 即使与浓碱也不起作用故它不具有酸性。使用的碱一般采用 NaOH 或 KOH，而不宜用氨水（因为它是弱碱而且易与许多过渡金属离子产生氨的配合反应）。

验证某些难溶氢氧化物的碱性时应注意选用合适的酸。如对于 $Pb(OH)_2$ 来说，若选用 H_2SO_4 或 HCl，由于反应产生的 $PbSO_4$ 或 $PbCl_2$ 都是较难溶于水的白色沉淀，不易判断反应是否进行，故应选用 HNO_3 最为适当，因为 $Pb(NO_3)_2$ 是易溶于水的。而对 $Sn(OH)_2$ 来说就不宜用具有氧化性的 HNO_3 而应该选用 HCl，Sn^{2+} 因具有较强的还原性，它易被 HNO_3 氧化为 Sn^{4+} 而影响试验。总之，选用何种酸最为恰当，既要考虑生成盐的溶解度，又要考虑到不致发生氧化还原反应等其它反应。

四、实验室准备工作注意事项

1. Na_2S 溶液应该现用现配，不要放置时间太长。

2. $HgCl_2$ 溶液有毒，使用时注意安全。

3. 实验室应准备好锡箔（剪成小方块），以备学生鉴定 Sb^{3+} 时使用。

五、实验前准备的思考题

1. 若需验证 $Pb(OH)_2$ 的碱性，应使用何种酸？
2. 验证 PbO_2 和 $NaBiO_3$ 的氧化性时，应使用何种酸进行酸化？
3. 怎样从标准电极电位判断金属的置换反应是否能够进行？
4. 根据平衡移动的原理，是否可以用金属铜将铅从铅盐中置换出来？

实验十七　若干 d 区元素化合物的性质

一、实验操作注意事项

1. Cr^{3+} 鉴定时，先加入稍过量的 NaOH 溶液，使 Cr^{3+} 转化为 CrO_2^-，然后加入几滴 H_2O_2 微热至溶液生成浅黄色的 CrO_4^{2-}。注意应严格控制 H_2O_2 的用量，微热的目的主要促使 CrO_2^- 氧化为 CrO_4^{2-}，防止生成褐红色的过铬酸钠（Na_3CrO_8）。加入乙醚前一定先要把溶液冷却，因为乙醚沸点很低，挥发性大，密度小于水（$\rho=0.74g/mL$），如果溶液热的话加入的乙醚就将挥发掉。然后慢慢加入 HNO_3 使溶液呈酸性（用 pH 试纸测定），摇动试管，在上层的乙醚层就出现深蓝色的 CrO_5，也可写成 $CrO(O_2)_2$。$CrO(O_2)_2$ 很不稳定，在 pH<1 时会迅速分解为绿色的 Cr^{3+} 并放出 O_2；加入乙醚或戊醇可增加 $CrO(O_2)_2$ 的稳定性，这是由于 $CrO(O_2)_2$ 在乙醚中能形成较稳定的深蓝色 $CrO(O_2)_2 \cdot (C_2H_5)_2O$。

2. MnO_4^- 与 MnO_2 只有在强碱溶液中长时间加热才能反应生成绿色的 MnO_4^{2-}。在中性、酸性或微碱性溶液中极不稳定，均易发生歧化反应，MnO_4^{2-} 只有在强碱性溶液中（pH>13.5）才能稳定存在。当加酸酸化后可歧化成紫色的 MnO_4^- 和棕色的 MnO_2 沉淀，如果现象不明显可稍加热。

3. 用 $K_2Cr_2O_7$ 氧化盐酸时分别用浓盐酸和稀盐酸，用 KI-淀粉试纸检验可能产生的氯气。该实验放在通风橱中进行。

4. 在 $KMnO_4$ 的还原产物和介质关系的实验中，酸、碱介质的条件要控制适当，而且氧化剂 $KMnO_4$ 与还原剂 Na_2SO_3 的用量也要控制适当，否则将使实验达不到预期效果。

5. 制取 $Fe(OH)_2$ 沉淀时应先将去离子水与 NaOH 溶液煮沸以除去溶解在其中的 O_2，操作必须迅速，制得的 $Fe(OH)_2$ 不要摇动，因为 $Fe(OH)_2$ 极易被氧化成为 $Fe(OH)_3$。

6. 在 $CoCl_2$ 溶液中逐滴加入 NaOH 溶液时先生成蓝色的 Co(OH)Cl 沉淀，继续滴加 NaOH 溶液时可得粉红色的 $Co(OH)_2$ 沉淀。

7. 鉴定 Fe^{3+} 除可采用与 $K_4[Fe(CN)_6]$ 溶液作用生成"铁蓝"沉淀的方法外，还可通过与 SCN^- 作用生成血红色的 $[Fe(NCS)_n]^{3-n}$ 来鉴定。后者的反应必须在稀酸溶液中进行，但不能用 HNO_3，因为其有氧化性，能破坏 SCN^-。

8. 在制取配合物 $[Co(NH_3)_6]Cl_2$、$[Ni(NH_3)_4]SO_4$ 时，除需加入过量氨水外还要加入一定量的 NH_4Cl。

9. 鉴定 Co^{2+} 时生成的蓝色配位离子 $[Co(NCS)_4]^{2-}$ 不稳定，在水中溶解度大，故常加入丙酮，以提高此配位离子的稳定性。

10. Ni^{2+} 可与二乙酰二肟作用生成鲜红色螯合物沉淀，为了使鉴定的现象更为明显，在鉴定 Ni^{2+} 时常加入氨水。

11. Fe^{2+}、Fe^{3+}、Ni^{2+} 的鉴定反应均可在点滴板中进行，这样可以清晰地观察到沉淀的颜色。

12. 本实验因内容较多，故应仔细观察各种实验现象，注意所产生的各种沉淀颜色以及颜色变化的情况，及时把所观察到的各种现象记录在预习报告上，以免相互混淆。

二、问题与讨论

1. 为什么验证 +3 价铬的还原性常在碱性介质中进行，而验证 +6 价铬的氧化性则总利用酸性条件？在验证 Cr^{3+} 的还原性时，为什么需严格控制 H_2O_2 用量并需加微热？

氧化数为 +3 的铬和氧化数为 +6 的铬各有两种存在形态，有关的电极电势为：

$$CrO_4^{2-} + 2H_2O + 3e^- = CrO_2^- + 4OH^- \quad E^{\ominus} = -0.13V$$

$$Cr_2O_7^{2-} + 14H^+ + 6e^- = 2Cr^{3+} + 7H_2O \quad E^{\ominus} = 1.33V$$

由此可见，在碱性条件下氧化数为 +3 的铬（以 CrO_2^- 形式存在）有较强的还原性，而在酸性条件下，氧化数为 +6 的铬（以 $Cr_2O_7^{2-}$ 形式存在）有较强的氧化性。

在验证 Cr^{3+} 的还原性时，如果加入过量 H_2O_2，有时会出现褐红色，这是生成 Na_3CrO_8 的缘故。

$$2CrCl_3 + 3H_2O_2 + 10NaOH = 2Na_2CrO_4 + 8H_2O + 6NaCl$$
黄色

$$2Na_2CrO_4 + 2NaOH + 7H_2O_2 = 2Na_3CrO_8 + 8H_2O$$
褐红色

过铬酸钠不稳定，加热后易分解，溶液由褐红色转变为黄色。

$$4Na_3CrO_8 + 2H_2O = 4NaOH + 7O_2 + 4Na_2CrO_4$$

因此为了得到明显的实验现象，必须严格控制 H_2O_2 的用量并需加热。

2. 介质对 MnO_4^- 的还原产物有何影响？如果氧化剂与还原剂的用量不当对 MnO_4^- 的还原产物又有何影响？

MnO_4^- 在酸性介质中的还原产物为 Mn^{2+}（无色或浅红色）；在中性介质或弱碱性介质中的还原产物为 MnO_2 水合物（棕色沉淀）；在强碱性介质中的还原产物为 MnO_4^{2-}（绿色）。

例如，在酸性溶液中，如果用过量还原剂如 SO_3^{2-}，它可将 MnO_4^- 还原为 Mn^{2+}：

$$2MnO_4^- + 5SO_3^{2-} + 6H^+ = 2Mn^{2+} + 5SO_4^{2-} + 3H_2O$$

如果 MnO_4^- 过量，它可与 Mn^{2+} 发生如下反应：

$$2MnO_4^- + 3Mn^{2+} + 2H_2O = 5MnO_2(s) + 4H^+$$

在中性或弱碱性溶液中 MnO_4^- 可被 SO_3^{2-} 还原为 MnO_2 水合物：

$$2MnO_4^- + 3SO_3^{2-} + H_2O = 2MnO_2(s) + 3SO_4^{2-} + 2OH^-$$

在强碱性溶液中，MnO_4^- 过量时可被 SO_3^{2-} 还原为 MnO_4^{2-}：

$$2MnO_4^- + SO_3^{2-} + 2OH^- = 2MnO_4^{2-} + SO_4^{2-} + H_2O$$

如果 MnO_4^- 量不足，则过剩的还原剂 SO_3^{2-} 可被 MnO_4^{2-} 氧化，最后产物是 MnO_2：

$$MnO_4^{2-} + SO_3^{2-} + H_2O = MnO_2 + SO_4^{2-} + 2OH^-$$

3. 为什么不能在水溶液中由 Fe^{3+} 和 KI 作用来制取 FeI_3？
根据下列电对的电极电势：

$$Fe^{3+} + e^- =\!=\!= Fe^{2+} \qquad E^\ominus = 0.770V$$
$$I_2 + 2e^- =\!=\!= 2I^- \qquad E^\ominus = 0.535V$$

可以得出，在酸性介质中 Fe^{3+} 是个中强氧化剂，它与 KI 作用后的产物是 I_2 与 Fe^{2+}，而不是 FeI_3。

$$2Fe^{3+} + 2I^- =\!=\!= 2Fe^{2+} + I_2$$

4. Fe^{2+} 与 Fe^{3+} 与过量氨水作用是否能生成氨配合物？

Fe^{2+} 难以形成稳定的氨配合物，无水状态下 $FeCl_2$ 虽然可以与氨气形成 $[Fe(NH_3)_6]Cl_2$，但它遇水即分解成 $Fe(OH)_2$ 沉淀。

$$[Fe(NH_3)_6]Cl_2 + 6H_2O =\!=\!= Fe(OH)_2(s) + 4NH_3 \cdot H_2O + 2NH_4Cl$$

对 Fe^{3+} 而言，由于其水合离子发生强烈水解，所以在水溶液中加入氨时，不是形成氨配合物，而是形成 $Fe(OH)_3$ 沉淀。

因此常利用 Fe^{2+} 与 Fe^{3+} 与过量氨水容易生成 $Fe(OH)_2$ 与 $Fe(OH)_3$ 沉淀的特点而与一些易与过量氨水形成氨配合物的重金属离子（如 Cu^{2+}、Zn^{2+}、Cd^{2+}、Ag^+ 等）进行分离。

5. Ni^{2+} 与二乙酰二肟的螯合反应为什么必须在氨性溶液中进行？$NiCl_2$ 中加入氨水时，产生的绿色沉淀是什么？

在中性、HAc 酸性或氨性溶液中，Ni^{2+} 与二乙酰二肟作用生成鲜红色螯合物沉淀，此沉淀能溶于强酸和强碱中，但氨水如加得太多也会与 Ni^{2+} 作用生成 $[Ni(NH_3)_4]^{2+}$，而使沉淀溶解。较合适的酸度是 pH=5～10。

$NiCl_2$ 中加入氨水后产生蓝绿色沉淀物为碱式盐 $Ni(OH)Cl$（它能溶于过量的氨水中），并不妨碍 Ni^{2+} 的检出。

6. 在制备 Co^{2+} 的氨配合物时，需加入 NH_4Cl，因为 Co^{2+} 除能与氨形成配合物外，还能与溶液中少量的 OH^- 形成 $Co(OH)Cl$ 沉淀。加入 NH_4Cl 可抑制氨水的解离，以至于 OH^- 浓度小到不能使 Co^{2+} 生成沉淀。制备 Ni^{2+} 的氨配合物时加入 NH_4Cl 也是同样的道理。

三、补充说明

1. 硅胶干燥剂吸水后为什么会变色？采用什么方法可使它再生？

作为干燥剂用的硅胶中常含有 $CoCl_2$。$CoCl_2$ 由于盐中结晶水数目的不同而呈现不同颜色，它们的相互转换温度及特征颜色如下：

$$CoCl_2 \cdot 6H_2O \xrightarrow{52.25℃} CoCl_2 \cdot 2H_2O \xrightarrow{90℃} CoCl_2 \cdot H_2O \xrightarrow{120℃} CoCl_2$$
（粉红） （紫红） （蓝紫） （蓝）

利用 $CoCl_2$ 在吸水和脱水而发生的颜色变化来表示硅胶的吸湿情况。当干燥硅胶吸水后，逐渐由蓝色变为粉红色，升高温度时，又失水由粉红色变为蓝色。因此当作为干燥剂用的硅胶变为粉红色时，表示不再有效。此时只要将吸湿后的硅胶放在烘箱中加热至 120℃，并不时翻动，待粉红色的硅胶又变为蓝色后，即可使它再生而能重复使用了。

2. 为什么铬酸洗液能够洗净仪器？洗液在使用一段时间后，为什么会逐渐变成暗绿色？

实验室中常见的铬酸洗液是重铬酸钾饱和溶液和浓硫酸的混合溶液，它有强氧化性，可用来洗涤化学玻璃仪器，以除去器壁上黏附的油脂层。洗液在使用过一段时间后，棕红色逐渐转变成暗绿色。若全部变成暗绿色，说明 +6 价铬已转变为 +3 价铬，洗液即失效。

铬酸洗液的配制方法：称取研细了的 $K_2Cr_2O_7$ 固体 20g 置于 500mL 烧杯内，加水 40mL，加热使之溶解，待其溶解后冷却之，再慢慢加入 350mL 粗浓硫酸（注意边加边搅拌）即成。因加浓硫酸时会放出大量的热量，故应在烧杯下面垫一块木板或石棉板，以防烫坏桌面。

四、实验室准备工作注意事项

1. 下列试剂都必须现用现配：Na_2SO_3、3% H_2O_2、$K_4[Fe(CN)_6]$溶液、$K_3[Fe(CN)_6]$溶液、淀粉溶液、二乙酰二肟试剂、溴水、饱和H_2S溶液。

2. 二乙酰二肟试剂的配制：取1g 二乙酰二肟溶于100mL95%乙醇中。

3. 乙醚（沸点为34.6℃）与丙酮（沸点为56℃）均系低沸点易挥发易燃的有机溶剂，乙醚还有麻醉作用，使用时应注意安全。

五、实验前准备的思考题

1. 怎样用实验来确定$Cr(OH)_3$是两性氢氧化物？$Mn(OH)_2$是否呈两性？将$Mn(OH)_2$放在空气中，将产生什么变化？
2. 在本实验中，如何实现从$Cr(Ⅲ)→Cr(Ⅵ)→Cr(Ⅲ)$的转变？
3. 怎样用生成过氧化铬的方法来鉴定Cr^{3+}的存在？实验过程中应注意哪些问题？
4. $KMnO_4$的还原产物与介质有什么关系？
5. 如何制备+2价和+3价铁、钴、镍的氢氧化物？本实验中验证它们的哪些性质？铁、钴、镍是否都能生成+2价和+3价的配合物？
6. 怎样验证+2价铁盐的还原性和+3价铁盐的氧化性？
7. 怎样鉴定Mn^{2+}、Fe^{2+}、Fe^{3+}、Co^{2+}、Ni^{2+}？
8. 怎样分离下列各组混合离子：①Cr^{3+}和Mn^{2+}；②Fe^{3+}和Co^{2+}；③Fe^{3+}和Ni^{2+}；④Cr^{3+}、Mn^{2+}和Fe^{3+}。

实验十八 若干 ds 区元素化合物的性质

一、实验操作注意事项

1. 验证Ag_2O、HgO、Hg_2O的碱性时应选用稀HNO_3，因为$AgNO_3$、$Hg(NO_3)_2$、$Hg_2(NO_3)_2$是溶于水的，而其氯化物或硫酸盐大多不溶于水。

2. 在$CuSO_4$溶液中加入KI溶液后生成白色CuI沉淀和I_2。但此时观察到的沉淀由于吸附了I_2而略带棕黄色，因此需把沉淀洗涤两次，离心分离后，才能观察到白色的CuI。也可在溶液中加入适量$Na_2S_2O_3$溶液，以除去反应中生成的I_2：

$$2Na_2S_2O_3 + I_2 =\!=\!= Na_2S_4O_6 + 2NaI$$

这样就便于观察到CuI的颜色。但$Na_2S_2O_3$溶液若加得太多，也会与Cu^+进行配合而使CuI沉淀溶解。

$$CuI + 2S_2O_3^{2-} =\!=\!= [Cu(S_2O_3)_2]^{3-} + I^-$$

3. 在$CuCl_2$溶液中加入浓HCl，再加入少许铜屑，加热时最初溶液呈蓝绿色，继续加热至沸腾（加热时间应稍长些，但应注意勿使试管内溶液溅出），待溶液呈泥黄色时，停止加热。用滴管吸出少量这种溶液，滴入到盛有半杯水的小烧杯中，观察应有白色CuCl沉淀产生。如无现象，则试管内的溶液尚需继续加热。

4. 用$K_4[Fe(CN)_6]$溶液鉴定Cu^{2+}时，需在中性或稀酸溶液中反应生成红棕色$Cu_2[Fe(CN)_6]$沉淀，此沉淀可溶于$NH_3·H_2O-NH_4Cl$中，生成深蓝色的$[Cu(NH_3)_4]^{2+}$，与强碱作用时，被分解成蓝色$Cu(OH)_2$沉淀。此外Fe^{3+}的存在能干扰Cu^{2+}的鉴定，只要加入适量NaF溶液作为掩蔽剂，使Fe^{3+}生成$[FeF_6]^{3-}$配离子掩蔽起来，这样对Cu^{2+}的鉴定就没有影响了。Cu^{2+}的鉴定可以在滴定板上进行。

5. 二苯硫腙是溶于CCl_4中配制而成（呈绿色），在强碱性条件下与Zn^{2+}反应生成螯合物，在水层中呈粉红色，在下层 CCl_4 中呈棕色。

6. 汞盐有剧毒，操作时必须注意安全，切勿让它进入口内或与伤口接触。

二、问题与讨论

1. 采取什么配位剂可以使卤化银沉淀生成配离子而溶解？

AgCl 在浓氨水中能生成 $[Ag(NH_3)_2]^+$ 而溶解，而 AgBr 和 AgI 却难溶于氨水。但 AgBr 能溶于 $Na_2S_2O_3$ 溶液中生成 $[Ag(S_2O_3)_2]^{3-}$ 而溶解，而 AgI 只能溶于 KCN 溶液中生成 $[Ag(CN)_2]^-$ 而溶解。

根据卤化银溶度积的不同和银配离子不稳定性的差异，可以通过平衡常数 $K^{\ominus}$ 值的计算来判断配离子与沉淀间的转化关系。

① AgCl 沉淀，在加入氨水时，可以形成而溶解：
$$AgCl(s) + 2NH_3 \rightleftharpoons [Ag(NH_3)_2]^+ + Cl^-$$

$$K^{\ominus} = \frac{c[Ag(NH_3)_2^+]c(Cl^-)}{c^2(NH_3)} = \frac{K_{sp}(AgCl)}{K_d[Ag(NH_3)_2^+]} = \frac{1.8 \times 10^{-10}}{8.9 \times 10^{-8}} = 2 \times 10^{-3}$$

② $[Ag(NH_3)_2]^+$ 的溶液，在加入 Br^- 时，可因沉淀的生成而离解：
$$[Ag(NH_3)_2]^+ + Br^- \rightleftharpoons AgBr(s) + 2NH_3$$

$$K^{\ominus} = \frac{c^2(NH_3)}{c[Ag(NH_3)_2^+]c(Br^-)} = \frac{K_d[Ag(NH_3)_2^+]}{K_{sp}(AgBr)} = \frac{8.9 \times 10^{-8}}{5.0 \times 10^{-13}} = 1.8 \times 10^5$$

③ AgBr 沉淀，在加入 $S_2O_3^{2-}$ 时，可因 $[Ag(S_2O_3)_2]^{3-}$ 的形成而溶解：
$$AgBr(s) + 2S_2O_3^{2-} \rightleftharpoons [Ag(S_2O_3)_2]^{3-} + Br^-$$

$$K^{\ominus} = \frac{c[Ag(S_2O_3)_2^{3-}]c(Br^-)}{c^2(S_2O_3^{2-})} = \frac{K_{sp}(AgBr)}{K_d[Ag(S_2O_3)_2^{3-}]} = \frac{5.0 \times 10^{-13}}{3.5 \times 10^{-14}} = 14.3$$

④ $[Ag(S_2O_3)_2]^{3-}$ 的溶液，在加入 KI 时，可因 AgI 沉淀的生成而离解：
$$[Ag(S_2O_3)_2]^{3-} + I^- \rightleftharpoons AgI(s) + 2S_2O_3^{2-}$$

$$K^{\ominus} = \frac{c^2(S_2O_3^{2-})}{c[Ag(S_2O_3)_2^{3-}]c(I^-)} = \frac{K_d[Ag(S_2O_3)_2^{3-}]}{K_{sp}(AgI)} = \frac{3.5 \times 10^{-14}}{8.3 \times 10^{-17}} = 4.2 \times 10^2$$

⑤ AgI 沉淀在加入 CN^- 时，可因配离子 $[Ag(CN)_2]^-$ 的形成而溶解：
$$AgI(s) + 2CN^- \rightleftharpoons [Ag(CN)_2]^- + I^-$$

$$K^{\ominus} = \frac{c[Ag(CN)_2^-]c(I^-)}{c^2(CN^-)} = \frac{K_{sp}(AgI)}{K_d[Ag(CN)_2^-]} = \frac{8.3 \times 10^{-17}}{6.3 \times 10^{-22}} = 1.3 \times 10^5$$

⑥ $[Ag(CN)_2]^-$ 的溶液，在加入 S^{2-} 时，可因 Ag_2S 沉淀的生成而离解：
$$2[Ag(CN)_2]^- + S^{2-} \rightleftharpoons Ag_2S(s) + 4CN^-$$

$$K^{\ominus} = \frac{c^4(CN^-)}{c^2[Ag(CN)_2^-]c(S^{2-})} = \frac{K_d^2[Ag(CN)_2^-]}{K_{sp}(AgS)} = \frac{(6.3 \times 10^{-22})^2}{1.6 \times 10^{-49}} = 2.48 \times 10^6$$

从上述各步转化反应的平衡常数 $K^{\ominus}$ 值的大小，可知各步转化的难易及其完全程度。$K^{\ominus}$ 值越大，其转化就越容易和越完全。

2. Cr^{3+}、$Cr(OH)_3$ 沉淀的颜色在不同书上写法不同，有蓝绿色、暗绿色等，原因是溶液中阴离子不同形成不同的配离子。

$[Cr(H_2O)_6]Cl_3$ $[CrCl(H_2O)_5]Cl_2 \cdot H_2O$ $[CrCl_2(H_2O)_4]Cl \cdot 2H_2O$
蓝绿色   浅绿色   暗绿色

$Cr(OH)_3$ 沉淀灰蓝色、灰绿色不同写法。实际上纯的 $Cr(OH)_3$ 应该是灰蓝色的，若溶液中还存在较多的 OH^- 或 Cl^-，形成绿色的 $Cr(OH)_4^-$ 或 $CrCl_3^-$ 掩盖 $Cr(OH)_3$ 的灰蓝色。若 $Cr(OH)_3$ 沉淀用蒸馏水洗涤，可看到灰蓝色 $Cr(OH)_3$ 沉淀。

3. 在 $HgCl_2$ 溶液中加入 KI 溶液时,首先出现的黄色沉淀是什么?

这种黄色沉淀是碘化汞的一种变体。碘化汞有红色、黄色和无色三种变体。当从溶液中缓慢地形成结晶时,初时显黄色,然后立刻变成红色。也就是说,黄色变体在常温时不稳定,立即转变为红色变体,而红色变体只有加热至126℃时才会转变为黄色变体。当碘化汞蒸气在减压下被冷却时,形成无色变体。

4. $HgCl_2$ 和 Hg_2Cl_2 是否与氨水形成氨配合物?

$HgCl_2$ 和 Hg_2Cl_2 与过量氨水反应时,并不生成氨配离子,而是生成白色的氯化氨基汞沉淀(Hg_2Cl_2 则歧化生成氯化氨基汞和金属汞沉淀)。

$$HgCl_2 + 2NH_3 \Longleftrightarrow HgNH_2Cl\downarrow(白色) + NH_4Cl$$

$$Hg_2Cl_2 + 2NH_3 \Longleftrightarrow HgNH_2Cl\downarrow(白色) + Hg\downarrow(黑色) + NH_4Cl$$

$HgCl_2$ 只有在 NH_4Cl 的浓溶液中与 $NH_3·H_2O$ 反应才能生成配合物。

$$HgCl_2 + 2NH_3 \xrightarrow{NH_4Cl} [Hg(NH_3)_2Cl_2]$$

$$[Hg(NH_3)_2Cl_2] + 2NH_3 \xrightarrow{NH_4Cl} [Hg(NH_3)_4]Cl_2$$

三、补充说明

如何从废定影液以及实验室的废银液中回收金属银?

照相底片上的溴化银,在定影时,未感光的溴化银被定影液中的硫代硫酸钠溶解,以 $Na_2S_2O_3·NaAgS_2O_3$ 的形式,即 $Na_3[Ag(S_2O_3)_2]$ 存在于废定影液中。实验室的废银液中通常多以 $[Ag(S_2O_3)_2]^{3-}$、Ag^+、AgCl、AgBr、AgI 等形式存在。从废定影液以及实验室的废银液中回收金属银,通常采用下列三种方法:

① 沉淀法。加入适当试剂使银生成难溶化合物沉淀。再经高温灼烧等方法制取银。例如:在废定影液或实验室的废银液中加入 Na_2S 后即有黑色的沉淀产生。

$$2[Ag(S_2O_3)_2]^{3-} + S^{2-} \Longleftrightarrow Ag_2S\downarrow + 4S_2O_3^{2-}$$

$$2Ag^+ + S^{2-} \Longleftrightarrow Ag_2S\downarrow$$

$$2AgX + S^{2-} \Longleftrightarrow Ag_2S\downarrow + 2X^- \quad (X^- = Cl^-、Br^- 或 I^-)$$

由于废银液通常是微酸性的,为了避免产生气体,在加入 Na_2S 前先要用碱液中和掉酸。然后使 Ag_2S 和 Na_2CO_3 在高温下(1000℃)反应,即能得到 Ag:

$$2Ag_2S + 2Na_2CO_3 \Longleftrightarrow 4Ag + 2Na_2S + 2CO_2\uparrow + O_2\uparrow$$

在反应进行时,往往加一些硼砂作助熔剂。三种成分的质量比为:$Ag_2S : Na_2CO_3 : Na_2B_4O_7·10H_2O = 3 : 2 : 1$。

② 化学还原法。可用于还原含银溶液的还原剂很多,例如,利用离子化倾向较大的金属(如锌)置换银。也可用甲醛、葡萄糖、亚硫酸钠、连二硫酸钠、抗坏血酸、蚁酸或水合肼等还原剂来还原银。

③ 电还原法。利用电解的方法,使银在阴极上析出。

四、实验室准备工作注意事项

1. 下列试剂必须现用现配:$K_4[Fe(CN)_6]$ 溶液、KSCN 饱和溶液、H_2S 饱和溶液、二苯硫腙溶液。

2. 二苯硫腙溶液的配制:溶解 0.1g 二苯硫腙于 1L 的 CCl_4 或 $CHCl_3$ 中。

3. KI 溶液有 0.1mol/L 及饱和溶液两种。

4. 五支试剂瓶内分别装入 $Zn(NO_3)_2$、$AgNO_3$、$Mn(NO_3)_2$、$Fe(NO_3)_3$、$Ba(NO_3)_2$ 五种溶液(浓度都是 0.1mol/L),并分别用标签 A、B、C、D、E 标识。

五、实验前准备的思考题

1. 在 Cu^{2+}、Ag^+、Zn^{2+}、Cd^{2+}、Hg^{2+}、Hg_2^{2+} 盐溶液中加入 NaOH 后，哪些生成氢氧化物？哪些生成氧化物？它们的酸碱性有什么不同？

2. 在 Cu^{2+}、Ag^+、Zn^{2+}、Cd^{2+}、Hg^{2+}、Hg_2^{2+} 盐溶液中各加入少量氨水和过量氨水，各有什么现象？

3. 将 KI 加到 $CuSO_4$ 溶液中会产生什么沉淀？此沉淀是否可以溶于饱和 KI 或饱和 KSCN 溶液中？为什么？CuCl 沉淀是否能溶于浓 HCl 中？为什么？

4. 在 $Hg(NO_3)_2$ 和 $Hg_2(NO_3)_2$ 溶液中各加入少量 KI 和过量 KI 溶液，将分别生成什么产物？

5. 怎样鉴定 Cu^{2+}、Ag^+、Zn^{2+}、Cd^{2+}、Hg^{2+}？

6. 怎样分离和鉴定下列各组离子：①Cu^{2+} 和 Ag^+；②Zn^{2+}、Cd^{2+} 和 Hg^{2+}；③Fe^{3+}、Cr^{3+} 和 Cu^{2+}；④Ag^+、Zn^{2+}、Mn^{2+}、Fe^{3+} 和 Ba^{2+}。

实验十九 未知阳离子混合液的分析

一、实验操作注意事项

1. 每次实验所用的试管、玻璃棒、滴管等仪器必须洗刷干净。应严格按照规定要求进行操作，如加热、振荡、冷却等。试剂也必须按规定要求量加入，如要求加入量适量、足量或过量时，就必须严格控制试剂加入的量，否则会影响实验结果。溶液与沉淀可用离心分离法分离，但是所分离出的沉淀物必须洗涤干净。

2. 加酸酸化或加碱碱化时，可用 pH 试纸测试溶液的酸碱性。

3. pH 试纸、KI-淀粉试纸与 $Pb(Ac)_2$ 试纸必须按规定的方法使用。

4. 对给定范围的未知阳离子混合液，可通过各种消去实验消去不可能存在的离子。消去实验一般包括以下几个内容：

① 观察试样颜色，初步判断某些有色阳离子是否存在。

② 测试溶液 pH 值，消去在该 pH 值条件下可生成沉淀的离子，但溶解度较大的阳离子不可消去（可能少量存在）。

③ 依次用 HCl、$(NH_4)_2SO_4$ 或 H_2SO_4、NaOH、$NH_3 \cdot H_2O$、H_2S 等组试剂进行消去实验，若消去实验无明显区别，则可消去那些反应灵敏度较高的阳离子。

④ 经消去实验后，对未消去的离子应选择合适的简便方法加以验证，如鉴别反应易受其它离子干扰，则需要进行分离或掩蔽。已经实验消去的离子可不必逐一鉴定。一些离子（如 Fe^{3+}、Fe^{2+}、Mn^{2+}、NH_4^+ 等）具有特效性的检出方法，可在其它离子共存的情况下不经分离而直接从样品中检出。

5. 乙醚属于低沸点（沸点为 34.6℃）、易挥发、易燃的有机溶剂，且具有麻醉作用，使用后应将瓶塞盖紧并应注意安全。

6. 注意应将实验观察到的现象及反应结果及时记录在实验报告内。

二、问题与讨论

如何判断未知物或鉴别未知液？

未知物的判断与未知液的鉴别实际上是无机化学知识的综合应用。各种物质的颜色、溶解性、酸碱性、水解性、氧化还原性以及生成配合物的能力方面都会有所不同，而且有些物质（或离子）还具有其特征的反应，这些因素均可作为判别时的依据。故实际上在判别时可供选择的实验方案往往不止一种，有条件时就应多选择几种进行实验，并将实验结果进行综合分析与比较。这样既可使实验结果准确无误，又有利于巩固和活用所学到的知识，扩大了知识面。

在本实验中对于未知物的判断就应根据实验的各个步骤综合起来进行分析，研究后再作出判断结论。

例如，判断未知物 $CuSO_4$ 时可从以下几个方面来考虑其性质的特点：它的氢氧化物是蓝色沉淀物，略显两性，而且具有脱水性。它与氨水作用先生成蓝色碱式盐沉淀，在过量氨水中沉淀溶解成为深蓝色的配离子溶液，在此溶液中通入 H_2S 或加入 Na_2S 溶液即产生黑色沉淀。此沉淀能溶解于 HNO_3 中。它能与铜粉在浓 HCl（或 NaCl 溶液）作用下，当加热至沸时发生歧化逆反应生成泥黄色的配离子溶液，将此配离子用大量水稀释后生成白色沉淀物。此外 $CuSO_4$ 溶液遇到 $K_4[Fe(CN)_6]$ 或 $BaCl_2$ 后均能产生特征的沉淀反应等等。根据以上这些综合的实验现象就可基本上证明它是 $CuSO_4$ 了。

对于多种未知液的鉴定也可采用以上这种综合方法进行分析、研究，最后作出结论。

例如，对于 $Zn(NO_3)_2$、$Pb(NO_3)_2$、$SnCl_2$ 三瓶未知液可通过如下方法进行鉴别。它们都是无色透明溶液，而阳离子 Zn^{2+}、Pb^{2+}、Sn^{2+} 的氢氧化物都是典型的两性氢氧化物。但三者硫化物的颜色却有明显差别：ZnS 白色，PbS 黑色，SnS 棕色，而且 ZnS 可以溶于稀酸，其余则不溶，故可用此法来进行初步鉴别。其次是 Sn^{2+} 不同于 Zn^{2+} 和 Pb^{2+}，它容易水解生成白色 Sn(OH)Cl 碱式盐沉淀，并且 Sn^{2+} 具有较强的还原性，能与 $HgCl_2$ 作用先生成白色沉淀后又转变为灰黑色沉淀。Pb^{2+} 能与 CrO_4^{2-} 作用生成黄色 $PbCrO_4$ 沉淀等。阴离子 NO_3^- 和 Cl^- 也可方便地用加 $AgNO_3$ 的方法，借助于 AgCl 的难溶性来鉴别。通过以上这些综合实验就可基本上把它们分别鉴别出来了。

应该注意的是当加入某种试剂鉴定某种离子时还要考虑到其它离子的干扰作用。如上面提到的 Cu^{2+} 能与 $K_4[Fe(CN)_6]$ 作用生成红棕色沉淀，但是当有 Fe^{3+}、Co^{2+}、Ni^{2+} 存在时，对此鉴定会有干扰作用，因为这些离子与 $K_4[Fe(CN)_6]$ 作用后也会生成有色的沉淀，从而影响了 Cu^{2+} 的检出，所以在进行鉴别实验时，应该全面地考虑问题，综合各方面的因素进行分析、研究，这样才能得出准确的结论。

上面列举的仅是在已知范围内对几种未知液的鉴别，由于未知液涉及的范围较小，因此鉴别方法相对来说还是比较简单的。下面将介绍常见阴、阳离子的分离与鉴定的方法，以供参考。

三、补充说明

1. 常见阴离子的分离与鉴定

常见的阴离子在实验中并不多，有的阴离子具有氧化性，有的具有还原性，它们互不相容。所以很少有多种离子共存。在大多数情况下，阴离子彼此不妨碍鉴定，因此通常采用个别鉴定的方法。为了节省不必要的鉴定手续，一般都先通过初步实验的方法，判断溶液中不可能存在的阴离子，然后对可能存在的阴离子进行个别检出。只有在鉴定时，某些离子发生相互干扰的情况下，才适当地采取分离反应，例如，Cl^-、Br^-、I^- 共存时，以及 S^{2-}、SO_3^{2-}、$S_2O_3^{2-}$ 共存时。下面对 SO_4^{2-}、SO_3^{2-}、S^{2-}、$S_2O_3^{2-}$、Cl^-、Br^-、I^-、NO_3^-、NO_2^-、PO_4^{3-}，等十种阴离子的分离与鉴定的步骤介绍如下。

(1) 初步实验

① 测定试液的 pH 值。用 pH 试纸测定试液的酸碱性，如果 pH<2，则不稳定的 $S_2O_3^{2-}$ 不可能存在，如果此时无气味，则 SO_3^{2-}、S^{2-}、NO_2^- 也不存在。

② 稀硫酸实验。如果试液呈中性或碱性，可进行下面的实验：取试液 10 滴，用 3mol/L

的 H_2SO_4 酸化，用手指轻敲试管下部，如果没有发现气泡生成，可将试管放在水浴中加热，这时如果仍没有气体产生，则表示 SO_3^{2-}、S^{2-}、$S_2O_3^{2-}$、NO_2^- 等离子不存在。如有气体产生，应注意气体的颜色和气味。

③ 还原性阴离子实验。

a. 取分析试液5滴，用稀 H_2SO_4 酸化，并逐滴加入 0.01mol/L 的 $KMnO_4$ 溶液，观察紫色是否褪去？如果紫色褪去，思考一下，哪些阴离子可能存在？为什么？

b. 另取分析试液5滴，用稀 NaOH 碱化，逐滴加入 0.01mol/L 的 $KMnO_4$ 溶液，根据 $KMnO_4$ 紫色的变化情况，思考一下，哪些阴离子可能存在？为什么？

c. 再取分析试液5滴，用 1 mol/L 的 H_2SO_4 酸化，逐滴加入淀粉-碘溶液，如果蓝色褪去，思考一下，哪些阴离子可能存在？为什么？

④ 氧化性阴离子实验。取分析试液5滴，用 1 mol/L 的 H_2SO_4 酸化，加入 CCl_4 5滴，再加 0.01mol/L 的 KI 溶液 1~2 滴，观察 CCl_4 层是否显紫色。如果 CCl_4 层显紫色，思考一下，哪些阴离子可能存在？为什么？

⑤ $BaCl_2$ 实验。取分析试液5滴，加入5滴 0.1 mol/L 的 $BaCl_2$ 溶液，观察是否有沉淀生成？如果有沉淀生成，表示 SO_4^{2-}、SO_3^{2-}、$S_2O_3^{2-}$ 等阴离子可能存在。离心分离，在沉淀中加入 6 mol/L 的 HCl 数滴，沉淀不完全溶解，则表示有 SO_4^{2-} 存在。

⑥ $AgNO_3$ 实验

取分析试液5滴，加入5滴 0.1 mol/L 的 $AgNO_3$ 溶液，如立即生成黑色沉淀，表示有 S^{2-} 存在。如果生成白色沉淀，且迅速变黄→棕→黑，表示有 $S_2O_3^{2-}$ 存在。离心分离，在沉淀中加入5滴 6mol/L 的 HNO_3，必要时加热搅拌，如沉淀不溶或部分溶解，表示可能有 Cl^-、Br^-、I^- 存在。

(2) 阴离子的个别鉴定 根据上面初步实验的结果，可以综合判断有哪些阴离子存在，然后对可能存在的阴离子进行个别鉴定。有关阴离子的个别鉴定方法，可参阅前面各实验中的有关内容，但下列阴离子个别鉴定时应注意其它离子的干扰。

① SO_3^{2-} 的鉴定。S^{2-} 在碱性溶液中也能与亚硝酰铁氰化钠 $Na_2[Fe(CN)_5NO]$ 作用而呈红紫色，因而对 SO_3^{2-} 的鉴定有干扰。

② $S_2O_3^{2-}$ 的鉴定。S^{2-} 能与 $AgNO_3$ 作用生成黑色 Ag_2S 沉淀，因而对 $S_2O_3^{2-}$ 的鉴定有干扰。

③ SO_4^{2-} 的鉴定。$S_2O_3^{2-}$ 的存在对鉴定 SO_4^{2-} 有影响，最好先用稀 HCl 酸化，除去沉淀后，再进行 SO_4^{2-} 的检出。

④ PO_4^{3-} 的鉴定。如果有还原性离子如 SO_3^{2-}、S^{2-}、$S_2O_3^{2-}$ 存在，则六价钼将会被还原为低价的"钼蓝"，所以应该用浓 HNO_3 煮沸后，再加钼酸铵试剂，并稍热至 40~50℃ 以鉴定 PO_4^{3-}。

⑤ Br^- 的鉴定。如果溶液中有 S^{2-}、SO_3^{2-}、I^- 等还原性离子存在，氯水将先氧化这些还原剂，所以此时氯水应适当过量。

⑥ NO_3^- 的鉴定。NO_2^- 也会发生类似 NO_3^- 的鉴定反应，故如有 NO_2^- 存在，必须先予以除去。

Br^- 和 I^- 存在时能与浓 H_2SO_4 发生反应生成 Br_2 和 I_2，与棕色环的颜色相似，因此必须预先除去。其方法如下：取分析试液20滴，加入约50mg固体 Ag_2SO_4，加热并搅拌数分钟，再滴入 1mol/L 的 Na_2CO_3 溶液以沉淀溶液中的 Ag^+。离心分离，弃去沉淀，取上层清液鉴定 NO_3^- 的存在。

(3) 几种干扰性阴离子共同存在时的分离和鉴定　下列几种干扰性阴离子共同存在时的分离和鉴定的方法，可参阅前面各实验中已介绍过的有关内容。

① SO_3^{2-}、S^{2-}、$S_2O_3^{2-}$共同存在时的分离和鉴定。取分析试液20滴，参阅实验十五，分离和鉴定。

② Cl^-、Br^-、I^-共同存在时的分离和鉴定。取分析试液10滴，参阅实验十五，分离和鉴定。

③ NO_3^-、NO_2^-共同存在时的分离和鉴定。取分析试液10滴，参阅实验十五，分离和鉴定。

在分离鉴定过程中可以采用"空白实验"和"对照实验"两种方法来加以验证和比较。

"空白实验"是以去离子水代替试液，在同样条件下进行试验，确定试液中是否真正含有检验的离子。空白实验用于检查试剂或去离子水中是否含有被检验的离子。

"对照实验"即用已知含有被检验离子的试液，在同样条件下进行试验，与未知试液的试验结果进行比较。对照实验用于检验试剂是否失效，或反应条件是否控制正确。

2. 常见阳离子的分离与鉴定

阳离子的种类较多，常见的有二十多种，个别定性检出时，容易发生相互干扰，所以一般阳离子分析都是利用阳离子的某些共同特性，先分成几组，然后再根据阳离子的个别特性加以检出。凡能使一组阳离子在适当的反应条件下生成沉淀而与其它组阳离子分离的试剂称为组试剂。利用不同的组试剂把阳离子逐组分离，再进行检出的方法称为阳离子的系统分析。

在阳离子系统分析中，利用不同的组试剂，可以提出许多种分组方案。比较有意义的是硫化氢系统分组方案和两酸两碱系统分组方案，下面分别对这两种方案作简单的介绍。

硫化氢系统分组方案在实验部分已经介绍。硫化氢系统分析法的优点是系统性强，分离方法比较严密，并可与溶度积等基本概念联系起来，不足之处是与化合物的两性及形成配合物的性质联系较少。另外此法由于操作步骤繁多，分析花费时间较多，硫化氢污染空气等缺点的存在，因此许多化学家提出了各种新的分析方法。如两酸两碱分析方法，两酸两碱分离示意图如图3-6所示。

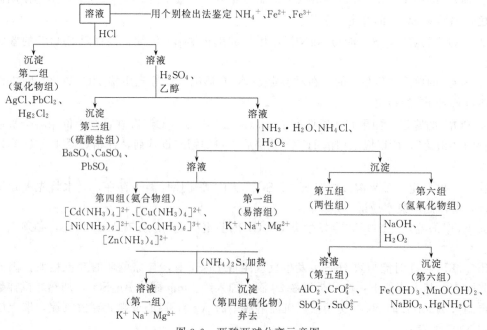

图3-6　两酸两碱分离示意图

四、实验室准备工作注意事项

1. 下列试剂必须现用现配：H_2S 饱和溶液、Na_2S 溶液、Na_2CO_3 溶液、3% H_2O_2、$K_4[Fe(CN)_6]$ 溶液。

2. 实验室应将五个未知物样品分别在瓶外用标签标明，尤其是两种固体（P）的未知物（一种是属于内容 A 的，另一种是属于内容 B 的）更要给以特殊的标记。把 A、B 内容的未知物分别放在两盘内置于实验室公用台的两边，不要放在一起，以免学生取样时搞错。

3. 实验室准备好 pH 试纸、KI-淀粉试纸与 Pb(Ac)₂ 试纸，以备学生实验时使用。

4. 乙醚属于低沸点（沸点为 34.6℃）、易挥发、易燃的有机溶剂，且具有麻醉作用。$HgCl_2$ 有毒，使用时应注意安全。

五、实验前准备的思考题

1. 实验前预习有关ⅣA、ⅤA族以及第一过渡系某些元素及其化合物的以下主要性质：溶解性、酸碱性、水解性、氧化还原性、生成配合物的能力、金属硫化物的颜色、溶解性和酸碱性以及各种离子的鉴定反应等。根据以上这些性质，总结出它们相互之间的共同性与特殊性。

2. 实验前先根据本实验中五个未知物实验过程中的各种实验现象，初步判断这五个未知物分别是哪些物质，然后再通过实验验证自己的判断是否正确。写出各步的反应方程式，并写出各实验中字母所表示的物质的名称。

3. 预习各种试纸的测试方法以及试剂滴加、试管加热、离心分离和沉淀洗涤等基本操作内容。

第四节　综合实验

实验二十　从硼镁泥制取七水硫酸镁

一、实验操作注意事项

1. 称取研细后的硼镁泥放入烧杯中，加水 150mL 搅拌成浆状物（注意料浆不宜太稠，否则将影响酸解的完全）。用滴管将 6mol/L 硫酸慢慢滴入硼镁泥的料浆中，边滴加边用玻璃棒不断搅拌料浆，使料浆的 pH 值控制在 1 左右。必须注意，由于反应中放出热量和产生大量气泡，如果加入硫酸速度过快，会使料浆外溢，造成损失。然后将料浆用小火加热，并不断搅拌以使酸解完全。待反应中大部分气体放出后，将料浆煮沸 10～15min，期间需不断补充水分以保持原有体积，并检查料浆的 pH 值是否已达到 1 左右，如果未达到，则需继续滴加硫酸（注意应将料浆稍冷却后再滴加），直至料浆的 pH≈1 为止（根据原料来源不同，所用硫酸的量也不同）。

2. 在酸解过程中硫酸的量不能加得太多，否则在下一步调节料浆 pH 值为 5～6 时，将耗用大量的硼镁泥。

3. 在加热过程中，如果由于溶液蒸发而使料浆变稠时，可加入适量水，使溶液保持在 150～200mL，否则将由于料浆太稠不但使氧化和水解反应不完全，也将使 pH 试纸检测时不易准确观察到试纸的变色情况。

4. 在氧化水解操作中，当料浆中加入次氯酸钠溶液后，需加热煮沸至料浆转为深咖啡色，表明氧化水解已较充分，可以停止加热，趁热过滤。如果加次氯酸钠溶液后，料浆颜色并未明显加深，表明氧化水解还不够充分，还需补加次氯酸钠溶液，继续加热反应。

5. 氧化水解后,应得到无色透明溶液,但有时会产生下述两种现象:①溶液呈黄色。这可能是由于氧化水解所形成的杂质固体颗粒如 MnO_2、$Fe(OH)_3$ 等太细,未能通过过滤除去。调节溶液的 pH 值达到 6,继续加热,使有色微粒凝聚沉降后再过滤除去,或在加热时放一些碎滤纸片吸附有色微粒并趁热过滤;若溶液黄色仍未褪,可在蒸发浓缩时,不要将溶液浓缩得太稠,以通过结晶将杂质留在母液中。②氧化水解后溶液呈淡紫红色,这是因为次氯酸钠太过量,Mn^{2+} 被氧化为 MnO_4^- 所致,出现此现象可加入极少量 3% H_2O_2 以还原 MnO_4^-;或在蒸发浓缩时,不要将溶液浓缩得太稠,以通过结晶将杂质 MnO_4^- 留在母液中。

6. 在除钙时,将滤液倒入烧杯中,加热蒸发至体积为 100mL 左右时,此时将有 $CaSO_4$ 沉淀析出。这是由于温度升高时 $CaSO_4$ 的溶解度减小(见表 3-9)。因此,必须趁热过滤以除去 $CaSO_4$。

表 3-9 $CaSO_4 \cdot 2H_2O$ 在不同温度下的溶解度   单位:g/100g 水

温度/℃	0	10	20	30	40	50	70	80	100
溶解度	0.1759	0.1928	—	0.2090	0.2097	0.2038	0.1966	—	0.1619

7. 在蒸发过程中,蒸发皿应放在石棉网上加热,蒸发浓缩至呈稀粥状的稠液时为止。注意加热时,火力不能太大,并充分搅拌,以免因局部过热出现暴沸而使溶液溅出。残留一些母液有利于可溶性杂质的溶解,从而能提高 $MgSO_4 \cdot 7H_2O$ 晶体的纯度。

8. 根据硼镁泥的用量(包括调节料浆 pH 值为 5~6 时所加的硼镁泥的量)和硼镁泥中 MgO 的含量(以 30% 计),计算七水硫酸镁的产率。$MgSO_4 \cdot 7H_2O$ 是白色细小针状或单斜柱状结晶。

二、问题与讨论

1. 用 6mol/L 硫酸酸解硼镁泥时,pH 值应控制在 1 左右,但酸解后为什么又要用少量硼镁泥调节溶液的 pH 值为 5~6?

用 6mol/L 硫酸酸解硼镁泥时控制料浆的 pH 值在 1 左右,主要是保证料浆有一定的酸度促使酸解完全,从而使硼镁泥中含有主要成分 $MgCO_3$ 以及其它杂质如 CaO、Fe_2O_3、Al_2O_3、MnO 等氧化物都转化为可溶性的硫酸盐。酸解后用少量硼镁泥调节溶液的 pH 值为 5~6,主要是除去 Fe^{3+}、Al^{3+} 等杂质,使它们以 $Fe(OH)_3$、$Al(OH)_3$ 等沉淀形式而除去。

根据溶度积常数计算可知:$Fe(OH)_3$、$Al(OH)_3$ 沉淀完全时的 pH 值(以残留离子浓度为 10^{-5} mol/L 计)分别为 4.71 与 3.20(见表 3-10)

表 3-10 金属氢氧化物沉淀的 pH 值

金属氢氧化物	K_{sp}	开始沉淀 pH 值 (M^{n+} 为 1mol/L)	开始沉淀 pH 值 (M^{n+} 为 0.1mol/L)	沉淀完全时 pH 值
$Mg(OH)_2$	1.8×10^{-11}	8.63	9.13	11.13
$Mn(OH)_2$	1.9×10^{-13}	7.64	8.14	10.14
$Fe(OH)_2$	8.0×10^{-16}	6.45	6.95	8.95
$Fe(OH)_3$	4.0×10^{-38}	1.54	1.87	3.20
$Al(OH)_3$	1.3×10^{-33}	3.04	3.37	4.71

2. 除去杂质 Mn^{2+} 与 Fe^{2+} 时,为什么要加入 NaClO 氧化剂?如果控制溶液的 pH 值使其水解成 $Mn(OH)_2$、$Fe(OH)_2$ 沉淀是否可以?为什么?

加入氧化剂 NaClO 的目的主要是使 Mn^{2+} 与 Fe^{2+} 氧化成 Mn(Ⅳ) 与 Fe(Ⅲ) 然后水解成 MnO_2 与 $Fe(OH)_3$ 沉淀,其过程如下:

$$Mn^{2+} + ClO^- + H_2O == MnO_2(s) + 2H^+ + Cl^-$$

$$2Fe^{2+} + ClO^- + 5H_2O == 2Fe(OH)_3(s) + 4H^+ + Cl^-$$

如果只控制溶液的 pH 值使其水解成 $Mn(OH)_2$、$Fe(OH)_2$ 沉淀,从表 3-10 可见 $Mn(OH)_2$、$Fe(OH)_2$ 沉淀完全时的 pH 值分别为 10.14 与 8.95,而 $Mg(OH)_2$ 开始沉淀时的 pH 值为 8.63,这样就造成分离上的困难。因此必须加入 NaClO 氧化剂,将 Mn^{2+} 与 Fe^{2+} 分别氧化成 Mn(Ⅳ) 与 Fe(Ⅲ),然后加热促使其水解完全,生成 MnO_2 与 $Fe(OH)_3$ 沉淀,最后控制溶液的 pH 值为 5~6 时,就可将 MnO_2 与 $Fe(OH)_3$ 沉淀分离除去。

三、补充说明

采用哪些试剂来调节溶液的 pH 值较为合适?

调节溶液的 pH 值时所用试剂一般有纯净的 $NH_3·H_2O$、该金属的氧化物或该金属的碳酸盐,因为这样可以做到不引进其它杂质。$NH_3·H_2O$ 与碳酸盐受热后分解成 NH_3 与 CO_2 挥发掉,加入该金属氧化物也不会引入其它杂质离子。此外调节 pH 值时所用试剂不能与产品发生化学反应,并且要注意选用价廉易得的试剂。

本实验中,利用硼镁泥的主要成分是 $MgCO_3$ 以及含有其它一些金属氧化物(如 CaO、Fe_2O_3、Al_2O_3、MnO 等)而显碱性,将其分批加入经过酸解后的料浆的 pH 值为 5~6,又可增加 $MgSO_4·7H_2O$ 的产量。至于所引进的一些金属氧化物等杂质,可以通过氧化、水解、除钙等操作步骤而除去。

四、实验室准备工作注意事项

1. 从工厂取来的硼镁泥如果潮湿结块,则应先将其敲碎成小块后晾干,以供实验使用,否则在研钵中难以研细。

2. pH 试纸应保存在干燥密封的容器中,如保存在密封的塑料袋或玻璃盘中,勿使其受潮,如发现已受潮或变色,则不能使用。

3. 下列试剂均应现用现配:次氯酸钠溶液(含 12%~15% 有效氯)、KSCN(1mol/L)、3% H_2O_2。

五、实验前准备的思考题

1. 从硼镁泥制取 $MgSO_4·7H_2O$ 主要有哪几个步骤?

2. 用 6mol/L 硫酸酸解硼镁泥时,pH 值应控制在 1 左右,但酸解后为什么又要用少量硼镁泥调节 pH 值为 5~6?

3. 除去杂质 Mn^{2+} 与 Fe^{2+} 时,为什么要加入 NaClO 氧化剂?如果控制溶液的 pH 值使其水解成 $Mn(OH)_2$、$Fe(OH)_2$ 沉淀是否可以?为什么?

4. 在本实验中,几次加热的目的是什么?

5. 如果控制溶液的 pH=6,问残留在溶液中的 Fe^{3+}、Al^{3+} 浓度各为多少?这两种离子是否已沉淀完全?

6. 蒸发浓缩 $MgSO_4$ 溶液时,要蒸发浓缩至稀粥状的稠液时才能停止加热,为什么?

预习台秤、量筒和 pH 试纸的使用以及加热、溶解、减压过滤、蒸发、结晶、干燥等基本操作内容。

实验二十一 三草酸合铁(Ⅲ)酸钾的合成和配离子组成以及电荷数的测定

一、实验操作注意事项

1. 若用 Fe^{2+} 盐为原料,要使 Fe^{2+} 充分被 H_2O_2 氧化,则反应温度应维持在 40℃ 左右,

要边搅拌边滴加 H_2O_2 至 FeC_2O_4 黄色沉淀全部转化为深棕红色沉淀 $Fe(OH)_3$。然后溶液加热至沸，分解过量的 H_2O_2。

2. 在配合过程中，溶液应保持近沸，当溶液 pH 值接近 4.5 时，应边搅拌边逐滴加入 $H_2C_2O_4$ 至 $3.5<pH<4$。

3. 当溶液的酸度偏离 $3.5<pH<4$ 时，橙黄色的 Fe^{3+} 与翠绿色配离子共存，溶液呈黄绿色。因此若此时 pH>4，应继续滴加 $H_2C_2O_4$；若 pH<3.5，可滴加 $K_2C_2O_4$。但要避免反复使用 $H_2C_2O_4$ 与 $K_2C_2O_4$ 调节溶液的 pH 值。因为 $H_2C_2O_4$ 和 $K_2C_2O_4$ 的溶解度均不大，当 $C_2O_4^{2-}$ 大大过量时，结晶时就与三草酸和铁(Ⅲ)酸钾同时析出，影响产品纯度。

若加过量 $H_2C_2O_4$ 配合，溶液呈现浑浊，这可能是上一步 H_2O_2 氧化 Fe^{2+} 的反应不充分，仍有部分 $FeC_2O_4 \cdot 2H_2O$ 存在，也可能是由于 $H_2C_2O_4$ 过量，使溶液酸度偏高，Fe^{3+} 被还原又生成 $FeC_2O_4 \cdot 2H_2O$ 的沉淀，此时应补加 H_2O_2，进一步氧化 Fe^{2+}，使沉淀完全溶解。

4. 溶液加热蒸发时，一般不会有晶膜或稀粥状现象出现。应根据经验，将溶液浓缩到一定体积后冷却才能慢慢析出沉淀。在工厂中通过测定溶液密度来控制，本实验中，将溶液蒸发到 20mL 左右停止加热会析出沉淀。

5. 在将离子交换树脂装柱时，应先放入少量玻璃棉，再加入 5mL 去离子水，然后调节螺旋夹，当水逐滴流出时，用滴管注入树脂和水的混合物。装柱的量为 8～9mL，若有气泡，用塑料通条将树脂间的气泡赶出，然后在树脂上面放少量玻璃棉。在装柱和交换过程中要始终保持柱中的水位略高于树脂，这样可防止树脂间气泡的产生。

6. 溶解试样的水应控制在 10～15mL，否则将影响交换结果，试样必须定量转入柱内，待溶液液面略高于树脂时才可进行洗涤。

7. 一般的离子选择电极都有其特定的 pH 使用范围，本实验所用的 301 型氯离子选择电极的最佳 pH 值为 2～7。

8. 树脂再生时，检验流出液是否含有 Fe^{3+}，应先用 H_2SO_4 破坏配离子再进行鉴定。

二、问题与讨论

1. 如何提高产品的质量和产量？

在过滤、沉淀洗涤和蒸发、浓缩结晶等操作中应严格规范地进行，尽可能除去各种杂质。正确调节 Fe^{3+} 与 $C_2O_4^{2-}$ 进行配位反应所需的 pH 值，避免过多反复地用 $H_2C_2O_4$、$K_2C_2O_4$ 来调节 pH 值。溶液蒸发、浓缩至 30mL 左右，结晶冷却温度要低，放置时间略长些，能得到较大、较纯的晶体。

若溶液蒸发、浓缩至 20mL 左右，或加入少量无水乙醇，产量较高，但产品颗粒较细。

2. 根据 $K_3[Fe(C_2O_4)_3] \cdot 3H_2O$ 的性质，应如何保存该化合物？

$K_3[Fe(C_2O_4)_3] \cdot 3H_2O$ 易见光分解，应避光保存，少量药品可用黑纸包严，较多药品可放入棕色广口瓶中，再用黑纸把广口瓶包严，放在阴凉处。

3. 在进行离子交换的实验步骤中需称量 0.5g 左右的三草酸合铁（Ⅲ）酸钾，称量值是如何确定的？

由氯离子选择电极测定 Cl^- 含量的原理可知，pCl 值与电池电动势 E_x 呈线性关系的氯离子活度范围在 $1\sim10^{-4}$ mol/L。三草酸合铁（Ⅲ）酸钾配离子的电荷数 Z 为 3，一般要求试样的 E_x 值所对应的 pCl 值在 2～3，即经离子交换后，被收集的流出液中含 Cl^- 的浓度为 $10^{-2}\sim10^{-3}$ mol/L。按上述要求代入下式：

$$Z=\frac{n(Cl^-)M(K_3[Fe(C_2O_4)_3])}{m(试样)}$$

计算得到称量范围为 0.16~1.6g（由 n 分别为 10^{-2} mol/L 与 10^{-3} mol/L 代入计算），一般选择 0.5~1g 的称量范围。

4. 在进行离子交换过程中为何要控制流速？

流速的控制必须以离子交换完全为依据，实验中流速的快慢是通过多次实验后确定的，流速过快，交换不完全；流速过慢，浪费时间。

5. 造成电荷数测量值偏大或偏小的因素有哪些？

使 Z 值偏小的因素有样品未干透，交换时间过快，导致交换不完全；使 Z 值偏大的原因有样品分解，或者含有 $H_2C_2O_4$、$K_2C_2O_4$ 等杂质。

三、补充说明

1. 若用 Fe^{2+} 盐为原料，生成部分 $Fe(OH)_3$ 后，加 $H_2C_2O_4$ 把 $Fe(OH)_3$ 反应成 $K_3[Fe(C_2O_4)_3]$ 时，8mL 的饱和 $H_2C_2O_4$ 要分两次加，第一次加 5mL，第二次加 3mL。这是因为该反应对酸度要求很高，若草酸一下加入，酸度过大，易发生反应：$2Fe(OH)_3 + Fe_2(C_2O_4)_3 + 3H_2C_2O_4 \longrightarrow 4FeC_2O_4 \cdot 2H_2O\downarrow + 4CO_2\uparrow + 4H_2O$，生成黄色杂质 $FeC_2O_4 \cdot 2H_2O$，影响产品质量，使产品颜色发黄，晶粒变小。所以应使溶液的 pH 值不小于 3。另外，$H_2C_2O_4$ 要逐滴加入，同时搅拌，使局部浓度较高的影响尽量小。

2. 若用 Fe^{2+} 盐为原料，在用 H_2O_2 氧化草酸亚铁并加热去除过量的 H_2O_2 时，若煮沸时间较长，生成的 $Fe(OH)_3$ 沉淀颗粒较粗，结果酸溶速度慢，时间增加。此时若误以为草酸不够，继续加草酸，会使溶液的 pH 值下降很多，发生上述副反应。

3. 氯离子选择电极在一定 Cl^- 浓度范围（$1 \sim 10^{-4}$ mol/L），一定 pH 值条件下（2~7），测得的电动势与 Cl^- 浓度的对数呈线性关系：

$$E = K' - 0.0592 \lg c(Cl^-) \qquad (T = 298.15K)$$

四、实验室准备工作注意事项

1. 草酸的溶解度与温度关系较大，在室温较低、实验快开始时，加热草酸溶液，否则饱和溶液中草酸浓度太低。

2. 若用 Fe^{2+} 盐为原料，最好用硫酸亚铁铵，这样 Fe^{2+} 变质较少。3％的 H_2O_2 要现用现配。

五、实验前准备的思考题

1. $FeCl_3$ 溶液中草酸溶液的加入方式如何？为什么？
2. 产品 $K_3[Fe(C_2O_4)_3]$ 在溶液中应蒸发到什么程度？若晶体迟迟不出现怎么办？
3. 离子交换的出液速度如何控制？
4. 测出的氯离子浓度与离子的电荷数如何换算？

实验二十二　从废电池中回收锌皮制备硫酸锌

一、实验操作注意事项

1. 由于有些电池为了外表牢固，在锌皮外又包了一层铁皮，在取锌皮时要注意锌皮与铁皮的区别，锌皮较软，铁皮较硬，不要误将铁皮也放入，否则很难得到产品 $ZnSO_4 \cdot 7H_2O$ 晶体。

2. 电池上拆下的锌皮上常有一些糊状杂质和石蜡等黏性物质，为了使锌与酸充分反应，应先用水、稀纯碱液把这些杂质洗去。另外，锌皮与酸反应较慢，把剪碎的锌皮与酸反应应提前一周进行，以使反应完全，并节约实验时间。

3. 在拆解锌锰干电池时,下面需垫一张塑料纸,将拆解下来的其它物质放在这张塑料纸中,以便收集分门归类,避免散落,污染环境。

4. 亚铁离子的氧化。将含锌离子的溶液加热到 70~80℃ 时加入 3% H_2O_2 1~2mL,搅拌 2min 左右让溶液中的杂质亚铁离子充分氧化为三价铁离子。

5. 氢氧化锌的生成。在不断搅拌下滴加 2mol/L 的 NaOH 溶液,此时由大量白色的氢氧化锌沉淀生成。如果发现烧杯中沉淀很稠,就加入 50~100mL 水稀释,并不断搅拌均匀,由于事先已知硫酸锌的物质的量,因此当加入 2mol/L 的 NaOH 的量达到一定体积时,再多加 $Zn(OH)_2$ 沉淀会溶解时,小心滴加,加入氢氧化钠溶液的速度要慢点,并不断用 pH 试纸测定溶液的 pH 值,控制溶液的 pH 值为 8。当 pH 值为 8 时,氢氧化锌和氢氧化铁都完全沉淀出来,过滤,并用去离子水洗涤,取后期的滤液用 $AgNO_3$ 溶液鉴定是否还含有氯离子($Ag^+ + Cl^- = AgCl\downarrow$)。

6. $Zn(OH)_2$ 溶解以及铁离子去除。将过滤后的沉淀转移到烧杯中,另取 2mol/L 硫酸约 30mL 滴加到沉淀中,需要不断搅拌。小火加热,控制酸度,后期加酸的速度要慢,不断用 pH 试纸测定溶液的 pH 值,控制溶液的 pH 值为 4。但溶液的 pH 值为 4 时,即使烧杯中还有少量的白色沉淀没有完全溶解,也不必要继续加酸,只需要继续加热和搅拌就会逐渐溶解的。

将溶液进一步加热至沸腾,促使 Fe^{3+} 水解完全,趁热过滤。

7. 蒸发与结晶。在除去 Fe^{3+} 的溶液中继续滴加 2mol/L 硫酸,使溶液的 pH 值为 2,然后转移到蒸发皿中,水浴蒸发浓缩到液面上出现晶膜,此时让其自然冷却,布氏漏斗过滤。

将晶体放在两层滤纸中间吸干剩余的水分,称量并计算产率。

回收硫酸锌的流程图如图 3-7 所示。

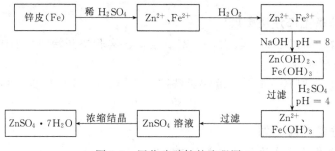

图 3-7 回收硫酸锌的流程图

二、问题与讨论

1. 实验中在加碱液之前,为什么要加入 H_2O_2?

因为废锌皮中的杂质通常为铁,溶于稀硫酸后通常成为 Fe^{2+},有部分被氧化为 Fe^{3+},Fe^{2+} 比 Fe^{3+} 水解程度小得多,它们完全沉淀时的 pH 值分别为 9.0 和 3.2,而 $Zn(OH)_2$ 加酸溶解与铁分离的 pH 值为 4.0,此时 Fe^{2+} 仍然在溶液中,所以无法用调节溶液的 pH 值来除去 Fe^{2+},

在酸性介质中,H_2O_2 是一种强氧化剂,使用 H_2O_2 能保证将 Fe^{2+} 全部转化为 Fe^{3+} 而不带进杂质。

2. 制备硫酸锌晶体时,硫酸锌溶液应蒸发到何种程度?

这要看硫酸锌溶解度与温度变化的关系以及晶体是否带结晶水。硫酸锌的溶解度与温度变化的关系不太大(表 3-11),但结晶带七份结晶水,故要蒸发到表面有较多的晶膜(盖过一半的表面)。

表 3-11 不同温度下硫酸锌晶体的溶解度

温度/℃	0	10	15	22	32	39	50	70	80	100
$ZnSO_4$质量分数/%	29.4	32.0	33.4	36.6	39.9	41.2	43.1	47.1	46.2	44.0

三、补充说明

1. 干电池的种类很多，除了我们最常用的普通锌锰干电池外，还有广泛用于助听器中的锌汞电池，用于电子表、袖珍计算器中的银锌纽扣电池和手机、笔记本电脑中的镍铬电池、镍氢电池、锂离子电池等，不同电池的组成物质不同，其回收利用的方法也不同。本实验中回收利用的干电池是日常生活中常用的锌锰干电池，其负极是作为电池壳体的 Zn 电极，正极是被 MnO_2 包围着的石墨电极，电解质是 $ZnCl_2$ 及 NH_4Cl 的糊状物。同学们可以自己剥开一个废锌锰电池看看它的构造及组成，其放电过程中的化学反应为：

$$Zn + 2NH_4Cl + 2MnO_2 = Zn(NH_3)_2Cl_2 + 2MnOOH$$

2. 回收处理废锌锰干电池可以获得多种物质，如铜和碳棒等，本实验只回收金属锌制备硫酸锌，但拆解开的其它物质应分门别类地放好，不能乱丢，因里面有微量的汞，会污染环境。

3. 现在不少锌锰干电池外面包了一层铁皮使干电池硬挺，耐碰撞，拆解时应注意，铁皮比较硬，锌皮很软，不能把铁皮当作锌皮，否则得不到相应的产品。

4. 第一次抽滤后的母液中，仍含有相当量的硫酸锌，可考虑进一步回收。

四、实验室准备工作注意事项

1. 实验室应准备好拆解干电池用的工具，如锤子、榔头、老虎钳、塑料纸等，以便学生拆解干电池用。

2. 一周前要准备好烧杯，并贴上空白的标签纸，以便学生提前做废锌皮酸溶反应，并让学生在标签纸上写上自己的名字或学号。在做废锌皮酸溶反应的烧杯统一放在通风橱里。

3. 实验所用的 3% H_2O_2 必须现用现配。

4. 实验室应预先准备一些废锌皮酸溶液，以防学生做实验意外打翻时能让其继续做下去。

五、实验前准备的思考题

1. 计算溶解 5g 废锌皮需要 2mol/L H_2SO_4 溶液（过量 25%）多少？
2. 通过计算说明，沉淀 $Zn(OH)_2$ 时为什么要控制溶液的 pH=8？
3. $ZnSO_4$ 溶液加热蒸发前为什么要加 H_2SO_4 使溶液的 pH=2？

实验二十三 印制电路烂板液中铜的回收、利用及有关分析

一、实验操作注意事项

1. 印制电路板烂板液有两种，分别为 $FeCl_3$ 和 $CuCl_2$-HCl。实验前，先要定性检测成分及大致含量，再准备实验方法、步骤。

2. 中和烂板液中的酸性物质，用碱量要根据烂板液的酸度来确定。

3. 用碳酸钠来中和烂板液中的酸时，因反应时有 CO_2 气体放出，碳酸钠要逐渐加入，以免大量气体把料液带出。

4. 若碳酸钠加得太多，出现了蓝色沉淀，则可加少量硫酸使沉淀溶解。

5. 用强热把铜氧化成黑色的氧化铜时，在实验桌上铺一张纸，以备坩埚破碎时收集散落的铜和氧化铜，以便实验继续。

6. 在坩埚中灼烧铜粉时要经常翻动，使铜粉表面的黑色氧化铜脱落，露出内部的铜继

续氧化。若看到铜粉变黑就停止灼烧，则只是表面很少一部分铜被氧化，此时与酸反应得到的产率很低。

7. 硫酸铜提纯可参见实验八的注意事项。

8. 用碘量法测定样品中铜含量时应注意以下几点

① 溶液应为弱酸性。溶液酸度太高，I^- 易被空气中的氧气氧化；溶液酸度太低，Cu^{2+} 易发生水解。

② 开始滴定时，由于 I_2 的浓度很高，为防止挥发不要强烈摇动溶液，但要快速滴定。

③ 淀粉指示剂应在近终点（即溶液呈淡黄色）时加入，若过早加入，大量的 I_2 会与淀粉形成复合物，使 $Na_2S_2O_3$ 不能与 I_2 充分反应，影响终点的准确判断。在近终点时加入淀粉后，滴定剂应逐滴加入，并充分旋摇溶液，防止滴定剂过量。

9. 用重量法测定 SO_4^{2-} 含量时应注意以下几点：

① 钡盐应在热溶液中进行沉淀，并不断搅拌，以避免局部浓度过高或出现过饱和现象，并减少杂质的吸附。

② 被测离子的沉淀要完全，沉淀必须陈化，以增大沉淀颗粒、减少过滤时沉淀的损失及加快过滤速度。

③ 沉淀洗涤要"少量多次"至无 Cl^-。

④ 空坩埚必须恒重后才能在其中放入滤纸包进行烘干、炭化等操作。恒重坩埚时，坩埚要放在干燥器中冷至室温。（恒重指两次称量差≤0.3mg。）

⑤ $BaSO_4$ 沉淀的烘干与滤纸的烘干、炭化要用小火，在此过程中不能着火燃烧。$BaSO_4$ 在马弗炉中灼烧的温度以 800～850℃ 为宜，若温度超过 900℃，在空气不足时，$BaSO_4$ 可被由滤纸炭化而产生的炭粒还原成 BaS；若温度高于 1000℃，部分会发生分解反应 $BaSO_4 \longrightarrow BaO + SO_3$，使结果偏低。

二、问题与讨论

1. 还原 Cu^{2+} 时，为什么铁粉应尽可能多？如何判断 Cu^{2+} 被全部还原？

在酸性较强的溶液中，一部分铁粉会被酸消耗，酸性越强，被消耗的铁粉越多，剩下的铁粉要充分与 Cu^{2+} 反应，故铁粉尽可能多些，把铜全部置换出来。当清液几乎为无色时，可确定溶液中无 Cu^{2+}，再用小试管取少量清液，加水稀释，若无白色沉淀，则铜已全部被还原，因为 $2[CuCl_2]^- \xrightarrow{H_2O} 2CuCl\downarrow + 2Cl^-$。

也可以在取出的少量溶液中再加少量铁粉，观察是否还有棕红色的铜析出。

2. 用铁粉还原 Cu^{2+} 得到的固体混合物中如何除铁？如何判断铁已被全部除尽？

加入 3mol/L 的 H_2SO_4，就可除去混合物中的铁，$Fe + H_2SO_4 \longrightarrow FeSO_4 + H_2\uparrow$。在酸性较强的溶液中已无小气泡时可确定铁已与酸反应完全。

3. 用铜粉制备 CuO 时，为什么焙烧温度不能太高，也不能太低？

温度高于 1050℃ 时，CuO 会分解成 Cu_2O 和 O_2，$4CuO \longrightarrow 2Cu_2O + O_2$。温度太低，铜难以被氧化成 CuO。煤气灯加热的坩埚内温度不会超过 900℃。

4. 从铜粉直接氧化生成 $CuSO_4$ 时，为什么浓 HNO_3 的量要比理论量少？

反应 $Cu + 2HNO_3$（浓）$+ H_2SO_4$（稀）$\longrightarrow CuSO_4 + 2NO_2\uparrow + 2H_2O$ 中，浓 HNO_3 实际的还原产物较复杂，除了 NO_2 外，还有较多的 NO（特别是反应后期），这样，氧化同样的铜，硝酸的用量就要少一些。

三、补充说明

1. ① 已知 $Cu^{2+} \xrightarrow{0.158V} Cu^+ \xrightarrow{0.522V} Cu$，求：$Cu^{2+} + Cu \longrightarrow 2Cu^+$ 的平衡常数。该反

应正向可以进行吗？

② 若 $Cu^+ + 2Cl^- \longrightarrow [CuCl_2]^-$ 的 $K_f[CuCl_2]^- = 3.2 \times 10^5$，求：$Cu^{2+} + Cu + 4Cl^- \longrightarrow 2[CuCl_2]^-$ 的平衡常数。该反应正向可以进行吗？

解：① 由 $Cu^{2+} \xrightarrow{0.158V} Cu^+ \xrightarrow{0.522V} Cu$，$E^{\ominus}(Cu^{2+}/Cu^+) = 0.158V$，$E^{\ominus}(Cu^+/Cu) = 0.522V$。反应 $Cu^{2+} + Cu \longrightarrow 2Cu^+$ 中，电动势 $E^{\ominus} = E^{\ominus}(Cu^{2+}/Cu^+) - E^{\ominus}(Cu^+/Cu) = 0.158V - 0.522V = -0.364V$。

$$\lg K = \frac{nE^{\ominus}}{0.0592} = \frac{1 \times (-0.364)}{0.0592} = -6.149, \quad K = 7.1 \times 10^{-7} < 10^{-5}，反应不能正向进行。$$

② 反应 $Cu^+ + 2Cl^- \longrightarrow [CuCl_2]^-$ 中，$E^{\ominus}(Cu^{2+}/CuCl_2^-) = E^{\ominus}(Cu^{2+}/Cu^+) + 0.0592 \lg c(Cu^{2+})/c(Cu^+)$，$c(Cu^+) = \frac{c(CuCl_2^-)}{K_f(CuCl_2^-)c(Cl^-)} = \frac{1}{3.2 \times 10^5} = 3.13 \times 10^{-6} mol/L$，代入

$$E^{\ominus}(Cu^{2+}/CuCl_2^-) = E^{\ominus}(Cu^{2+}/Cu^+) + 0.0592 \lg c(Cu^{2+})/c(Cu^+)$$
$$= 0.158 + 0.0592 \lg 1/3.13 \times 10^{-6} = 0.484V$$
$$E^{\ominus}(CuCl_2^-/Cu) = E^{\ominus}(Cu^+/Cu) + 0.0592 \lg c(Cu^+)$$
$$= 0.522 + 0.0592 \lg 3.13 \times 10^{-6} = 0.196V$$

电动势 $E^{\ominus} = E^{\ominus}(Cu^{2+}/CuCl_2^-) - E^{\ominus}(CuCl_2^-/Cu)$
$$= 0.484 - 0.196 = 0.288V$$

$$\lg K = \frac{nE^{\ominus}}{0.0592} = \frac{1 \times 0.288}{0.0592} = 4.86, \quad K = 7.33 \times 10^4，该反应可正向进行。$$

2. 已知 $K_f[CuCl_2]^- = 3.2 \times 10^5$，$K_{sp}(CuCl) = 1.2 \times 10^{-6}$，求：

① $CuCl + Cl^- \longrightarrow [CuCl_2]^-$ 的平衡常数。

② 要使 $CuCl_2^-$ 稳定存在（假设浓度为 1mol/L），则 Cl^- 至少应维持浓度为多少？

解：① 反应 $CuCl + Cl^- \longrightarrow [CuCl_2]^-$ 的平衡常数：

$$K = \frac{c(CuCl_2^-)}{c(Cl^-)} = \frac{c(CuCl_2^-)}{c(Cl^-)} \times \frac{c(Cu^+)c(Cl^-)}{c(Cu^+)c(Cl^-)}$$
$$= K_{sp}(CuCl) K_f(CuCl_2^-)$$
$$= 1.2 \times 10^{-6} \times 3.2 \times 10^5 = 0.384$$

② 要使 $CuCl_2^-$ 稳定存在，$c(Cl^-) = c(CuCl_2^-)/K = 1/0.384 = 2.6 mol/L$。

3. $BaSO_4$ 沉淀应在酸性溶液中进行，一方面可以防止某些阴离子，如 CO_3^{2-}、HCO_3^-、PO_4^{3-} 和 OH^- 等与 Ba^{2+} 发生沉淀而沾污 $BaSO_4$ 沉淀；另一方面，$BaSO_4$ 沉淀溶解度随酸度增大而增大，可以获得结晶颗粒较大、纯度较高的 $BaSO_4$ 沉淀，便于过滤和洗涤。

4. 沉淀溶液的酸度不能太高，因为 $BaSO_4$ 沉淀的溶解度随酸度提高而增大，导致分析测定的误差。溶液酸度最好控制在 0.06mol/L 左右，详见表 3-12。

表 3-12 沉淀溶液的酸度与 $BaSO_4$ 溶解度的关系

沉淀溶液中 HCl 浓度/(mol/L)	0.00	0.10	0.30	0.50	1.00
100mL 溶液溶解 $BaSO_4$ 质量/g	0.4	1.0	2.9	4.7	8.7

四、实验室准备工作注意事项

1. 本次实验为大型综合实验，要求学生自己查找资料，确定实验方案，故教师应更注重引导。

2. 本次实验所用试剂要求学生自己配制，实验室只提供原装药品。

第四章 无机化学实验试题库及解析

第一节 实验基础知识

一、判断题

1. 试剂的级别是以试剂物质的含量为标准的。（　　）
2. 分析纯（或二级品）试剂，常用 CP 表示。（　　）
3. 一级品即优级纯试剂不是化学实验中最高规格的试剂。（　　）
4. 相同级别的不同试剂其纯度基本相同。（　　）
5. 试剂的级别越高其含量就越高。（　　）
6. 为了实验数据精确，尽量用纯度级别高的试剂做实验。（　　）
7. 液体试剂应放入细口瓶中，以便取用。（　　）
8. 易挥发的试剂应放入棕色瓶中。（　　）
9. 易挥发的试剂如有机试剂在热天时为防止挥发应把盖子拧紧。（　　）
10. 取少量试剂时，多余的试剂不能倒回原试剂瓶中。（　　）
11. 实验室中，活性炭和高锰酸钾不能放在同一柜中。（　　）
12. 硫化钠溶液的瓶盖应用橡皮塞。（　　）
13. 液溴和汞存放时上面可放少量水，以防止挥发出有毒蒸气。（　　）
14. 在试管中添加试剂时，为使液体不滴到管外，滴管应深入试管。（　　）
15. 为避免浪费，用剩的试剂应放回原试剂瓶中。（　　）
16. 不同试剂的瓶盖，只要大小合适，可以相互代用。（　　）
17. 试管中的加液量不超过容量的一半。（　　）
18. 固体试剂不可在滤纸上称量。（　　）
19. 固体试剂均可在称量纸上称量。（　　）
20. 不管酸性、碱性气体，均可用无水氯化钙干燥。（　　）
21. 气体钢瓶减压阀逆时针拧松是打开气体阀门。（　　）
22. 为充分利用钢瓶中的气体，瓶中气体应尽量用尽。（　　）
23. 带活塞的玻璃仪器洗净后要装上活塞。（　　）
24. 称量瓶、容量瓶、滴定管均属于量器类玻璃仪器。（　　）
25. 量筒等量器类玻璃仪器不能作为溶解、稀释或反应的容器。（　　）
26. 有的标准口玻璃仪器用两个数字表示规格，如 10/25，分别表示大端直径和高度。（　　）
27. 用铬酸洗玻璃仪器前，先用水洗。（　　）
28. 铬酸洗液呈绿色时，表示已失去清洗能力。（　　）
29. 玻璃仪器上的油污一般均可用碱液洗。（　　）
30. 用多种方法洗涤后的仪器，最后经自来水冲洗后才算洗好。（　　）
31. 量筒、移液管等量器类仪器可放在烘箱中烘干。（　　）
32. 试管、烧杯等仪器的干燥可直接用小火加热。（　　）
33. 长颈漏斗常用于过滤，短颈漏斗常用于倾倒液体。（　　）

34. 布氏漏斗过滤比三角漏斗过滤快,故可用布氏漏斗代替三角漏斗过滤。(   )
35. 取用 9.54mL 液体试剂不能用量筒。(   )
36. 使用移液管量取一定体积的液体时,未能流出的最后一滴液体需吹出。(   )
37. 玻璃能耐较高的温度,故玻璃器皿一般可直接加热。(   )
38. 铬酸洗液变成绿色后应倒入下水道,不能再用。(   )
39. 煤气灯三层火焰中,焰心的温度最高。(   )
40. 当煤气灯出现侵入火焰时,应立即关空气入口。(   )
41. 需要温度不超过 100℃时,可用水浴的方法间接加热。(   )
42. 酸碱性是物质的本性,只要不加入其它物质,加热时溶液的 pH 值不变。(   )
43. 中和反应至等当点时,溶液不一定呈中性。(   )
44. 使甲基橙变黄的溶液一定呈碱性。(   )
45. 二氧化碳常用于灭火,所以任何物质都不能在二氧化碳中燃烧。(   )
46. 测定溶液 pH 值时,应先将 pH 试纸润湿。(   )
47. 破碎的温度计洒出的水银可用滴管尽量收集于瓶中,最后用硫粉覆盖。(   )
48. 做危险性实验时,应使用防护眼镜、面罩、手套等防护用品。(   )
49. 做实验烫伤时,马上用大量水冲洗伤处。(   )
50. 实验现象或数据在做完全部实验后根据记忆写在预习报告上。(   )

二、选择题

1. 化学试剂的不同级别中,级别越高,则表示试剂(   )
   A. 浓度越高   B. 含量越高   C. 杂质越少   D. 保存越困难
2. 无机实验中常用的试剂级别是(   )
   A. 分析纯   B. 化学纯   C. 实验试剂   D. 基准试剂
3. 下列试剂无须放入棕色瓶中的是(   )
   A. $KMnO_4$ B. $AgNO_3$ C. 氯水   D. $SnCl_2$
4. 下列试剂存放时可用玻璃塞的是(   )
   A. $KMnO_4$ B. NaOH   C. Na_2S D. Na_2CO_3
5. 实验室里用萤石和浓硫酸共热来制取氟化氢,所用反应器的材料是(   )
   A. 铁   B. 玻璃   C. 铅   D. 瓷
6. 实验室中,白磷应储存在(   )
   A. 煤油中   B. 水中   C. 通风橱中   D. 细口瓶中
7. 下列试剂中非商品化的是(   )
   A. 氯酸钾固体   B. 98%的浓硫酸   C. 过氧化氢溶液   D. 次氯酸溶液
8. 下列试剂:①氯水;②$AgNO_3$ 溶液;③$Na_2S_2O_3$ 溶液;④浓 H_2SO_4;⑤HF 溶液;⑥苯酚。需要保存在棕色试剂瓶中的是(   )
   A. ①②③   B. ②③⑤   C. ③④⑥   D. ④⑤⑥
9. 下列溶液中,在空气里不易被氧化、分解,且可以用无色玻璃试剂瓶存放的是(   )
   A. H_2CO_3 B. H_2SO_3 C. HF   D. HAc
10. 下列实验仪器中,常用来取用块状固体药品的仪器是(   )
    A. 药匙   B. 试管夹   C. 镊子   D. 坩埚钳
11. 下列物质中既可干燥氨气,又可以干燥硫化氢的是(   )
    A. 碱石灰   B. 浓硫酸   C. 硅胶   D. 五氧化二磷

12. 实验室购进浓硝酸的物质的量浓度约为（单位：mol/L）（   ）
    A. 12   B. 14   C. 16   D. 18
13. 气体钢瓶颜色是蓝色的气体是（   ）
    A. 氢气   B. 氮气   C. 氧气   D. 氨气
14. 下列仪器中，其规格用直径大小来表示的是（   ）
    A. 蒸发皿   B. 表面皿   C. 瓷坩埚   D. 离心试管
15. 下列属于量出式量器类的玻璃仪器是（   ）
    A. 有刻度烧杯   B. 细口瓶   C. 量筒   D. 容量瓶
16. 下列玻璃仪器不能用于抽真空的装置是（   ）
    A. 圆底烧瓶   B. 平底烧瓶   C. 抽滤瓶   D. 冷凝管
17. 移液管取液前应（   ）
    A. 烘干   B. 用蒸馏水洗净 C. 用滤纸吸干   D. 用待取液润洗
18. 锥形瓶在实验中不能起的下列作用是（   ）
    A. 反应容器   B. 接收容器   C. 滴定容器   D. 分离容器
19. 下列不属于快速干燥玻璃仪器的方法是（   ）
    A. 烘干   B. 自然晾干   C. 吹干   D. 烤干
20. 下列玻璃仪器中刻度最精确的是（   ）
    A. 烧杯   B. 量筒   C. 量杯   D. 移液管
21. 下列各种试纸，在使用时一般不用水润湿的是（   ）
    A. 红色石蕊试纸 B. 淀粉-KI 试纸 C. 蓝色石蕊试纸 D. pH 试纸
22. 有下列仪器：①漏斗；②容量瓶；③滴定管；④分液漏斗；⑤天平；⑥量筒；⑦胶头滴管；⑧蒸馏烧瓶。常用于物质分离的仪器有（   ）
    A. ①③⑦   B. ②⑥⑦   C. ①④⑧   D. ④⑥⑧
23. 托盘天平称量药品时，下列操作中药品放置不正确的是（   ）
    A. 放在小烧杯中 B. 放在表面皿中 C. 放在称量纸中 D. 放在右盘中
24. 最大称量为 200g 的托盘天平，它只能称准到（   ）
    A. 1g   B. 0.1g   C. 0.01g   D. 0.001g
25. 下列实验操作时，一般情况下不应该相互接触的是（   ）
    A. 用胶头滴管向试管滴液体时，滴管尖端与试管内壁
    B. 向容量瓶中注入溶液时，移液用的玻璃棒与容量瓶颈内壁
    C. 用移液管向锥形瓶内注液时，移液管的尖嘴与锥形瓶内壁
    D. 实验室将 HCl 气体溶于水时，漏斗口与水面
26. 下列仪器中，刻度"0"在上端的是（   ）
    A. 滴定管   B. 量筒   C. 水银温度计   D. 容量瓶
27. 试管中液体的量不能超过试管容积的（   ）
    A. 1/2   B. 1/3   C. 1/4   D. 1/5
28. 玻璃仪器干燥时下列方法中不妥的是（   ）
    A. 晾干   B. 烘干   C. 用布擦干   D. 用电吹风吹干
29. 下列玻璃仪器的体积刻度中误差百分比最大的是（   ）
    A. 量筒   B. 容量瓶   C. 移液管   D. 滴定管
30. 在加热除去胆矾晶体中的结晶水后，冷却时需要用到的仪器是（   ）
    A. 干燥管   B. 蒸发皿   C. 干燥器   D. 坩埚

31. 下列仪器能直接加热的是（　　）
    A. 烧杯　　　　B. 烧瓶　　　　C. 锥形瓶　　　　D. 试管
32. 在使用 pH 试纸测试溶液酸碱性时，应将 pH 试纸（　　）
    A. 拿在手上　　B. 放在实验桌上　　C. 放在表面皿上　　D. 浸入被测溶液中
33. 煤气灯的最高温度点位于（　　）
    A. 氧化焰顶端　　B. 焰心　　C. 还原焰　　D. 氧化焰底端
34. 下列物品不是煤气灯构件的是（　　）
    A. 灯座　　　　B. 带孔灯管　　C. 灯罩　　　　D. 针形阀
35. 下列不能使固体药品溶解速度加快的操作是（　　）
    A. 搅拌　　　　B. 加热　　　　C. 多加药品　　D. 先粉碎药品
36. 当纯溶剂中溶入不挥发性杂质时，溶剂的蒸气压总是（　　）
    A. 升高　　　　B. 降低　　　　C. 不变　　　　D. 视杂质性质而定
37. 准确量取 25.00 mL 高锰酸钾溶液，可选用的仪器是（　　）
    A. 50 mL 量筒　　B. 10 mL 量筒　　C. 50 mL 酸式滴定管　　D. 50 mL 碱式滴定管
38. 实验室适宜用排水集气法收集的可燃性气体是（　　）
    A. 硫化氢　　　B. 乙烯　　　　C. 一氧化氮　　D. 氧气
39. 用石灰水保存鲜蛋是一种化学保鲜法，其原理是（　　）
    A. 石灰水呈碱性，具有杀菌能力
    B. 能与鲜蛋放出的 CO_2 反应生成 $CaCO_3$，堵塞鲜蛋的气孔
    C. 石灰水是电解质，能使蛋白质凝聚
    D. 石灰水能渗入蛋内中和酸性物质
40. 下列操作中，不能用来提纯物质的是（　　）
    A. 过滤　　　　B. 分馏　　　　C. 萃取　　　　D. 滴定
41. 下列物质失火，选用灭火器材错误的是（　　）
    A. 金属钠起火，使用二氧化碳灭火器　　B. 油类起火，可使用砂土灭火
    C. 电器起火，使用四氯化碳灭火器　　　D. 少量酒精起火，可使用水灭火
42. 水玻璃必须保存在密闭容器中，其原因是（　　）
    A. 防止氧化　　B. 防止挥发　　C. 防止吸收水蒸气　　D. 防止吸收二氧化碳
43. 关于 pH 计的读数，下列值中哪一个是正确的？（　　）
    A. 4　　　　　B. 4.2　　　　C. 4.27　　　　D. 4.275
44. 某同学在玻璃加工实验过程中，不小心被灼热的玻璃棒烫伤，正确的处理方法是（　　）
    A. 用大量水冲洗即可　　　　B. 直接在烫伤处涂上烫伤膏或万花油
    C. 直接在烫伤处涂上碘酒　　D. 先用水冲洗，再在烫伤处涂上烫伤膏或万花油
45. 实验过程中，不慎有酸液溅入眼内，正确的处理方法是（　　）
    A. 用大量水冲洗即可　　　　　　　　B. 直接用 3%～5% $NaHCO_3$ 溶液冲洗
    C. 先用大量水冲洗，再用 3%～5% $NaHCO_3$ 溶液冲洗即可
    D. 先用大量水冲洗，再用 3%～5% $NaHCO_3$ 溶液冲洗，最后用清水洗眼
46. 被碱灼伤时的处理方法是（　　）
    A. 用大量水冲洗后，用 1% 硼酸溶液冲洗　　B. 用大量水冲洗后，用酒精擦洗
    C. 用大量水冲洗后，用 1% 碳酸氢钠溶液冲洗　　D. 涂上红花油，然后擦烫伤膏
47. 在玻璃真空系统中安置稳压瓶的作用是（　　）
    A. 加大系统的真空度　　　　　　　　B. 降低系统的真空度

C. 减小系统真空度的波动范围　　　　　　D. 便于实验操作
48. 实验室内因用电不符合规定引起导线及电器着火，此时应迅速（　　）
　　A. 首先切断电源，并用任意一种灭火器灭火　　B. 切断电源后，用泡沫灭火器灭火
　　C. 切断电源后，用水灭火　　　　　　　　　　D. 切断电源后，用 CCl_4 灭火器灭火
49. 有关气体钢瓶的正确使用和操作，以下哪种说法不正确（　　）
　　A. 不可把气瓶内气体用光，以防重新充气时发生危险
　　B. 各种压力表可通用
　　C. 可燃性气瓶（如 H_2、C_2H_2）应与氧气瓶分开存放
　　D. 检查减压阀是否关紧，方法是逆时针旋转调压手柄至螺杆松动为止
50. 恒温槽中的水银触点温度计的作用是（　　）
　　A. 既作测温使用，又作控温使用　　　　　B. 只能用于控温
　　C. 只能用于测温　　　　　　　　　　　　D. 控制搅拌器电机的功率

三、填充题

1. 我国生产的化学试剂分为 5 个等级，分别为_____（名称）、_____（符号）、_____（标签颜色），_____（名称）、_____（符号）、_____（标签颜色），_____（名称）、_____（符号）、_____（标签颜色），_____（名称）、_____（符号）、_____（标签颜色），_____（标签颜色），_____（名称）、_____（符号）、_____（标签颜色）。

2. 见光易分解的试剂，如 H_2O_2、$AgNO_3$ 等要放在_____瓶中存放；易腐蚀玻璃的试剂，如 NaOH、Na_2CO_3、硫碱等的瓶盖要用_____，HF 要放在_____瓶中；某些试剂要特殊存放：白磷要放在_____，钠、钾要放在_____，液溴或汞上要放少量_____覆盖住。

3. 实验室中气体的纯化可根据杂质的性质选用适当的固体或洗涤液，酸雾可用_____或_____除去，水蒸气可用_____、_____、_____或_____吸收。对于有毒有害的气体，要在_____橱中制备，并做好_____吸收。

4. 清洗玻璃仪器上的附着物时，应"对症下药"，若玻璃器壁上的污物是二氧化锰，可用_____来处理，其化学方程式是_____。若器壁上的是硫黄，可用_____。若器壁上的是难溶银盐，可用_____清洗。若器壁上的是油污，可用_____清洗。

5. 仪器干燥的方法有_____、_____、_____、_____。带有刻度的计量仪器不能使用_____进行干燥，因为这会影响仪器的精度。

6. 固-液分离的一般方法有 3 种：倾析法、_____法和_____法。当沉淀的结晶_____或_____，静置后易沉降至容器的底部时，可用倾析法分离。

7. 填写仪器名称：①粉碎易碎的固体药品用_____；②浓缩蒸发溶液用_____；③分离酒精和水的受热容器是_____；④配制一定物质的量浓度的溶液的定容仪器是_____；⑤坩埚应放在_____上加热；⑥转移热的坩埚应用_____；⑦石油蒸馏装置中通冷却水的仪器是_____。

8. 若皮肤上不慎沾上浓硫酸，应_____。若皮肤上不慎沾上苯酚，应_____。

9. 使用 pH 计时，应把选择开关旋钮调到_____挡，标定时将电极插入 pH=6.86 的_____标准缓冲液中，调节温度与溶液温度相同，搅拌溶液，把_____调节旋钮顺时针调到底，调节_____调节旋钮，使仪器显示读数为_____；清洗电极后，将其插入 pH=4.00 的_____缓冲液中，调节_____调节旋钮使仪器显示读数为 4.00。

10. 溶液对某一波长光吸收的强度与该物质的_____、吸光溶液的_____成正比，称为光吸收定律或_____定律，数学表达式为_____。

第二节　实验基本操作

一、判断题

1. 煤气灯使用时，先开空气孔，再开煤气后点燃。(　　)
2. 煤气量太大时会产生侵入火焰。(　　)
3. 关煤气灯时，先关橡皮管接煤气阀门，再关针形阀。(　　)
4. 截割玻璃管（或棒）时，两拇指应在划痕背后向前推压。(　　)
5. 制玻璃滴管时，被拉伸部分应在火焰中拉伸。(　　)
6. 加热温度需高于100℃时，不能用水浴加热。(　　)
7. 粗食盐提纯时，应先除去Ca^{2+}、Mg^{2+}杂质离子，再除SO_4^{2-}。(　　)
8. 粗食盐提纯实验，用$BaCl_2$除SO_4^{2-}时，$BaCl_2$不可过量，否则Ba^{2+}无法除去。(　　)
9. 粗食盐提纯时，杂质被沉淀后马上过滤。(　　)
10. 蒸发结晶已提纯的NaCl溶液时，加热应先小火，溶液较浓时再大火。(　　)
11. 蒸NaCl水溶液时，液面出现晶膜后即可停止加热，冷却后NaCl会大量析出。(　　)
12. 蒸发结晶已提纯的NaCl溶液时，因杂质已除去，可将其蒸干。(　　)
13. 减压蒸馏结束后，先关真空泵，再停止加热。(　　)
14. 硝酸钾中除去氯化钠杂质时应趁热过滤。(　　)
15. 硝酸钾中除去少量氯化钠可用重结晶方法。(　　)
16. 为防止Fe^{2+}被氧化，铁与稀硫酸制硫酸亚铁时铁要过量。(　　)
17. 在$FeSO_4$溶液中，加入等物质的量的$(NH_4)_2SO_4$，完全溶解后就是硫酸亚铁铵溶液。(　　)
18. 制备硫酸亚铁铵时，也可根据制备$FeSO_4$时所用H_2SO_4的量加入$(NH_4)_2SO_4$。(　　)
19. 制备的硫酸亚铁铵抽滤后，可用去离子水洗涤晶体。(　　)
20. 用亚硫酸钠制备硫代硫酸钠时，所用硫必须呈粉末状。(　　)
21. 用亚硫酸钠制备硫代硫酸钠时，需加热，但不用加热到沸。(　　)
22. 用亚硫酸钠制备硫代硫酸钠时，不停地快速搅拌产率会更高。(　　)
23. 蒸发浓缩制备硫代硫酸钠时，要到表面有晶膜出现时才停止加热。(　　)
24. 浓缩液冷却速度越快，结晶出的晶体越好。(　　)
25. 浓缩溶液制备晶体时，溶液浓度越高，结出的晶体颗粒越大。(　　)
26. 配制一定浓度的$CuSO_4$溶液，所用容量瓶要用接近该浓度的$CuSO_4$溶液润洗。(　　)
27. 粗硫酸铜提纯时，由于$Cu(OH)_2$的K_{sp}比$Fe(OH)_3$的大得多，若出现浅蓝色$Cu(OH)_2$沉淀，则表明Fe^{3+}已除净。(　　)
28. 粗硫酸铜提纯时，也可用氯水氧化Fe^{2+}再除铁。(　　)
29. 蒸发结晶提纯硫酸铜时，为了得到较高的产率，应把溶液蒸发至稀粥状。(　　)
30. 在抽滤瓶所连接的布氏漏斗中洗涤沉淀时，应保持抽真空状态。(　　)
31. 布氏漏斗中的固体在抽滤或洗涤时应均匀平铺在表面。(　　)
32. 固液用抽滤分离时若发现抽滤瓶中有固体，则是滤纸穿滤。(　　)
33. 常压过滤时如在漏斗长颈中有液柱，则过滤速度加快。(　　)
34. 固体溶解时搅拌的作用是打碎固体，使颗粒变小而易溶。(　　)

35. 直形冷凝管常用于回流。（　）
36. 结晶和重结晶不仅是制备晶体的过程，也是提纯的过程。（　）
37. 抽滤结束，应先关真空泵的电源，再拔抽滤瓶上的真空管。（　）
38. 真空体系反应结束后，应先放空，再关真空泵电源。（　）
39. 沉淀的陈化是指让沉淀充分下沉，使上面清液更纯。（　）
40. 使用移液管量取一定体积的液体时，下端口应深入液面下。（　）
41. 硫酸钙溶度积测定实验中，交换完后原溶液中 Ca^{2+} 浓度是 H^+ 浓度的一半。（　）
42. KIO_3 和 Na_2SO_3 反应测反应速率时，配溶液所用水不能用自来水。（　）
43. 在保温杯中反应测得的反应热效应是热力学能变 ΔU。（　）
44. 在氧弹中测到的反应热效应是焓变 ΔH。（　）
45. 在 H_2O_2 溶液中加入 MnO_2 使其分解加速是非均相催化。（　）
46. 内装红棕色气体 NO_2 的密封玻璃管放入冰盐水中后颜色加深。（　）
47. 接通电源并预热后，pH 计的复合电极即能用于测溶液的 pH 值。（　）
48. pH 计的复合电极测完一溶液的 pH 值后再测另一溶液的 pH 值前需清洗。（　）
49. 量筒、移液管、滴定管等量出式容器液体体积读数时，视线须与内弯月面水平。（　）
50. 移液管吸液时，需用洗耳球一次性将液体吸到刻度线以上。（　）

二、选择题

1. 煤气灯使用时，正确的操作方法是（　）
   A. 先开空气再点燃　　　　B. 先开煤气再点燃
   C. 空气煤气同时开　　　　D. 空气煤气开启顺序无所谓
2. 煤气灯产生侵入火焰的原因是（　）
   A. 煤气量小　　B. 煤气量大　　C. 空气量小　　D. 煤气空气量均大
3. 煤气灯产生临空火焰的原因是（　）
   A. 煤气量小　　B. 煤气量大　　C. 空气量小　　D. 煤气空气量均大
4. 停止加热关煤气灯时应（　）
   A. 先关煤气针形阀，后关煤气进管阀
   B. 先关空气进孔，后关煤气进管阀
   C. 先关煤气针形阀，后关空气进孔及煤气进管阀
   D. 煤气、空气关闭顺序先后均可
5. 煤气灯加工玻璃用品时，加热部分应位于（　）
   A. 焰心　　B. 氧化焰顶端　　C. 还原焰顶端的氧化焰　　D. 还原焰中
6. 下列玻璃仪器使用前不必检查是否漏水的是（　）
   A. 分液漏斗　　B. 滴定管　　C. 容量瓶　　D. 长颈漏斗
7. 下列使用托盘天平的操作中，正确的是（　）
   A. 调整天平时，游码放在刻度中间，然后调节左、右螺旋
   B. 称量物放在左盘，砝码放在右盘
   C. 称量物放在右盘，砝码放在左盘
   D. 加砝码时应按质量由小到大的顺序添加
8. 台秤称量时下列叙述不正确的是（　）
   A. 不能称量热的物品　　　　B. 化学药品不能直接放在托盘上
   C. 化学药品必须放在称量瓶中　　D. 不能称过重的物品

9. 下列实验操作能达到测量要求的是（   ）
   A. 用托盘天平称量 14.82g 氯化钠　　B. 用 10mL 量筒量取 7.5mL 稀硫酸
   C. 用 25mL 移液管量取 18.2mL 溶液　D. 用广泛 pH 试纸测得溶液的 pH 值为 4.3
10. 用 pH 试纸测定某酸溶液的 pH 值时，正确操作是（   ）
    A. 将 pH 试纸伸入待测酸溶液的试剂瓶中蘸取酸液
    B. 将待测酸溶液倒入试管中，将 pH 试纸伸入试管中蘸取酸液
    C. 先将待测液倒在试管中，再用玻璃棒从试管中蘸取酸液沾到 pH 试纸上
    D. 用玻璃棒从试剂瓶中直接蘸取酸液，然后沾到 pH 试纸上
11. 下列关于减压过滤的说法错误的是（   ）
    A. 胶体沉淀可通过减压过滤进行分离
    B. 滤纸应略小于漏斗内径
    C. 必须用倾析法转移溶液，先转移溶液后转移沉淀
    D. 抽滤结束时，应先拔掉橡皮管，再关减压泵
12. 减压抽滤时，下述操作不正确的是（   ）
    A. 布氏漏斗内滤纸盖严底部小孔为宜
    B. 抽滤时先往布氏漏斗内倒入清液，后转入沉淀
    C. 抽滤后滤液从抽滤瓶侧口倒出
    D. 抽滤后滤液从抽滤瓶口倒出
13. 用 pH 计测定 HAc 的解离度和解离常数时，使用的玻璃电极插入被测溶液前应该（   ）
    A. 用蒸馏水冲净　　B. 用吸水纸吸净水　　C. 用被测液冲净　　D. 以上三步都做
14. 关于启普发生器的使用方法，下列说法正确的是（   ）
    A. 为了加快反应速度，应该给启普发生器加热
    B. 所有液体与固体制备气体的反应都可以使用启普发生器
    C. 使用启普发生器时，固体的量不能超过中间球体的 1/3
    D. 固体药品应该从球形漏斗口加入
15. 收集密度小于空气而又溶于水的气体时应采取（   ）
    A. 向上排空气法　　B. 向下排空气法　　C. 排水法　　D. 排饱和溶液法
16. 下列溶液与沉淀的分离方法中错误的是（   ）
    A. 倾析法　　　　B. 萃取法　　　　C. 过滤法　　　　D. 离心分离法
17. 粗食盐提纯中蒸发溶液时，应蒸发至（   ）
    A. 表面有晶膜　　B. 呈稀粥状　　C. 基本蒸干　　D. 蒸去一定体积溶剂
18. 能使结晶颗粒大的方法是（   ）
    A. 蒸发至过饱和度大　　　　　　B. 快速冷却过饱和液
    C. 蒸发至过饱和度小　　　　　　D. 多加晶种
19. 粗硫酸铜提纯中除铁时可选用的下列氧化剂中合适的是（   ）
    A. NaClO　　B. H_2O_2　　C. Cl_2　　D. 浓 H_2SO_4
20. 粗硫酸铜提纯中蒸发溶液时，应蒸发至（   ）
    A. 表面有晶膜　　B. 呈稀粥状　　C. 基本蒸干　　D. 蒸去大半溶剂
21. 制备三草酸合铁（Ⅲ）酸钾时，要蒸到（   ）
    A. 稀粥状　　B. 表面有晶膜　　C. 蒸干　　D. 剩一定体积溶液
22. 蒸馏操作中需加热到180℃，加热蒸馏烧瓶较合适的加热方法是（   ）
    A. 煤气灯直接加热　　B. 水浴加热　　C. 油浴加热　　D. 砂浴加热

23. 下列物质中，可用于直接配制标准溶液的是（　　）
    A. 固体 NaOH　　B. 固体 $Na_2S_2O_3$　　C. 固体硼砂　　D. 固体 $KMnO_4$
24. 下列各组溶液不是缓冲溶液的是（　　）
    A. NaH_2PO_4-Na_2HPO_4 混合液
    B. 0.2mol/L NH_4Cl 与 0.1mol/L NaOH 等体积混合液
    C. 0.2mol/L NaOH 与 0.1mol/L HAc 等体积混合液
    D. NH_4Cl-$NH_3 \cdot H_2O$ 混合液
25. 能证明醋酸是一种弱电解质的实验是（　　）
    ① 将醋酸溶液与硫酸溶液进行导电性实验，比较导电性强弱
    ② 用氢氧化钠溶液中和至 pH＝7.0 时分析所用氢氧化钠溶液体积
    ③ 取醋酸溶液，测量溶液的 pH 值
    ④ 在醋酸溶液中放入碳酸钠粉末，视其放出气体的速度
    A. 只有②③　　B. 只有①②③　　C. 只有①④　　D. 只有③
26. 停止减压蒸馏时，正确的操作顺序是（　　）
    A. 通大气、关泵后停止加热　　B. 边通大气、边关泵后停止加热
    C. 边通大气、边关泵、边停止加热　　D. 停止加热后再通大气，最后关泵
27. 下列仪器：①烧杯；②坩埚；③量筒；④表面皿；⑤蒸发皿；⑥容量瓶；⑦烧瓶。能用酒精灯加热的是（　　）
    A. ①②④⑤　　B. ①②④⑦　　C. ②③⑤⑥　　D. ①②⑤⑦
28. 实验室要用下列试剂时，只能临时配制的是（　　）
    A. 氨水　　B. 硝酸银溶液　　C. 氢硫酸　　D. 偏铝酸钠溶液
29. 实验室中，必须现用现配的溶液是（　　）
    A. 硬水　　B. 氯水　　C. 溴水　　D. 氨水
30. 有氯化钠、氢氧化钠的混合溶液（浓度较大）要使其分离，操作方法是（　　）
    A. 过滤　　B. 结晶　　C. 分液　　D. 蒸馏
31. 有氯化钠、碘的混合粉末要使其分离，操作方法是（　　）
    A. 过滤　　B. 结晶　　C. 升华　　D. 蒸馏
32. H_2O_2 的沸点比 H_2O 高，但易受热分解，7%～8%的 H_2O_2 要浓缩成 30%的 H_2O_2 溶液，可采取的适宜方法是（　　）
    A. 常压蒸馏　　B. 减压蒸馏
    C. 加生石灰常压蒸馏　　D. 加压蒸馏
33. 欲配制和保存 $FeSO_4$ 溶液，应当采取的正确措施是（　　）
    ①把蒸馏水煮沸，以赶走水中溶解的 O_2；②溶解时加入少量稀硫酸；③加入少量铁粉；④加入少量盐酸；⑤放入棕色瓶中。
    A. ②③　　B. ②③⑤　　C. ①③④　　D. ①②③
34. 某学生做完实验后，采用以下方法洗涤所用仪器：①用稀硝酸清洗做过银镜反应的试管；②用酒精清洗做过碘升华实验的烧杯；③用浓盐酸清洗做过高锰酸钾分解实验的试管；④用盐酸清洗长期存放过三氯化铁的试剂瓶；⑤用氢氧化钠溶液清洗盛过苯酚的试管。其中操作正确的是（　　）
    A. ①③④⑤　　B. ①②⑤　　C. ①②③　　D. 全部正确
35. 某同学在实验报告中有以下实验数据：①用分析天平称取 11.7068g 食盐；②用量筒量取 15.26mL HCl 溶液；③用广泛 pH 试纸测得溶液的 pH 值是 3.5；④用标准 NaOH 溶液滴

定未知浓度的 HCl 用去 23.10mL NaOH 溶液。其中合理的数据是（　　）

  A. ①④   B. ②③   C. ①③   D. ②④

36. 用 pH 试纸测定某无色溶液的 pH 值时，规范的操作是（　　）

  A. 将 pH 试纸放入待测溶液中润湿后取出，半分钟内跟标准比色卡比较

  B. 将待测溶液倒在 pH 试纸上，跟标准比色卡比较

  C. 用干燥、洁净的玻璃棒蘸取待测溶液，滴在 pH 试纸上，立即跟标准比色卡比较

  D. 将 pH 试纸剪成小块，放在干燥清洁的表面皿上，再用玻璃棒蘸取待测溶液，滴在 pH 试纸上，半分钟内跟标准比色卡比较

37. 用已知浓度的 $KMnO_4$ 溶液滴定未知浓度的 H_2O_2 溶液时，下列操作中正确的是（　　）

  A. 酸式滴定管用蒸馏水洗净后，直接加入已知浓度的 $KMnO_4$ 溶液

  B. 锥形瓶用蒸馏水洗净后，直接移取一定体积的未知浓度的 H_2O_2 溶液

  C. 滴定时，不用排出滴定管末端的气泡

  D. 滴定时需加入其它指示剂

38. 下列分离或提纯物质的方法中，错误的是（　　）

  A. 用渗析的方法精制氢氧化铁胶体

  B. 用加热的方法提纯含有少量碳酸氢钠的碳酸钠

  C. 用溶解、过滤的方法提纯含有少量硫酸钡的碳酸钡

  D. 用盐析的方法分离、提纯蛋白质

39. 某溶液中含有较多的 Na_2SO_4 和少量 $Fe_2(SO_4)_3$，欲用该溶液制取芒硝，进行操作：①加适量 H_2SO_4 溶液；②加金属钠；③冷却结晶；④往煮沸的溶液中加过量的 NaOH 溶液；⑤加热脱结晶水；⑥过滤；⑦加热煮沸一段时间；⑧蒸发浓缩。正确的操作步骤是（　　）

  A. ②⑥⑧③⑤   B. ④⑦⑥①⑧③⑥   C. ②⑥①⑧③⑥   D. ④⑥①⑧③⑥

40. 为了精制粗盐（其中含 K^+、Ca^{2+}、Mg^{2+}、SO_4^{2-} 及泥沙等杂质），可将粗盐溶于水后，进行操作：①过滤；②加 NaOH 溶液调节 pH 值为 11 左右并煮沸一段时间；③加 HCl 溶液中和至 pH 值为 5~6；④加过量 $BaCO_3$ 粉末并保持微沸一段时间；⑤蒸发浓缩至黏稠；⑥炒干；⑦冷却结晶。则最佳的操作步骤是（　　）

  A. ①④①②①③⑤①⑥   B. ④②①③⑤⑦①⑥

  C. ④②①③⑤①⑥   D. ②①③④①⑥

41. 下列是利用 Cu 制备 $Cu(NO_3)_2$ 的实验方案。从环境角度来考虑，最佳的实验方案是（　　）

  A. 用浓硝酸与 Cu 反应   B. 先用硫酸与 Cu 反应生成 $CuSO_4$，然后与硝酸钡反应

  C. 用稀硝酸与 Cu 反应   D. 先用 O_2 与 Cu 反应生成 CuO，然后与硝酸反应

42. 下列物质存放操作中，错误的是（　　）

  A. 把少量白磷放在冷水中   B. 把烧碱溶液盛放在带橡胶塞的试剂瓶中

  C. 把少量金属钠放在冷水中   D. 在 $FeSO_4$ 溶液中放一枚干净的铁钉

43. 洗涤不清洁的比色皿时，最合适的洗涤剂为（　　）

  A. 去污粉＋水   B. 铬酸洗液   C. 自来水   D. （1+1）硝酸

44. 欲取 100mL 试液进行滴定（相对误差≤0.1%），最合适的仪器是（　　）

  A. 100 mL 量筒   B. 100 mL 有划线的烧杯

  C. 100 mL 移液管   D. 100 mL 容量瓶

45. 铬酸洗液是由下列哪种酸配成的溶液？（　　）

A. 浓硫酸　　　　B. 浓硝酸　　　　C. 浓盐酸　　　　D. 高氯酸

46. （1+1）HCl 盐酸的浓度为（　　）

　　A. 12mol/L　　　B. 6mol/L　　　C. 4mol/L　　　D. 3mol/L

47. 移液管和容量瓶的相对校准：用 25 mL 移液管移取蒸馏水于 100 mL 容量瓶中，重复四次。在液面最低处用胶布在瓶颈上另作标记。两者配套使用，以新标记为准。校准前，仪器的正确处理是（　　）

　　A. 移液管应干燥，容量瓶不必干燥

　　B. 移液管不必干燥，容量瓶应干燥

　　C. 两者都应干燥

　　D. 两者都不必干燥

48. 欲配制 500 mL NaOH 溶液（标定后作标准溶液），量水最合适的仪器是（　　）

　　A. 100 mL 量筒　　B. 500 mL 烧杯　　C. 500 mL 试剂瓶　　D. 移液管

49. 配制 $Na_2S_2O_3$ 标准溶液，必须（　　）

　　A. 称取固体 $Na_2S_2O_3$ 溶于蒸馏水中

　　B. 称取固体 $Na_2S_2O_3$ 溶于煮沸并冷却的蒸馏水中

　　C. 称取固体 $Na_2S_2O_3$ 溶于蒸馏水中煮沸

　　D. 称取固体 $Na_2S_2O_3$ 溶于煮沸的蒸馏水中

50. 下列反应中加催化剂属于均相反应的是（　　）

　　A. 用 $KClO_3$ 实验室制氧加入 MnO_2

　　B. 分解 H_2O_2 实验中加 MnO_2

　　C. $KMnO_4$ 氧化 $H_2C_2O_4$ 中加 Mn^{2+}

　　D. 合成氨中用铁粉

三、填充题

1. 取用试剂时，先打开瓶塞，将瓶塞_____放在实验台上。用清洁、干燥的药匙取试剂，药匙的两端为_____、_____两个勺，分别用于取大量固体和少量固体。用过的药匙必须_____、_____，存放在干净的器皿中。多取的药品_____倒回原装瓶中。每次取量不得满匙，以免药品_____。往试管中加入粉末状固体试剂时，可用药匙将取出的药品放在对折的纸片上，伸进_____的试管中约_____处，然后_____试管，使药品放下去。

2. 玻璃仪器的洗涤原则是_____；洗干净的标准是_____。

3. 试管中的液体加热时，不要用手拿，应该用_____夹住试管的_____部，试管与桌面呈_____倾斜，试管口不准对着自己或别人，先加热试管的_____部，慢慢地移动试管加热_____部，然后不时地_____试管，从而使试管各部分受热均匀。

4. 提纯 NaCl 时，应分别用_____和_____试剂除去溶液中的_____和_____离子。在蒸发浓缩时，要不断_____，最后蒸至_____状时停止加热。K^+ 是在_____除去的。

5. 在提纯硫酸铜时，加入 H_2O_2 的目的是_____，原因是_____。在蒸发浓缩时，最后蒸至_____时停止加热。

6. 在化学反应速率实验中，配制或稀释试剂 Na_2SO_3 和 KIO_3 的水必须是_____，反应后，马上有 I_2 生成，但与_____立即反应，使溶液不呈_____色，只有_____消耗完，溶液才变成_____色。

7. 无机物重结晶的操作方法是：①在_____情况下将被纯化的物质溶于一定量溶剂

中，形成_____溶液；②_____除去不溶性杂质；③滤液_____，被纯化的物质结晶析出，杂质留在母液中；④_____便得到较纯净的物质。

8. 在测定醋酸电离度和电离常数的实验中，醋酸溶液的浓度不同，测定 pH 值时应该按照_____；防止_____。

9. 移液管在使用前，可依次用_____、_____、_____洗涤，直到_____不挂水珠为止，为了防止量取的液体被移液管内部的水所稀释，需要用_____润洗三次。

10. 溶液与沉淀的分离的方法有三种，它们是_____、_____（包括_____、_____和_____）_____。

第三节 元素及化合物性质

一、判断题

1. 实验室制备 HCl 气体时，可用浓 H_2SO_4 和饱和 NaCl 溶液。（　　）
2. 实验室制备 HBr 气体时，可用浓 H_2SO_4 和 NaBr 固体。（　　）
3. 实验室制备 HI 气体时，常将水滴在红磷和碘的混合物中。（　　）
4. 磷酸的酸性弱于氢溴酸，故不能用磷酸与 NaBr 固体制备 HBr。（　　）
5. KI 溶液中滴入 3% H_2O_2 溶液后，颜色变为棕黑色。（　　）
6. 因为氧化剂在酸性溶液中氧化性强，I_2 氧化 $Na_2S_2O_3$ 前应加入少量酸。（　　）
7. 实验室用 MnO_2 氧化 HCl 制备 Cl_2 时，所用盐酸必须是浓盐酸。（　　）
8. 实验室制备 Cl_2 时，必须有吸收装置，以防 Cl_2 泄漏。（　　）
9. 过量的铁粉在 Cl_2 中燃烧得到的产物是 $FeCl_2$。（　　）
10. 液溴滴入常温下的 NaOH 溶液中得到的产物是 NaBr 和 $NaBrO_3$。（　　）
11. 能使湿润的淀粉-碘化钾试纸变蓝的气体不一定是氯气。（　　）
12. KI 溶液中加入大量的氯水并不断振荡，最后在 CCl_4 的下层出现紫红色。（　　）
13. KI 溶液中加入的氯水能把碘置换出来，碘加入酸性 $KClO_3$ 溶液能把氯气置换出来，说明在不同条件下非金属性强弱可变化。（　　）
14. $K_3[Fe(CN)_6]$ 溶液中加入 NaOH 溶液会产生红棕色的 $Fe(OH)_3$ 沉淀。（　　）
15. H_2O_2 中加入浓 NaOH 溶液会发生中和反应，生成弱酸盐 Na_2O_2。（　　）
16. H_2O_2 溶液中加入过量 KI 溶液会生成紫黑色的 I_2 沉淀。（　　）
17. 硫代乙酰胺在碱性条件下水解放出 H_2S。（　　）
18. NaClO 和 Na_2SO_3（酸性介质）均具有漂白作用，但原理不一样。（　　）
19. I_2 的氧化性较弱，它无法氧化 $Na_2S_2O_3$ 使其淀粉溶液退色。（　　）
20. $Na_2S_2O_3$ 溶液中滴加 $AgNO_3$ 溶液，最后生成黑色的 Ag_2S 沉淀。（　　）
21. 用 $NaNO_2$ 溶液与 H_2SO_4 反应观察分解产生的蓝色 N_2O_3 时应在低温。（　　）
22. 磷酸溶液逐滴滴入硝酸银溶液生成黄色沉淀。（　　）
23. NH_4NO_3 加热会分解成 NH_3 和 HNO_3 蒸气。（　　）
24. 检验 NH_4^+ 时，不能用奈氏试剂直接滴入，而要用气室法。（　　）
25. NO_2^- 的鉴定采用加入 $FeSO_4$ 和浓 H_2SO_4 的棕色环法。（　　）
26. 用硼砂珠法鉴定金属离子时，主要看硼砂珠和金属离子混合物灼烧的焰色。（　　）
27. 由于钠汞齐中钠呈液态，故钠汞齐与水反应比固体钠要剧烈得多。（　　）
28. 观察 K^+ 的焰色须透过钴玻璃片，是因为 K^+ 的焰色太耀眼，对眼睛有伤害。（　　）
29. 因为 CO_2 不能助燃，将燃烧着的镁条放入 CO_2 集气瓶中时，火立即会熄灭。（　　）

30. PbO_2 氧化 $MnSO_4$ 的实验中,为提供酸性环境,应加入少量稀 H_2SO_4。（　　）
31. 在 Fe^{3+} 溶液中加入 KI 后,溶液呈棕黑色,再加入 KCN 后,溶液退色。（　　）
32. 在锌铜原电池中的铜半电池中加入氨水后,原电池电动势升高。（　　）
33. $Hg(NO_3)_2$ 溶液中加入 KI 溶液后,生成橘红色的 HgI_2 沉淀,再加入更多的 KI 溶液,由于同离子效应,HgI_2 沉淀量增加。（　　）
34. 用银氨溶液与葡萄糖溶液做银镜反应时,用水浴加热时要不断搅拌。（　　）
35. 存放新制的硫酸亚铁溶液,应加铁粉。（　　）
36. 存放新制的氯化锡溶液时,为保证不被氧化,应加少量锡粒。（　　）
37. 在碱性介质中 $KMnO_4$ 还原产物一般是绿色的 MnO_4^{2-}。（　　）
38. 酸性介质中,在 $KMnO_4$ 溶液滴入少量 Na_2SO_3,还原产物应为无色的 Mn^{2+}。（　　）
39. 在橙红色的 $K_2Cr_2O_7$ 溶液中逐滴滴入碱液,溶液会呈黄色。（　　）
40. 在橙红色的 $K_2Cr_2O_7$ 溶液中滴入 $Pb(NO_3)_2$ 溶液,会生成 $PbCr_2O_7$ 沉淀。（　　）
41. Sn^{2+} 溶液中加入少量的 NaOH 溶液,有白色浑浊但马上会消失,生成了 $[Sn(OH)_4]^{2-}$。（　　）
42. $CoCl_2$ 溶液中加入 NaOH 后,最后生成的产物是粉红色的 $Co(OH)_2$。（　　）
43. 在 $HgCl_2$ 溶液中不断滴入 $SnCl_2$ 溶液,最后 $HgCl_2$ 被还原成银白色的金属汞。（　　）
44. $KMnO_4$ 溶液中分别滴入少量 H_2SO_4 和 HAc,再分别加入 KBr 溶液,加 HAc 的溶液退色慢。（　　）
45. 在 $FeCl_3$ 和 NaF 的混合溶液中加入 NH_4SCN,溶液呈血红色。（　　）
46. 在 $CuSO_4$ 溶液中加入 KI 溶液,得到棕黄色的 CuI_2 沉淀。（　　）
47. Cu^+ 易歧化,Cu_2O 加入 HCl 时,生成 $CuCl_2$ 溶液和金属铜沉淀。（　　）
48. 由于 $[CuCl_2]^-$ 是配位单元,很稳定,在 $[CuCl_2]^-$ 中加水稀释无明显变化。（　　）
49. $FeCl_3$ 溶液加入浓氨水,也可以生成配合物 $[Fe(NH_3)_6]Cl_3$。（　　）
50. $Co(OH)_3$ 呈碱性,加 HCl 中和生成 $CoCl_3$ 和水。（　　）

二、选择题

1. 下列方法可制备卤化氢的是（　　）
   A. NaCl 与浓硝酸加热制备　　　　　　B. NaF 与浓硫酸加热制备
   C. NaBr 与浓硫酸加热制备　　　　　　D. NaI 与浓硫酸加热制备
2. 在 KI 固体中滴入浓 H_2SO_4 并加热,放出的气体是（　　）
   A. H_2S　　　　　B. SO_2　　　　　C. I_2 蒸气　　　　　D. 上述三种气体均有
3. 在氯水中加入下列物质（或操作）,有利于氯水反应的是（　　）
   A. 硫酸　　　　　B. NaOH　　　　　C. NaCl　　　　　D. 放在黑暗处
4. 氯水逐滴加入 KI 溶液,现象是（　　）
   A. 溶液呈棕色　　　　　　　　　　　　B. 溶液先呈棕色后退色
   C. 先不变色后呈棕色　　　　　　　　　D. 溶液颜色一直不变
5. 氯水逐滴加入 KI 和 KBr 混合溶液,现象是（　　）
   A. 溶液先呈棕色再无色后橙色　　　　　B. 溶液先呈橙色后退色
   C. 先不变色后呈棕色　　　　　　　　　D. 溶液颜色一直不变
6. I_2 与 NaOH 溶液反应歧化为 IO_3^- 和 I^- 的温度可低至（　　）
   A. 常温　　　　　B. >75℃　　　　　C. >0℃　　　　　D. <0℃
7. 制备 HBr 气体可用的下列酸是（　　）

A. 浓 H_2SO_4 B. 浓 H_3PO_4 C. 浓 HCl   D. 浓 HNO_3

8. 下列含氯消毒剂中对人体危害最小的是（ ）
   A. Cl_2 B. NaClO   C. 漂白粉   D. ClO_2

9. $KClO_3$ 制备 O_2 的反应条件是（ ）
   A. 加热、催化剂   B. 常温、催化剂   C. 高温、无催化剂   D. 加热

10. 下列物质保存时不能用水封的是（ ）
   A. 白磷   B. 金属钠   C. 液溴   D. 汞

11. I_2 在下列物质中溶解度最小的是（ ）
   A. KI 溶液   B. 酒精   C. CCl_4 D. CS_2

12. 在卤化物溶液中加入 $AgNO_3$ 溶液，不产生沉淀，该溶液是（ ）
   A. 溴化物   B. 氯化物   C. 氟化物   D. 碘化物

13. HNO_3 与金属反应的还原产物与下列因素无关的是（ ）
   A. 金属的活泼性   B. 硝酸的浓度   C. 溶液的酸度   D. 反应温度

14. 在 $NH_3 \cdot H_2O$ 溶液中，加入少量 NH_4Cl 溶液，溶液的 pH 值将（ ）
   A. 升高   B. 降低   C. 不变   D. 无法判断

15. 配制 $FeCl_3$ 溶液时，为防止水解，应加入（ ）
   A. NaOH   B. NaCl   C. HCl   D. HNO_3

16. 下列物质在水中溶解度最小的是（ ）
   A. $NaHCO_3$ B. Na_2CO_3 C. $AgClO_4$ D. K_2CO_3

17. 下列物质，可用于直接配制标准溶液的是（ ）
   A. 固体 NaOH   B. 固体 $Na_2S_2O_3$ C. 固体硼砂   D. 固体 $KMnO_4$

18. 下列物质久置于空气中，颜色发生变化的是（ ）
①苯酚；②绿矾；③亚硫酸钠固体；④硫化钠溶液。
   A. ②③   B. ②④   C. ①②   D. ①②④

19. 由于易被氧化而不宜长期存放的溶液是（ ）
   A. 高锰酸钾溶液   B. 亚硫酸钠溶液   C. 硝酸银溶液   D. 氯化铁溶液

20. 在透明的容器中，盛放下列物质，见光颜色变浅的是（ ）
   A. 碘化氢   B. 氯化银   C. 氯水   D. 浓硝酸

21. 无需使用前现配的下列试剂是（ ）
   A. 王水   B. 氯水   C. 碘水   D. 亚硫酸溶液

22. 下列物质在空气中放置，不是由于氧化而变质的是（ ）
   A. 氢硫酸   B. 硫酸亚铁   C. 五氧化二磷   D. 苯酚

23. 下列物质受热分解，无红棕色气体放出的是（ ）
   A. HNO_3 B. KNO_3 C. $Cu(NO_3)_2$ D. $AgNO_3$

24. 下列物质不易水解的是（ ）
   A. PCl_3 B. $AlCl_3$ C. $SnCl_4$ D. CCl_4

25. 下列硫化物能溶于 0.3mol/L 稀硫酸的是（ ）
   A. PbS   B. ZnS   C. CuS   D. HgS

26. 下列硫化物不能溶于硝酸的是（ ）
   A. PbS   B. ZnS   C. CuS   D. HgS

27. 不能被浓 HNO_3 钝化的下列金属是（ ）
   A. Cr   B. Mn   C. Fe   D. Al

28. 下列试剂不能使 Mn^{2+} 变成紫红色（或粉红色）的是（　　）
    A. $NaBiO_3$　　　B. PbO_2　　　C. $K_2Cr_2O_7$　　　D. $K_2S_2O_8$

29. 下列试剂中，不能使 $FeCl_3$ 溶液颜色改变的是（　　）
    A. Fe 粉　　　B. NaF　　　C. $SnCl_4$　　　D. KI

30. 下列离子在水溶液中最不稳定的是（　　）
    A. Cu^{2+}　　　B. Hg_2^{2+}　　　C. Hg^{2+}　　　D. Cu^+

31. 下列金属与相应的盐可以发生反应的是（　　）
    A. Fe 与 Fe^{2+}　　　B. Cu 与 Cu^{2+}　　　C. Hg 与 Hg^{2+}　　　D. Zn 与 Zn^{2+}

32. 在含有 Al^{3+}、Ba^{2+}、Hg_2^{2+}、Cu^{2+}、Ag^+ 等离子的溶液中加入稀 HCl，发生反应的离子是（　　）
    A. Cu^{2+} 和 Ag^+　　　B. Al^{3+} 和 Hg_2^{2+}　　　C. Hg_2^{2+} 和 Ag^+　　　D. Al^{3+} 和 Ba^{2+}

33. 下列物质中，难溶于 $Na_2S_2O_3$ 溶液，而易溶于 KCN 溶液的是（　　）
    A. AgCl　　　B. AgI　　　C. AgBr　　　D. Ag_2S

34. 久置的 $[Ag(NH_3)_2]^+$ 会生成爆炸性的 AgN_3，下列试剂不能破坏 $[Ag(NH_3)_2]^+$ 的是（　　）
    A. AgCl　　　B. HCl　　　C. H_2S　　　D. $Na_2S_2O_3$

35. 限用一种试剂，经过一次实验就能鉴别 Na_2CO_3、$(NH_4)_2SO_4$、NH_4Cl、KNO_3 四种溶液，应选用（　　）
    A. $AgNO_3$ 溶液　　　B. NaOH 溶液　　　C. $Ba(OH)_2$ 溶液　　　D. HCl

36. 若某溶液与甲基橙作用呈红色，则下列离子在溶液中浓度不可能很大的是（　　）
    A. SO_4^{2-}　　　B. $S_2O_3^{2-}$　　　C. Cl^-　　　D. NO_3^-

37. 鉴别氯化氢气体和氯气最好选用（　　）
    A. 硝酸银溶液　　　　　　　　　　B. 湿润的蓝色石蕊试纸
    C. 湿润的红色石蕊试纸　　　　　　D. 湿润的淀粉-碘化钾试纸

38. 下列能区别 CuCl、AgCl、Hg_2Cl_2 三种白色沉淀的试剂是（　　）
    A. NH_3 溶液　　　B. NaOH 溶液　　　C. KCN 溶液　　　D. HCl

39. 下列各组物质相互反应后，再滴入 KSCN 溶液能显红色的是（　　）
    A. 氯水和氯化亚铁溶液　　　　　　B. 铁屑与氯化铜溶液
    C. 铁与盐酸　　　　　　　　　　　D. 过量铁屑与稀硝酸

40. 将 K_2MnO_4 溶液调节到酸性时，可以观察到的现象是（　　）
    A. 紫红色褪去　　　　　　　　　　B. 绿色加深
    C. 有棕色沉淀生成　　　　　　　　D. 溶液变成紫红色且有棕色沉淀生成

41. 在 $KMnO_4$ 酸性介质中氧化 Na_2SO_3，要使退色明显，实验应（　　）
    A. Na_2SO_3 滴入 $KMnO_4$ 中　　　　　B. $KMnO_4$ 滴入 Na_2SO_3 中
    C. Na_2SO_3 和 $KMnO_4$ 按物质的量 5∶2 混合　　　D. 随意

42. 用焰色反应检验钠、钾离子，用肉眼直接观察火焰，以下判断正确的是（　　）
①焰色反应为黄色，说明有钠离子而无钾离子；②焰色反应为紫色说明有钾离子而无钠离子。
    A. ①正确，②错误　　　　　　　　B. ①错误，②正确
    C. 都是正确的　　　　　　　　　　D. 都是错误的

43. 下列氢氧化物在空气中较长时间放置颜色不变的是（　　）
    A. $Fe(OH)_2$　　　B. $Co(OH)_2$　　　C. $Ni(OH)_2$　　　D. $Mn(OH)_2$

44. 容易区别 Al^{3+}、Fe^{3+}、Cr^{3+} 的下列试剂是（　　）
A. $NH_3·H_2O$ 溶液　　　　B. NaOH 溶液
C. HCl 溶液　　　　　　　D. NaOH 溶液＋H_2O_2 溶液

45. 在 $Cr(H_2O)_4Cl_3$ 的溶液中，加入过量 $AgNO_3$ 溶液，只有 1/3 的 Cl^- 被沉淀，说明（　　）
A. 反应进行得不完全　　　B. $Cr(H_2O)_4Cl_3$ 的量不足
C. 反应速度快　　　　　　D. 其中的两个 Cl^- 与 Cr^{3+} 形成了配位键

46. 下列含铬物质中毒性最大的是（　　）
A. 金属 Cr　　B. Cr(Ⅱ)　　C. Cr(Ⅲ)　　D. Cr(Ⅵ)

47. 下列试剂加入 $[Fe(SCN)_6]^{3-}$，不能使溶液退色的是（　　）
A. NaF　　B. $HgCl_2$　　C. 铁粉　　D. 铜粉

48. 检验 $Pb(OH)_2$ 的碱性，可用的下列酸是（　　）
A. HCl　　B. H_2SO_4　　C. HNO_3　　D. H_3PO_4

49. 下列物质能在溶液中通过生成沉淀制得的是（　　）
A. $ZnCO_3$　　B. $Al_2(CO_3)_3$　　C. Cr_2S_3　　D. $Fe_2(CO_3)_3$

50. 在 $CuSO_4$ 溶液中加入 Na_2CO_3 溶液，得到的沉淀是（　　）
A. $CuCO_3$　　B. $Cu(OH)_2$　　C. $Cu_2(OH)_2CO_3$　　D. CuO

三、填充题

1. 溴蒸气对气管、肺部、鼻、眼、喉等器官都有强烈的刺激作用，有关溴的实验应在_____中操作，不慎吸入少量溴蒸气时，可吸入少量_____和_____混合气解毒。

2. 在含有 Cl^-、Br^-、I^- 三种阴离子的溶液中加入 HNO_3 酸化的 $AgNO_3$ 溶液，生成沉淀，离心后在上层清液中滴入 $AgNO_3$_____沉淀时，表示沉淀已_____。沉淀洗涤后，加入 $NH_3·H_2O$ 搅拌，离心分离，在取出的清液中加入 HNO_3 后有_____，表示有_____。在沉淀中加稀酸和锌粉并搅拌，离心，在清液中加入 CCl_4，滴加氯水并不断振荡，在 CCl_4 的下层中，先出现_____色，表示有_____离子，再滴氯水变_____色，最后变_____色。

3. 用冰冷冻的亚硝酸钠溶液中加入 1∶1 的硫酸溶液，生成_____，常温后，溶液变_____色，在溶液上方有_____色的_____。

4. 黑色的 CuO 粉末强热后变成_____色的_____。取一半加入盐酸后变成_____色的_____，在沉淀中继续滴加浓盐酸，则沉淀_____，变成_____色溶液，该溶液加水稀释，又出现_____，放在空气中较长时间后颜色_____，生成_____，另一半加入稀硫酸，生成_____溶液和_____沉淀。

5. 在 Cr^{3+} 溶液中逐滴滴入 NaOH 溶液，有_____色沉淀，继续滴加 NaOH 溶液，沉淀_____，变成_____色溶液，滴加 H_2O_2 溶液，溶液变成_____色的_____，加入稀硫酸，溶液变成_____色的_____，再加 NaOH 溶液，溶液又变成_____色，再加 H_2O_2、HNO_3 和戊醇，在戊醇层中有_____色_____的。

6. 将少量 3％H_2O_2 酸化后，滴加 KI 溶液，颜色变为_____；将 3％H_2O_2 慢慢滴加到酸化的 $KMnO_4$ 溶液，颜色逐渐变为_____；3％H_2O_2 溶液加入少量 MnO_2 固体，有_____现象。

7. 在 $SnCl_2$ 溶液中逐滴加入 NaOH 稀溶液，有_____，继续滴加较浓的 NaOH 溶液，看到_____，再滴入 $BiCl_3$ 溶液有_____色。

8. 一份 FeCl$_3$ 溶液滴入 KI 淀粉溶液，颜色变为_____色，再滴入 KCN 溶液后又变为_____色；另一份 FeCl$_3$ 溶液滴入 KSCN 溶液，颜色变为____色，再滴入 NaF 溶液后又变为_____色。

9. 在离心试管中加入少量 0.5mol/L 的 CuSO$_4$ 溶液，再加入 0.5mol/L 的 KI 溶液，有_____色沉淀，离心分离，用去离子水洗涤沉淀，沉淀颜色变为____色，再在该试管中加入饱和 KI 溶液，沉淀____，将此液倒入盛有大量水的烧杯中，沉淀_____。

10. 在 CoCl$_2$ 溶液中，逐滴加入 NaOH 溶液，有_____色沉淀出现，搅拌沉淀，颜色最后变为_____色，倒去上层清液，在该沉淀中加入浓盐酸，溶液变为_____色，并有____色刺激性气体放出。

第四节　无机化工生产

一、判断题

1. 矿石中金属的提取一般通过火法冶金。（　　）
2. 煅烧是将矿石在高温下处理，使矿石分解出挥发组分的过程。（　　）
3. 焙烧是在高温下烧至矿物分解。（　　）
4. 蒸馏是分离均相液体溶液的一种单元操作。（　　）
5. 蒸馏和蒸发的操作原理相同。（　　）
6. 同种物质，晶型只有一种。（　　）
7. 工业上生产硫酸是用水吸收 SO$_3$ 气体。（　　）
8. 有盖反应釜的装料系数可达 90%。（　　）
9. 结晶过程都是放热过程，故降温有利于结晶。（　　）
10. 溶液的过饱和度越高，形成晶体的颗粒就越大。（　　）
11. 若某物质较容易溶解，则把它从溶液中结晶出来就困难得多。（　　）
12. 制备高纯 NaCl 时，可在 NaCl 的饱和溶液中通入 HCl 气体，以使 NaCl 结晶。（　　）
13. 在过饱和的溶液中，晶核一般较易形成，晶体长大较慢。（　　）
14. 生产中的"正加"是指阴离子加入含有阳离子沉淀剂的反应器中。（　　）
15. 陈化过程是在重力作用下沉淀颗粒逐渐沉积。（　　）
16. 均相沉淀指沉淀剂离子由溶液内反应逐渐产生。（　　）
17. 用氯化物水解法生产金属氧化物时，初期加水量要大。（　　）
18. 用金属铁与盐酸反应生产氯化亚铁时盐酸要保持过量。（　　）
19. 蒸馏溴时加入 KBr 可除去杂质 Cl$_2$。（　　）
20. 高纯 NaOH 试剂允许的 Na$_2$CO$_3$ 杂质含量应小于 1%。（　　）
21. 工厂分析用 K$_2$Cr$_2$O$_7$ 试剂可用 Na$_2$Cr$_2$O$_7$ 代替。（　　）
22. 工业盐酸发黄是由于溶解了 Fe^{3+} 杂质而引起的。（　　）
23. 不能用 AlCl$_3$·6H$_2$O 加热脱水制备无水 AlCl$_3$。（　　）
24. 对于同一种无机盐，其碳酸氢盐的溶解度大于其碳酸盐的溶解度。（　　）
25. 氧化镁宜采用 Mg 和 O$_2$ 直接合成法制备。（　　）
26. 硅胶吸水后呈红色是因为硅胶水合物是红色的。（　　）
27. 工业硝酸呈黄色是因为其中溶解了 HNO$_3$ 分解出的 NO$_2$。（　　）
28. 由于 HNO$_3$ 的逐渐消耗，HNO$_3$ 与金属的反应会逐渐减慢。（　　）
29. 金属与硝酸作用都能得到金属硝酸盐。（　　）

30. 白磷和红磷均能溶于 CS_2 中。（　　）
31. 粗制的白磷，可用水蒸气蒸馏法提纯。（　　）
32. 红磷在碱中也能发生歧化反应。（　　）
33. 工业上常用 P_2O_5 溶于热水制备 H_3PO_4。（　　）
34. 磷酸的酸性强于碳酸，可用 Na_2CO_3 与 H_3PO_4 反应得到 Na_3PO_4。（　　）
35. 发烟硫酸是 SO_3 通入浓 H_2SO_4 形成的，其实就是焦硫酸。（　　）
36. 工业上一般用 FeS 为原料制备 H_2S 气体。（　　）
37. 水解反应是中和反应的逆反应，产物应该是酸和碱。（　　）
38. Br_2 比 Cl_2 更容易与铜反应生成卤化物。（　　）
39. Cl_2 通入冷的碱液中所生成的产物氧化性更强。（　　）
40. 工业上在含铅矿石粉中加入 HAc 来浸取铅。（　　）
41. $PbCl_2$ 可由 Pb 和 Cl_2 通过干法合成。（　　）
42. 锌与硫酸反应制锌盐时，常把锌在铁锅中熔化制成"锌花"。（　　）
43. $Cu(OH)_2$ 沉淀过滤后加热可得到干燥的 $Cu(OH)_2$。（　　）
44. 由湿法制得的 HgO 是黄色的。（　　）
45. $HgCl_2$ 和 Hg_2Cl_2 可用加热升华的方法分离。（　　）
46. 利用 Na_2CrO_4 和 $Na_2Cr_2O_7$ 在酸碱性中的互变可对产品进行纯化。（　　）
47. 生产 $Fe(NO_3)_3$ 时，应采取"正加"，即把硝酸加入到铁中。（　　）
48. 生产中用浓盐酸溶解 $Co(OH)_2$ 时会有呛人的 Cl_2 产生。（　　）
49. 蒸发 $CoCl_2$ 溶液时，锅边呈蓝色，用水冲即成红色。（　　）
50. 硫酸铵中有少量杂质 $PbSO_4$，可用热溶法重结晶得以提纯。（　　）

二、选择题

1. 湿法冶金提取金属的主要过程不含（　　）
   A. 选矿　　　　B. 热化学加工　　　C. 冶炼　　　　D. 分离提取
2. 湿法冶金中，从浸取液中得到所需金属或其化合物不常采取的方法是（　　）
   A. 置换法　　　B. 热解法　　　　　C. 沉淀法　　　D. 萃取法
3. 在过饱和溶液中，为使结晶快点出现，不是通常可采取的措施是（　　）
   A. 降温　　　　B. 加热　　　　　　C. 摩擦容器内壁　D. 加晶种
4. 生产中，过滤所选用的材料中不太用到的是（　　）
   A. 涤纶布　　　B. 定量滤纸　　　　C. 多孔玻璃　　D. 酸性石棉
5. 硫铁矿制硫酸工艺中，将块状矿石用机械加工成直径为 3mm 的颗粒的单元操作叫（　　）
   A. 粉碎　　　　B. 沉降　　　　　　C. 过滤　　　　D. 分离
6. 目前生产硫酸的原料中不常用的是（　　）
   A. 硫黄　　　　B. 硫酸盐　　　　　C. 硫铁矿　　　D. 有色金属冶炼烟气
7. 硫铁矿焙烧后的 SO_2 炉气中会使催化剂中毒的杂质是（　　）
   A. SO_3　　　B. H_2O　　　　　C. AsO_2　　　D. 粉尘
8. 硫酸生产中，SO_3 吸收所用的吸收剂一般为（　　）
   A. 纯水　　　　B. 98% 浓硫酸　　　C. 稀硫酸　　　D. 发烟硫酸
9. 化工生产中，为得到高质量结晶，溶液应加热蒸发到（　　）
   A. 表面有晶膜　B. 稀粥状　　　　　C. 一定的密度　D. 一定体积

10. 由合成制备难溶物，为得到高质量产品，下列操作中错误的是（   ）
    A. 溶液适当稀一些   B. 较高温度合成   C. 较低温度合成   D. 沉淀剂缓慢加入
11. 下列合成氨工业中三个基本步骤不包括的是（   ）
    A. 原料气的制取   B. 原料气的净化   C. 氨的合成   D. 产品的纯化
12. 合成氨中从反应混合物中提取产物氨所用的方法是（   ）
    A. 分馏   B. 加压部分液化   C. 过滤   D. 萃取
13. 下列合成氨中所用氢气不常用的制取方法是（   ）
    A. 煤与水蒸气反应   B. 天然气与水蒸气反应   C. 重油与水蒸气反应   D. 电解水
14. 下列合成硝酸的步骤中不包括（   ）
    A. 氨的催化氧化   B. 一氧化氮氧化为二氧化氮
    C. 二氧化氮的净化   D. 二氧化氮的吸收
15. 硝酸尾气处理中不能用的下列方法是（   ）
    A. 碱液吸收法   B. 酸液吸收法   C. 纯水吸收法   D. 催化还原法
16. 联合制碱法（侯氏制碱法）的主要原料中，下列物质中非主要原料的是（   ）
    A. NaCl   B. $Ca(OH)_2$ C. NH_3 D. CO_2
17. 下列物质不是氯碱工业产品的是（   ）
    A. NaOH 溶液   B. Cl_2 C. $Ca(OH)_2$ D. H_2
18. 下列无水氯化物可用湿法制备的是（   ）
    A. $MgCl_2$ B. KCl   C. $AlCl_3$ D. $FeCl_3$
19. 下列物质不具有漂白作用的是（   ）
    A. NO_2 B. SO_2 C. H_2O_2 D. Cl_2
20. 工业制备 $AlCl_3$ 的方法是（   ）
    A. 铝块缓慢加盐酸   B. 铝粉中加盐酸   C. 盐酸中加铝块   D. 盐酸中加铝粉
21. 工业制备 $Al(NO_3)_3$ 的方法是（   ）
    A. 铝花加浓硝酸   B. 铝花加稀硝酸   C. 铝块加稀硝酸   D. 铝花加浓硝酸
22. 下列金属原料，主要用电解法制备的是（   ）
    A. 铁   B. 银   C. 铜   D. 铝
23. 工业上常用来除去电路板中铜的原料是（   ）
    A. 氯化铁   B. 硝酸银   C. 氯化亚铁   D. 氯化亚铜
24. 工业上生产碳酸盐沉淀时不常用的沉淀剂是（   ）
    A. CO_2 B. Na_2CO_3 C. K_2CO_3 D. $(NH_4)_2CO_3$
25. 下列不能区别 Na_2CO_3 和 $NaHCO_3$ 的是（   ）
    A. 常温下 Na_2CO_3 比 $NaHCO_3$ 溶解度大得多
    B. Na_2CO_3 饱和溶液碱性强而 $NaHCO_3$ 碱性弱
    C. Na_2CO_3 与其它金属离子生成正盐，$NaHCO_3$ 与其它金属离子生成酸式盐
    D. $NaHCO_3$ 加热易分解而 Na_2CO_3 不易分解
26. 生产高纯 Li_2CO_3，下列方法中最好的是（   ）
    A. $LiOH+CO_2$ B. $LiCl+Na_2CO_3$
    C. $LiNO_3+K_2CO_3$ D. $LiCl+(NH_4)_2CO_3$
27. 由热分解法制备金属氧化物通常所用的原料首选是（   ）
    A. 金属氢氧化物   B. 金属磷酸盐   C. 金属碳酸盐   D. 金属硝酸盐
28. 磷在储存中同素异形体间（   ）

A. 红磷会转变为白磷 　　　　　B. 白磷会转变为红磷
C. 两者会相互转变 　　　　　　D. 两者不会相互转变

29. 在红磷中要除去少量白磷，下列答案最贴切的是（　　）
    A. 加 NaOH 溶液　B. 加 CS_2 溶剂　C. A 和 B 均可　D. A 和 B 均不可

30. 金属制件的磷化处理是指金属制件表面覆盖一层（　　）
    A. 红磷　　　B. P_2O_5　　　C. 磷化物　　　D. 磷酸盐

31. 下列常用干燥剂中干燥效率最高的是（　　）
    A. NaOH　　B. 无水 $CaCl_2$　　C. P_2O_5　　D. 浓 H_2SO_4

32. 用 NaOH 和 H_3PO_4 反应制备 NaH_2PO_4，合适的 pH 范围应该是（　　）
    A. 1.5～2.0　　B. 4.2～4.6　　C. 8.9～9.3　　D. 11.5～11.7

33. 用浓氨水检验少量泄漏的氯气时有白雾，此白雾是（　　）
    A. HCl　　B. NH_3　　C. NH_4Cl　　D. Cl_2

34. 生产氟化物时，下列产品能溶于水中的是（　　）
    A. NaF　　B. CaF_2　　C. MgF_2　　D. AgF

35. 下列条件不利于干法合成金属氯化物的有（　　）
    A. 金属熔点低　B. 金属氯化物易升华　C. 金属熔点高　D. 金属氯化物易液化

36. 下列物质俗称白炭黑的是（　　）
    A. 活性炭　　B. 二氧化硅粉末　　C. 轻质碳酸钙　　D. 钛白粉

37. 下列物质属于硅酸盐水泥熟料的是（　　）
    A. $nCaO \cdot SiO_2$　　B. Al_2O_3　　C. $CaSO_4 \cdot H_2O$　　D. $CaCO_3$

38. 用 Sn 和 Cl_2 生产 $SnCl_2$，下列工艺中不利于有效得到产品的是（　　）
    A. 把锡变成"锡花"　B. 锡要过量　C. 氯气要过量　D. 加入适量盐酸

39. 用 Sn 和 Cl_2 生产无水 $SnCl_4$，下列工艺中不利于有效得到产品的是（　　）
    A. 把锡变成"锡花"　B. 锡要过量　C. 氯气要过量　D. 生产环境干燥

40. 下列反应得到的是不溶于酸的 β-偏锡酸的是（　　）
    A. $SnCl_4$ 与 NaOH　　　　　B. Na_2SnO_2 与 HCl
    C. $SnCl_4$ 与 $NH_3 \cdot H_2O$　　D. Sn 与浓 HNO_3

41. 用 SO_2 还原 $CuSO_4$（有食盐存在）制备 CuCl 时，下列操作不利于提高产品效益的是（　　）
    A. SO_2 气量要足　　　　　B. 食盐要过量
    C. 反应温度宜低　　　　　　D. $[CuCl_2]^-$ 冲稀时水量要大

42. Hg 与 HNO_3 反应得到 $Hg(NO_3)_2$ 的反应条件为（　　）
    A. 较高温度，浓 HNO_3 过量　　B. 较高温度，Hg 过量
    C. 较低温度，Hg 过量　　　　　D. 较低温度，稀 HNO_3

43. 要得到非胶状的 $Fe(OH)_3$，Fe^{3+} 与 OH^- 反应中提供 OH^- 的最好物质是（　　）
    A. NaOH　　B. H_2O　　C. $(NH_2)_2CO$　　D. $NH_3 \cdot H_2O$

44. 用硝酸和铁生产 $Fe(NO_3)_3$ 时，下列操作有利于得到合格产品的是（　　）
    A. 铁加入硝酸中　　　　　B. 硝酸加入铁中
    C. 用浓硝酸　　　　　　　D. 较低温度

45. 用 $FeCl_2$ 制备 $FeCl_3$，在工业上常用的氧化剂是（　　）
    A. HNO_3　　B. H_2O_2　　C. Cl_2　　D. $KMnO_4$

46. 在 $FeCl_3$ 蒸发浓缩过程中少量会分解为 $FeCl_2$，下列氧化剂中较合适的是（　　）

A. HNO_3 B. H_2O_2 C. Cl_2 D. $KMnO_4$

47. 对易被氧化的晶体表面进行洗涤，下列宜用的试剂是（   ）

　　A. 水   B. 含有该晶体离子的水   C. 稀酸   D. 无水乙醇

48. 重结晶法提纯中，有些杂质难以去掉，下列原因中错误的是（   ）

　　A. 溶解度差异   B. 同晶现象   C. 吸留作用   D. 表面吸附

49. 为制得质量好的 $NH_4Al(SO_4)_2·18H_2O$ 复盐，应采取的下列操作是（   ）

　　A. 摩尔比相同   B. $(NH_4)_2SO_4$ 稍过量

　　C. 提高 $Al_2(SO_4)_3$ 浓度   D. 减小 $(NH_4)_2SO_4$ 浓度

50. 熔融电解是制备活泼金属的一种重要方法，下列物质不能作熔盐电解原料的是（   ）

　　A. NaOH   B. KCl   C. $CaSO_4$ D. Al_2O_3

三、填充题

1. 浸取是用____分离和提取____物料中有效成分的过程，也称为固液萃取，以获得具有应用价值的组分。若所需组分在浸取液中，常用_____、____、____等方法得到所需物质或去除杂质。

2. 要使物质从溶液中结晶出来，基本原理是使溶液达到____。为使溶液达到这种状态，通常采取的方式有_____，这种方法也叫热结晶；_____，这种方法也叫冷结晶。还有利用同离子效应的方法叫____，也有在溶液中加入_____使无机物达到过饱和而沉淀的方法。

3. 为了使沉淀的晶体含杂质少、颗粒大，需控制的条件一般有_____、_____、_____、_____。沉淀陈化是指小颗粒_____，大颗粒_____。

4. 蒸发掉一定的溶剂使物质沉淀出来是制备物质常用的方法。溶液蒸发的程度经常关系到所制备物质的质量，对于不同物质的制备，控制蒸发溶剂的程度有_____、_____、_____、_____等。

5. 蒸馏和蒸发两种过程相似之处都是利用物质的____变化。进行蒸发的溶液一般由____的溶剂和难挥发的_____溶质所组成。根据沸点的差异，进行蒸馏的溶液，其溶质和溶剂均有不同程度的_____，为得到较纯产品，在操作时常采取"____"和"____"以除去杂质。

6. 通过沉淀生产碳酸盐有多种沉淀剂，用 Na_2CO_3 或 $NaHCO_3$ 的优点是_____、_____，缺点是_____；用碳酸的铵盐作沉淀剂的优点是_____，_____，缺点是_____；有时也用____或____作沉淀剂。

7. Sb 的氯化物有 $SbCl_3$ 和 $SbCl_5$，合成 $SbCl_3$ 时，放 Sb 的反应器分上、下两层，Cl_2 从中部通入，顺流而上，上部生成的____和____流到下部被____还原，基本上都生成____。该物可用____提纯，少量杂质 $SbCl_5$ 可通过"____"除去。

8. 工业盐酸中常因含杂质____和____而呈黄色，常用_____提纯。在蒸馏前，应加_____，如 $SnCl_2$，它与杂质的还原产物挥发性_____，蒸馏时可通过"____"除去。

9. 干法合成金属氯化物应具备的条件有：_____，_____及时离开金属表面，_____及时离开金属表面。干法合成的设备须_____、_____。

10. $Na_2Cr_2O_7·2H_2O$ 制备时，将铬铁矿石与碳酸钠在 1000~1300℃____，利用____氧化成可溶性铬酸盐，然后用水沥取熔块，$Na_2Cr_2O_7$ 进入溶液。用酸把溶液调成____，Fe^{3+}、Al^{3+} 等杂质水解成_____，再使溶液____、____使铬酸钠转变成重铬酸钠，_____即有 $Na_2Cr_2O_7·2H_2O$ 结晶析出。

第五节 实验基础知识（答案与解析）

一、判断题

1. （×）解析：试剂的级别通常是以含杂质的量为标准的。有的试剂如 H_2O_2，含量最高不超过 40%，根据杂质的含量（不包括水），它也可分为分析纯、化学纯等，65% 的 HNO_3 也有分析纯、化学纯、工业纯等。

2. （×）解析：分析纯（或二级品）试剂，常用 AR 表示，即 analytical reagent；化学纯用 CP 表示，即 chemical pure；优级纯用 GR 表示，即 guarantee reagent；实验试剂用 LR 表示，即 laboratorial reagent。

3. （√）解析：一级品即优级纯试剂是常用实验试剂中高规格试剂，如对实验要求更严格，有更高级的试剂，如高纯试剂、基准试剂、色谱纯试剂等。

4. （×）解析：不同试剂提纯的难度是不同的，对于不易提纯的试剂，即使是优级纯，也允许含有相对较多的杂质，对于易提纯且性质稳定的试剂，即使化学纯允许的杂质量也很低。用纯度级别来比较试剂的纯度只能用于同一种试剂。

5. （×）解析：见判断题 1 解析。

6. （×）解析：实验数据的精确与否，除与所用试剂有关外，还与仪器及其它操作因素有关。至于试剂，即使其它都是高级别试剂，只要有一种试剂的级别不高，其杂质还是可能存在于整个反应体系中，此时的高级别试剂无意义，故使用试剂的纯度要根据对实验结果的要求确定，试剂的纯度要与实验要求匹配。

7. （√）解析：液体试剂放入细口瓶中，由于出口小，取用时容易倒入其它容器而不溢出造成浪费和危害。

8. （×）解析：棕色瓶主要吸收光线不让其穿透到瓶中，故常盛放易见光分解的试剂，如 $AgNO_3$、H_2O_2 等，易挥发但见光不分解的物质不必放入棕色瓶。

9. （×）解析：挥发的有机试剂如没有出处，随着挥发量的增加，在瓶子上部空隙处的蒸气压会越来越大，若玻璃瓶已老化强度不够，易发生爆炸。故应把瓶盖稍拧松，让部分试剂蒸气逸出，以减小瓶内蒸气压。

10. （√）解析：已取出的试剂，不管有没有其它杂质混入，一律不能倒回原试剂瓶中，以保证瓶中的试剂不被污染。故取试剂时不要大量取，宁可少量多次。

11. （√）解析：活性炭是还原性物质，而高锰酸钾有很强的氧化性，若取用试剂时不小心少量遗落在柜中，两者碰在一起可能反应，严重时会燃烧危及实验室安全。

12. （√）解析：硫化钠俗称硫碱，水解度达 99%，有很强的碱性。硫化钠溶液的瓶盖若用主要成分是 SiO_2 的玻璃塞，则碱液与玻璃塞表面的 SiO_2 反应，生成少量硅酸，而硅酸有很强的黏性，与玻璃瓶黏结在一起，使瓶盖无法打开。其它碱性试剂，如 NaOH、Na_2CO_3 等也不能用玻璃塞而应用橡皮塞。

13. （√）解析：液溴和汞都有一定的挥发性，且其蒸气毒性大。它们均不溶于水（溴在水中溶解度很小），密度均大于水，故在液溴和汞上面可放少量水盖住以阻止其挥发。

14. （×）解析：在试管中滴加试剂时，滴管口的水平面应始终高于试管口，若滴管口深入试管口以下，常有可能碰到试管内壁，沾染到试管内物质，滴管放回原试剂瓶时，会污染整瓶试剂。

15. （×）解析：见判断题 10。

16. （×）解析：瓶盖上常会沾染原瓶中的试剂，若盖到其它瓶上，等于把这些试剂加到其它试剂瓶中，污染其它试剂。

17. （√）解析：试管中加液后常会有一些其它后续操作，如加入溶质溶解等，而这时需要振荡试管使溶解加快，若试管中溶液多则会溢出。若试管中进行化学反应，试管中的加液量不超过容量的 1/3。

18. （√）解析：滤纸上的纤维丝容易粘去部分试剂，滤纸上的纤维丝或其它杂质也会混在试剂中，使试剂被污染。有些强氧化性的固体在一定条件下会氧化滤纸上的纤维丝引起危险。

19. （×）解析：有些吸潮性很强的试剂，如 NaOH，在称量时就会部分潮解，部分潮解液会粘在称量纸上，对于这类固体试剂，最好用干净的表面皿或小烧杯作盛器来称量。

20. （×）解析：无水氯化钙属于中性干燥剂，但它易与氨或有机胺类物质生成加合物，例如：$CaCl_2 + 6NH_3 \longrightarrow CaCl_2 \cdot 6NH_3$ 使其失去吸水能力。

21. （×）解析：一般阀门或螺钉顺时针是拧紧，逆时针是拧松。气体钢瓶减压阀正好相反，逆时针拧松是关闭气体减压阀阀门（但不是钢瓶阀门）。

22. （×）解析：钢瓶中气体不能用尽，总要留一些。若气体用尽，钢瓶的压力不超过一个大气压，空气会进入钢瓶，即杂质进入钢瓶，下次充气时，如不反复洗钢瓶，则由于已混入空气，瓶中气体不纯。若原钢瓶中气体压力始终大于大气压，则外面的空气就无法进入瓶内。

23. （×）解析：带活塞的玻璃仪器洗净后活塞最好放在旁边，如装上，活塞与活塞孔间应垫上一片纸，以免活塞与活塞孔粘在一起后无法转动使用。

24. （×）解析：容量瓶、滴定管均可用于衡量一定体积的液体，容量瓶为量入式。但称量瓶不属于量器类玻璃仪器。

25. （√）解析：量器类玻璃仪器只能量取一定体积的溶液，溶解、稀释等过程常有吸放热的现象，温度的改变会使玻璃容器和液体的体积发生变化，使液体体积的量取发生误差。

26. （√）解析：这是标准磨口玻璃仪器制造规定。前一个数字表示大端直径，后一数字表示磨口高度，单位是 mm。

27. （×）解析：用铬酸直接洗玻璃仪器，不用水先洗，否则玻璃表面的水滴会降低铬酸洗液的浓度，降低氧化能力。

28. （√）解析：铬酸洗液呈绿色时，表示起氧化作用的 Cr（Ⅵ）已被还原为 Cr（Ⅲ），此时当然无氧化清洗能力。由于铬盐有较大的毒性，不能随便倒入水槽，要收集后统一处理，如加入 $KMnO_4$ 氧化，让它重新变为 Cr（Ⅵ），恢复清洗能力。

29. （×）解析：碱液只能洗去酯类油污或脂肪酸类油污，碱与它们进行皂化或中和反应生成可溶于水的脂肪酸钠盐而得以清洗。其它油污应用表面活性剂或有机溶剂清洗。

30. （×）解析：清洗剂洗涤后的仪器，最后应用去离子水清洗。因自来水含有杂质，若再用自来水冲洗，等于把洗好的仪器又污染了。

31. （×）解析：量器类仪器放在烘箱中烘干时，由于烘箱中温度较高，会使玻璃仪器稍有变形，影响测量的准确性，故量筒、移液管等量器类仪器不能放在烘箱中烘干。

32. （√）解析：如玻璃仪器急需干燥，试管、烧杯等仪器可直接用小火加热，但火要小，加热要均匀，水蒸气要有向上的出处。

33. （√）解析：常压过滤时，为使漏斗颈部充满液体形成的向下压力（真空）大些，需要颈部长一些，以加快过滤速度。短颈漏斗只用于把液体注入口小的容器中，颈部不需长。

34. （×）解析：布氏漏斗过滤由于有真空，故过滤速度快，但对于固体颗粒与滤纸空隙相当的体系，若用布氏漏斗过滤，固体颗粒在真空作用下很容易堵住滤纸空隙，使过滤速度反而很慢，若常压过滤，这些颗粒一般会悬浮在滤纸表面，不至于堵住滤纸空隙。若溶液可以加热，小颗粒沉淀可通过加热转化为较大颗粒的沉淀，此时可用布氏漏斗过滤。

35. （√）解析：量筒的刻度最多到0.1mL，即小数点后面只有一位，若取用9.54mL液体试剂只能用有刻度的移液管或滴定管。

36. （×）解析：在标移液管的体积刻度时，未能流出的最后一滴未计算在内，即从刻度线流出，剩最后一滴时，流出液体的体积就是刻度所标体积。若移液管上有"吹"字，则最后一滴吹出后，移液管流出的液体体积是所标体积。

37. （×）解析：玻璃虽然能耐较高的温度，但玻璃仪器的形状不同，耐热性能相差很大。试管可直接加热，圆底烧瓶直接加热很容易破碎。

38. （×）解析：见判断题28。

39. （×）解析：煤气灯三层火焰中，焰心只是煤气的初步燃烧，温度最低；还原焰是煤气被部分燃烧，剩下大量有还原性自由基的高温气体；氧化焰是这些自由基被氧化，即煤气完全燃烧的地方，温度最高，根据火焰散热情况，还原焰顶端的氧化焰温度最高。

40. （×）解析：当煤气灯出现侵入火焰时，由于煤气是在灯管中燃烧，灯管的温度很高，此时若通过旋转灯管关闭空气入口，手指会被严重烫伤。此时应先关闭连接橡皮管的煤气阀门，使燃烧停止，再用湿抹布擦灯管，可多次用湿抹布擦，使灯管降温后重新按程序点燃煤气灯。

41. （√）解析：因为常压下液体水的最高温度为100℃，在100℃以下，可通过煤气灯加热程度控制所需加热温度。

42. （×）解析：加热蒸发掉水后，物质的浓度会增加，虽不加入其它物质，有时pH值也会改变。如稀NaOH溶液加热变浓后，溶液的pH值增大；稀硫酸加热变浓后，硫酸浓度增大，pH值会降低。有些物质加热水解后，也会使溶液的pH值变化。

43. （√）解析：等当点是指酸碱的当量相等，正好生成盐。如酸或碱并非强酸或强碱，则生成的是强碱弱酸盐或强酸弱碱盐，其在水中会水解，使溶液的pH值不是7.0，即溶液不一定呈中性。

44. （×）解析：甲基橙的变色范围是pH值为3.1～4.4，只要pH值大于4.4，颜色就变为黄色，如pH值为6.0的溶液显然属于酸性，但甲基橙指示剂是黄色的。

45. （×）解析：二氧化碳用于灭火主要是使燃烧物隔绝空气，使被燃物与空气中氧气的反应停止，使火熄灭。若物质本身能与二氧化碳反应，如镁条，则燃烧时不能用二氧化碳灭火。

46. （×）解析：测定物质的pH值时，物质应是液态，故不必先将pH试纸润湿，若用水将pH试纸先润湿，测定时在此pH试纸滴待测液时，被pH试纸上预先滴的水稀释，不能准确测出物质的pH值。若用pH试纸测干燥气体的酸碱性，则必须润湿pH试纸。

47. （√）解析：水银在常温下能快速和硫反应，剩下无法用滴管收集的水银能迅速与覆盖的硫粉反应，生成硫化汞再收集。

48. （√）解析：做危险性实验时，有害的液体或气体可能溢出或爆炸，故应保护人体易受伤的部位，如眼睛、脸、手等。

49. （×）解析：烫伤时不要用冷水洗涤伤处。可用稀$KMnO_4$或苦味酸溶液冲洗，然后涂上烫伤药膏。

50. （×）解析：应在观察到或测定到的第一时间记录在预习报告上，以免过段时间后遗忘或混淆。

二、选择题

1. （C）解析：见判断题1。

2. （B）解析：无机实验常做性质实验和制备、纯化实验，即使是制备、纯化实验，要求也不是很高，用化学纯试剂已足够。

3. （D）解析：$SnCl_2$易被氧化，但不易分解，无须放入棕色瓶。$KMnO_4$、$AgNO_3$、氯水易见光分解，须放入棕色瓶中。

4. （A）解析：NaOH、Na_2S、Na_2CO_3等强碱性溶液存放时，不能用玻璃塞，否则会与玻璃瓶粘在一起，而$KMnO_4$一般在酸性溶液中不会腐蚀玻璃。

5. （C）解析：氟化氢会与SiO_2、某些金属反应，而玻璃和瓷均含有大量SiO_2成分，$SiO_2+4HF\longrightarrow SiF_4\uparrow+2H_2O$；氟化氢与铁反应，与铅不反应，故用铅制反应器。

6. （B）解析：白磷在常温下能与空气中的氧气反应，即自燃，在保存时与空气隔绝。煤油易挥发，故白磷应放在不易挥发的水中。

7. （D）解析：作为化工商品，需较高的含量，一定的稳定性，便于保存与运输。次氯酸溶液很不稳定，又无法提高浓度，一般用次氯酸盐作为商品，使用时加入酸即可。

8. （A）解析：见选择题3。

9. （D）解析：H_2CO_3很容易分解，H_2SO_3很易分解且易被空气中的氧气氧化，HF会腐蚀玻璃，HAc稳定，不腐蚀玻璃。

10. （A）解析：对于固体物品，不论颗粒粗细（颗粒太大可敲碎），均可用药匙方便取用。镊子只限于取块状物品，试管夹用来夹试管，而坩埚钳专用来夹高温仪器。

11. （C）解析：一般酸性氧化物干燥剂用来干燥酸性气体（相互不反应），碱性干燥剂用来干燥碱性气体，硅胶是中性干燥剂，既能干燥酸性气体如硫化氢，又能干燥碱性气体如氨气。

12. （B）解析：实验室购进浓硝酸一般含硝酸65%～68%，相对密度为1.39～1.42，物质的量浓度约为14mol/L。

13. （C）解析：为了容易区分各种不同气体的钢瓶，保证运输和储存的安全，气体钢瓶的颜色是有严格规定的，氢气是深绿色的，氮气是黑色的，氧气是天蓝色的，氨气是黄色的。

14. （B）解析：表面皿的规格用直径大小来表示。

15. （C）解析：这里量筒和容量瓶是量器类玻璃仪器，其中量筒是量出式仪器，即准确量取液体体积后再倒入其它容器中。

16. （B）解析：抽真空的玻璃仪器其结构要耐受较大的压力，结构要圆润或玻璃较厚，平底烧瓶不能承受大的压力，不能用于抽真空。

17. （D）解析：移液管取液前应用待取液润洗，若用去离子水清洗，留在管内的少量水滴会稀释吸入管中的溶液，使管中放出溶液浓度稍低于所取溶液，造成实验结果的误差。若用待取液润洗，留在管中的少量液滴与所取溶液浓度相差很小，在误差允许范围内。

18. （D）解析：锥形瓶主要用于滴定时作接收容器，有时也可用作反应容器，但不能用作分离仪器。

19. （B）解析：快速干燥玻璃仪器通常用烘干、吹干、烤干或加入挥发性有机溶剂带走水分等方法，若不急于用玻璃仪器，则用自然晾干的方法慢慢干燥。

20. （D）解析：玻璃仪器中刻度的精确性可从其读数处的口径判断，口径越小，在目视高度误差相同的情况下，准确度越高。烧杯的刻度误差最大，量筒和量杯只能精确到 0.1mL，移液管能精确到 0.01mL。

21. (D) 解析：见判断题 46。

22. (C) 解析：常压漏斗用于固液分离时的过滤，分液漏斗用于互不相容的液体分离，蒸馏烧瓶用于沸点相差较大的同一相液体的分离。

23. (D) 解析：药品不能直接放在称量盘中，以免药品腐蚀称量盘。

24. (B) 解析：托盘天平游码的最小刻度是 0.1g，再往下是估读数。

25. (A) 解析：试管内壁的其它物质可能会污染滴管，放回滴管后会污染瓶中溶液。其它几项都应该相互接触。

26. (A) 解析：滴定管的刻度"0"在上端，开始滴加时常把液面调到"0"刻度，方便读出已滴下的体积。

27. (A) 解析：试管中液体的量一般不能超过试管容积的 1/2，若试管内进行反应需振荡，则液体体积不能超过 1/3。

28. (C) 解析：因布上经常会沾有多种杂质，洗净的玻璃仪器用布擦干时等于又污染了玻璃仪器。

29. (A) 解析：见选择题 20。

30. (C) 解析：胆矾晶体除去结晶水后就是无水硫酸铜，有很强的吸水能力，如不放在干燥器中，一会儿就又会吸水。

31. (D) 解析：玻璃仪器加热时一般需垫石棉网，使受热均匀，以防膨胀相差大而爆裂。试管因细长，无法垫石棉网，可直接加热，但也要移动受热点使受热均匀。

32. (C) 解析：pH 试纸不能拿在手上、放在实验桌上或浸入被测溶液中，以免手上、桌上或溶液中物质对 pH 试纸的沾染。一般应放在干净的表面皿中。

33. (D) 解析：见判断题 39。

34. (C) 解析：拆开煤气灯可清楚地看到其构件是灯座、带孔灯管、针形阀。

35. (C) 解析：使固体药品溶解速度加快是使颗粒迅速离开固体表面，方法是增加表面积，即先粉碎药品，或加速液体运动，如搅拌或加热。

36. (B) 解析：纯溶剂中溶入不挥发性杂质时，溶剂的蒸气压总是降低，这是稀溶液的依数性。

37. (C) 解析：准确量取精确度到 0.01mL 的溶液，只能用上述仪器中的滴定管，因高锰酸钾一般配成酸性溶液（在碱性中不稳定），故用 50mL 酸式滴定管。

38. (B) 解析：这里可燃性气体是硫化氢和乙烯，但硫化氢能溶于水（饱和溶液 0.1mol/L），乙烯不溶于水，可用排水法收集。

39. (B) 解析：鸡蛋在保存期间还在新陈代谢，会从孔中释放出二氧化碳，若周围环境是石灰水，则正好生成 $CaCO_3$ 堵塞鲜蛋的气孔，减弱或消除鸡蛋中的新陈代谢，使鸡蛋中成分稳定，起保鲜作用。

40. (D) 解析：过滤用于固、液分离；分馏用于不同沸点的液态物质分离；萃取是利用物质在不同溶剂中溶解度的不同，富集到对其溶解度大的溶剂中，以和其它物质分离，以上三种方法都是提纯物质的方法。滴定是测定物质浓度或含量的方法。

41. (A) 解析：活泼金属如钠、钾等着火时，只能用砂土、干粉灭火器灭火；油类、乙醚、甲苯等有机溶剂燃烧时，应用石棉布或砂土灭火；电器或导线着火时不能用水及二氧化碳灭火器，应立即切断电源并用四氯化碳灭火器；酒精及其它溶于水的液体着火时，可用水灭火。

42. (D) 解析：水玻璃即硅酸钠溶液，与二氧化碳反应会生成碳酸钠和硅酸，硅酸易失水成为二氧化硅沉淀。

43. (C) 解析：pH 计的读数为小数点后两位。

44. (B) 解析：实验中烫伤时，可先用 1% 的高锰酸钾溶液或苦味酸溶液冲洗灼伤处，或涂饱和碳酸氢钠溶液或粉末于伤处，或直接在烫伤处涂上烫伤膏或万花油，切勿用水冲洗。

45. (D) 解析：先用大量水冲洗，洗出或冲淡酸液，再用 3%～5% $NaHCO_3$ 溶液冲洗以中和少量剩余酸，最后用清水洗至中性。

46. (A) 解析：立即用大量水冲洗，然后用 1% 柠檬酸或硼酸溶液洗，即用弱酸中和剩余的少量碱。

47. (C) 解析：由于有稳压瓶，在实验稍有意外（如漏气）时，即减小真空度时可起缓冲作用，使真空变化幅度不大。另外，在突然停电时，可防止液体倒流到真空反应系统（水冲泵抽真空）。

48. (D) 解析：见选择题 41。

49. (B) 解析：参见判断题 21、22；可燃性气瓶（如 H_2、C_2H_2）应与氧气瓶分开存放，以防各自漏气后反应。气体钢瓶的压力表是专用的，以防混用时气密性不好漏气。氨气钢瓶的阀门不能用铜制的，以防生成铜氨配合物而腐蚀造成危险，一定要用不锈钢阀门。

50. (B) 解析：恒温槽中的水银触点温度计只能用于控温，如测温，则误差太大。

三、填充题

1. 我国生产的化学试剂分为 5 个等级，分别为<u>优级纯</u>（名称）、<u>GR</u>（符号）、<u>深绿色</u>（标签颜色）、<u>分析纯</u>（名称）、<u>AR</u>（符号）、<u>红色</u>（标签颜色），<u>化学纯</u>（名称）、<u>CP</u>（符号）、<u>蓝色</u>（标签颜色），<u>实验试剂</u>（名称）、<u>LR</u>（符号）、<u>棕色</u>（标签颜色），<u>生化试剂</u>（名称）、<u>BR</u>（符号）、<u>玫瑰红</u>（标签颜色）。

2. 见光易分解的试剂，如 H_2O_2、$AgNO_3$ 等要放在<u>棕色</u>瓶中存放；易腐蚀玻璃的试剂，如 NaOH、Na_2CO_3、硫碱等的瓶盖要用<u>橡皮塞</u>，HF 要放在<u>塑料</u>瓶中；某些试剂要特殊存放：白磷要放在<u>水中</u>，钠、钾要放在<u>煤油中</u>，液溴或汞上要放少量<u>水</u>覆盖住。

3. 实验室中气体的纯化可根据杂质的性质选用适当的固体或洗涤液，酸雾可用<u>水</u>或玻璃棉除去，水蒸气可用<u>浓硫酸</u>、<u>无水氯化钙</u>、<u>五氧化二磷</u>或硅胶吸收。对于有毒有害的气体，要在<u>通风</u>橱中制备，并做好尾气<u>吸收</u>。

4. 清洗玻璃仪器上的附着物时，应"对症下药"，若玻璃器壁上的污物是二氧化锰，可用草酸酸液来处理，其化学方程式是 $H_2C_2O_4 + MnO_2 + 2H^+ \longrightarrow Mn^{2+} + 2CO_2\uparrow + 2H_2O$。若器壁上的是硫黄，可用<u>二硫化碳</u>。若器壁上的是难溶银盐，可用<u>硝酸</u>清洗。若壁上的是油污，可用<u>浓碱</u>清洗。

5. 仪器干燥的方法有晾干、烘干、烤干、吹干。带有刻度的计量仪器不能使用<u>加热方法</u>进行干燥，因为这会影响仪器的精度。

6. 固-液分离的一般方法有 3 种：倾析法、过滤法和离心分离法。当沉淀的结晶相对<u>密度较大</u>或晶体颗粒较大，静置后易沉降至容器的底部时，可用倾析法分离。

7. 填写仪器名称：①粉碎易碎的固体药品用<u>研钵</u>；②浓缩蒸发溶液用<u>蒸发皿</u>；③分离酒精和水的受热容器是<u>圆底烧瓶</u>；④配制一定物质的量浓度的溶液的定容仪器是<u>容量瓶</u>；⑤坩埚应放在<u>泥三角</u>上加热；⑥转移热的坩埚应用<u>坩埚钳</u>；⑦石油蒸馏装置中通冷却水的仪器是<u>冷凝管</u>。

8. 若皮肤上不慎沾上浓硫酸，应<u>用干布擦去硫酸，再用氨水或碳酸氢钠溶液擦洗</u>。若皮肤上不慎沾上苯酚，应<u>用碳酸氢钠敷</u>。

9. 使用 pH 计时，应把选择开关旋钮调到<u>pH</u>挡，标定时将电极插入 pH＝6.86 的<u>磷酸盐</u>标准缓冲液中，调节温度与溶液温度相同，搅拌溶液，把<u>斜率</u>调节旋钮顺时针调到底，调节定位调节旋钮，使仪器显示读数为<u>6.86</u>；清洗电极后，将其插入 pH＝4.00 的<u>硼酸</u>缓冲液中，调节<u>斜率</u>调节旋钮使仪器显示读数为 4.00。

10. 溶液对某一波长光吸收的强度与该物质的<u>浓度</u>、吸光溶液的<u>液层厚度</u>成正比，称为光吸收定律或郎伯-比尔定律，数学表达式为<u>$A=\varepsilon bc$</u>。

第六节 实验基本操作（答案与解析）

一、判断题

1. (×) 解析：煤气灯使用时，检查并关闭空气进孔，先开接入口的煤气阀门，点燃火柴于煤气灯管口，同时缓缓旋松煤气灯针形阀点燃煤气灯，根据需加热情况旋针形阀调节煤气量（火焰高度显示煤气进入量），再旋灯管调空气进入量，可调至三层火焰。若先开空气孔，则会使煤气在灯管中燃烧，即侵入火焰。

2. (×) 解析：煤气量太大时会产生临空火焰，不稳定，易自灭。

3. (√) 解析：先关橡皮管接煤气阀门，让管中煤气燃烧掉，最后要关空气孔。

4. (√) 解析：两拇指在划痕背后向前推压，使划痕产生向两边的力，截断玻璃管（或棒）。

5. (×) 解析：被拉伸部分应在火焰中加热至发黄变软后，拿到火焰外拉伸，否则会拉断。

6. (×) 解析：若加热温度需稍高于 100℃ 时，可在水中放入一定量盐如食盐，其沸点可高于 100℃，但要注意补充水。

7. (×) 解析：应先除去 SO_4^{2-} 杂质离子，再除 Ca^{2+}、Mg^{2+}，若先除去 Ca^{2+}、Mg^{2+} 杂质离子，再用 $BaCl_2$ 除 SO_4^{2-} 时，又引进了杂质 Ba^{2+}，又要除 Ba^{2+}，很麻烦。若先除 SO_4^{2-}，引进的杂质 Ba^{2+}，可与 Ca^{2+}、Mg^{2+} 一同除去。

8. (×) 解析：Ba^{2+} 与 Ca^{2+}、Mg^{2+} 一同用 Na_2CO_3 溶液除去，稍过量的 Cl^- 与 Na_2CO_3 反应时正好生成产品成分 NaCl。

9. (×) 解析：杂质被沉淀后经过加热，会变成较大的颗粒，易于过滤，甚至可抽滤，可节省过滤时间。

10. (×) 解析：NaCl 溶液浓度低时流动性较好，传热较快，可大火加热，不至于引起局部过热而爆沸。蒸发一段时间溶液较浓时，较黏稠，流动性差，传热慢，此时要用小火加热，以防局部过热而爆沸。

11. (×) 解析：NaCl 的溶解度与温度关系不大，可加热蒸发至稀粥状后再停止加热，趁热抽滤。若液面出现晶膜后即停止加热，即使冷却后，大量 NaCl 也不会析出，而降温后杂质 KNO_3 等会析出，造成产量降低，NaCl 纯度不高。

12. (×) 解析：在溶液中除去的杂质是 Ca^{2+}、Mg^{2+}，K^+、NO_3^- 还未除去，将 NaCl 溶液蒸至稀粥状时，K^+、NO_3^- 还在溶液中，可趁热抽滤除去。

13. (×) 解析：应先停止加热，放空，再关真空泵。否则真空关掉后，蒸馏物沸点升高，急速下流，与加热的高温玻璃接触，可能会引起爆裂。

14. (×) 解析：虽然硝酸钾的溶解度与温度的关系很大，氯化钠的溶解度与温度关系不大，但由于氯化钠含量较少，在加热时也全部溶于水，故硝酸钾中除去氯化钠杂质时不能趁热过滤，可采取化学方法。

15. (√) 解析：同判断题14，该物质放入水加热溶解时，由于氯化钠作为杂质量少，也能完全溶解，但降温后，硝酸钾析出，氯化钠由于在低温时溶解度变化很小，仍留在溶液中，可以得以分离。

16. (√) 解析：溶于水中的氧气会氧化 Fe^{2+} 为 Fe^{3+}，$4Fe^{2+}+O_2+4H^+ \longrightarrow 4Fe^{3+}+2H_2O$，若铁过量，可重新把 Fe^{3+} 还原为 Fe^{2+}，$2Fe^{3+}+Fe \longrightarrow 3Fe^{2+}$。这样溶液中的铁均为 Fe^{2+}。

17. (√) 解析：溶液中实际存在的是 Fe^{2+}、NH_4^+ 和 SO_4^{2-} 的自由离子，蒸去水析出后就是硫酸亚铁铵。

18. (×) 解析：制备 $FeSO_4$ 时，为了保证溶液的酸性，硫酸的量一般过量20%，故生成的 $FeSO_4$ 和应加入 $(NH_4)_2SO_4$ 的量，一定要以参与反应的铁的量来计算。

19. (×) 解析：硫酸亚铁铵在水中溶解度较大，若用去离子水洗涤，会溶解掉一些产品牺牲收率，应用乙醇洗涤，因硫酸亚铁铵在乙醇中溶解度小，而某些杂质可溶于乙醇。

20. (√) 解析：用粉末状硫，并用酒精调成糊状，这样可以增加反应时的接触面积，使反应速度加快。若用块状硫，因硫不溶于水，反应接触面积太小，反应速度慢到基本不反应。

21. (×) 解析：要加热至沸，溶液的沸腾等于对这种非均相反应搅拌，加快反应速度。但要适当补充水分，保持总体积基本不变。

22. (√) 解析：因为是非均相反应，强烈搅拌增加反应物间接触并使产物离开反应物表面，提高反应速度。

23. (×) 解析：由于硫代硫酸钠在过饱和度很大时也较稳定，在加热时不会出现表面晶膜，工业上一般加热到溶液到一定密度后降温，实验中可根据经验加热到一定体积后冷却。

24. (×) 解析：浓缩液冷却速度越快，出现的晶种越多，晶体颗粒越小，吸附的杂质也多，晶体越不好。

25. (×) 解析：溶液浓度越高，出现的晶种越多，晶体颗粒越小。

26. (×) 解析：用容量瓶配制一定浓度的溶液时，加入容量瓶的是一定物质的量的溶质溶液，然后再加入溶剂至刻度。若加接近该浓度的 $CuSO_4$ 溶液润洗，则容量瓶中容量增加了，会使所配 $CuSO_4$ 溶液浓度增大。

27. (×) 解析：粗硫酸铜提纯时，由于 Cu^{2+} 浓度很高，在滴入 NaOH 溶液的小体积里，瞬时 $c(Cu^{2+})\ c(OH^-)^2 > K_{sp}^{\ominus}[Cu(OH)_2]$，会出现浅蓝色 $Cu(OH)_2$ 沉淀，但振荡或搅拌后，由于总体 $c(Cu^{2+})\ c(OH^-)^2 < K_{sp}^{\ominus}[Cu(OH)_2]$，沉淀马上消失，此时 Fe^{3+} 还未除净。

28. (×) 解析：用氯水氧化 Fe^{2+} 会引进杂质 Cl^-，给后面的提纯带来很大的麻烦。故一般用双氧水氧化 Fe^{2+} 后再除铁。

29. (×) 解析：由于硫酸铜的溶解度大小与温度关系较大，结晶时还带5份结晶水，绝对不能把溶液蒸至稀粥状，表面出现较多晶膜时，即停止加热，冷却，才能得到优质、较高产量的硫酸铜晶体。

30. (×) 解析：在抽滤瓶上的布氏漏斗中洗涤沉淀时，为使洗涤液与沉淀接触尽量长的时间，应关掉真空一段时间，使杂质充分溶于洗涤液，然后再开真空抽去溶液。

31. (√) 解析：固体在抽滤或洗涤时应均匀平铺在布氏漏斗表面，这样可使漏斗表面不留漏气孔，有较大的负压向下抽去溶剂。

32. （×）解析：有时溶液未冷透时抽滤，抽滤瓶由于抽真空时部分溶剂蒸发，温度降低得较多，此时抽滤瓶中溶液溶解度降低，析出沉淀。故抽滤瓶中有固体不一定是滤纸穿滤。

33. （√）解析：漏斗长颈中有液柱则有一定的负压，相当于稍有真空的抽滤，过滤速度加快。

34. （×）解析：搅拌的作用主要是让固体邻近部分浓溶液扩散，使纯溶剂或稀溶液接触固体表面，使固体继续溶解。

35. （×）解析：回流应该用球形冷凝管，以扩大热交换面积。直形冷凝管常用于蒸馏，管中可不留积液。

36. （√）解析：利用混合组成中物质溶解性能的不同，用结晶或重结晶的方法使不同组分分开，有的结晶析出，有的溶解在溶液中。

37. （×）解析：见判断题 13。

38. （√）解析：见判断题 13。

39. （×）解析：沉淀的颗粒越小，表面积越大，表面能越高，越不稳定，即小颗粒沉淀的溶解度大于同一物质大颗粒的溶解度，陈化是指沉淀小颗粒溶解，大颗粒增大，即小颗粒转变为大颗粒的过程。

40. （√）解析：移液管在吸液过程中，所移取液的液面会下降，若容器直径不大，液面下降会很多，为了防止空吸，移液管下端应深入液面下。

41. （×）解析：由于硫酸钙是微溶盐，其溶解部分除 Ca^{2+} 和 SO_4^{2-} 以外，还有以离子对形式存在的 $CaSO_4$，当溶液经过离子交换柱时，由于 Ca^{2+} 被交换掉，离子对 $CaSO_4$ 也会解离出 Ca^{2+} 并被交换，交换完后原溶液中 Ca^{2+} 浓度小于 H^+ 浓度的一半。

42. （√）解析：因自来水通常用氯气消毒，自来水中含有少量氯气。若用自来水配 Na_2SO_3 溶液，氯气会氧化 Na_2SO_3，使所配 Na_2SO_3 浓度降低，反应速度减慢，实验出现误差。

43. （×）解析：在保温杯中进行反应的体系是敞开体系，反应体系体积的变化会对环境做功，其热效应是焓变 ΔH。

44. （×）解析：由于氧弹是刚性结构，反应中体积恒定，与环境无相互做功的关系，其热效应是热力学能变 ΔU。

45. （√）解析：H_2O_2 溶液呈液态，MnO_2 呈固态，是非均相催化。

46. （×）解析：$2NO_2(g) \rightleftharpoons N_2O_4(g)$；$\Delta_r H_m^\ominus = -54.43 kJ/mol$，因为是放热反应，低温处平衡向右，向生成无色 N_2O_4 的方向移动，放入冰盐水中后颜色变浅。

47. （×）解析：接通电源并预热后，pH 计首先要用标准液调试，然后才能测溶液的 pH 值。

48. （√）解析：测完一溶液的 pH 值后若不清洗，电极上残留的溶液会影响测另一溶液的 pH 值。

49. （√）解析：若高于内弯月面水平，则读数比实际体积小；若低于内弯月面水平，则读数比实际体积大。均会引起误差。

50. （×）解析：不必，有时移液管体积大，挤压洗耳球一次所吸液体不够液体到刻度线以上，需连续数次，只要移液管液柱没有断点（中间有空气段），就不会有误差。

二、选择题

1. （B）解析：见判断题 1。

2. (A) 解析：当煤气量小时，灯口燃烧的火焰会往下，直到煤气在管内燃烧，形成侵入火焰。

3. (D) 解析：煤气空气量均大时，流动的速度较快，会在灯管上方（悬空）处燃烧，且不稳定。

4. (B) 解析：见判断题1。

5. (C) 解析：加工玻璃用品时，一定要高温强热，要用煤气灯火焰温度最高的部位即还原焰顶端的氧化焰加热。

6. (D) 解析：分液漏斗和滴定管都有玻璃活塞来关闭液体的下滴，若漏水会无法准确控制流出液体的体积，使用前必须检验以确保活塞不漏水。容量瓶在混合溶液时上下翻转，以保证混合均匀，若瓶口漏掉未混均的部分液体，会使所配溶液浓度不准。长颈漏斗本来就让液体通过，本来就该"漏"，故不必检验其是否漏水。

7. (B) 解析：包括游码，其力臂落在右盘，故砝码应放在右盘，称量物放在左盘。调整天平时，游码放在最左边刻度为零处，加砝码时应按由大到小的顺序添加。

8. (C) 解析：化学药品不必放在称量瓶中，可放在称量纸上、表面皿上或小烧杯中，但不能直接放在托盘上或称热的物品，也不能称过重的物品，以免损坏台秤。

9. (B) 解析：托盘天平的最小刻度是0.1g，不能用托盘天平称量14.82g氯化钠；10mL量筒的最小刻度是0.1mL，可以用10mL量筒量取7.5mL稀硫酸；用25mL移液管是定量移液管，只能量取25.00mL溶液；广泛pH试纸的差别是1，不能用广泛pH试纸测得溶液的pH值为4.3，只能说pH值为4～5。

10. (D) 解析：pH试纸由多种有色的有机弱酸弱碱混合液涂在滤纸上制成，若直接接触待测液，则会污染待测液，但也不必把待测液倒一部分到另一试管，这样一不方便，二浪费待测液。主要是应将玻璃棒清洗干净，可直接蘸取待测液。

11. (A) 解析：胶体在抽滤时，由于有很大的负压，胶体颗粒会堵塞滤纸孔，使过滤无法进行。滤纸应略小于漏斗内径，因为抽真空时滤纸自然会贴紧漏斗表面。先转移溶液后转移沉淀，使溶液先较快地透过滤纸。抽滤结束时，应先拔掉橡皮管，使抽滤瓶内无负压，以免倒吸。

12. (C) 解析：见选择题11，若滤液从抽滤瓶侧口倒出，则由于口小流出慢，瓶中液面较高，抽滤液可能从抽滤瓶口溢出。

13. (D) 解析：用pH计测定的步骤就是先用蒸馏水冲洗电极，被测液冲净可以不做，但做了也不影响测定。

14. (C) 解析：启普发生器不能加热，反应时，固体必须是块状的，以免漏到下端液体中使反应无法停止，球形漏斗口中加入的是液体试剂。

15. (A) 解析：溶于水的气体收集时不能用排水法，只能用排空气集气法。因密度小于空气，集气瓶口应向下。

16. (B) 解析：根据沉淀的性质，若沉淀颗粒大，密度也大，易下沉，上层清液清澈，则可用倾析法；若沉淀不易沉到底部，实际上是浑浊液，则用过滤法；若沉淀量少，会粘在滤纸上不易取得，则可用离心分离法；萃取是利用溶质在不同溶剂中溶解度的差异进行富集。

17. (B) 解析：氯化钠的溶解度与温度关系不大，要蒸发溶剂至稀粥状，然后趁热过滤，硝酸钾在液相中被除去。

18. (C) 解析：能使结晶颗粒大的方法是生成的晶种少，这就要求溶液过饱和度小，适当搅拌，甚至稍加热，减慢结晶速度。

19. (B) 解析：用 H_2O_2 作氧化剂可不引进杂质离子，保证硫酸铜的纯度。

20. (A) 解析：因硫酸铜的溶解度与温度关系较大，结晶时还带 5 份结晶水，不能蒸至稀粥状，更不能蒸干，否则降温溶解度降低时全析出。

21. (D) 解析：三草酸合铁酸钾过饱和液相当稳定，一般不会表面有晶膜，故要根据计算蒸到剩一定体积溶液。

22. (C) 解析：水浴加热不可能达到 180℃，砂浴加热控温较困难，煤气灯直接加热温度更难控制，加热不稳定，只能用油浴加热，配接触式温度计的控温装置。

23. (C) 解析：可用于直接配制标准溶液的物质要求纯度高，稳定性好。NaOH 易潮解，不易准确称量，$Na_2S_2O_3$ 和 $KMnO_4$ 纯度不是很高，达不到配标准溶液的要求，这里只有硼砂符合要求。

24. (C) 解析：物质混合后，最后生成的是弱酸（弱碱）和弱酸盐（弱碱盐）的混合溶液才是缓冲溶液，或酸式盐和它的次级盐，也可以是弱质子酸和它的共轭碱。NaH_2PO_4-Na_2HPO_4 混合液是弱质子酸和它的共轭碱；0.2mol/L NH_4Cl 与 0.1mol/L NaOH 等体积混合后生成 $NH_4Cl-NH_3·H_2O$ 混合液；0.2mol/L NaOH 与 0.1mol/L HAc 等体积混合后生成 NaOH 与 NaAc，无缓冲能力。

25. (B) 解析：同浓度的弱电解质，由于部分解离，离子浓度小，导电性弱；加氢氧化钠溶液中和生成强碱弱酸盐，会水解，未达到等物质的量中和，pH 值已达到 7.0；测量溶液的 pH 值，计算其中的 H^+ 浓度远小于醋酸完全解离应该有的 H^+ 浓度。

26. (D) 解析：见判断题 37、38。

27. (D) 解析：量筒和容量瓶是量液仪器，不能加热或盛放热的液体，表面皿很浅，不能放液体加热。

28. (C) 解析：不稳定、易变质的试剂应临时配制。这里氢硫酸易被氧化，过一段时间浓度和性质就会变化。另外，挥发出的硫化氢气体有毒，不应较长时间放在实验室。

29. (B) 解析：同选择题 28，氯气与水生成的次氯酸见光易分解，另外，氯气有毒，不应较长时间放在实验室。

30. (B) 解析：因为是在同一液相中，不能通过过滤、分液分离，也不是两种沸点不同的溶剂类物质，无法通过蒸馏分离。可通过它们的溶解度与温度关系的不同，通过冷却热的饱和溶液结晶的方法分离。

31. (C) 解析：由于氯化钠的熔点很高，可以通过加热使碘升华的方法分离。

32. (B) 解析：H_2O_2 加热易分解，温度越高分解越多，为了蒸发水浓缩时温度低一些，应用减压蒸馏的方法，使 H_2O_2 尽量少分解。

33. (D) 解析：$FeSO_4$ 易被氧化，为了减小这种趋势，要减少水中的溶解氧，即赶走水中溶解的 O_2，加入少量稀硫酸，保持酸性，既避免 Fe^{2+} 水解，又能使 Fe^{3+}/Fe^{2+} 电极电势少降低，降低被氧化的概率。加入少量铁粉，使部分已被氧化的铁离子重新变为二价铁。
$2Fe^{3+} + Fe \longrightarrow 3Fe^{2+}$。

34. (D) 解析：上面都是特殊洗涤方法，污染物在所加物中溶解如②，或污染物与所加物质反应生成可溶性物质，从而清洗干净。

35. (A) 解析：见选择题 9。分析天平能称量到 0.1mg。滴定管准确到 0.01mL。

36. (D) 解析：见选择题 10。为节省 pH 试纸，将 pH 试纸剪成小块，放在干燥清洁的表面皿上，每一小块可测定一次。

37. (B) 解析：滴定管用蒸馏水洗净后，要用 $KMnO_4$ 标准溶液润洗；滴定时，一定要排出滴定管下口的气泡；紫红色的 $KMnO_4$ 溶液被还原成 Mn^{2+} 后几乎是无色的，本身就是指示剂，不需加入其它指示剂。

38. （C）解析：硫酸钡和碳酸钡均不溶于水，不能用溶解、过滤方法分离。

39. （B）解析：先通过加碱、加热使 Fe^{3+} 沉淀，再过滤；然后在滤液中加少量酸，蒸发浓缩，冷却结晶，过滤得到 $Na_2SO_4 \cdot 10H_2O$ 晶体即芒硝。

40. （C）解析：加过量 $BaCO_3$ 粉末并保持微沸一段时间可以除去 Ca^{2+}、SO_4^{2-}，反应为

$$BaCO_3(s) + Ca^{2+}(aq) \longrightarrow CaCO_3(s) + Ba^{2+}(aq)$$
$$Ba^{2+}(aq) + SO_4^{2-}(aq) \longrightarrow BaSO_4(s)$$
$$BaCO_3(s) + SO_4^{2-}(aq) \longrightarrow BaSO_4(s)$$

多余的 $BaCO_3$ 仍是沉淀，可通过过滤除去；加 NaOH 溶液调节 pH 值为 11 左右可除去 Mg^{2+}，一起过滤，中和后加热浓缩至黏稠，趁热过滤，除去 K^+，炒干得到精盐。

41. （D）解析：A 法：$Cu + 4HNO_3(浓) \longrightarrow Cu(NO_3)_2 + 2NO_2 \uparrow + 2H_2O$，生产 1mol $Cu(NO_3)_2$，产生 2mol NO_2。

B 法：$Cu + 2H_2SO_4(浓) \longrightarrow CuSO_4 + SO_2 \uparrow + 2H_2O$，$CuSO_4 + Ba(NO_3)_2 \longrightarrow Cu(NO_3)_2 + BaSO_4 \downarrow$，每生产 1mol $Cu(NO_3)_2$，产生 1mol SO_2 和 1mol $BaSO_4$ 残渣。

C 法：$3Cu + 8HNO_3(稀) \longrightarrow 3Cu(NO_3)_2 + 2NO \uparrow + 4H_2O$，生产 1mol $Cu(NO_3)_2$，产生 2/3mol NO。

D 法：$2Cu + O_2 \longrightarrow 2CuO$，$CuO + 2HNO_3 \longrightarrow Cu(NO_3)_2 + H_2O$，基本无三废排放。

42. （C）解析：金属钠放在冷水中立即反应生成氢氧化钠和氢气；白磷放在空气中会自燃，应放在冷水中并用水盖住；烧碱溶液盛放在带橡胶塞的试剂瓶中，以防腐蚀玻璃，在盖子与瓶接触处生成黏性极大的硅酸使瓶盖无法打开；在 $FeSO_4$ 溶液中放一枚干净的铁钉，可保持溶液中一直是 Fe^{2+} 溶液。

43. （D）解析：比色皿的透光面不能有任何损害，若用铬酸洗液会稍微损坏透光面，给测量带来误差。

44. （C）解析：量筒和烧杯误差太大，不能准确取 100mL 溶液，容量瓶是量入式量器，故只能用 100mL 移液管。

45. （A）解析：铬酸洗液是用重铬酸钾与浓硫酸反应得到 CrO_3 沉淀，再在水中溶解得到铬酸洗液。

46. （B）解析：35.5% 的浓盐酸相对密度约为 1.18，与水 1∶1 稀释后有

$$c(HCl) = \frac{1.18 \times 35.5\% \times 1000}{36.5 \times 2} mol/L = 5.74 moL/L$$

47. （B）解析：以移液管放出的溶液为准，移液管不必干燥；移液管四次放出溶液共计 100 mL，容量瓶内不允许有任何溶液，容量瓶应干燥。

48. （A）解析：NaOH 易吸潮，无法称准确，只能配得浓度较粗略的 NaOH 溶液，然后再用邻苯二甲酸氢钾标定，量水用 100mL 量筒即可，用 500mL 烧杯或 500mL 试剂瓶误差太大，也不必用很精确的移液管。

49. （B）解析：$Na_2S_2O_3$ 易被氧化，一般用煮沸（以赶掉氧气）并冷却的蒸馏水，并加少量 Na_2CO_3 以保持碱性。

50. （C）解析：所谓均相是指在一个相中，可在气相中充分混合；在液态时必须互溶才是均相；若均是固体，不管怎样混合，均为非均相。

三、填充题

1. 取用试剂时，先打开瓶塞，将瓶塞<u>倒</u>放在实验台上。用清洁、干燥的药匙取试剂，

药匙的两端为大勺、小勺两个勺，分别用于取大量固体和少量固体。用过的药匙必须洗净、擦干，存放在干净的器皿中。多取的药品不能倒回原装瓶中。每次取量不得满匙，以免药品溢出。往试管中加入粉末状固体试剂时，可用药匙将取出的药品放在对折的纸片上，伸进倾斜的试管中约1/4处，然后放直试管，使药品放下去。

2. 玻璃仪器的洗涤原则是少量多次；洗干净的标准是不挂水滴。

3. 试管中的液体加热时，不要用手拿，应该用试管夹夹住试管的上部，试管与桌面呈30°倾斜，试管口不准对着自己或别人，先加热试管的上部，慢慢地移动试管加热底部，然后不时地移动试管，从而使试管各部分受热均匀。

4. 提纯 NaCl 时，应分别用$BaCl_2$和Na_2CO_3试剂除去溶液中的SO_4^{2-}和Mg^{2+}、Ca^{2+}离子。在蒸发浓缩时，要不断搅拌，最后蒸至稀粥状时停止加热。K^+是在晶体抽滤时除去的。

5. 在提纯硫酸铜时，加入H_2O_2的目的是氧化Fe^{2+}，原因是Fe^{2+}沉淀的 pH 值和Cu^{2+}接近，会共同沉淀。在蒸发浓缩时，最后蒸至表面出现晶膜时停止加热。

6. 在化学反应速率实验中，配制或稀释试剂Na_2SO_3和KIO_3的水必须是去离子水，反应后，马上有I_2生成，但与Na_2SO_3立即反应，使溶液不呈蓝色，只有Na_2SO_3消耗完，溶液才变成蓝色。

7. 无机物重结晶的操作方法是：①在加热情况下将被纯化的物质溶于一定量溶剂中，形成饱和溶液；②趁热抽滤除去不溶性杂质；③滤液冷却，被纯化的物质结晶析出，杂质留在母液中；④再过滤便得到较纯净的物质。

8. 在测定醋酸解离度和解离常数的实验中，醋酸溶液的浓度不同，测定 pH 值时应该按照由稀到浓的顺序；防止电极头因未洗净而影响后一试样的测定。

9. 移液管在使用前，可依次用洗涤液、自来水、去离子水 洗涤，直到内壁 不挂水珠为止，为了防止量取的液体被移液管内部的水所稀释，需要用待取液 润洗三次。

10. 溶液与沉淀的分离的方法有三种，它们是倾析法、过滤法（包括常压过滤、减压过滤和热过滤）、离心分离法。

第七节　元素及化合物性质（答案与解析）

一、判断题

1. (×) 解析：HCl 气体极易溶于水，1 体积水可溶解 600 体积 HCl 气体，若用 NaCl 溶液，则生成的 HCl 气体会溶于溶液中而不放出，使该复分解反应无法进行下去。

2. (×) 解析：浓H_2SO_4会氧化 HBr 为Br_2，自己还原成SO_2气体，得不到 HBr 气体。

3. (√) 解析：制备 HI 气体时，常用PI_3的水解，实际制备时，将水滴在红磷和碘的混合物中。

4. (×) 解析：磷酸的酸性是弱于氢溴酸，但磷酸是难挥发酸而氢溴酸易挥发，利用平衡移动原理使 HBr 离开反应体系，平衡向着生成 HBr 的方向进行。

$$NaBr(s) + H_3PO_4(浓) \longrightarrow NaH_2PO_4 + HBr\uparrow$$

5. (×) 解析：H_2O_2把 KI 氧化成单质I_2，I_2在 KI 溶液中溶解成棕色溶液，若H_2O_2把 KI 全氧化了，则生成微溶于水的紫黑色I_2沉淀。

6. (×) 解析：$Na_2S_2O_3$在酸性溶液中不稳定，会分解。

$$Na_2S_2O_3 + 2H^+ \longrightarrow 2Na^+ + SO_2\uparrow + S\downarrow + H_2O$$

7. (√) 解析：MnO_2的氧化能力和溶液的酸度密切相关，若盐酸浓度小于 5.7mol/L，

MnO_2/Mn^{2+} 电极电势低于 Cl_2/Cl^-，根本无法氧化盐酸，所以所用盐酸必须是浓盐酸。

8. （√）解析：Cl_2 有毒，泄漏出来对人体有较大的危害，故必须有吸收装置，一般用碱液来吸收，以防 Cl_2 泄漏。

$$Cl_2 + 2OH^- \longrightarrow Cl^- + ClO^- + H_2O$$

9. （×）解析：铁粉与 Cl_2 反应直接得到 $FeCl_3$ 而不是 $FeCl_2$，不管铁粉是否过量。只有在溶液中 $FeCl_3$ 与 Fe 继续反应才可得到 $FeCl_2$。

10. （√）解析：只有在低于 0℃ 时反应生成的是 NaBr 和 NaBrO。

11. （√）解析：只要能把碘化钾氧化成碘的试剂都能使淀粉-碘化钾试纸变蓝，如溴蒸气。

12. （×）解析：KI 溶液中加入少量的氯水并不断振荡，在 CCl_4 的下层出现粉红色甚至紫红色。$2KI + Cl_2 \longrightarrow 2KCl + I_2$，$I_2$ 在 CCl_4 中溶解度大，I_2 在振荡时被萃取到 CCl_4 层呈粉红色。

若加入大量的氯水，氯水会把 I_2 氧化成碘酸，在 CCl_4 的下层呈无色。

$$5Cl_2 + I_2 + 6H_2O \longrightarrow 10Cl^- + 2IO_3^- + 12H^+$$

13. （×）解析：KI 溶液中加入的氯水能把碘置换出来，因为 $E^{\ominus}(Cl_2/Cl^-) > E^{\ominus}(I_2/I^-)$；碘加入酸性 $KClO_3$ 溶液中时能把氯气置换出来，因为 $E^{\ominus}(HClO_3/Cl_2) > E^{\ominus}(HIO_3/I_2)$。

14. （×）解析：$[Fe(CN)_6]^{3-}$ 配离子很稳定，$[Fe(CN)_6]^{3-}$ 溶液中解离出的 Fe^{3+} 浓度非常低，即使加入 NaOH 溶液，$c(Fe^{3+}) \cdot c^3(OH^-) < K_{sp}[Fe(OH)_3]$，也无红棕色的 $Fe(OH)_3$ 沉淀。

15. （×）解析：H_2O_2 是极弱的酸，不会与 NaOH 溶液中和。

16. （×）解析：因为 KI 过量，被 H_2O_2 氧化的 I_2 会溶解在 KI 溶液中，不会有 I_2 沉淀。

17. （×）解析：硫代乙酰胺在酸性条件下水解放出 H_2S。

$$CH_3CSNH_2 + H^+ + 2H_2O \rightleftharpoons CH_3COOH + NH_4^+ + H_2S$$

在碱性条件下水解：$CH_3CSNH_2 + 3OH^- \rightleftharpoons CH_3COO^- + NH_3 + S^{2-} + H_2O$

18. （√）解析：NaClO 漂白的原理是把有色有机物氧化（其中的双键），使其变为无色或白色，为不可逆过程；Na_2SO_3 起漂白作用的是 SO_2，SO_2 与有色有机物生成白色加合物，该加合物不稳定，时间长了还会分解成原来的物质，恢复原来的颜色。

19. （×）解析：I_2 氧化 $Na_2S_2O_3$ 使其变为 $Na_2S_4O_6$ 时，反应速度很快，淀粉溶液迅速退色，常用于滴定，叫碘量法。

20. （√）解析：$Na_2S_2O_3$ 溶液中滴加 $AgNO_3$ 溶液后，沉淀颜色发生白→黄→棕→黑转变。

$$2Ag^+ + S_2O_3^{2-} \longrightarrow Ag_2S_2O_3 \downarrow (白色)$$
$$Ag_2S_2O_3 + H_2O \longrightarrow Ag_2S \downarrow (黑色) + H_2SO_4$$

21. （√）解析：$NaNO_2$ 与 H_2SO_4 反应产生不稳定的 HNO_2，该物质分解出的酸酐 N_2O_3 呈蓝色，只有在低温下才能存在，稍高温度即分解为 NO 和 NO_2。

22. （√）解析：虽然磷酸是中强酸，其二元酸和三元酸则是弱酸，阴离子有 $H_2PO_4^-$、HPO_4^{2-} 和 PO_4^{3-}，其中 PO_4^{3-} 浓度很低，但只有 PO_4^{3-} 和 Ag^+ 才能生成溶度积很小的 Ag_3PO_4，H_3PO_4 的解离会不断向生成 PO_4^{3-} 的方向移动，Ag^+ 全部生成黄色的 Ag_3PO_4 沉淀。

23. （×）解析：由于 HNO_3 在加热时有很强的氧化性，能氧化 NH_3，根据温度的不同，可生成 N_2 或 N_2O 等产物，但不会有 NH_3 和 HNO_3 蒸气。

24. （√）解析：奈氏试剂 $K_2[HgI_4]$ 的碱性溶液与 NH_4^+ 作用后生成红棕色沉淀。如果待测液中含有少量重金属杂质离子（如 Fe^{3+}、Cr^{3+}、Co^{2+}、Ni^{2+} 等），则这些杂质离子均能与奈氏试剂中的 OH^- 生成深色氢氧化物沉淀。如果鉴定直接在试管中进行，则这些有色沉淀就会干扰 NH_4^+ 的检出。改用气室法后，因为待测液与溶液是滴在同一表面皿内的，而滴有奈氏试剂的滤纸条贴在另一表面皿内，这样，这些杂质离子的存在就不会干扰 NH_4^+ 的检出了。

25．（×）解析：NO_2^- 的鉴定采用加入 $FeSO_4$ 和 HAc 的棕色法，NO_3^- 的鉴定采用加入 $FeSO_4$ 和浓 H_2SO_4 的棕色环法。

26．（×）解析：除看硼砂珠和金属离子混合物灼烧的焰色外，还要看生成物的颜色。

27．（×）解析：钠汞齐中钠与汞呈合金态，其最外层的一个电子在整个合金中，比原钠原子的最外层电子稳定得多，故与水反应比固体钠要缓和得多。

28．（×）解析：钾盐不管怎么提纯，总含有少量 Na^+，而 Na^+ 的黄焰色较强烈，会掩盖 K^+ 的紫焰色，透过钴玻璃片可滤掉 Na^+ 的黄焰色。

29．（×）解析：镁条在 CO_2 集气瓶中能继续反应，$2Mg+CO_2 =\!=\!= 2MgO+C$。

30．（×）解析：酸性环境能增强 PbO_2 的氧化能力，但 $PbSO_4$ 不溶于水，故不能用 H_2SO_4 提供酸性，应用铅的可溶性盐的酸如硝酸来提供酸性环境。

31．（√）解析：在 Fe^{3+} 溶液中加入 KI 后，反应为：$2Fe^{3+}+2I^- =\!=\!= 2Fe^{2+}+I_2$；加入 KCN 后，反应为：$2Fe(CN)_6^{4-}+I_2 =\!=\!= 2Fe(CN)_6^{3-}+2I^-$。

32．（×）解析：在铜半电池中加入氨水后，Cu^{2+} 与氨水形成配离子，游离 Cu^{2+} 浓度降低，根据能斯特方程式 $E(Cu^{2+}/Cu)=E^{\ominus}(Cu^{2+}/Cu)+\dfrac{0.0592}{2}\lg c(Cu^{2+})$，铜电对电极电势降低，因铜电对是正极，故电动势降低。

33．（×）解析：I^- 除作为沉淀剂外，也是配位剂，若加入更多的 KI 溶液，会生成配离子 $[HgI_4]^{2-}$，沉淀反而溶解。

34．（×）解析：要形成银镜，银颗粒应在玻璃表面逐渐还原出来，呈晶态排布，要相对静止，不能搅拌。

35．（√）解析：硫酸亚铁溶液易被氧化为硫酸铁，为了保持亚铁状态，应加少量铁粉。

36．（√）解析：理由同判断题 35。

37．（√）解析：若根据电极电势，还原成 MnO_2 的推动力最大，但在碱性介质中还原成 MnO_4^{2-} 的速度快，还原成 MnO_2 的速度几乎是零，故在碱性介质中 $KMnO_4$ 还原产物一般是绿色的 MnO_4^{2-}，但必须是强碱性。

38．（×）解析：酸性介质中，在 $KMnO_4$ 溶液滴入少量 Na_2SO_3，首先生成 Mn^{2+}，由于周围存在着过量的 $KMnO_4$，会反歧化生成 MnO_2。

39．（√）解析：$Cr_2O_7^{2-}+2OH^- \rightleftharpoons 2CrO_4^{2-}+H_2O$，加碱后，生成黄色的 K_2CrO_4。

40．（×）解析：$PbCr_2O_7$ 的溶度积较大，一般不会生成这种沉淀，而 $PbCrO_4$ 的溶度积很小，在 $K_2Cr_2O_7$ 溶液中，总存在着少量的 CrO_4^{2-}（$Cr_2O_7^{2-}+H_2O \rightleftharpoons 2CrO_4^{2-}+2H^+$），故应生成黄色的 $PbCrO_4$ 沉淀。

41．（×）解析：Sn^{2+} 溶液中加入少量的 NaOH 溶液，在 NaOH 液滴周围的微小体积内，$c(Sn^{2+})\,c(OH^-)^2 > K_{sp}[Sn(OH)_2]$，生成白色 $Sn(OH)_2$ 沉淀，但由于 Sn^{2+} 溶液是在较强的酸性中，稍摇晃后，H^+ 进入微小体积，OH^- 浓度急剧减小，$c(Sn^{2+})\,c(OH^-)^2 < K_{sp}[Sn(OH)_2]$，白色浑浊会马上消失，生成 Sn^{2+}。只有 NaOH 把溶液中酸性全中和后生成 $Sn(OH)_2$ 浑浊，再加过量 NaOH 溶液，才会生成 $[Sn(OH)_4]^{2-}$。

42. （×）解析：粉红色的 $Co(OH)_2$ 不稳定，会被溶于水中的氧气氧化成棕黑色的 $CoO(OH)$。

43. （×）解析：在 $HgCl_2$ 不足量时，可被过量的 $SnCl_2$ 还原成金属汞，但这种汞颗粒是黑色的。当 $HgCl_2$ 的量逐渐增加时，会反歧化生成白色的 Hg_2Cl_2 沉淀。

44. （√）解析：$KMnO_4$ 在酸性环境中才有强氧化性，H_2SO_4 比 HAc 酸性强得多，故在 HAc 中氧化性较小，本身还原、退色慢。

45. （×）解析：在 $FeCl_3$ 和 NaF 的混合溶液实际存在的是无色配离子 $[FeF_6]^{3-}$，其稳定性远强于 $[Fe(NCS)_6]^{3-}$，故在上述溶液中加入 NH_4SCN，溶液不会呈血红色。

46. （×）解析：Cu^{2+} 会氧化 I^-，生成白色 Cu_2I_2 沉淀和棕黑色 I_2，I_2 溶解在 KI 中呈棕色 I_3^- 溶液，不会得到棕黄色的 CuI 沉淀。$2Cu^{2+}+4I^-\longrightarrow Cu_2I_2\downarrow +I_2$。

47. （×）解析：Cu_2O 加入 HCl，由于有较多的 Cl^- 存在，会生成难溶物 CuCl，CuCl 解离出 Cu^+ 浓度极小，不会歧化成 Cu^{2+} 和 Cu。

48. （×）解析：$[CuCl_2]^-$ 是配位单元，但稳定性不高，在 $[CuCl_2]^-$ 中加水稀释会生成白色的 CuCl 沉淀。

49. （×）解析：由于 $K_{sp}[Fe(OH)_3]$ 很小，只要有微量的 OH^- [$Fe(OH)_3$ 完全沉淀的 pH 值为 2.81]，就有可能生成 $Fe(OH)_3$ 沉淀，在浓氨水中，有 OH^-，故生成 $Fe(OH)_3$ 沉淀而不生成 $[Fe(NH_3)_6]Cl_3$。

50. （×）解析：加酸后，$Co(OH)_3$ 的氧化性很强，足以把 Cl^- 氧化成 Cl_2，故应生成 $CoCl_2$ 和 Cl_2。

二、选择题

1. （B）解析：用浓酸制卤化氢的原理是用不挥发的强酸制挥发性酸，因硝酸有挥发性，故硝酸不能用来制挥发性的其它酸。此浓酸若与卤化氢反应，也不能用来制备这些卤化氢，浓硫酸能氧化溴化氢和碘化氢。

2. （D）解析：浓 H_2SO_4 能将 KI 氧化成 I_2，本身被还原成 H_2S，H_2S 与浓 H_2SO_4 会反歧化生成 SO_2，故上述三种气体均有。

3. （B）解析：氯水中加入下列物质（或操作）后反应为：$Cl_2+H_2O \rightleftharpoons HCl+HClO$，$2HClO \xrightarrow{光} HCl+O_2\uparrow$，可见溶液的酸性、$Cl^-$ 和放在黑暗处均不利于平衡向右，只有加入 NaOH 才能使平衡向右，有利于氯水反应。

4. （B）解析：氯水与 KI 的反应是：$Cl_2+2KI=\!=\!= 2KCl+I_2$（棕色），$5Cl_2+I_2+6H_2O=\!=\!=10HCl+2HIO_3$（无色）。

5. （A）解析：氯水与 KI 和 KBr 混合溶液的反应是：$Cl_2+2KI=\!=\!=2KCl+I_2$（棕色），$5Cl_2+I_2+6H_2O=\!=\!=10HCl+2HIO_3$（无色），$Cl_2+2KBr=\!=\!=2KCl+Br_2$（橙色）。

6. （D）解析：根据动力学，I_2 与 NaOH 发生歧化反应优先生成 IO^- 和 I^- 后，立即再反应为 IO_3^- 和 I^-，即使在低于 0℃ 时，也歧化为 IO_3^- 和 I^-。

7. （B）解析：见判断题 2，浓 H_3PO_4 无挥发性，无氧化性，可用于制备 HBr 气体。

8. （D）解析：二氧化氯是目前国际上公认的最新一代高效、广谱、安全的杀菌、保鲜剂，是氯制剂最理想的替代品。为控制水中"三致物质"（致癌、致畸、致突变）的产生，欧美发达国家已广泛应用二氧化氯替代氯气进行饮用水消毒。我国现大量使用的次氯酸盐，在有效杀菌的同时会产生三氯甲烷等有机氯化物，诱发癌症，对人体造成潜在的危害。

9. （A）解析：$KClO_3$ 加热时不加催化剂会歧化为 $KClO_4$ 和 KCl，制备 O_2 加热时须加

MnO_2 作催化剂。

10. (B) 解析：金属钠会与水剧烈反应。

11. (B) 解析：根据相似相容原理，I_2 为非极性物质，CCl_4 和 CS_2 也是非极性物质，I_2 在其中溶解度较大。KI 与 I_2 生成 KI_3，溶解度也较大，酒精虽是有机物，但也有极性，故 I_2 在酒精中的溶解度较小。

12. (C) 解析：卤化银中只有氟化银能溶于水。

13. (D) 解析：HNO_3 与金属反应的还原产物较复杂，与反应物的性质有关，即与金属的情况（活泼性）和硝酸的情况（即浓度和酸度）有关。

14. (B) 解析：$NH_3 \cdot H_2O \rightleftharpoons NH_4^+ + OH^-$，$NH_4Cl \rightleftharpoons NH_4^+ + Cl^-$。加入 NH_4Cl 后氨水的解离平衡向左，OH^- 浓度降低，H^+ 浓度相应升高，pH 值降低。

15. (C) 解析：$FeCl_3$ 水解 $Fe^{3+} + 3H_2O \rightleftharpoons Fe(OH)_3 + 3H^+$，加 HCl 既能使水解平衡向左，又不引进其它离子。

16. (A) 解析：$NaHCO_3$ 的溶解度比 Na_2CO_3 小得多，$AgClO_4$ 是少数几个可溶银盐之一。

17. (C) 解析：可用于直接配制标准溶液的固体物质必须纯度高、化学性质稳定、不易潮解。上述物质中，NaOH 易潮解，无法准确称量，$KMnO_4$ 纯度不高又不稳定，$Na_2S_2O_3$ 也不稳定，而固体硼砂稳定、易提纯。

18. (D) 解析：苯酚被氧化后变成红色的苯醌，绿矾被氧化后变成红棕色的硫酸铁，亚硫酸钠被氧化成硫酸钠后颜色不变，硫化钠溶液被氧化成硫后，硫与硫化钠会生成多硫化钠，根据其中硫原子的多少，颜色由黄到红。

19. (B) 解析：上述四种溶液中，只有亚硫酸钠有还原性。

20. (C) 解析：见选择题 3，碘化氢、氯化银和浓硝酸见光分解均生成深颜色物质。如碘化氢分解生成碘、氯化银生成黑色的银与氯气、浓硝酸见光分解出棕色的 NO_2。

21. (A) 解析：性质不稳定的物质需使用前现配。氯水易见光分解，碘水也会歧化，亚硫酸溶液会分解为 SO_2 和被氧化，只有王水很稳定，无须使用前现配。

22. (C) 解析：氢硫酸、硫酸亚铁和苯酚在空气中易被氧气氧化而变质，分别被氧化成硫单质、硫酸铁和苯醌，五氧化二磷由于吸水而变为磷酸或偏磷酸，这不是氧化还原反应。

23. (B) 解析：硝酸盐（包括硝酸）的受热分解形式分为三种，活泼金属（活泼性强于镁）的硝酸盐受热分解产物是亚硝酸盐和氧气，KNO_3 就属于这种类型，无红棕色 NO_2 放出；金属活泼性介于镁与铜（包括镁和铜）的金属硝酸盐受热分解产物为氧化物、NO_2 和 O_2，HNO_3 和 $Cu(NO_3)_2$ 属于这种类型；不活泼金属的硝酸盐，如 $AgNO_3$ 受热分解为金属单质、NO_2 和 O_2。

24. (D) 解析：易水解的上述氯化物，阳离子需有较大的变形性，与水解离出的 OH^- 结合成氢氧化物沉淀或弱酸。CCl_4 中 C 不易形成阳离子，变形性也小，故不水解。

25. (B) 解析：难溶硫化物的溶解程度与该盐的溶度积常数 K_{sp} 有关，对于 K_{sp} 相对较大的硫化物如 ZnS，解离出的 S^{2-} 浓度较高，能与酸中的 H^+ 结合成难解离物 H_2S，从而使 ZnS 能溶于 0.3mol/L 稀硫酸。

26. (D) 解析：同选择题 25 理由，对于 K_{sp} 相对很小的硫化物如 HgS，解离出的 S^{2-} 浓度很低，不足以与加入的 H^+ 结合成难解离物 H_2S，故 HgS 在酸中无法溶解；由于 S^{2-} 浓度很低，S/S^{2-} 的电极电势很高，硝酸无法氧化 S^{2-}，故 HgS 也不溶于硝酸。只有在大量 Cl^- 存在的情况下，Cl^- 与 Hg^{2+} 形成配离子，此时 S^{2-} 浓度变大，硝酸才能氧化它，故

HgS 只能溶于王水。

27. (B) 解析：浓 HNO_3 能与某些金属如 Cr、Fe、Al 形成坚硬、致密互相连接的氧化物膜，这就是钝化。用其它氧化剂如浓硫酸、亚硝酸钠或重铬酸钾也能达到同样的目的，但 Mn 与浓硝酸形成的氧化物膜比 Cr、Fe、Al 的氧化膜性能差得多。

28. (C) 解析：酸性时的电极电势数据，$E^{\ominus}(NaBiO_3/Bi^{3+}) > 1.8V$，$E^{\ominus}(K_2S_2O_8/SO_4^{2-}) = 1.96V$，$E^{\ominus}(PbO_2/Pb^{2+}) = 1.46V$，$E^{\ominus}(K_2Cr_2O_7/Cr^{3+}) = 1.36V$，$E^{\ominus}(KMnO_4/Mn^{2+}) = 1.51V$，虽然 $E^{\ominus}(PbO_2/Pb^{2+})$ 稍小于 $E^{\ominus}(KMnO_4/Mn^{2+})$，但在酸性情况下，$PbO_2$ 还是能够氧化 Mn^{2+}，只有 $K_2Cr_2O_7$ 不能够氧化 Mn^{2+}。

29. (C) 解析：$FeCl_3$ 溶液的棕黄色是 Fe^{3+} 的水解引起的，水解是分步进行的 $[Fe(H_2O)_6]^{3+} \rightleftharpoons [Fe(OH)(H_2O)_5]^{2+} + H^+$，$[Fe(OH)(H_2O)_5]^{2+} \rightleftharpoons [Fe(OH)_2(H_2O)_4]^+ + H^+$，所产生的羟基离子还会进一步缩合为二聚离子，若使 Fe^{3+} 还原，或形成无色、稳定的 Fe^{3+} 配离子，就可使溶液退色，Fe 粉、KI 能使 Fe^{3+} 还原为 Fe^{2+}，NaF 与 Fe^{3+} 形成无色、稳定的配离子 $[FeF_6]^{3-}$，$SnCl_4$ 不与 Fe^{3+} 反应。

30. (D) 解析：在水中的稳定性是指该物质在水中不发生反应。这些反应包括与水的反应，被水中的 H^+ 氧化，被水中溶解的 O_2 氧化，氧化水中的 OH^- 或水解；还包括该离子本身的稳定性，如不歧化等，Cu^+ 很容易歧化。

31. (C) 解析：金属与相应的盐的反应其实是反歧化反应，题中 Fe 与 Fe^{2+}、Zn 与 Zn^{2+} 中间无其它价态，Cu 与 Cu^{2+} 不歧化，只有 Hg 与 Hg^{2+} 能歧化生成 Hg_2^{2+}。

32. (C) 解析：这里是生成氯化物沉淀，常见阳离子与氯离子生成沉淀的是 Hg_2^{2+} 和 Ag^+。

33. (B) 解析：金属离子与沉淀剂或配位剂结合的牢固程度，可从所剩游离态金属离子浓度的大小来判断。游离金属离子浓度越小，其沉淀或配离子就越稳定，金属离子越易以这种方式结合。根据溶度积常数和配位常数计算可知，AgCl 和 AgBr 均能溶于 $Na_2S_2O_3$ 溶液，Ag_2S 不溶于 KCN 溶液，只有 AgI 难溶于 $Na_2S_2O_3$ 溶液，而易溶于 KCN 溶液。

34. (A) 解析：反应 $[Ag(NH_3)_2]^+ + 2HCl \longrightarrow Ag^+ + 2NH_4Cl$，$2[Ag(NH_3)_2]^+ + H_2S \longrightarrow Ag_2S\downarrow + 2NH_4^+$，$[Ag(NH_3)_2]^+ + 2S_2O_3^{2-} \longrightarrow [Ag(S_2O_3)_2]^{3-} + 2NH_3$，AgCl 与 $[Ag(NH_3)_2]^+$ 不反应。一般用 HCl 最方便。

35. (C) 解析：$Ba(OH)_2$ 溶液加入题中四种溶液后，有明显不同的四种现象，加入 Na_2CO_3 溶液出现白色沉淀；加入 $(NH_4)_2SO_4$ 溶液并加热，有白色沉淀和刺激性气体；加入 NH_4Cl 溶液并加热有刺激性气体；加入 KNO_3 溶液无变化。其它几种试剂没有这种性能。

36. (B) 解析：与甲基橙作用呈红色，说明溶液呈酸性，$S_2O_3^{2-}$ 在酸性溶液中不稳定，会迅速分解。

37. (D) 解析：氯气与水反应也有少量氯离子，产生少量盐酸和次氯酸，用硝酸银溶液或指示剂来鉴别不一定现象明显，但氯气能氧化碘化钾生成碘，而氯化氢无此氧化能力。

38. (A) 解析：NH_3 溶液与三种白色沉淀反应现象明显不同。

$$CuCl + 2NH_3 \cdot H_2O = [Cu(NH_3)_2]^+ + Cl^- + 2H_2O$$

$4[Cu(NH_3)_2]^+ + 8NH_3 \cdot H_2O + O_2 = 4[Cu(NH_3)_4]^{2+} + 4OH^- + 6H_2O$，溶液呈深蓝色。

$$AgCl + 2NH_3 \cdot H_2O = [Ag(NH_3)_2]^+ + Cl^- + 2H_2O$$，沉淀消失。

$$Hg_2Cl_2 + 2NH_3 \cdot H_2O = HgNH_2Cl\downarrow + Hg\downarrow + NH_4Cl + 2H_2O$$，有黑灰色沉淀。

39. (A) 解析：滴入 KSCN 溶液能显红色的是 Fe^{3+}，这里只有氯水和氯化亚铁才产生 Fe^{3+}。

$$Cl_2 + 2Fe^{2+} \rightleftharpoons 2Cl^- + 2Fe^{3+}$$
$$Fe + Cu^{2+} \rightleftharpoons Fe^{2+} + Cu$$
$$Fe + 2HCl \rightleftharpoons Fe^{2+} + 2Cl^- + H_2$$
$$Fe + HNO_3 + 3H^+ \rightleftharpoons Fe^{3+} + NO + 2H_2O, \quad 2Fe^{3+} + Fe \rightleftharpoons 3Fe^{2+}$$

40. (D) 解析：K_2MnO_4 溶液调节到酸性时会发生歧化反应。
$4MnO_4^{2-} + 4H^+ \rightleftharpoons 3MnO_4^- + MnO_2\downarrow + 2H_2O$，生成紫红色 MnO_4^- 和棕色沉淀 MnO_2。

41. (B) 解析：要保证还原剂 Na_2SO_3 过量，生成 Mn^{2+}，MnO_4^- 紫红色溶液退色明显。若 Na_2SO_3 滴入 $KMnO_4$ 中，还原剂 Na_2SO_3 不足量，$KMnO_4$ 部分被还原，大部分 $KMnO_4$ 还未反应，无法看到明显退色。

42. (B) 解析：用焰色反应检验钠、钾离子，用肉眼直接观察火焰，即使有钾离子，其紫色的焰色会被黄色的钠离子色掩盖，只看到黄色的焰色不能排除钾离子。若焰色为紫色，则肯定有钾离子而无钠离子。

43. (C) 解析：$Fe(OH)_2$、$Co(OH)_2$、$Mn(OH)_2$ 在水中均不稳定，会被溶于水中的氧气氧化，生成与原物不同颜色的物质，如红棕色的 $Fe(OH)_3$、棕黑色的 $CoO(OH)$ 和 $MnO(OH)$，$Ni(OH)_2$ 很稳定。

44. (D) 解析：Al^{3+}、Fe^{3+}、Cr^{3+} 与碱反应均生成氢氧化物沉淀，与过量的碱反应，$Al(OH)_3$、$Cr(OH)_3$ 均溶解，加入过量 $NH_3 \cdot H_2O$，Al^{3+}、Fe^{3+} 均不形成配合物，只生成氢氧化物沉淀，加入 NaOH 溶液+H_2O_2 溶液，Al^{3+} 生成 AlO_2^- 无色溶液，Fe^{3+} 生成红棕色沉淀 $Fe(OH)_3$，Cr^{3+} 生成黄色溶液 CrO_4^{2-}。

45. (D) 解析：常温下 $AgNO_3$ 与处于外界的 Cl^- 反应，内界的 Cl^- 不与 $AgNO_3$ 反应。

46. (D) 解析：$Cr(Ⅵ)$ 有强氧化性，毒性最大。

47. (D) 解析：能破坏 $[Fe(NSC)_6]^{3-}$ 的物质均能使其退色。
$$[Fe(CSN)_6]^{3-} + 6NaF \rightleftharpoons [FeF_6]^{3-} + 6SCN^- + 6Na^+$$
$$3HgCl_2 + 2[Fe(CSN)_6]^{3-} \rightleftharpoons 3[Hg(CSN)_4]^{2-} + 2FeCl_3$$
$$Fe + 2[Fe(CSN)_6]^{3-} \rightleftharpoons 3Fe^{2+} + 12SCN^-$$
$Cu + [Fe(CSN)_6]^{3-}$ 不反应。

48. (C) 解析：上述酸与铅形成的盐只有硝酸铅溶于水，$Pb(OH)_2$ 只能溶于硝酸。

49. (A) 解析：$Al_2(CO_3)_3$、Cr_2S_3、$Fe_2(CO_3)_3$ 都是强烈双水解离子组成的盐，在水中强烈水解，不可能得到这些盐，$ZnCO_3$ 水解稍弱，能通过沉淀得到。

50. (C) 解析：Na_2CO_3 溶液中 CO_3^{2-} 水解生成少量 OH^-，但 $K_{sp}[Cu(OH)_2]$ 比 $K_{sp}(CuCO_3)$ 小得多，Cu^{2+} 与 CO_3^{2-} 达到生成 $CuCO_3$ 沉淀的浓度时，Cu^{2+} 与 OH^- 也达到生成 $Cu(OH)_2$ 沉淀的浓度，故一般得到 $Cu_2(OH)_2CO_3$ 沉淀。

三、填充题

1. 溴蒸气对气管、肺部、鼻、眼、喉等器官都有强烈的刺激作用，有关溴的实验应在<u>通风橱</u>中操作，不慎吸入少量溴蒸气时，可吸入少量<u>乙醇和乙醚混合气</u>解毒。

2. 在含有 Cl^-、Br^-、I^- 三种阴离子的溶液中加入 HNO_3 酸化的 $AgNO_3$ 溶液，生成沉淀，离心后在上层清液中滴入 $AgNO_3$ <u>无沉淀</u>时，表示沉淀已<u>完全</u>。沉淀洗涤后，加入 $NH_3 \cdot H_2O$ 搅拌，离心分离，在取出的清液中加入 HNO_3 后有<u>白色沉淀</u>，表示有 Cl^-。在沉淀中加稀酸和锌粉并搅拌，离心，在清液中加入 CCl_4，滴加氯水并不断振荡，在 CCl_4 的下层中，先出现<u>红棕色</u>，表示有 I^- 离子，再滴氯水变<u>无色</u>，最后变成橙色。

3. 用冰冷冻的亚硝酸钠溶液中加入 1∶1 的硫酸溶液，生成 HNO_2，常温后，溶液变蓝色，在溶液上方有红棕色的 NO_2。

4. 黑色的 CuO 粉末强热后变成红色的 Cu_2O。取一半加入盐酸后变成白色的 CuCl，在沉淀中继续滴加浓盐酸，则沉淀溶解，变成无色溶液，该溶液加水稀释，又出现白色沉淀，放在空气中较长时间后颜色变蓝，生成氢氧化铜，另一半加入稀硫酸，生成蓝色溶液和紫红色沉淀。

5. 在 Cr^{3+} 溶液中逐滴滴入 NaOH 溶液，有灰蓝色沉淀，继续滴加 NaOH 溶液，沉淀消失，变成蓝紫色溶液，滴加 H_2O_2 溶液，溶液变成黄色的 CrO_4^{2-}，加入稀硫酸，溶液变成橙色的 $Cr_2O_7^{2-}$，再加 NaOH 溶液，溶液又变成黄色，再加 H_2O_2、HNO_3 和戊醇，在戊醇层中有蓝色的 CrO_5。

6. 将少量 3% H_2O_2 酸化后，滴加 KI 溶液，颜色变为棕色；将 3% H_2O_2 慢慢滴加到酸化的 $KMnO_4$ 溶液，颜色逐渐变为无色；3% H_2O_2 溶液加入少量 MnO_2 固体，有气泡现象。

7. 在 $SnCl_2$ 溶液中逐滴滴入 NaOH 稀溶液，有白色沉淀，继续滴加较浓的 NaOH 溶液，看到沉淀消失，再滴入 $BiCl_3$ 溶液有黑色沉淀。

8. 一份 $FeCl_3$ 溶液滴入 KI 淀粉溶液，颜色变为蓝色，再滴入 KCN 溶液后又变为无色；另一份 $FeCl_3$ 溶液滴入 KSCN 溶液，颜色变为红色，再滴入 NaF 溶液后又变为无色。

9. 在离心试管中加入少量 0.5mol/L 的 $CuSO_4$ 溶液，再加入 0.5mol/L 的 KI 溶液，有棕色沉淀，离心分离，用去离子水洗涤沉淀，沉淀颜色变为白色，再在该试管中加入饱和 KI 溶液，沉淀消失，将此液倒入盛有大量水的烧杯中，沉淀又出现。

10. 在 $CoCl_2$ 溶液中，逐滴加入 NaOH 溶液，有粉红色沉淀出现，搅拌沉淀，颜色最后变为棕黑色，倒去上层清液，在该沉淀中加入浓盐酸，溶液变为粉红色，并有黄绿色刺激性气体放出。

第八节　无机化工生产（答案与解析）

一、判断题

1.（×）解析：根据矿石的不同，工业上可在高温下用还原剂把金属还原出来的火法冶金，如炼铁、炼铜等。也可以用水、溶剂把有价金属从矿石或精矿中浸出的湿法冶金。

2.（√）解析：煅烧是将矿物在高温处理，使矿石分解出挥发组分的过程。如为了生产生石灰（氧化钙）及其它钙化合物，在高温下将石灰石烧至分解为氧化钙和二氧化碳。

3.（×）解析：焙烧是指在低于熔点的温度下，矿石与反应剂发生反应，以改变化学组成和物理性质的过程。如氧化焙烧是将矿石与空气中的氧气进行反应的过程，硫铁矿焙烧制取二氧化硫就是一个典型的焙烧过程。

4.（√）解析：利用沸点的不同，加热后同一液相中不同组分在一定温度下一组分汽化，其余组分留在液相中得以分离，这就是蒸馏。

5.（×）解析：蒸馏需较严格地控制温度，使一种原液相组分汽化；而蒸发温度范围要宽得多，只要使原液相（不管几种组分）汽化即可。

6.（×）解析：同种物质，在不同条件下生成，晶型可以不同，有时颜色也不相同。如 $HgCl_2$ 与碱反应得到的 HgO 为黄色，而加热 $Hg(NO_3)_2$ 分解得到的 HgO 为红色。

7.（×）解析：工业上生产硫酸是用 98% 的浓硫酸吸收 SO_3 气体。因为水的蒸汽压比浓硫酸高得多，若用水来吸收 SO_3，大量的放热使水蒸发，在空中与 SO_3 形成大量的酸雾，使吸收速度极为缓慢。

8. (×) 解析：反应釜的装料系数不能超过 75%。在反应中常有温度变化及相变，使反应体系所占体积增加，高速搅拌也会使体系液面上升，故反应釜的装料系数不能超过 75%。

9. (×) 解析：降温后结晶速度是加快了，但生产中对晶体形状和纯度均有一定要求，结晶速度过快会产生晶体粒度减小、吸附杂质等后果。

10. (×) 解析：溶液的过饱和度高，易形成过多的细小晶核，形成晶体的颗粒小。

11. (√) 解析：较容易溶解，即容易与水分子水合，结晶出来去掉水分子就相对困难一些。

12. (√) 解析：溶液中通入 HCl 气体，相当于同离子效应，使 NaCl 结晶出来，而其它杂质留在母液中，提高 NaCl 的纯度，这种方法也叫盐析。

13. (×) 解析：晶核的形成需将那些无规则运动的溶质颗粒（分子或离子）在溶液中某一点集结，并按照严格的规律有秩序地排列。要做到这一点，不同物质的难易程度是不同的，如磷酸晶核的形成需 7～8 天。晶核形成和晶体长大一般与过饱和度有关。

14. 解析：生产中的"正加"是将金属盐类（沉淀物的阳离子）放在反应容器中，加入沉淀剂（沉淀物的阴离子，如可溶性碳酸盐、硫化物等）。加料顺序与沉淀吸附哪种杂质离子密切相关。

15. (×) 解析：陈化过程是沉淀小颗粒转化为大颗粒的过程。从溶解度和热力学可证明，小颗粒的溶解度大于大颗粒，小颗粒的表面能大于大颗粒，大颗粒热力学稳定，故沉淀在放置过程中，小颗粒会自动转化为大颗粒，这就是陈化。

16. (√) 解析：有以下两种情况：

① 沉淀剂的作用离子由缓慢的化学反应逐渐产生。如尿素作沉淀剂，提供 CO_3^{2-} 和 OH^-，反应为

$$CO(NH_2)_2 + H_2O \rightleftharpoons 2NH_3 + CO_2, \quad NH_3 + H_2O \rightleftharpoons NH_4^+ + OH^-,$$
$$CO_2 + H_2O \rightleftharpoons H_2CO_3 \rightleftharpoons H^+ + HCO_3^-, \quad HCO_3^- \rightleftharpoons H^+ + CO_3^{2-}$$

② 沉淀剂离子或被沉淀离子由配位个体逐渐析出。如将非晶形 AgCl 溶于氨水中，生成 $[Ag(NH_3)_2]Cl$，然后缓慢将氨赶出，此时，Ag^+ 浓度逐渐增加，AgCl 沉淀逐渐析出，结果得到大颗粒 AgCl 晶体。

17. (√) 解析：根据水解平衡，加水有利于水解。

18. (×) 解析：因为氯化亚铁易被氧化为氯化铁，若有铁存在，氯化铁会被还原为氯化亚铁，保证产品的纯度。

19. (√) 解析：$Cl_2 + 2KBr \Longrightarrow 2KCl + Br_2$，产物 KCl 不挥发，得到较纯的溴。

20. (√) 解析：NaOH 吸收 CO_2 的能力非常强，在生产过程中难以避免。这个杂质允许标准在高纯试剂中罕见。

21. (×) 解析：$Na_2Cr_2O_7$ 有较强的吸水性，不含水的 $Na_2Cr_2O_7$ 难以保存。

22. (×) 解析：工业盐酸发黄是由于溶解了 Fe^{3+} 杂质和溶于水中的 Cl_2 共同引起的。

23. (√) 解析：$AlCl_3$ 极易水解，在加热时，首先水解为 $Al(OH)_3$。

24. (×) 解析：盐的溶解性与阴、阳离子的大小和极化有关。镁、钙的碳酸氢盐溶解度大于其碳酸盐，但碳酸氢钠的溶解度远小于其碳酸盐的溶解度。

25. (×) 解析：Mg 和 O_2 直接合成法成本太高，Mg 在空气中燃烧还部分产生氮化镁。工业上均采用可溶性镁盐（如硝酸镁、硫酸镁等）与碳酸氢铵和氨水生成碱式碳酸镁，再加热分解得到氧化镁。

26. (×) 解析：硅胶具有巨大的表面积，有强的吸水性，但颜色不改变。硅胶之所以

吸水后呈红色，是制备时把硅胶放在 5% 的 $CoCl_2$ 溶液中浸泡，使其表面吸附了一层 $CoCl_2$，在无水时呈蓝色，每个 Co^{2+} 带满 6 份水分子时呈红色，以此颜色变化来指示硅胶的吸水程度。

27.（√）解析：硝酸受热分解会放出 NO_2，溶解在硝酸中呈黄色。若硝酸浓度再增高，如浓度为 100% 的发烟硝酸，溶解了大量的 NO_2，甚至呈红棕色。

28.（×）解析：HNO_3 与金属反应的初期，反应速度很慢，反应产生 NO_2 后，由于 NO_2 的催化作用，反应速度逐渐加快。在最后 HNO_3 浓度很低时反应速度再减慢。

29.（×）解析：绝大部分金属与硝酸反应得到金属的硝酸盐，但也有少数金属如 Sb 与硝酸作用后得到的是氧化物 Sb_2O_5。锡与硝酸作用得到偏锡酸沉淀 H_2SnO_3。

30.（×）解析：白磷（P_4）能溶于 CS_2，而红磷的分子结构较为复杂，在 CS_2 中不溶解。

31.（√）解析：白磷随水蒸气蒸发，随水蒸气冷凝后还在水中，但水中应通 CO_2 或 N_2 以赶掉其中的 O_2，以防气相时 P_4 与 O_2 反应。

32.（×）解析：只有白磷在碱中发生歧化反应，红磷有链状结构，与碱不反应。

33.（×）解析：可用 P_2O_5 溶于热水制备 H_3PO_4，工业上为降低成本，一般用磷灰石与硫酸进行复分解反应来制得磷酸。$Ca_3(PO_4)_2 + 3H_2SO_4 \longrightarrow 3CaSO_4 + 2H_3PO_4$

34.（×）解析：磷酸的酸性强于碳酸是指磷酸的一级解离常数和二级解离常数分别大于碳酸的，磷酸是三元酸，其三级解离常数小于碳酸的二级解离常数，故不能得到 Na_3PO_4，最多只能得到 Na_2HPO_4。

35.（×）解析：发烟硫酸是 SO_3 通入浓 H_2SO_4 形成的复合物 $H_2SO_4 \cdot xSO_3$，x 的值根据 SO_3 的通入量改变，发烟硫酸的性质也会改变，当 $x=1$ 时，发烟硫酸就是焦硫酸，有固定的凝固点，易结晶。

36.（×）解析：实验室中为得到平缓的 H_2S 气流，常用 FeS 为原料制备 H_2S 气体。但工业上为了快速得到 H_2S 气体，常采用可溶性的 Na_2S 为原料制备 H_2S 气体。

37.（×）解析：有些水解反应得到的是两种酸。如 $SiCl_4$、PCl_5 等的水解反应为
$$SiCl_4 + 3H_2O \longrightarrow H_2SiO_3 + 4HCl, \quad 2PCl_5 + 8H_2O \longrightarrow 2H_3PO_4 + 10HCl$$

38.（√）解析：Br_2 与铜反应生成的 $CuBr_2$ 溶于水或液溴，在搅拌中能快速离开铜表面使反应不断进行。Cl_2 在水中溶解度不大，如气相氯与铜生成 $CuCl_2$，则要在高温下使 $CuCl_2$ 升华而离开铜表面，才能使反应继续进行。

39.（√）解析：Cl_2 通入冷的碱液生成 NaClO，Cl_2 通入热的碱液生成氧化能力稍弱的 $NaClO_3$。

40.（√）解析：因为不溶性铅盐或氧化铅能溶于醋酸，醋酸成本不太高，污染程度又小，$PbO + 2HAc \longrightarrow Pb(Ac)_2 + H_2O$。

41.（×）解析：由于 $PbCl_2$ 不易挥发或升华离开铅表面，使气固相反应难以持续。工业上用 $Pb(Ac)_2$ 与 HCl 反应生产，$Pb(Ac)_2 + 2HCl \longrightarrow PbCl_2 + 2HAc$。

42.（√）解析：为了增大锌与硫酸反应的接触面积，事先应把锌炸成"锌花"；由电解制得的锌很纯，H^+ 在锌上析出有较高的过电位，若把锌在铁锅中熔化制成"锌花"，"锌花"中会有杂质铁，而 H^+ 在铁表面析出的过电位较小，反应就容易得多。

43.（×）解析：$Cu(OH)_2$ 沉淀在 70~90℃ 就会分解成黑色的 CuO。得到的 $Cu(OH)_2$ 沉淀要低温（50℃）逐渐脱水，或在沉淀生成前的铜盐溶液中加入甘油保水。

44.（×）解析：在溶液中形成汞的配合物，再加入 NaOH 溶液，两溶液均稀一些，也可形成颗粒较大的红色 HgO，反应为

$$HgCl_2 + 2NaCl \longrightarrow Na_2[HgCl_4]$$
$$Na_2[HgCl_4] + 2OH^- \longrightarrow HgO\downarrow + 2NaCl + H_2O + 2Cl^-。$$

45. (√) 解析：两者都较稳定，升华温度也相差较大。$HgCl_2$ 升华温度为 300℃，Hg_2Cl_2 升华温度为 400℃以上。

46. (√) 解析：加碱后使 $Na_2Cr_2O_7$ 变为 Na_2CrO_4 的同时，大量杂质金属离子会变成氢氧化物沉淀而去除，反复几次后，可除去大量杂质离子，使产品合格。

47. (×) 解析：应采取"反加"，即把计算好的铁一点一点加入到硝酸中，让硝酸处于过量状态，避免 Fe^{3+} 水解，否则会有不可逆水解，生成黄色的"粥汤"。

48. (√) 解析：$Co(OH)_2$ 不稳定，在储存过程中部分会被氧化成 $Co(OH)_3$，$Co(OH)_3$ 可氧化浓盐酸产生 Cl_2，$2Co(OH)_3 + 6HCl \longrightarrow 2CoCl_2 + Cl_2\uparrow + 6H_2O$。

49. (√) 解析：在锅边已蒸干水的地方，$CoCl_2$ 已不带结晶水，故呈蓝色，用水冲时即形成 $CoCl_2 \cdot 6H_2O$，故呈红色。

50. (×) 解析：$PbSO_4$ 在热水中溶解，与硫酸处于同一相，冷却硫酸铵析出时，$PbSO_4$ 也沉淀出，故不能用热溶法重结晶得以提纯。

二、选择题

1. (C) 解析：湿法冶金提取金属的主要过程有：①选矿；②热化学加工；③分离提取。分离提取方法是应用较多的化工单元操作，如沉降、过滤、浓缩、结晶、干燥等。冶炼是干法冶金中的过程。

2. (B) 解析：湿法冶金中，从浸取液中得到所需金属或其化合物常用：①置换法，如用锌粉从金、银的氰配合物中置换金、银等；②沉淀法，溶液中的金属离子，可以添加各种沉淀剂使其选择性地先后沉淀出来或把杂质沉淀出来而分离得到；③对于浓度不大或一般方法分离难度大的金属离子，如稀土元素的分离，可用不同萃取剂把金属分离而得到较纯的物质。

3. (B) 解析：即使在过饱和溶液中，结晶并不总是很快出现，主要是形成晶核困难。加晶种是外加晶核，促进晶体生长；摩擦容器内壁有利于晶核的形成；降温一般可加大过饱和度，使沉淀加快出现。而加热促进离子分离的运动，不利于快速结晶。

4. (B) 解析：化工生产中，需过滤的物质量往往很大，过滤容器也大，要求过滤材料有较高的强度，根据所滤物质的不同，常选用涤纶布、多孔玻璃、多孔陶瓷、酸性石棉等，但不能用滤纸，因其强度太低。

5. (A) 解析：为了充分反应，用于生产时，不管是干法冶金还是湿法冶金，矿石总是先粉碎成一定直径规格的颗粒。

6. (B) 解析：硫铁矿和有色金属冶炼烟气是炼铁和有色金属的副产品，价格便宜，如不使用而排放会造成重大环境污染。天然气脱臭主要是除去 H_2S，会产生大量的硫黄，用来制硫酸是目前较好的处理方法。用硫酸盐与强酸复分解反应制取硫酸成本高，污染大，故现在不采用。

7. (C) 解析：SO_3、H_2O、粉尘在催化剂表面较容易脱去，而 As_2O_3 与催化剂的活性中心结合后不易脱去，使 SO_2 无法进入催化剂的活性中心而得到催化。

8. (B) 解析：见判断题 7。

9. (C) 解析：上述几种方法工厂里均用，但要得到高质量结晶，即颗粒大且均匀，含杂质少，则应结晶慢，过饱和度小，故应控制溶液一定的密度来对应过饱和度。

10. (C) 解析：低温时一般溶解度下降，过饱和度大，结晶速度快，颗粒小且含较多杂质。

11. （D）解析：对于净化过的原料，产品混合物经过加压，反应物氢气和氮气通过循环又进入反应体系，产物氨已液化离开体系，已相当纯净。

12. （B）解析：参考选择题11。

13. （D）解析：合成氨需要大量的氢气，需要用低成本方法制备。一般用煤、天然气或重油与水蒸气反应来产生。

14. （C）解析：一氧化氮氧化为二氧化氮反应快且完全，只要一氧化氮是纯净的，氧化所产生的二氧化氮也应是纯净的，在吸收前不必再净化。

15. （B）解析：硝酸尾气有害部分氮氧化合物是酸性气体，也易溶于水，故常用碱液吸收法；若用CuO-CrO作催化剂，即催化还原法，可较完全地分解为氮气和氧气，转化率可达97%以上；硝酸尾气量较小时，也可以用纯水来吸收。

16. （B）解析：联合制碱法是将NH_3和CO_2通入到饱和的食盐水中，产生碳酸氢铵，加入NaCl后碳酸氢钠沉淀出来，加热分解出产品Na_2CO_3，另一副产品CO_2在下一批中循环使用，残留废液NH_4Cl溶液在较低温度下加入NaCl，沉淀出来NH_4Cl作为氮肥。过程中不用$Ca(OH)_2$，这是与苏维尔法的区别。

17. （C）解析：氯碱工业是电解食盐水，在阴极室产生H_2，阳极室产生Cl_2，中间剩下的是NaOH溶液。

18. （B）解析：能用湿法制备的无水氯化物，其阳离子不能有水解，题中Mg^{2+}、Al^{3+}、Fe^{3+}都会水解，加热后水解更强烈，用湿法制备带结晶水的氯化物加热脱水时，都会水解成氢氧化物，得不到无水氯化物。

19. （A）解析：在不同场合和不同要求下，SO_2、H_2O_2和Cl_2均可作漂白剂，如麦秸作编织材料时常用SO_2漂白，布染色前可用Cl_2漂白，木上清漆前可用H_2O_2漂白。

20. （A）解析：湿法合成$AlCl_3$时，直接将大块铝锭放在反应器中，加入适量水后，缓慢加入盐酸，加酸不可过快，否则溶液会溢得不可收拾。用铝粉或将铝加入盐酸中，都会因反应太快而无法控制。

21. （B）解析：因铝与浓硝酸会钝化，故应把铝制成铝花，以增加反应接触面，为使反应平缓，应用稀硝酸。

22. （D）解析：铁和铜目前都用火法冶金制备，制备的粗铜要精制时才用电解法；银可用湿法冶金溶解，再用锌粉置换；只有铝用电解铝土矿（用冰晶石作助熔剂）的方法大量生产。

23. （A）解析：利用反应$2Fe^{3+}+Cu \longrightarrow 2Fe^{2+}+Cu^{2+}$，将未涂蜡的铜溶去，剩下的就是设计的电路板。现在也用$CuCl_2$和HCl反应$Cu^{2+}+Cu+4Cl^- \longrightarrow 2[CuCl_2]^{2-}$，而且可用加$H_2O_2$的方法使其还原，可再作铜腐蚀剂。$2[CuCl_2]^{2-}+H_2O_2+2H^+ \longrightarrow 2Cu^{2+}+4Cl^-+2H_2O$。

24. （C）解析：四种物质在溶液中都能提供CO_3^{2-}，对于制备不同的碳酸盐各有优点，Na_2CO_3和K_2CO_3特点相似，但K_2CO_3价格比Na_2CO_3高得多，故不常用K_2CO_3作制碳酸盐的沉淀剂。

25. （C）解析：根据加料量的不同，$NaHCO_3$也可与金属离子生成碳酸盐。
$$HCO_3^- \rightleftharpoons H^+ + CO_3^{2-}，M^{2+}+CO_3^{2-} \longrightarrow MCO_3$$

26. （A）解析：用LiCl和可溶性碳酸盐作原料，产物中Cl^-很难洗去，用$LiNO_3$作原料，洗去NO_3^-也费事，且影响产率；故用LiOH和CO_2为原料制备高纯Li_2CO_3最合适，但CO_2通入量不能过量。

27. （C）解析：一般金属碳酸盐的热稳定性较小，分解产物除金属氧化物外，CO_2无毒。而金属硝酸盐分解时放出 NO_2，较严重地污染环境。

28. (B) 解析：白磷在储存时会转变为红磷，但这种转变过程极为缓慢，因为转变时需较高的活化能。红磷转变为白磷较容易，只需在隔绝空气的条件下，加热到 400℃ 以上使之升华，然后迅速冷却就得到白磷。

29. (C) 解析：红磷中要除去少量白磷，可加 CS_2 溶剂，因为红磷不溶于 CS_2，而白磷易溶于 CS_2；混合物中加入少量 CS_2，稍后再加一些 $CaCl_2$ 溶液，白磷漂浮在上面，红磷沉底而使白磷得到去除。NaOH 也可与白磷反应 $4P+3NaOH+3H_2O \longrightarrow PH_3+3NaH_2PO_2$，$PH_3$ 是剧毒气体，操作时要做好防护。

30. (D) 解析：磷化处理是把钢铁浸入磷酸盐溶液中，使其表面获得一层黑色不溶于水的磷酸盐薄膜，常见的磷酸盐是磷酸二氢锰铁盐，俗称马日夫盐。

31. (C) 解析：常用干燥剂的干燥效率（被水蒸气饱和的空气，通过相应的干燥剂后，测定 $1m^3$ 空气中剩余水蒸气的量）：NaOH 为 0.16，无水 $CaCl_2$ 为 0.36，P_2O_5 为 0.00002，浓 H_2SO_4 为 0.003。

32. (B) 解析：用 NaOH 和 H_3PO_4 反应制备磷酸盐，根据 pH 值的不同，可生成磷酸的正盐和两种酸式盐。pH 值在 1.5～2.0 时，大部分以磷酸分子的形式存在，无法生成磷酸盐；pH 值在 4.2～4.6 时，大部分以 $H_2PO_4^-$ 存在，与 NaOH 作用，生成 NaH_2PO_4；pH 值在 8.9～9.3 时，大部分以 HPO_4^{2-} 存在，与 NaOH 作用，生成 Na_2HPO_4；pH 值在 11.5～11.7 时，大部分以 PO_4^{3-} 存在，与 NaOH 作用，生成 Na_3PO_4。

33. (C) 解析：$2NH_3+Cl_2 \longrightarrow 6HCl+N_2$，$NH_3+HCl \longrightarrow NH_4Cl$，必须要氨气过量。

34. (D) 解析：NaF 难溶于水而 AgF 溶于水，这与常见钠盐溶于水而银盐难溶于水的常识不同。

35. (C) 解析：干法合成金属氯化物分为三个阶段：①氯气扩散到金属表面并被吸附；②分子在固体表面反应；③生成物解吸并离开金属表面。这就要求金属熔点低，液态时与金属反应，产物易液化或升华而迅速离开金属表面。

36. (B) 解析：虽然是二氧化硅粉末，与炭没有任何关系，但常代替炭黑作为油漆、塑料、橡胶的填充料，故称白炭黑。

37. (A) 解析：水泥熟料的主要原料是熟石灰和石英砂，再辅以 Al_2O_3 或 Fe_2O_3 等，CaO 和 SiO_2 是主要原料。

38. (C) 解析：把锡变成"锡花"有利于增加反应接触面积；加入适量盐酸能使反应一开始就有较快的速度，使锡不易被氧气氧化，不易水解；锡过量能保证生成 $SnCl_2$ 而不是 $SnCl_4$；氯气过量会生成 $SnCl_4$。

39. (B) 解析：参考选择题 38 解析，若锡过量生成 $SnCl_2$，$SnCl_4$ 是液态，很容易水解，故生产环境要干燥。

40. (D) 解析：锡粒与浓硝酸反应得到不溶于酸的 β-偏锡酸。其它方法生成的一般是能溶于酸的 α-偏锡酸。β-偏锡酸是 H_2SnO_3 的聚合物，组成为 $(H_2SnO_3)_5$。

41. (C) 解析：SO_2 还原 $CuSO_4$ 时食盐一定要过量，SO_2 气量要足，反应方程式为：

$$2Na_2[CuCl_4]+SO_2+2H_2O \longrightarrow CuCl\downarrow +NaH[CuCl_3]+2NaCl+2HCl+NaHSO_4$$

$NaH[CuCl_3]$ 冲稀时水量要大，反应方程式为：

$$NaH[CuCl_3] \xrightarrow{\text{大量水}} NaCl+HCl+CuCl\downarrow$$

一般来讲，在温度不高时（30～40℃），SO_2 溶解度大，但反应速度很慢，通入的 SO_2 不能及时反应，随即逸出，危害很大。

42. (A) 解析：若硝酸较稀或 Hg 过量，则容易生成 $Hg_2(NO_3)_2$，反应温度要求在 65℃以上。

43. (C) 解析：要得到非胶状的 $Fe(OH)_3$，要求 OH^- 浓度不能太高，否则因沉淀速度快会生成大量微小颗粒的胶体。而 $(NH_2)_2CO$ 在水中逐渐水解出 OH^-，OH^- 与 Fe^{3+} 反应生成少量晶核，$(NH_2)_2CO$ 再水解出 OH^-，使少量晶核不断长大，形成大颗粒沉淀，这种沉淀剂在溶液体系中逐渐释放出来而形成大颗粒沉淀的方法叫均相沉淀法。其它三种沉淀剂包括水 OH^- 浓度均太大，易形成胶体。

44. (A) 解析：用硝酸和铁生产 $Fe(NO_3)_3$ 时，加料方式要采取"反加"法，即把计算好量的铁一点一点地往硝酸中加，让硝酸始终处于过量状态，避免 Fe^{3+} 水解。否则会强烈水解及不可逆脱水聚合，形成黄色的不溶于水的"稀粥"，只能报废。反应要加热，硝酸不宜过浓，否则铁会钝化，甚至不反应。

45. (A) 解析：用 Cl_2 作氧化剂虽不会引进杂质，后处理容易，但氧化速度慢，工业上一般不采用；用 H_2O_2 成本太高；用 $KMnO_4$ 不仅成本高，而且生成的杂质多；工业上一般用 HNO_3 作氧化剂，反应为 $FeCl_2 + HCl + HNO_3 \longrightarrow FeCl_3 + NO_2\uparrow + H_2O$，但盐酸要适当过量，控制酸度，防止水解。

46. (B) 解析：因 Fe^{2+} 较少，所用氧化剂 H_2O_2 也较少。

47. (D) 解析：由于无水乙醇挥发快，用无水乙醇洗涤的表面干得快，干燥的表面不易被氧化。对于阳离子易水解的物质宜用酸液洗涤。

48. (A) 解析：同晶物质原则上不能用重结晶法分离；对于吸留或表面吸附，只要结晶的颗粒大小不变，由于表面张力现象，用重结晶法无法改变；重结晶法提纯的效率，主要取决于欲提纯物质与杂质的溶解度差异。

49. (B) 解析：为防止 $Al_2(SO_4)_3$ 水解，$(NH_4)_2SO_4$ 应稍过量，这样价格较高的原料 $Al_2(SO_4)_3$ 可以充分利用；$Al_2(SO_4)_3$ 浓度过高，重结晶去杂质效果不好，出现过饱和，不易析出结晶；$(NH_4)_2SO_4$ 浓度可尽量大。

50. (C) 解析：要熔融这些化合物，必须在高温下，而 $CaSO_4$ 在熔融前已分解成 CaO 和 SO_3，故不能作熔盐电解原料。

三、填充题

1. 浸取是用溶剂分离和提取<u>固体</u>物料中有效成分的过程，也称为固液萃取，以获得具有应用价值的组分。若所需组分在浸取液中，常用<u>置换法</u>、<u>沉淀法</u>、<u>萃取</u>等方法得到所需物质或去除杂质。

2. 要使物质从溶液中结晶出来，基本原理是使溶液达到<u>过饱和</u>。为使溶液达到这种状态，通常采取的方式有<u>连续蒸发</u>，这种方法也叫热结晶；<u>降温冷却</u>，这种方法也叫冷结晶；还有利用同离子效应的方法叫<u>盐析</u>，也有在溶液中加入<u>有机溶剂</u>使无机物达到过饱和而沉淀的方法。

3. 为了使沉淀的晶体含杂质少、颗粒大，需控制的条件一般有<u>溶液宜稀</u>、<u>合成温度宜高</u>、<u>沉淀剂缓慢加入</u>、<u>不断搅拌</u>。沉淀陈化是指小颗粒<u>溶解</u>，大颗粒继续长大。

4. 蒸发掉一定的溶剂使物质沉淀出来是制备物质常用的方法。溶液蒸发的程度经常关系到所制备物质的质量，对于不同物质的制备，控制蒸发溶剂的程度有测量溶液达到一定的<u>密度</u>、<u>溶液表面起皮</u>、<u>蒸到稀粥状</u>、<u>完全蒸出晶体</u>等。

5. 蒸馏和蒸发两种过程相似之处都是利用物质的<u>相变化</u>。进行蒸发的溶液一般由易挥<u>发</u>的溶剂和难挥发的<u>固体溶质</u>所组成。根据沸点的差异，进行蒸馏的溶液，其溶质和溶剂均有不同程度的挥发性，为得到较纯产品，在操作时常采取"去头"和"留底"以除去杂质。

6. 通过沉淀生产碳酸盐有多种沉淀剂，用 Na_2CO_3 或 $NaHCO_3$ 的优点是<u>沉淀完全、产率高</u>，缺点是吸附的 Na^+ 不易除去；用碳酸的铵盐作沉淀剂的优点是<u>杂质易除去、产品纯度高</u>，缺点是<u>会产生碱式碳酸盐或沉淀不完全</u>；有时也用CO_2或尿素作沉淀剂。

7. Sb 的氯化物有 $SbCl_3$ 和 $SbCl_5$，合成 $SbCl_3$ 时，放 Sb 的反应器分上、下两层，Cl_2 从中部通入，顺流而上，上部生成的<u>$SbCl_3$ 和 $SbCl_5$ 流到下部被 Sb 还原，基本上都生成$SbCl_3$</u>。该物可用<u>蒸馏法</u>提纯，少量杂质 $SbCl_5$ 可通过<u>去头</u>除去。

8. 工业盐酸中常因含杂质Fe^{3+}和游离氯而呈黄色，常用蒸馏法提纯。在蒸馏前，应加<u>还原剂</u>，如 $SnCl_2$，它与杂质的还原产物挥发性较低，蒸馏时可通过"<u>留底</u>"除去。

9. 干法合成金属氯化物应具备的条件有：<u>金属熔点低易升华</u>，<u>生成物易升华及时离开金属表面</u>，<u>生成物易液化及时离开金属表面</u>。干法合成的设备须<u>耐腐蚀</u>、<u>耐高温</u>。

10. $Na_2Cr_2O_7 \cdot 2H_2O$ 制备时，将铬铁矿石与碳酸钠在 1000~1300℃ 共熔，利用<u>空气或氧气</u>氧化成可溶性铬酸盐，然后用水沥取熔块，$Na_2Cr_2O_7$ 进入溶液。用酸把溶液调成<u>中性</u>，Fe^{3+}、Al^{3+} 等杂质水解成氢氧化物沉淀而被除去，再使溶液酸化、<u>浓缩</u>使铬酸钠转变成重铬酸钠，<u>冷却</u>即有 $Na_2Cr_2O_7 \cdot 2H_2O$ 结晶析出。

附　　录

附录一　常见阳、阴离子的鉴定方法

离子	试剂	鉴定反应	介质条件	主要干扰离子
NH_4^+	NaOH	$NH_4^+ + OH^- \longrightarrow NH_3\uparrow + H_2O$ NH_3 使红色石蕊试纸变蓝	强碱性	CN^-
	奈斯勒试剂[四碘合汞(Ⅱ)酸钾碱性溶液]	$NH_4^+ + 2[HgI_4]^{2-} + 4OH^- \longrightarrow$ $Hg_2NI\downarrow + 7I^- + 4H_2O$	碱性	Fe^{3+}、Cr^{3+}、Co^{2+}、Ni^{2+}、Ag^+、Hg^{2+}等能与奈斯勒试剂形成有色沉淀
Na^+	KH_2SbO_4	$Na^+ + H_2SbO_4^- \longrightarrow NaH_2SbO_4\downarrow$（白色）	中性或弱碱性	NH_4^+、碱金属以外的金属离子
	醋酸铀酰锌	$Na^+ + Zn^{2+} + 3UO_2^{2+} + 9Ac^- + 9H_2O \longrightarrow$ $NaZn(UO_2)_3(OAc)_9·9H_2O\downarrow$（淡黄绿色）	中性或弱酸性	K^+、Ag^+、Hg_2^{2+}、Sb^{3+}等
	焰色反应	挥发性钠盐在火焰（氧化焰）中燃烧，火焰呈黄色		
K^+	$Na_3[Co(NO_2)_6]$	$2K^+ + Na^+ + [Co(NO_2)_6]^{3-} \longrightarrow$ $K_2Na[Co(NO_2)_6]\downarrow$（亮黄色）	中性或弱酸性	NH_4^+、Fe^{3+}、Be^{2+}、Cu^{2+}、Co^{2+}、Ni^{2+}等
	焰色反应	挥发性钾盐在火焰（氧化焰）中燃烧，火焰呈紫色		Na^+存在干扰，可用蓝色钴玻璃片观察以消除Na^+的干扰
Mg^{2+}	镁试剂（对硝基偶氮间苯二酚）	Mg^{2+} + 镁试剂 $\longrightarrow$ 天蓝色沉淀	强碱性	Fe^{3+}、Cr^{3+}、Cu^{2+}、Co^{2+}、Ni^{2+}、Hg^{2+}、Mn^{2+}、Ag^+等能与镁试剂形成有色沉淀
Ca^{2+}	$(NH_4)_2C_2O_4$	$Ca^{2+} + C_2O_4^{2-} \longrightarrow CaC_2O_4\downarrow$（白色）	中性或碱性	Pb^{2+}、Cu^{2+}、Cd^{2+}、Hg^{2+}、Hg_2^{2+}、Ag^+等能与$C_2O_4^{2-}$形成沉淀
	焰色反应	挥发性钙盐在火焰（氧化焰）中燃烧，火焰呈砖红色		
Sr^{2+}	$(NH_4)_2SO_4$	$Sr^{2+} + SO_4^{2-} \longrightarrow SrSO_4\downarrow$（白色）		Ba^{2+}、Pb^{2+}等
	玫瑰红酸钠	Sr^{2+} + 玫瑰红酸钠 $\longrightarrow$ 红棕色沉淀	中性或弱酸性	Ba^{2+}、Pb^{2+}、Ag^+等
	焰色反应	挥发性锶盐在火焰（氧化焰）中燃烧，火焰呈洋红色		
Ba^{2+}	K_2CrO_4	$Ba^{2+} + CrO_4^{2-} \longrightarrow BaCrO_4\downarrow$（黄色）	中性或弱酸性	Bi^{3+}、Sr^{2+}、Pb^{2+}、Ni^{2+}、Zn^{2+}、Cu^{2+}、Hg^{2+}、Ag^+等能与CrO_4^{2-}形成有色沉淀
	玫瑰红酸钠	Ba^{2+} + 玫瑰红酸钠 $\longrightarrow$ 红棕色沉淀	中性或弱酸性	Sr^{2+}、Pb^{2+}、Ag^+等
	焰色反应	挥发性钡盐在火焰（氧化焰）中燃烧，火焰呈黄绿色		
Al^{3+}	铝试剂（金黄色素三羧酸钠）	Al^{3+} + 铝试剂 $\longrightarrow$ 红色絮状沉淀	pH值=4～5	Ti^{4+}、Cr^{3+}、Fe^{3+}、Co^{2+}、Mn^{2+}等
	茜素-S（茜素磺酸钠）	Al^{3+} + 茜素-S $\longrightarrow$ 玫瑰红色沉淀	pH值=4～9	Cr^{3+}、Mn^{2+}及Cu^{2+}等

续表

离子	试剂	鉴定反应	介质条件	主要干扰离子
Sn^{2+}	$HgCl_2$	$Sn^{2+}+2HgCl_2+4Cl^- \longrightarrow Hg_2Cl_2$(白色)$\downarrow+[SnCl_6]^{2-}$ $Sn^{2+}+Hg_2Cl_2+4Cl^- \longrightarrow 2Hg\downarrow$(黑色)$+[SnCl_6]^{2-}$	酸性	
Pb^{2+}	K_2CrO_4	$Pb^{2+}+CrO_4^{2-} \longrightarrow PbCrO_4\downarrow$（黄色）	中性或弱酸性	Bi^{3+}、Sr^{2+}、Ba^{2+}、Hg^{2+}、Ni^{2+}、Zn^{2+}等
	稀H_2SO_4、Na_2S	$Pb^{2+}+SO_4^{2-} \longrightarrow PbSO_4\downarrow$（白色） $PbSO_4+S^{2-} \longrightarrow PbS\downarrow$（黑色）$+SO_4^{2-}$	弱酸性	Hg_2^{2+}、Ag^+等
	玫瑰红酸钠	$Pb^{2+}+$玫瑰红酸钠$\longrightarrow$紫红色沉淀	中性或弱酸性	Sr^{2+}、Ba^{2+}、Hg_2^{2+}、Ag^+等
Sb^{3+}	Sn片	$2Sb^{3+}+3Sn \longrightarrow 2Sb\downarrow+3Sn^{2+}$	酸性	AsO_2^-、Ag^+、Bi^{3+}等
Bi^{3+}	$Na_2[Sn(OH)_4]$	$2Bi^{3+}+3[Sn(OH)_4]^{2-}+6OH^- \longrightarrow 2Bi\downarrow$（黑色）$+3[Sn(OH)_6]^{2-}$	强碱性	Hg_2^{2+}、Hg^{2+}、Pb^{2+}等
Cu^{2+}	$K_4[Fe(CN)_6]$	$2Cu^{2+}+[Fe(CN)_6]^{4-} \longrightarrow Cu_2[Fe(CN)_6]$（红褐色）	中性或酸性	Bi^{3+}、Fe^{3+}、Co^{2+}等
Ag^+	氨水、HCl、HNO_3	$Ag^++Cl^- \longrightarrow AgCl\downarrow$（白色） $AgCl+2NH_3\cdot H_2O \longrightarrow [Ag(NH_3)_2]^++Cl^-+2H_2O$ $[Ag(NH_3)_2]^++Cl^-+2H^+ \longrightarrow AgCl\downarrow+2NH_4^+$	酸性	
	K_2CrO_4	$2Ag^++CrO_4^{2-} \longrightarrow Ag_2CrO_4\downarrow$（砖红色）	中性或弱酸性	Hg_2^{2+}、Hg^{2+}、Pb^{2+}、Ba^{2+}等
Ti^{4+}	H_2O_2	$Ti^{4+}+H_2O_2+SO_4^{2-} \longrightarrow [Ti(O_2)SO_4]$（橙色）$+2H^+$	酸性	F^-、Fe^{3+}、CrO_4^{2-}、MnO_4^-等
Zn^{2+}	$(NH_4)_2S$或碱金属硫化物	$Zn^{2+}+S^{2-} \longrightarrow ZnS\downarrow$（白色）	$c(H^+)<0.3mol/L$	
	二苯硫腙	$Zn^{2+}+$二苯硫腙$\longrightarrow$水层呈粉红色	强碱性	Fe^{3+}、Cr^{3+}、Al^{3+}、Bi^{3+}、Mn^{2+}、Cu^{2+}、Co^{2+}、Ni^{2+}、Cd^{2+}、Hg^{2+}、Ag^+、Pb^{2+}等
Cd^{2+}	H_2S或Na_2S	$Cd^{2+}+H_2S \longrightarrow CdS\downarrow$（黄色）$+2H^+$ $Cd^{2+}+S^{2-} \longrightarrow CdS\downarrow$（黄色）		能形成有色硫化物沉淀的离子
	镉试剂（对硝基重氮氨基偶氮苯）	$Cd^{2+}+$镉试剂$\longrightarrow$红色沉淀	弱酸性	Fe^{3+}、Co^{2+}、Ni^{2+}、Cu^{2+}、Ag^+、H^+、Cr^{3+}、Mn^{2+}等
Hg_2^{2+}	$SnCl_2$	$Sn^{2+}+Hg^{2+}+6Cl^- \longrightarrow 2Hg\downarrow$（黑色）$+[SnCl_6]^{2-}$	酸性	Hg^{2+}等
	KI、氨水	$Hg_2^{2+}+2I^- \longrightarrow Hg_2I_2\downarrow$（黄绿色） $Hg_2I_2+2NH_3 \longrightarrow Hg(NH_2)I\downarrow+Hg\downarrow$（黑色）$+NH_4^++I^-$	中性或弱酸性	Ag^+等
Hg^{2+}	$SnCl_2$	见Sn^{2+}鉴定	酸性	Hg_2^{2+}等
	Cu片	$Hg^{2+}+Cu \longrightarrow Cu^{2+}+Hg\downarrow$ 在铜片上生成白色光亮斑点，加热后退去	弱酸性	Hg_2^{2+}等
	KI、氨水或NH_4^+盐的浓碱溶液	$Hg^{2+}+2I^-$（适量）$\longrightarrow HgI_2\downarrow$（红色） $Hg^{2+}+4I^-$（过量）$\longrightarrow [HgI_4]^{2-}$ $2[HgI_4]^{2-}+NH_4^++4OH^- \longrightarrow Hg_2NI\downarrow$（棕色）$+7I^-+4H_2O$		

续表

离子	试剂	鉴定反应	介质条件	主要干扰离子
Cr^{3+}	NaOH、H_2O_2、Pb^{2+}盐或Ag^+盐或Ba^{2+}盐	$Cr^{3+}+4OH^-(过量)\longrightarrow[Cr(OH)_4]^-$ $2[Cr(OH)_4]^-+3H_2O_2+2OH^-\longrightarrow$ $2CrO_4^{2-}+8H_2O$ $CrO_4^{2-}+Pb^{2+}\longrightarrow PbCrO_4\downarrow(黄色)$ $CrO_4^{2-}+2Ag^+\longrightarrow Ag_2CrO_4\downarrow(砖红色)$ $CrO_4^{2-}+Ba^{2+}\longrightarrow BaCrO_4\downarrow(黄色)$		Ba^{2+}及能形成有色氢氧化物的离子
Mn^{2+}	$NaBiO_3$	$2Mn^{2+}+5NaBiO_3+14H^+\longrightarrow$ $2MnO_4^-(紫红色)+5Na^++5Bi^{3+}+7H_2O$	HNO_3	Co^{2+}、Cl^-
Fe^{2+}	$K_3[Fe(CN)_6]$	$K^++Fe^{2+}+[Fe(CN)_6]^{3-}\longrightarrow$ $KFe[Fe(CN)_6]\downarrow(普鲁士蓝色)$	酸性	
	α,α'-联吡啶的乙醇溶液	$Fe^{2+}+\alpha,\alpha'$-联吡啶$\longrightarrow$深红色	弱酸性	有色离子
Fe^{3+}	$K_4[Fe(CN)_6]$	$Fe^{3+}+K^++[Fe(CN)_6]^{4-}\longrightarrow$ $KFe[Fe(CN)_6]\downarrow(普鲁士蓝色)$	酸性	Fe^{2+}、Co^{2+}、Ni^{2+}、Cu^{2+}等
	NH_4SCN(或碱金属硫氰酸盐)	$Fe^{3+}+SCN^-\longrightarrow[Fe(NCS)]^{2+}(血红色)$	酸性	Cu^{2+}
Co^{2+}	NH_4SCN、丙酮	$Co^{2+}+4SCN^-\xrightarrow{丙酮}[Co(NCS)_4]^{2-}$(宝石蓝色)	酸性	Fe^{3+}、Hg_2^{2+}、Cu^{2+}等
	二硫代二乙酰胺	$Co^{2+}+$二硫代二乙酰胺$\longrightarrow$黄绿色沉淀	氨性或弱酸性	Ni^{2+}、Cu^{2+}等
Ni^{2+}	丁二酮肟	$Ni^{2+}+$丁二酮肟$\longrightarrow$玫瑰红色沉淀	氨性或弱酸性	Fe^{2+}、Co^{2+}、Cu^{2+}、Bi^{3+}、Fe^{3+}、Mn^{2+}等
	二硫代二乙酰胺	$Ni^{2+}+$二硫代二乙酰胺$\longrightarrow$蓝色	氨性或弱酸性	Co^{2+}、Cu^{2+}等
F^-	锆盐茜素	F^-+锆盐茜素(红色)$\longrightarrow$无色	HCl	ClO_3^-、IO_3^-、$C_2O_4^{2-}$、SO_4^{2-}、Al^{3+}、Bi^{3+}等
Cl^-	$AgNO_3$、氨水、HNO_3	见Ag^+的鉴定	酸性	
Br^-	Cl_2、CCl_4(或苯)	$2Br^-+Cl_2\longrightarrow Br_2+2Cl^-$ Br_2在CCl_4(或苯)中呈橙黄色(或橙红色)	中性或酸性	Rb^+、Cs^+、NH_4^+等
I^-	Cl_2、CCl_4(或苯)	$2I^-+Cl_2\longrightarrow I_2+2Cl^-$ I_2在CCl_4(或苯)中呈紫红色	中性或酸性	
SO_3^{2-}	稀HCl	$SO_3^{2-}+2H^+\longrightarrow SO_2\uparrow+H_2O$ SO_2可使带有$KMnO_4$溶液、或淀粉-I_2液、或品红试液的试纸退色	酸性	$S_2O_3^{2-}$、S^{2-}等
	$Na_2[Fe(CN)_5NO]$、$ZnSO_4$、$K_4[Fe(CN)_6]$	生成红色沉淀	中性	S^{2-}
SO_4^{2-}	$BaCl_2$	$SO_4^{2-}+Ba^{2+}\longrightarrow BaSO_4\downarrow(白色)$	酸性	$S_2O_3^{2-}$、S^{2-}、SiO_3^{2-}等
$S_2O_3^{2-}$	稀HCl	$S_2O_3^{2-}+2H^+\longrightarrow SO_2\uparrow+S+H_2O$ (白色→黄色)	酸性	SO_3^{2-}、S^{2-}、SiO_3^{2-}
	$AgNO_3$	$S_2O_3^{2-}+2Ag^+\longrightarrow Ag_2S_2O_3\downarrow(白色)$ $Ag_2S_2O_3$发生水解，颜色白→黄→棕，最后变为黑色Ag_2S	中性	S^{2-}
S^{2-}	稀HCl	$S^{2-}+2H^+\longrightarrow H_2S\uparrow$ H_2S气体可使带有$Pb(Ac)_2$的试纸变黑	酸性	$S_2O_3^{2-}$、SO_3^{2-}
	$Na_2[Fe(CN)_5NO]$	$S^{2-}+[Fe(CN)_5NO]^{2-}\longrightarrow$ $[Fe(CN)_5NOS]^{4-}$(紫红色)	碱性	

续表

离子	试剂	鉴定反应	介质条件	主要干扰离子
NO_2^-	对氨基苯磺酸 α-萘胺	NO_2^- + 对氨基苯磺酸 α-萘胺 ⟶ 红色	中性或醋酸	$KMnO_4$等氧化剂
NO_3^-	$FeSO_4$、浓H_2SO_4	$NO_3^- + 3Fe^{2+} + 4H^+ \longrightarrow 3Fe^{3+} + NO + 2H_2O$ $Fe^{2+} + NO \longrightarrow [Fe(NO)]^{2+}$(棕色) 在混合液与浓$H_2SO_4$分层处形成棕色环	酸性	NO_2^-
PO_4^{3-}	$AgNO_3$	$PO_4^{3-} + 3Ag^+ \longrightarrow Ag_3PO_4 \downarrow$(黄色)	酸性	CrO_4^{2-}、S^{2-}、PO_4^{3-}、AsO_3^{3-}、I^-、$S_2O_3^{2-}$等
	$(NH_4)_2MoO_4$	$PO_4^{3-} + 3NH_4^+ + 12MoO_4^{2-} + 24H^+ \longrightarrow (NH_4)_3PO_4 \cdot 12MoO_3 \cdot 6H_2O$(黄色) + $6H_2O$	HNO_3	SO_3^{2-}、$S_2O_3^{2-}$、S^{2-}、I^-、Sn^{2+}、SiO_3^{2-}、AsO_4^{3-}、Cl^-等
AsO_4^{3-}	$(NH_4)_2MoO_4$	$AsO_4^{3-} + 3NH_4^+ + 12MoO_4^{2-} + 24H^+ \longrightarrow (NH_4)_3AsO_4 \cdot 12MoO_3 \downarrow$(黄色)$+ 12H_2O$	酸性	SO_3^{2-}、$S_2O_3^{2-}$、S^{2-}、I^-、Sn^{2+}、SiO_3^{2-}、AsO_4^{3-}、Cl^-等
AsO_3^{3-}	$AgNO_3$	$3Ag^+ + AsO_3^{3-} \longrightarrow Ag_3AsO_3 \downarrow$(黄色)	中性	
CN^-	CuS	$6CN^- + 2CuS \longrightarrow 2[Cu(CN)_3]^{2-} + S_2^{2-}$(黑色CuS溶解)		
CO_3^{2-}	稀HCl(或稀H_2SO_4)、$Ba(OH)_2$	$CO_3^{2-} + 2H^+ \longrightarrow CO_2 \uparrow + H_2O$ CO_2气体可使饱和$Ba(OH)_2$溶液变浑浊 $CO_2 + 2OH^- + Ba^{2+} \longrightarrow BaCO_3 \downarrow$(白色)$+ H_2O$	酸性	SO_3^{2-}、$S_2O_3^{2-}$等
SiO_3^{2-}	饱和NH_4Cl	$SiO_3^{2-} + 2NH_4^+ \longrightarrow H_2SiO_3 \downarrow$(白色胶状)$+ 2NH_3 \uparrow$	碱性	Al^{3+}
VO_3^-	α-安息香酮肟	VO_3^- + α-安息香酮肟 ⟶ 黄色沉淀	强酸性	Fe^{3+}等
CrO_4^{2-}	$Pb(NO_3)_2$	$CrO_4^{2-} + Pb^{2+} \longrightarrow PbCrO_4 \downarrow$(黄色)	碱性	Ba^{2+}、Sr^{2+}、Hg^{2+}、Bi^{3+}、Ag^+、Ni^{2+}、Zn^{2+}等
MoO_4^{2-}	KSCN,$SnCl_2$	形成红色配合物	强酸性	PO_4^{3-}、NO_2^-、有机酸、Hg^{2+}等
WO_4^{2-}	$SnCl_2$	生成蓝色沉淀或溶液呈蓝色	强酸性	PO_4^{3-}、有机酸等
Ac^-	$La(NO_3)_3$和I_2	生成暗蓝色沉淀	氨水	S^{2-}、SO_3^{2-}、$S_2O_3^{2-}$、SO_4^{2-}、PO_4^{3-}等

附录二　常用酸、碱的浓度

试剂名称	密度/(g/mL)	物质的量浓度/(mol/L)	质量分数/%
浓硫酸	1.84	18.0	98
稀硫酸		2	9
浓盐酸	1.19	12.0	37
稀盐酸		2	7
浓硝酸	1.41	16	68
稀硝酸	1.2	6	32
稀硝酸		2	12
浓磷酸	1.70	14.7	85
稀磷酸	1.05	1	9
冰醋酸	1.05	17.4	99
稀醋酸	1.04	5	30
稀醋酸		2	12
浓氨水	0.91	14.8	28
浓氢氧化钠	1.44	14.4	40

附录三　某些离子和化合物的颜色

一、离子

1. 无色离子

Na^+、K^+、NH_4^+、Mg^{2+}、Ca^{2+}、Sr^{2+}、Ba^{2+}、Al^{3+}、Sn^{2+}、Sn^{4+}、Pb^{2+}、Bi^{3+}、Ag^+、Zn^{2+}、Cd^{2+}、Hg_2^{2+}、Hg^{2+} 等阳离子。

BO_2^-、$B_4O_7^{2-}$、$C_2O_4^{2-}$、Ac^-、CO_3^{2-}、SiO_3^{2-}、NO_3^-、NO_2^-、PO_4^{3-}、AsO_3^{3-}、AsO_4^{3-}、$[SbCl_6]^{3-}$、$[SbCl_6]^-$、SO_3^{2-}、SO_4^{2-}、S^{2-}、$S_2O_3^{2-}$、F^-、Cl^-、ClO_3^-、Br^-、BrO_3^-、I^-、SCN^-、$[CuCl_2]^-$、TiO^{2+}、VO_4^{3-}、MoO_4^{2-}、WO_4^{2-} 等阴离子。

2. 有色离子

① $[Cu(H_2O)_4]^{2+}$　$[CuCl_4]^{2-}$　$[Cu(NH_3)_4]^{2+}$　$[CuCl_2]^-$　$[CuI_2]^-$
　　浅蓝色　　　　黄色　　　　深蓝色　　　　泥黄色　　　黄色

② $[Ti(H_2O)_6]^{3+}$　$[TiCl(H_2O)_5]^{2+}$　$[TiO(H_2O_2)]^{2+}$
　　紫色　　　　　绿色　　　　　橘黄色

③ $[V(H_2O)_6]^{2+}$　$[V(H_2O)_6]^{3+}$　VO^{2+}　VO_2^+　$[VO_2(O_2)_2]^{3-}$　$[V(O_2)]^{3+}$
　　蓝紫色　　　　绿色　　　　蓝色　　浅黄色　　　黄色　　　　红棕色

④ $[Cr(H_2O)_6]^{2+}$　$[Cr(H_2O)_6]^{3+}$　$[Cr(H_2O)_5Cl]^{2+}$　$[Cr(H_2O)_4Cl_2]^+$
　　天蓝色　　　　蓝紫色　　　　浅绿色　　　　暗绿色

$[Cr(NH_3)_2(H_2O)_4]^{3+}$　$[Cr(NH_3)_3(H_2O)_3]^{3+}$　$[Cr(NH_3)_4(H_2O)_2]^{3+}$　$[Cr(NH_3)_5H_2O]^{2+}$
　紫红色　　　　　　浅红色　　　　　　橙红色　　　　　　　橙黄色

$[Cr(NH_3)_6]^{3+}$　CrO_2^-　CrO_4^{2-}　$Cr_2O_7^{2-}$
　黄色　　　　绿色　　　黄色　　　橙色

⑤ $[Mn(H_2O)_6]^{2+}$　MnO_4^{2-}　MnO_4^-
　　肉色　　　　　绿色　　　紫红色

⑥ $[Fe(H_2O)_6]^{2+}$　$[Fe(H_2O)_6]^{3+}$　$[Fe(CN)_6]^{4-}$　$[Fe(CN)_6]^{3-}$　$[Fe(NCS)_n]^{3-n}$
　　浅绿色　　　　淡紫色❶　　　　黄色　　　　浅橘黄色　　　血红色

⑦ $[Co(H_2O)_6]^{2+}$　$[Co(NH_3)_6]^{2+}$　$[Co(NH_3)_6]^{3+}$　$[CoCl(NH_3)_5]^{2+}$
　　粉红色　　　　土黄色　　　　棕红色　　　　红紫色

$[Co(NH_3)_5(H_2O)]^{3+}$　$[Co(NH_3)_4CO_3]^+$　$[Co(CN)_6]^{3-}$　$[Co(SCN)_4]^{2-}$
　粉红色　　　　　　紫红色　　　　　紫色　　　　　蓝色

⑧ $[Ni(H_2O)_6]^{2+}$　$[Ni(NH_3)_6]^{2+}$
　　亮绿色　　　　蓝色

⑨ I_3^-
　浅棕黄色

二、化合物

1. 氧化物

CuO	Cu_2O	Ag_2O	ZnO	CdO	Hg_2O	HgO	TiO_2	VO
黑色	暗红色	暗棕色	白色	棕黄色	黑褐色	红色或黄色	白色或橙红色	亮灰色

V_2O_3	VO_2	V_2O_5	Cr_2O_3	CrO_3	MnO_2	MoO_2	WO_2	FeO	Fe_2O_3
黑色	深蓝色	红棕色	绿色	橙红色	棕褐色	铅灰色	棕红色	黑色	砖红色

---

❶ 由于水解生成 $[Fe(H_2O)_5OH]^{2+}$、$[Fe(H_2O)_4(OH)_2]^+$ 等离子,而使溶液呈黄棕色。未水解的 $FeCl_3$ 溶液呈黄棕色,这是生成 $[FeCl_4]^-$ 的缘故。

附　录

Fe_3O_4	CoO	Co_2O_3	NiO	Ni_2O_3	PbO	Pb_3O_4
红色	灰绿色	黑色	暗绿色	黑色	黄色	红色

2. 氢氧化物

$Zn(OH)_2$	$Pb(OH)_2$	$Mg(OH)_2$	$Sn(OH)_2$	$Sn(OH)_4$	$Mn(OH)_2$	$Fe(OH)_2$
白色	白色	白色	白色	白色	白色	白色或苍绿色

$Fe(OH)_3$	$Cd(OH)_2$	$Al(OH)_3$	$Bi(OH)_3$	$Sb(OH)_3$	$Cu(OH)_2$	$CuOH$
红棕色	白色	白色	白色	白色	浅蓝色	黄色

$Ni(OH)_2$	$Ni(OH)_3$	$Co(OH)_2$	$Co(OH)_3$	$Cr(OH)_3$
浅绿色	黑色	粉红色	褐棕色	灰绿色

3. 氯化物

$AgCl$	Hg_2Cl_2	$PbCl_2$	$CuCl$	$CuCl_2$	$CuCl_2 \cdot 2H_2O$	$Hg(NH_2)Cl$	$CoCl_2$
白色	白色	白色	白色	棕色	蓝色	白色	蓝色

$CoCl_2 \cdot H_2O$	$CoCl_2 \cdot 2H_2O$	$CoCl_2 \cdot 6H_2O$	$FeCl_3 \cdot 6H_2O$	$TiCl_3 \cdot 6H_2O$	$TiCl_2$
蓝紫色	紫红色	粉红色	黄棕色	紫色或绿色	黑色

4. 溴化物

$AgBr$	$AsBr$	$CuBr_2$
淡黄色	浅黄色	黑紫色

5. 碘化物

AgI	Hg_2I_2	HgI_2	PbI_2	CuI	SbI_3	BiI_3	TiI_4
黄色	黄褐色	红色	黄色	白色	红黄色	绿黑色	暗棕色

6. 卤酸盐

$Ba(IO_3)_2$	$AgIO_3$	$KClO_4$	$AgBrO_3$
白色	白色	白色	白色

7. 硫化物

Ag_2S	HgS	PbS	CuS	Cu_2S	FeS	Fe_2S_3	CoS	NiS	Bi_2S_5
灰黑色	红色或黑色	黑色	黑色	黑色	棕黑色	黑色	黑色	黑色	黑色

Bi_2S_3	SnS	SnS_2	CdS	Sb_2S_3	Sb_2S_5	MnS	ZnS	As_2S_3
黑褐色	灰黑色	金黄色	黄色	橙色	橙红色	肉色	白色	黄色

8. 硫酸盐

Ag_2SO_4	Hg_2SO_4	$PbSO_4$	$CaSO_4$	$SrSO_4$	$BaSO_4$	$[Fe(NO)]SO_4$	$Cu_2(OH)_2SO_4$
白色	白色	白色	白色	白色	白色	深棕色	浅蓝色

$CuSO_4 \cdot 5H_2O$	$CoSO_4 \cdot 7H_2O$	$Cr_2(SO_4)_3 \cdot 6H_2O$	$Cr_2(SO_4)_3$	$Cr_2(SO_4)_3 \cdot 18H_2O$
蓝色	红色	绿色	紫色或红色	蓝紫色

$KCr(SO_4)_2 \cdot 12H_2O$
紫色

9. 碳酸盐

Ag_2CO_3	$CaCO_3$	$SrCO_3$	$BaCO_3$	$MnCO_3$	$CdCO_3$	$Zn_2(OH)_2CO_3$	$BiOHCO_3$
白色	白色	白色	白色	白色	白色	白色	白色

$Hg_2(OH)_2CO_3$	$Co_2(OH)_2CO_3$	$Cu_2(OH)_2CO_3$	$Ni_2(OH)_2CO_3$
红褐色	红色	暗绿色❶	浅绿色

10. 磷酸盐

$Ca_3(PO_4)_2$	$CaHPO_4$	$Ba_3(PO_4)_2$	$FePO_4$	Ag_3PO_4	$MgNH_4PO_4$
白色	白色	白色	浅黄色	黄色	白色

---

❶ 相同浓度硫酸铜和碳酸钠溶液的比例(体积)不同时生成的碱式碳酸铜颜色不同：

$CuSO_4$: Na_2CO_3	碱式碳酸铜颜色
2 : 1.6	浅蓝绿色
1 : 1	暗绿色

11. 铬酸盐

Ag_2CrO_4　　$PbCrO_4$　　$BaCrO_4$　　$FeCrO_4 \cdot 2H_2O$
砖红色　　　黄色　　　　黄色　　　　黄色

12. 硅酸盐

$BaSiO_3$　$CuSiO_3$　$CoSiO_3$　$Fe_2(SiO_3)_3$　$MnSiO_3$　$NiSiO_3$　$ZnSiO_3$
白色　　　蓝色　　　紫色　　　棕红色　　　　肉色　　　翠绿色　　白色

13. 草酸盐

CaC_2O_4　　$Ag_2C_2O_4$
白色　　　　白色

14. 类卤化合物

AgCN　　$Ni(CN)_2$　　$Cu(CN)_2$　　CuCN　　AgSCN　　$Cu(SCN)_2$
白色　　浅绿色　　　黄色　　　　白色　　　白色　　　黑绿色

15. 其它含氧酸盐

$MgNH_4AsO_4$　　Ag_3AsO_4　　$Ag_2S_2O_3$　　$BaSO_4$　　$SrSO_4$
白色　　　　　　红褐色　　　　白色　　　　白色　　　白色

16. 其它化合物

$Fe_3[Fe(CN)_6]_2$　　$Fe_4[Fe(CN)_6]_3$　　$Cu_2[Fe(CN)_6]$　　$Ag_3[Fe(CN)_6]$　　$Zn_3[Fe(CN)_6]_2$
普鲁士蓝　　　　普鲁士蓝　　　　红棕色　　　　　橙色　　　　　黄褐色

$Ag_4[Fe(CN)_6]$　　$Zn_2[Fe(CN)_6]$　　$K_3[Co(NO_2)_6]$　　$K_2Na[Co(NO_2)_6]$
白色　　　　　　白色　　　　　　黄色　　　　　　黄色

$(NH_4)_2Na[Co(NO_2)_6]$　　K_2PtCl　　$KC_4H_4O_6H$　　$Na[Sb(OH)_6]$　　$Na_2[Fe(CN)_5NO] \cdot 2H_2O$
黄色　　　　　　　　　黄色　　　　白色　　　　　白色　　　　　红色

$NaAc \cdot Zn(Ac)_2 \cdot 3[UO_2(Ac)_2] \cdot 9H_2O$
黄色

附录四　某些试剂溶液的配制

试　剂	浓度	配　制　方　法
三氯化铋 $BiCl_3$	0.1mol/L	溶解 31.6g $BiCl_3$ 于 330mL 6mol/L 的 HCl 中,加水稀释至 1L
三氯化锑 $SbCl_3$	0.1mol/L	溶解 22.8g $SbCl_3$ 于 330mL 6mol/L 的 HCl 中,加水稀释至 1L
氯化亚锡 $SnCl_2$	0.1mol/L	溶解 22.6g $SnCl_2 \cdot 2H_2O$ 于 330mL 6mol/L 的 HCl 中,加水稀释至 1L,加入数粒纯锡,以防氧化
硝酸汞 $Hg(NO_3)_2$	0.1mol/L	溶解 33.4g $Hg(NO_3)_2 \cdot H_2O$ 于 1L 0.6mol/L 的 HNO_3 中
硝酸亚汞 $Hg_2(NO_3)_2$	0.1mol/L	溶解 56.1g $Hg_2(NO_3)_2 \cdot 2H_2O$ 于 1L 0.6mol/L 的 HNO_3 中,并加入少许金属汞
碳酸铵 $(NH_4)_2CO_3$	1.0mol/L	96g 研细的 $(NH_4)_2CO_3$ 溶于 1L 2mol/L 的氨水
硫酸铵 $(NH_4)_2SO_4$	饱和	50g $(NH_4)_2SO_4$ 溶于 100mL 热水,冷却后过滤
硫酸亚铁 $FeSO_4$	0.5mol/L	溶解 69.5g $FeSO_4 \cdot 7H_2O$ 于适量水中,加入 5mL 18mol/L 的 H_2SO_4,加水稀释至 1L,置入小铁钉数枚
偏锑酸钠 $NaSbO_3$	0.1mol/L	溶解 12.2g 锑粉于 50mL 浓 HNO_3 中微热,使锑粉全部作用生成白色粉末,用倾析法洗涤数次,然后加入 50mL 6mol/L 的 NaOH 溶液,使其溶解,稀释至 1L
六硝基钴酸钠 $Na_3[Co(NO_2)_6]$		溶解 230g $NaNO_2$ 于 500mL H_2O 中,加入 165mL 6mol/L 的 HAc 和 30g $Co(NO_3)_2 \cdot 6H_2O$ 放置 24h,取其清液,稀释至 1L,并保存在棕色瓶中。此溶液应呈橙色,若变成红色,表示已分解,应重新配制
硫化钠 Na_2S	2mol/L	溶解 240g $Na_2S \cdot 9H_2O$ 和 40g NaOH 于水中,稀释至 1L
钼酸铵 $(NH_4)_2Mo_7O_{24} \cdot 4H_2O$	0.1mol/L	溶解 240g $(NH_4)_2Mo_7O_{24} \cdot 4H_2O$ 于 1L 水中,将所得溶液倒入 6mol/L 的 HNO_3 中,放置 24h,取其澄清液
硫化铵 $(NH_4)_2S$	3mol/L	取一定量的氨水将其均分为两份,往其中一份通硫化氢至饱和,然后与另一份氨水混合

续表

试剂	浓度	配制方法
铁氰化钾 $K_3[Fe(CN)_6]$		取铁氰化钾 0.7～1g 溶解于水,稀释至 100mL(使用前临时配制)
铬黑T		将铬黑T和烘干的 NaCl 按 1∶100 研细,均匀混合,储存于棕色瓶中
铝试剂		1g 铝试剂溶于 1L 水中
镁试剂		溶解 0.01g 镁试剂于 1L 1mol/L 的 NaOH 溶液中
镁铵试剂		将 100g $MgCl_2·6H_2O$ 和 100g NH_4Cl 溶于水中,加 50mL 浓氨水,用水稀释至 1L
二苯胺		将 1g 二苯胺在搅拌下溶于 100mL 密度为 $1.84g/cm^3$ 的硫酸或 100mL 密度为 $1.70g/cm^3$ 的磷酸中(该溶液可保存较长时间)
镍试剂		溶解 10g 镍试剂(二乙酰二肟)于 1L 95%的酒精中
奈氏试剂		溶解 115g HgI_2 和 80g KI 于水中,稀释至 500mL,加入 500mL 6mol/L 的 NaOH 溶液,静置后,取其清液,保存在棕色瓶中
五氰氧氮合铁(Ⅲ)酸钠 $Na_2[Fe(CN)_5NO]$		10g 亚硝酰铁氰酸钠溶解于 100mL 水中。保存于棕色瓶内,如果溶液变绿就不能用了
格里斯试剂		①在加热下溶解 0.5g 对氨基苯磺酸于 50mL 30%HAc 中,储存于暗处 ②将 0.4g α-萘胺与 100mL 水混合煮沸,在从蓝色渣中倾出的无色溶液中加入 6mL 80%HAc 使用前将①、②两液等体积混合
打萨宗（二苯缩氨硫脲）		溶解 0.1g 打萨宗于 1L CCl_4 或 $CHCl_3$ 中
酚酞		1L 90%乙醇中溶解 1g
石蕊		2g 石蕊溶于 50mL 水中,静置一昼夜后过滤。在滤液中加 30mL 95%乙醇,再加水稀释至 100mL
氯水		在水中通入氯气直至饱和,该溶液使用时临时配制
溴水		在水中滴入液溴至饱和
碘液	0.01mol/L	溶解 1.3g 碘和 5g KI 于尽可能少量的水中,加水稀释至 1L
品红溶液		0.1%的水溶液
淀粉溶液	1%	将 1g 淀粉和少量冷水调成糊状,倒入 100mL 沸水中,煮沸后冷却即可
NH_3-NH_4Cl 缓冲溶液		称取 20g NH_4Cl 溶于适量水中,加入 100mL 氨水(密度为 $0.9g/cm^3$),混合后稀释至 1L,即为 pH 值=10 的缓冲溶液
EDTA	0.5mol/L	取 37.2g 乙二胺四乙酸二钠($Na_2H_2Y·2H_2O$)溶解于约 100mL 热水中,加水稀释至 200mL

附录五　几种常用的酸、碱指示剂

指示剂	变色 pH 值范围	颜色		pK_{HIn}	浓度
		酸色	碱色		
百里酚蓝（第一次变色）	1.2～2.8	红	黄	1.6	0.1%的 20%酒精溶液
甲基黄	2.9～4.0	红	黄	3.3	0.1%的 90%酒精溶液
甲基橙	3.1～4.4	红	黄	3.4	0.05%的水溶液
溴酚蓝	3.1～4.6	黄	紫	4.1	0.1%的 20%酒精溶液或其钠盐的水溶液
溴甲酚绿	3.8～5.4	黄	蓝	4.9	0.1%水溶液,每 100mg 指示剂中加入 0.05mol/L NaOH 2.9mL
甲基红	4.4～6.2	红	黄	5.2	0.1%的 60%酒精溶液或其钠盐的水溶液
溴百里酚蓝	6.0～7.6	黄	蓝	7.3	0.1%的 20%酒精溶液或其钠盐的水溶液

续表

指示剂	变色pH值范围	颜色 酸色	颜色 碱色	pK_{HIn}	浓 度
中性红	6.8~8.0	红	黄橙	7.4	0.1%的60%酒精溶液
酚红	6.7~8.4	黄	红	8.0	0.1%的60%酒精溶液或其钠盐的水溶液
百里酚蓝（第二次变色）	8.0~9.6	黄	蓝	8.9	见第一次变色
百里酚酞	9.4~10.6	无	蓝	10.0	0.1%的90%酒精溶液

参 考 文 献

[1] 大连理工大学无机化学教研室编．无机化学实验．北京：高等教育出版社，2002.
[2] 方国女，王燕，周其镇编．大学基础化学实验（Ⅰ）．北京：化学工业出版社，2005.
[3] 贡雪东主编．大学化学实验1：基础知识与技能．北京：化学工业出版社，2007.
[4] 倪惠琼，蔡会武主编．工科化学实验．北京：化学工业出版社，2006.
[5] 徐莉英主编．无机与分析化学实验．上海：上海交通大学出版社，2004.
[6] 姚卡玲编．大学基础化学实验．北京：中国计量出版社，2008.
[7] 王少亭主编．大学基础化学实验．北京：高等教育出版社，2004.
[8] 吴建中主编．无机化学实验．北京：化学工业出版社，2008.
[9] 刁国旺，朱霞石．大学化学实验．南京：南京大学出版社，2006.
[10] 丁敬敏主编，吴筱南副主编．化学实验技术．北京：化学工业出版社，2007.
[11] 范志鹏编．大学基础化学实验教学指导．北京：化学工业出版社，2006.
[12] 曹凤歧主编．无机化学实验与指导．北京：中国医药科技出版社，2006.
[13] 李梅君，徐志珍，王燕主编．实验化学（Ⅰ）．北京：化学工业出版社，2006.
[14] 刘宝殿主编．化学合成实验．北京：高等教育出版社，2005.
[15] 杜志强．综合化学实验．北京：科学出版社，2005.
[16] 文庆城主编．化学实验教学研究．北京：科学出版社，2003.
[17] 海力茜．陶尔大洪主编．无机化学实验指导．北京：科学出版社，2007.
[18] 刘绍乾主编．基础化学实验指导．长沙：中南大学出版社，2006.
[19] 曹素枕，周端凡编．化学试剂与精细化学品合成基础．北京：高等教育出版社，1991.